Erkennen und Gestalten

Herausgegeben von der

Hauptanliegen und Themenschwerpunkt der Alcatel SEL Stiftung für Kommunikationsforschung ist seit ihrem Bestehen die Förderung von herausragenden Forschungsarbeiten, die zum besseren Zusammenwirken von Mensch und Technik in Kommunikationssystemen beitragen. Damit ist eine übergreifende Schnittmenge der verschiedensten Disziplinen und Gruppen in Wissenschaft und Praxis angesprochen.

Gerhard Banse
Armin Grunwald
Wolfgang König
Günter Ropohl
(Hg.)

Erkennen und Gestalten

Eine Theorie der Technikwissenschaften

Bibliografische Informationen Der Deutschen Bibliothek

Die Deutsche Bibliothek verzeichnet diese
Publikation in der Deutschen Nationalbibliografie;
detaillierte bibliografische Daten sind im Internet
über http://dnb.ddb.de abrufbar.

ISBN-10: 3-89404-538-8
ISBN-13: 978-3-89404-538-8

Textverarbeitung: Waltraud Laier, Forschungszentrum Karlsruhe.

Druck: Rosch-Buch, Scheßlitz

Printed in Germany

Inhalt

Geleitwort

Auf den ersten Blick mag es ungewöhnlich erscheinen, dass die Alcatel SEL Stiftung für Kommunikationsforschung im Rahmen des Schwerpunkts „Mensch-Technik-Interaktion in Kommunikationssystemen" ein Projekt fördert, das sich der Erarbeitung einer „Theorie der Technikwissenschaften" widmet. In zweierlei Hinsicht ergeben sich freilich Anknüpfungspunkte: Im engeren Sinne bestehen sie dahingehend, dass das Erkennen und Gestalten in den Technikwissenschaften nicht nur Technik in Gestalt von Artefakten hervorbringt, mit denen Menschen interagieren und kommunizieren, sodass die Sachsysteme als „soziotechnische" Systeme modelliert werden müssen, sondern dieses Erkennen und Gestalten bereits in vielerlei Hinsicht Technik nutzt, insbesondere die Unterstützung durch einschlägige Informations- und Kommunikationssysteme (wissensbasiertes computergestütztes Konstruieren, Simulation, „Rapid Prototyping" etc.). In einem weiteren Sinne liegt der Anknüpfungspunkt darin, dass die Informations- und Kommunikationstechnologien im Paradigma der Technikwissenschaften entwickelt werden, deren Subjekte sich im Idealfall als solche begreifen, die über ihre Arbeitserträge (die technischen Entwicklungen) mit anderen Subjekten interagieren, die die Produkte an den Markt bringen, vertreiben, nutzen, erhalten und warten, recyceln oder deponieren. Erfolgreiche oder misslungene „Karrieren" technischer Produkte, ökologisch oder wirtschaftsethisch als förderlich oder misslich zu erachtende Entwicklungen, zielführende Nutzung oder Fehlgebrauch bis hin zum kontraproduktiven Effekt, Kompetenzgewinne oder Kompetenzverluste: all das ist in hohem Maße durch gelingende oder fehlgeschlagene Kommunikationsprozesse bedingt, insbesondere beim Abgleich der Profile und impliziten Werthaltungen der Adressaten mit den Vorstellungen der Entwickler.

Wozu benötigen wir aber hierfür eine allgemeine Theorie der Technikwissenschaften? Was trägt eine allgemeine Theorie dazu bei, die erwähnten Interaktionsprozesse zu fördern? Zunächst einmal bietet eine allgemeine Theorie Begriffe und Modellierungen an, die das eigene Tun jenseits der alltäglichen, direkten Arbeitszusammenhänge, die unter dem funktionalen Erfordernis der Effizienz- und Effektivitätserhöhung stehen, in allgemeineren Zusammenhängen zu verorten helfen. Dies ist die Voraussetzung dafür, dass ein Nachdenken über die Bedingungen und über die umfassenderen Ziele der Ingenieurtätigkeit einsetzen kann. Freilich nicht als Selbstzweck; denn die Vergewisserung über Bedingungsverhältnisse und Perspektiven ist ihrerseits die Voraussetzung dafür, diese Bedingungsverhältnisse zu gestalten und alternative Orientierungen zu erwägen. Philosophen sprechen in diesem Zusammenhang von „Reflexion" und widmen sie, in einer schönen Formulierung Wilhelm Diltheys, der „Wiedererschließung von Möglichkeiten, die in der Determination unserer realen Lebens in Vergessenheit geraten". In der Sprache der Ingenieure heißt das „Erschließung neuer Suchräume", allerdings nicht für die Entwicklung neuer konkreter Produkte, sondern methodischer Zugriffe, Entwicklungsstrategien, Nutzungsszenarien. Verengte Suchpfade können dann erweitert, komplementiert, relativiert, modifiziert oder kompensiert werden, wenn alternative Optionen von der Warte einer allgemeinen Theorie aus ins Blickfeld geraten.

Ansätze hierzu sind einerseits in den einschlägigen Lehrbüchern, andererseits in weiten Bereichen der Technikphilosophie entwickelt. Warum erscheinen sie uns als bloße „Ansätze"? Nun – jede allgemeine Theorie beruht notwendigerweise auf Abstraktion. Jegliche Abstraktion kann in beliebiger Richtung vorangetrieben werden, je nachdem, welche klassenbildenden Merkmale als relevant erachtet werden. Es wundert darum nicht, dass die in den Einleitungs- und Grundlagenkapiteln der Lehrbücher einzelner technischer Disziplinen vorgelegten allgemeinen Grundbegriffe und Erwägungen ihre Herkunft aus der Problemsicht der Disziplinen nicht verleugnen können. Ähnlich verhält es sich in weiten Bereichen der Technikphilosophie, die im Ausgang von unterschiedlichen metaphysischen oder philosophisch-anthropologischen Grundannahmen Technik ganz unterschiedlich verortet und technisches Handeln ganz unterschiedlich modelliert.

Um diesen Misslichkeiten zu begegnen, ist das Projekt in einem strengen Sinne interdisziplinär angelegt, also in einem Sinne, der die üblicherweise als „Interdisziplinarität" propagierte Multidisziplinarität hinter sich lässt. Denn Multidisziplinarität addiert nur die disziplinären Einseitigkeiten und erlaubt allenfalls, diese im Rahmen von wechselseitigen Sensitivitätstests abzugleichen oder zu relativen. Echte Interdisziplinarität beruht auf einer gemeinsamen Problemsicht, die allererst erarbeitet werden muss, und zu deren Lösung dann Elemente aus den einzelnen Disziplinen zusammengeführt werden können. Die Stiftung begrüßt, dass es gelungen ist, Vertreterinnen und Vertreter der unterschiedlichen Teilgebiete der allgemeinen Technikforschung einerseits (Technikgeschichte, Technikphilosophie, Wissenschaftstheorie, Methodologie) sowie andererseits der angrenzenden Disziplinen (Natur-, Wirtschafts- und Sozialwissenschaften) und selbstverständlich der klassischen technischen Disziplinen zusammenzubringen. Hier jedenfalls ist der Grundstein für eine gelingende Kommunikation gelegt.

Im Namen der Stiftung danke ich den Herausgebern und allen Beiträgerinnen und Beiträgern. Und nicht zuletzt danke ich dem Direktor der Stiftung, Herrn Dr. Dieter Klumpp, dessen Geschäftsstelle das Projekt im Stiftungsgeschehen verortet, wohlwollend begleitet und den reibungslosen organisatorischen Ablauf gewährleistet hat.

Christoph Hubig

Kurator der Alcatel SEL Stiftung für
Kommunikationsforschung und Leiter
des Studienzentrums Deutschland

1 Einführung

„Theorie ohne Praxis ist lahm, aber Praxis ohne Theorie ist blind". Mit diesem Satz wird der Stellenwert des Theoretischen für das Praktische in genereller Weise charakterisiert. Mit diesem Satz endet auch das vorliegende Buch, denn dieses generelle Charakteristikum gilt ganz allgemein für die Technikwissenschaften. Die Wechselwirkungen von Theorie und Praxis, von technischem Wissen und technischem Handeln aufzuhellen ist Anliegen dieses Buches, das deshalb auch den Untertitel „Eine Theorie der Technikwissenschaften" trägt. Mit dem einleitenden wie abschließenden Satz wird auf den „gleichgewichtigen" Stellenwert der Theorie *und* der Praxis im Bereich der Technik verwiesen. Die Beziehungen von theoretischen Verallgemeinerungen und Konzeptualisierungen auf der einen und der technischen Praxis und ihrem Erfahrungsschatz auf der anderen Seite wurden und werden jedoch nicht immer so gesehen. Erinnert sei etwa daran, dass sich um die Wende vom 18. zum 19. Jh. und in den ersten Jahrzehnten danach in der Bewertung der beiden Komponenten die Waage mehr zur Seite des empirischen Erfahrungswissens geneigt hatte. Weit verbreitet war in Technikerkreisen jener Zeit die Devise „Probieren geht über Studieren!". Die Anfangszeit der „modernen" Technik war weitgehend die Zeit der großen „Praktiker", die sich vielfach auf langjährige Erfahrungen, handwerkliche Regeln und ein Gespür für das Machbare stützten, und denen theoretische Abhandlungen und eine akademische Ausbildung überflüssig erschienen. Demzufolge witterten in der Anfangsphase der Industriellen Revolution diese Praktiker in jedem akademisch Gebildeten, der sich der Technik zuwenden wollte (sicherlich nicht ganz zu unrecht, bedingt auch durch deren Ausbildungsgang), einen „Windbeutel" und zur „Spekulation" Aufgelegten. Wie sehr dieser Empirismus im Denken verwurzelt war, zeigt folgender Ausspruch aus dem Jahre 1800, der Thomas Tredgold zugeschrieben wird: „Die Stabilität eines Bauwerkes ist umgekehrt proportional zur Gelehrsamkeit seines Baumeisters!".

In der Gegenwart finden sich Ansätze, die das Theoretische überbewerten, z.B. in den Konzepten einer „Universal Design Theory" (UDT) oder „General Design Theory" (GDT). Aufbauend auf einem strengen Ansatz der formalen

Logik wird mittels dieser Konzepte versucht, einen vollständigen Algorithmus des Konstruierens herzuleiten, der dann dank der Entwicklung der modernen digitalen Rechentechnik vollständig abarbeitbar sei. Hier werden wohl die Vielzahl der praktisch-relevanten Einflussfaktoren und Randbedingungen unter- und die Möglichkeiten der Rechentechnik überschätzt. Beide Beispiele zeigen: Einerseits darf sich die technische Theorie nicht zu weit von der technischen Praxis entfernen, wenn sie diese anregen und befruchten will („Theorie ohne Praxis ist lahm …"), andererseits ist die technische Praxis nicht nur gut beraten, sondern heute dazu verpflichtet, auf die technische Theorie zurückzugreifen („… Praxis ohne Theorie ist blind").

Die Technikwissenschaften sind eine Gruppe von Wissenschaften, denen es gleichermaßen um das Erkennen *wie* um das Gestalten geht. Erkenntnisziele sind die Gewinnung neuen Wissens etwa in Form von funktionalem und strukturalem Regelwissen, technologischem Gesetzeswissen sowie öko-soziotechnologischem Systemwissen. Gestaltungsziele sind Antizipationen von Technik etwa in Form neuer oder verbesserter technischer Systeme, von Mensch-Technik-Interaktionen oder soziotechnischer Strukturen.

Daraus ergeben sich eine Fülle theoretischer, methodischer und praktischer Fragen, denen sich bislang weder die Technikwissenschaften selbst noch die Technikphilosophie oder die (allgemeine) Wissenschaftstheorie ausreichend gewidmet haben. Man kann sie folgenden drei Problembereichen zuordnen:

- Technik und Wissen;
- Technik und Können;
- Technik und Erfinden.

In der Problemtradition der Technikphilosophie wurde zwar das Verhältnis von Wissen und Können bzw. Wissenschaft und Technik in unterschiedlichster Weise immer wieder bedacht. Die gegenwärtige Diskussionslage ist jedoch dadurch geprägt, dass weder seitens der Technikphilosophie noch seitens der Wissenschaftstheorie die Argumentationslinien soweit entwickelt sind, dass sie anschlussfähig erscheinen für die spezifischen Problemlagen der Technikwissenschaften und des Ingenieurhandelns. Das zeigt sich zumindest zweifach:

Erstens wird im Rahmen der Technikphilosophie durchgängig die enge Bindung von Technik an Wissen hervorgehoben und als Abgrenzungskriterium der Technik von bloßer Geschicklichkeit und Fertigkeit eingesetzt. Gegensätzliche Einschätzungen dieses Verhältnisses zeugen jedoch davon, dass dabei die Fragestellung nur unzureichend erschlossen oder allzu undifferenziert beurteilt wird, wie folgende Redeweisen verdeutlichen: Technik als angewandte Wissenschaft, Technik als (modifizierende) Anwendung von Wissenschaft, Technik als vorgängiges Medium der Wissensproduktion, Technik als Sphäre eigenständigen Wissens etc.

Zweitens – und oftmals losgelöst von der gerade genannten Fragestellung – wird das „Phänomen“ Technik vorrangig als soziotechnische bzw. soziokulturelle „Hervorbringung“ gesehen. Die Komplexität der Mensch-Technik-Beziehungen, Mechanismen und Faktoren der Technikgenese, Differenziertheit und Ambivalenz der Technisierungsfolgen, Möglichkeiten und Probleme der Technikfolgenbeurteilung sowie Grundlagen und Methoden der Technikbewertung sind bevorzugte Themen der aktuellen Debatte. Diese findet entweder auf einer sehr allgemeinen Ebene („die“ Technik) oder bezogen auf einzelne technische Entwicklungsrichtungen (vor allem Kernenergetik, Gentechnik, Medizintechnik sowie Informations- und Kommunikationstechnik und aktuell Nanotechnologie) statt. Soweit man sich auf technische Sachsysteme („Artefakte“) und deren Verwendung bzw. Nutzung konzentriert, vernachlässigt man die vorgängige Erzeugung technischen Wissens innerhalb der Entstehungsprozesse und blendet die Frage aus, mit welchen Anteilen und in welchem Zusammenhang darin naturwissenschaftliches, technikwissenschaftliches, sozial- und geisteswissenschaftliches, implizites praktisch-technisches und „anderes“ Wissen vorkommt.

Die allgemeine Wissenschaftstheorie ihrerseits konzentriert sich auf die mathematisierten Naturwissenschaften, vornehmlich die Physik und neuerdings die Biowissenschaften. Behandelt werden das Beschreiben, Analysieren, Erklären und Prognostizieren von Ereignissen über Beobachtung, Messung, Experiment und die „intellektuellen“ Strategien und Konstrukte (vor allem in Form von Problemformulierung, Hypothesenbildung, Induktion, Deduktion, Abduktion, Analogieschluss usw.). Wird dieses Vorgehen wissenschaftstheoretisch ex post „rekonstruiert“, gelangen Zwecksetzungen, sprachliche Mittel, methodische, kognitive oder normative Voraussetzungen u.ä. in das Zentrum der Aufmerksamkeit. Aus dieser Perspektive werden Technikwissenschaften infolge ihrer „Andersartigkeit“ entweder lediglich als angewandte Naturwissenschaften betrachtet – was im Extrem zu der Auffassung geführt hat, dass technologische Regeln „degenerierte“, „unexakte“ Naturgesetze seien –, oder sie werden den Naturwissenschaften entgegengesetzt, ohne dass jedoch diese Entgegensetzung genauer gekennzeichnet würde.

Eine Theorie der Technikwissenschaften muss diese Einseitigkeiten – Reduzierung einerseits auf Sachsysteme, andererseits auf Naturwissenschaften – überwinden. Das zu befördern ist Anliegen dieses Buches. Über das Begriffspaar „Erkennen“ und „Gestalten“ wurde ein Ansatz gewählt, der es ermöglicht, zahlreiche – nicht alle! – der genannten Problemlagen aufzugreifen und Lösungsansätze vorzuschlagen. Dazu konnte einerseits auf Denkansätze der vergangenen ca. 150 Jahre zurückgegriffen werden (vgl. z.B. Hansen 1966; Reuleaux 1875; Wögerbauer 1943; Zwicky 1966). Andererseits gab es im Verlauf der Entwicklung der Technikphilosophie als auch der Technikwissenschaften selbst hinsichtlich einer Theorie der Technikwissenschaften unterschiedliche Ausrichtungen, jedoch kaum bzw. keine Gesamtsichten. Die Wissenschaftstheorie im engeren Sinne wird etwa in Banse/Wendt 1986; Jobst 1995; König 1995; Müller 1990 und Rapp 1974 behandelt. Wichtige Bücher zur Theorie und Methodik des Konstruierens sind Dylla 1990; Grabowski/Rude/Grein 1998; Hubka/Eder 1992; Pahl et al. 2003 und Schregenberger 1982. Verwiesen sei auch auf Ferguson 1993; Mackensen 1997; Spur 1998; Tondl 2003 und Vincenti 1990, die jeweils spezifische Aspekte des technischen Wissens oder Handelns zum Gegenstand haben.

Deutlich wird in diesen Publikationen, dass der Schwerpunkt vorrangig entweder auf dem Wissensaspekt („Erkenntnis") oder auf dem Schaffens- bzw. Könnensaspekt („Gestaltung") liegt, nicht jedoch auf deren wechselseitigem Zusammenhang. Das nun war Gegenstand einiger Initiativen der letzten Jahre, von denen nur zwei genannt seien.

In den Jahren 1998 bis 1999 wurden seitens des Konvents für Technikwissenschaften der Akademien der Wissenschaften Deutschlands und vor allem der Berlin-Brandenburgischen Akademie der Wissenschaften mehrere Diskussionsrunden und Symposien zum „Selbstverständnis der Technikwissenschaften" durchgeführt. Deren wissenschaftlicher Ertrag führte insbesondere zur (leider nur als Manuskriptdruck erschienenen) Publikation Konvent 1999.

Das „Kollegium Technikphilosophie" – hervorgegangen im Jahre 2000 aus dem ehemaligen Ausschuss „Technik und Philosophie" des Vereins Deutscher Ingenieure (VDI) – konzentrierte sich in seiner bisherigen Arbeit vor allem auf die Weiterentwicklung der (Wissenschafts-)Theorie der Technikwissenschaften, wie folgende Aktivitäten belegen:

- Tagung „Vorklärungen zu einer Wissenschaftstheorie der Technikwissenschaften" unter Leitung von Christoph Hubig und Günter Ropohl, Karlsruhe 2001;
- Tagung „Technik – System – Verantwortung" unter Leitung von Klaus Kornwachs, Cottbus 2002 (mit einer Sektion „Wissenschaftstheorie und Technologie: Wissenschaft vom Können");
- Tagung „Wissenskonzepte für die Ingenieurpraxis" unter Leitung von Klaus Kornwachs und Günter Ropohl, Schloss Reisensburg, Günzburg bei Ulm 2003 (diese Tagung wurde gemeinsam mit dem Bereich „Mensch und Technik" im VDI durchgeführt und vom VDI gefördert).

Im Ergebnis der Cottbuser Tagung entstand der Sammelband Kornwachs 2004 (die Beiträge der genannten Sektion sind auf S. 245 ff. abgedruckt); die Tagung auf der Reisensburg ist in Banse/Ropohl 2004 dokumentiert.

Parallel dazu gab es seit mehreren Jahren Überlegungen zu einer Neuauflage des 1986 erschienenen, von Gerhard Banse und Helge Wendt † herausgegebenen Buches „Erkenntnismethoden in den Technikwissenschaften. Eine methodologische Analyse und philosophische Diskussion der Erkenntnisprozesse in den Technikwissenschaften". Darüber heißt es in „Nachdenken über Technik. Die Klassiker der Technikphilosophie" (Berlin 2000, S. 63), es sei „ein beeindruckendes Zeugnis der empirischen Breite und theoretischen Tiefe, mit der in der DDR die Technikwissenschaften behandelt wurden. Der damit befasste kleine Zweig der Wissenschaftsphilosophie hat zweifellos auch international vorzeigbare Ergebnisse hervorgebracht. Leider hat die Vereinigung der deutsch-deutschen Wissenschaft diese hoffnungsvolle Forschungsrichtung unterbrochen." Also war ein Neuanfang erforderlich – und den unternahmen die vier Herausgeber in den zurückliegenden drei Jahren vor allem durch die Diskussion der Mängel und „Lücken" des 1986er Buches. In der Alcatel SEL Stiftung Stuttgart wurde ein Partner gefunden, der die Erarbeitung des Buches finanziell zu unterstützen bereit war. Mit Hilfe dieser Förderung war es möglich, im Oktober 2004 und im Januar 2005 auf zwei zweitägigen Workshops im Produktionstechnischen Zentrum Berlin mit jeweils etwa fünfzehn eingeladenen Wissenschaftlerinnen und Wissenschaftlern nicht nur das Anliegen des Buches vorzustellen, sondern vor allem entscheidende konzeptionelle Ausgangspunkte zu diskutieren. Hinzu kommt, dass diese Förderung auch einen Zuschuss zum Druck dieses Buches einschloss. Ohne diese Förderung wäre es viel schwieriger – wenn nicht unmöglich – gewesen, die Arbeit an diesem Buch so zu Ende zu bringen, wie es nun gedruckt vorliegt. Seinen Kern bilden Überlegungen zur „Theorie" und zur „Methode" sowohl des Erkennens als auch des Gestaltens in den Technikwissenschaften.

Theoretisches wird hier (in einer „schwachen" Festlegung) vor allem in der Form von Wissen verstanden, d.h. gedankliche Gebilde als Erkenntnisse über Dinge, Eigenschaften, Relationen und Sachverhalte, die diese „Gegenstände" (mehr oder weniger) richtig abbilden, durch Erkenntnisprozesse gewonnen wurden und ein (mehr oder weniger) erfolgreiches Handeln ermöglichen. Hauptformen dieses Wissens sind theoretisches oder gesetzesartiges Wissen („Wenn A, so B" – notwendig, mit einer bestimmten Wahrscheinlichkeit, unter gewissen Bedingungen oder möglicherweise), operationales, Projekt- oder Regelwissen („Wenn *A* hergestellt wird, dann tritt *B* ein.") sowie Erfahrungswissen („know-how").

Methoden sind im Kern Systeme regulativer Prinzipien und Anweisungen für Bearbeiter wissenschaftlicher Probleme zur Durchführung geistiger (und praktischer) Operationen zum Zwecke des Erkennens oder Gestaltens. Deren Gewinnung ist im Wesentlichen auf drei verschiedenen Wegen möglich:

- Ein konkretes wissenschaftliches Problem wurde methodisch „tastend", mehr oder weniger intuitiv gelöst. Im Nachhinein wird das methodische Vorgehen reproduziert bzw. rekonstruiert. Die im konkreten Fall erfolgreiche Methode wird verallgemeinert.

- Die in bestimmten Gegenstandsbereichen (in einzelnen Wissenschaftsdisziplinen oder in ganzen Klassen verwandter Wissenschaftsdisziplinen) bewährten Methoden werden gesichtet, verglichen, abstrahiert, verallgemeinert, klassifiziert. Man gewinnt für einen Gegenstandsbereich typische, allgemeingültige Methodensysteme. Allerdings erfordert ihre Anwendung wegen ihres hohen Abstraktionsgrades Konkretisierung auf den Untersuchungsgegenstand in zwei Richtungen: Es ist zu entscheiden, welche Methode bzw. welche Methoden im gegebenen Fall einzusetzen sind, und das methodische Vorgehen ist dem Untersuchungsgegenstand entsprechend zu konkretisieren und zu detaillieren.
- Aus einer „Theorie“, die die allgemeinen Gesetze und Prinzipien menschlichen Erkennens und Gestaltens erfasst, können allgemeine methodische Prinzipien hergeleitet werden. Werden zugleich die Spezifika des Gegenstandes eines Wissenschaftsgebietes mit einbezogen, so gewinnt man methodische Prinzipien, die für eben dieses Wissenschaftsgebiet typisch sind. Solche methodischen Prinzipien haben natürlicherweise die Eigenart, dass man sie im konkreten Problemlösungsfall niemals unmittelbar einsetzen kann. Sie regulieren eher das methodische Vorgehen, erfüllen die Funktion von Meta-Methoden. Mit Sicherheit kann gesagt werden, dass sie nicht verletzt werden dürfen, ohne den Erfolg eines konkreten Erkenntnisprozesses zu gefährden oder einzuschränken. Andererseits sind sie in spezifische Erkenntnismethoden integriert.

Es zeigt sich nun, dass alle drei Möglichkeiten nicht nur eine je vollwertige Eigenbedeutung haben, sondern dass sie einander immer durchdringen und in konkreten Fällen der Gewinnung von Methoden niemals isoliert vorkommen. Dieses „Durchdringen“ hat mehrere Aspekte. Erstens ist die Gewinnung von allgemeinen methodischen Prinzipien keinesfalls nur eine Angelegenheit reiner (deduktiver) Logik; in sie gehen durchaus Verallgemeinerungen von bewährten Methoden, also von Erfahrungswissen, ein. Zweitens – in umgekehrter Richtung – kann nicht übersehen werden, dass der Vorgang des Abhebens der für einen bestimmten Gegenstandsbereich typischen allgemeingültigen Methodensysteme aus durch Erfahrung gewonnenen, bewährten Methoden beim Vergleichen, Abstrahieren, Verallgemeinern und Klassifizieren selbst methodisch geleitet wird. Insofern regulieren allgemeine methodische Prinzipien nicht nur die methodische Vorgehensweise im konkreten Fall, sondern auch die Ordnung und Begründung des Erfahrungswissens über Methoden.

Natürlicherweise (und notwendigerweise) ist mit der Darstellung theoretischer Grundpositionen und methodischer Prinzipien auch eine bestimmte Konzeption des spezifischen Charakters der Technikwissenschaften, ihrer Beziehungen zu anderen Wissenschaften (Natur-, Wirtschafts-, Sozial-, Geisteswissenschaften) und von Wissenschaft überhaupt verbunden. Mehr oder weniger explizit wird im Folgenden die Position vertreten, dass die Technikwissenschaft zu jener Gruppe von Wissenschaften gehören, deren erklärtes Ziel darin besteht, Pläne, Direktiven, Handlungsvorschriften, Regeln sowie Entwürfe für Neues zu antizipieren, die das sich im Anschluss daran vollziehende Handeln des Menschen erfolgreich steuern und zu effektiver Beherrschung lebensweltlicher „Gegebenheiten" führen.

Es erweist sich, dass diese Wissenschaften – darunter auch jede einzelne technikwissenschaftliche Disziplin – eines eigenen theoretischen Fundaments bedürfen, in dem die spezifischen Aussagen über strukturelle und funktionale Zusammenhänge enthalten sind. Im Bereich der Technikwissenschaften sind die spezifischen theoretischen Anteile nun keinesfalls mit zuordnungsfähigen naturwissenschaftlichen Theorien identisch; die technikwissenschaftliche Theorie integriert notwendigerweise mit Blick auf die konkreten technischen und ökonomischen Bedingungen Wissen aus unterschiedlichen Wissenschaftsbereichen. Zunächst aus den Naturwissenschaften, soweit sie über ihr Wissen den Rahmen des technisch überhaupt Realisierbaren bereitstellen. Damit soll nicht angedeutet werden, dass jegliches technisch Realisierte vorgängig mit naturwissenschaftlichem Wissen erklärbar sein muss – es gibt technische Systeme, die erst nachträglich mit den Mitteln der Naturwissenschaften erforscht werden! , sondern lediglich, dass (auch) die so genannten „Naturgesetze" den Bereich des Technischen einschränken. Sodann gilt es, über die Erkenntnis und Beachtung dieses Möglichkeitsrahmens hinaus die Zwecksetzung den gesellschaftlichen Erfordernissen anzupassen. Konkrete Zwecksetzungen sind dabei Einsichten in das Spannungsfeld von technisch Realisierbarem und gesellschaftlich Notwendigem. Insofern sind die Technikwissenschaften nicht nur mit den Natur-, sondern auch mit den Wirtschafts-, Sozial- und Geisteswissenschaften untrennbar verknüpft.

Eine erläuternde Bemerkung sei abschließend gemacht. Im Folgenden wird die Bezeichnung „Technikwissenschaft(en)" als synonym mit „Ingenieurwissenschaft(en)" genutzt. Der Einheitlichkeit halber wurde durchgängig der erstere Terminus verwendet. Anliegen dieses Buches ist es, einen Beitrag zur Theorie der Technikwissenschaften vor allem aus philosophischer, historischer und allgemeintechnischer Sicht zu leisten. Im Mittelpunkt stehen – das sei nochmals betont – der Erkenntnis- und der Gestaltungsaspekt in dieser Gruppe von Wissenschaftsdisziplinen. Das kann jedoch nicht ohne konzeptionellen Rückgriff auf eine Techniktheorie erfolgen. Diese liegt u. E. erst in Ansätzen vor: Technische Sachsysteme sowie ihre Entstehung und Verwendung theoretisch zu erfassen bedeutet die Integration von Erkenntnissen unterschiedlichster wissenschaftlicher Disziplinen, von *A*nthropologie bis *Z*ukunftsforschung. Der Anspruch der Autoren dieses Buches ist viel bescheidener: Wissen über (nicht der!) Technikwissenschaften soll möglichst so dargestellt und soweit aufbereitet werden, dass es anschlussfähig für spezifische Problemlagen der Technikwissenschaften und das Ingenieurhandeln ist. Da etliche Kolleginnen und Kollegen zu diesem Buch beigetragen haben, waren gelegentliche Wiederholungen sowie geringfügige Unterschiede in den Auffassungen und Ausdrucksformen nicht immer zu beheben. Gleichwohl haben die Herausgeber darauf geachtet, dass durchgängig eine einheitliche Grundkonzeption verfolgt wird. Zu beurteilen, ob bzw. inwieweit das gelungen ist, muss dem Leser überlassen bleiben.

Es ist den Herausgebern ein Bedürfnis, an dieser Stelle allen am Zustandekommen dieses Buches Beteiligten zu danken: den Autoren, die sich darauf eingelassen haben, Texte zu liefern, die in das vorgegebene Konzept passten, Frau *Waltraud Laier* (Karlsruhe), der die nicht einfache Aufgabe zugefallen war, diese Texte in Schrift und Bild zu vereinheitlichen, dem Verlag *edition sigma*, der die Drucklegung organisierte, sowie – hier wiederholen wir uns bewusst – der *Alcatel SEL Stiftung*, die die Arbeit an diesem Buch finanziell unterstützte.

Gerhard Banse
Armin Grunwald
Wolfgang König
Günter Ropohl

Berlin und Karlsruhe, Februar 2006

2 Technikwissenschaften und technische Praxis

Historisch hängt es von der Strenge der angelegten Kriterien ab, ob man den Technikwissenschaften eine mehrere hundert oder mehrere tausend Jahre währende Geschichte zuschreibt; moderne Züge gewannen sie jedenfalls in der Zeit um 1900 (2.1). Systematisch gehören die Technikwissenschaften zur Gruppe der gesellschaftliche Ziele verfolgenden Handlungswissenschaften (2.2). Innerhalb dieser Gruppe weisen sie soziale Spezifika als Wissenschaftlergemeinschaft auf und kognitive als Wissenssystem.

Die Gemeinsamkeit der Technikwissenschaften wird zunächst durch ihren Gegenstand, die Technik als Sachsystem, gestiftet (2.3.1 und 2.3.2). Die Technikwissenschaften erzeugen mit Hilfe eines komplexen Methodenarsenals Wissen, welches das technische Handeln in der Gesellschaft anleitet (2.3.3). Dabei geht es um das Erreichen von Zielen und die Vermeidung unerwünschter Folgen. Neben dem allen Wissenschaften gemeinsamen Ziel der Erhaltung und Entwicklung der eigenen Disziplin verfolgen die Technikwissenschaften vor allem das praktische Ziel des Gestaltens und das darauf bezogene kognitive Ziel des Erkennens (2.4). Die Ingenieurwelt und darüber hinaus die Gesellschaft als Ganzes entscheiden darüber, ob die Technikwissenschaften ihre praktischen Ziele des Gestaltens erreicht haben. Dabei prüfen sie, ob sich die Ergebnisse technikwissenschaftlicher Arbeiten in der Praxis bewährt haben.

2.1 Geschichte der Technikwissenschaften

Wolfgang König

Eine wissenschaftliche Disziplin zeichnet sich aus durch einen gemeinsamen Gegenstand, gemeinsame Methoden und gemeinsame Ziele sowie durch Institutionalisierung. In diesem Rahmen arbeiten die Angehörigen der Disziplin an der Formulierung wissenschaftlicher Aussagen, an deren Anerkennung durch die wissenschaftliche Gemeinschaft und an der Verbreitung und Bewahrung des erzeugten Wissens. Die Geschichte der Technikwissenschaften besitzt somit kognitive wie soziale Komponenten. In dem folgenden historischen Abriss werden beide gleichermaßen behandelt, wobei der Schwerpunkt seit der Zeit um 1800 auf der Entwicklung in Deutschland liegt.

Es hängt von den gewählten Kriterien und dem damit verbundenen Anspruch ab, von welcher Zeit an man einem Wissensgebiet Eigenständigkeit und Wissenschaftlichkeit zuspricht. Legt man einen hohen Anspruch und strenge Kriterien zu Grunde, dann bildeten die Technikwissenschaften seit etwa 1900 eine eigenständige Wissenschaftsgruppe. Bei weniger rigider Betrachtung kann man von Technikwissenschaften schon wesentlich früher sprechen. Auf jeden Fall reicht ihre Vorgeschichte viele Jahrhunderte zurück.

2.1.1 Von den Anfängen bis um 1800

Die Anfänge systematischen Nachdenkens über Technik dürften in den städtischen Hochkulturen zu finden sein, die sich in den Jahrtausenden vor unserer Zeitrechnung in verschiedenen Regionen der Welt herausbildeten: in Mesopotamien, im alten Ägypten, am Indus, am Gelben Fluss usw. Die Ingenieure errichteten in dieser Zeit große Kult-, Repräsentations- und Nutzbauten wie die Zikkurate in Mesopotamien, die Pyramiden in Ägypten und Bewässerungsanlagen. Im Allgemeinen können wir das zu Grunde liegende technische Wissen nur über die Bauten selbst erschließen. Aber wir wissen auch, dass beispielsweise in den Hochkulturen des Zweistromlandes eine mathematische Unterrichtung zur Ausbildung der Eliten gehörte.

Genauer fassen lassen sich wissenschaftliche Ansätze im Bereich der Technik seit der griechischen Antike. Bei klassischen Philosophen wie Aristoteles finden sich nicht nur ethische Reflexionen über die Technik, sondern auch theoretische Ausarbeitungen der Mechanik. Die Mechaniker im Hellenismus, das heißt aus der Zeit Alexanders des Großen und seiner Nachfolger, unterschieden sich von ihren klassischen Vorgängern durch eine stärkere Praxisorientierung. So pflegte das Museion, eine durch die Ptolemaier um 300 v. Chr. im ägyptischen Alexandreia gegründete Stätte der Wissenschaft, auch die Mechanik. Die hellenistischen Mechaniker schufen Automaten für öffentliche Aufzüge und die Unterhaltung der Hofgesellschaft, aber auch Waffen und landwirtschaftliche Techniken. In einem überlieferten Fall stellten sie systematische Versuche an, um die günstigsten Abmessungen für Katapulte zu ermitteln. An die hellenistischen Vorarbeiten knüpften die ebenfalls sehr praxisorientierten römischen Techniker an. Der unter Caesar und Augustus dienende Kriegstechniker Vitruv fasste kurz vor der Zeitenwende das bau- und maschinentechnische Wissen seiner Zeit in seiner großen Schrift „De architectura“ zusammen, die in zahlreichen Kopien das Mittelalter überdauerte und im 15. Jh. nach der Erfindung des Buchdrucks neu aufgelegt wurde.

In der Renaissance wurden nicht nur technische Klassiker der Antike wiederentdeckt, die Pracht- und Machtkonkurrenz der zahlreichen Herrschaften bot der Ingenieurarbeit erweiterte Entfaltungsmöglichkeiten. Die Zeichnung erreichte ein neues Niveau und verbesserte die Kommunikation in der technischen Welt. Grundlage hierfür waren die Ausarbeitung der Perspektive und eine besonders bei den italienischen Künstleringenieuren feststellbare Erhöhung der zeichnerischen Qualität. Das beste Beispiel hierfür stellen die technischen Zeichnungen Leonardo da Vincis dar. Als praktischer Ingenieur leistete Leonardo nichts Herausragendes. Jedoch finden sich bei ihm weiterführende Ansätze für die Entwicklung des technischen Denkens. Hierzu gehört seine Zerlegung der Maschinen in Funktionselemente. Und hierzu gehören ein empirisch-induktives Vorgehen sowie die Ableitung allgemeiner Regeln aus Beobachtungen und einfachen Versuchen. Die Mathematik dagegen beschränkte sich bei Leonardo auf die Grundrechenarten und einfache Geometrie. Immerhin zeigte sich dabei ein Streben nach Quantifizierung.

Was Leonardo intuitiv praktizierte, erfuhr durch den englischen Politiker und Gelehrten Francis Bacon zu Anfang des 17. Jh.s eine theoretisch-programmatische Ausarbeitung. Bacon propagierte die Naturwissenschaft als empirische Erfahrungswissenschaft und Technik als ihre Anwendung. In einer seiner Schriften konzipierte er eine staatliche zentrale Stätte der Forschung für die Durchführung technisch-wissenschaftlicher Entwicklungsarbeiten. Als sich seit 1660 zahlreiche Akademien gründeten, beriefen sie sich auf das von Bacon formulierte Programm. Unter den Aufgaben der Akademien wurde neben der Wissenschaft auch die Förderung von Technik und Gewerbe aufgeführt. Die Praxis blieb jedoch hinter solchen programmatischen Bekundungen weit zurück. Nach 1800 veränderten sich auch die Zielformulierungen. Die Akademien verstanden sich jetzt als Stätten der reinen – das heißt zweckfreien – Wissenschaft, aus der die Technik nach Möglichkeit fern zu halten sei.

Das 17. und das 18. Jh. waren eine Zeit des Aufbruchs der theoretischen und empirischen Naturforschung. Das systematische Experiment wurde mehr und mehr zum zentralen Mittel der Erkenntnisgewinnung. Isaac Newton veröffentlichte 1687 mit seinen „Principia" die theoretische Basis für die Mechanik als Grundlegung der Naturwissenschaften. Im 18. und im 19. Jh. bemühten sich eine Vielzahl von Mathematikern und Naturwissenschaftlern, die mechanischen Prinzipien auf technische Probleme anzuwenden. In diesen Zusammenhang gehört auch die Begründung einer technischen Mechanik im frühen 19. Jh. in Frankreich durch Männer wie Charles Augustin de Coulomb, Claude Louis Marie Henri Navier, Gaspard-Gustave Coriolis und Jan-Victor Poncelet. Sie leisteten für die theoretische Durchdringung der Technik wertvolle Vorarbeiten. In Einzelfällen, wie beidem Poncelet'schen Wasserrad mit gekrümmten Schaufeln, gingen aus den Arbeiten auch zukunftsweisende technische Lösungen hervor. Meistens aber waren die technischen Probleme zu komplex, als dass sie mit den damaligen Möglichkeiten auf theoretischem und rechnerischem Weg einer Lösung hätten zugeführt werden können. Der hohe Stellenwert, der in gelehrten Kreisen der Mathematik beigemessen wurde, hing auch damit zusammen, dass man sich mit ihrer Hilfe von der handwerklichen Technik abgrenzen konnte.

Eine andere Tradition des technischen Schrifttums, die zu den Technikwissenschaften hinleitete, kann man als Systematisierung der technischen Praxis bezeichnen. Sie erzeugte im Einzelnen zwar wenig Neues, brachte aber die existierende Technik und das mit ihr verbundene technische Wissen in eine systematische Ordnung. Schon Vitruv lässt sich dieser Tradition zuordnen. Aus der breiten technischen Literatur im Humanismus ragt das Werk von Georg Agricola heraus. Sein 1556 publiziertes Handbuch des Berg- und Hüttenwesens „De re metallica" galt bis ins 18. Jh. als Standardwerk. Es rückte dem gebildeten Publikum die im Montanwesen gebräuchlichen Maschinen und Verfahren vors Auge – insbesondere mit Hilfe von nahezu 300 Holzschnitten hoher Qualität. Die im 18. Jh. entstehenden Spezial- und Universallexika umfassten auch die Technik. So enthielt die zwischen 1751 und 1780 publizierte vielbändige Encyclopédie der Aufklärer Denis Diderot und Jean Le Rond d'Alembert hochwertige Kupferstiche mit genauen Beschreibungen und Abbildungen zeitgenössischer Technik.

Weniger der Bildung, sondern mehr Zwecken des Staates diente die im 18. Jh. entstehende technologische Literatur. Technologie bildete ein Element der Kameralwissenschaften. Bei den Kameralwissenschaften handelte es sich um ein Konglomerat von Fächern, das in den Staaten des aufgeklärten Absolutismus die Beamten auf die Verwaltungsaufgaben vorbereiten sollte. Zu dieser Verwaltungswissenschaft gehörten die Finanz- und Staatswissenschaft, welche sich später in Nationalökonomie und Staatslehre aufspaltete, sowie die Technologie. Unter Technologie verstand man eine Handwerks- und Gewerbekunde unter Einbeziehung der Landwirtschaft. Die grundlegenden Schriften zur Technologie verfasste der an der Universität Göttingen Ökonomie lehrende Johann Beckmann. Zuerst gliederte Beckmann sein Material nach Gewerben und peilte damit die Zielgruppe der zukünftigen Verwaltungsbeamten an. Später dachte er mehr an die Gewerbetreibenden und entwarf das Programm einer vergleichenden Verfahrenskunde. Beckmann schwebte vor, chemische und mechanische Verfahren unabhängig von ihrem Anwendungsort zu systematisieren und damit Grundlagen für einen Technologietransfer zwischen den Gewerben zu schaffen.

Das ambitionierte Programm Beckmanns wurde weder von ihm noch von seinen unmittelbaren Nachfolgern ausgearbeitet (siehe Kapitel 6). Die Technologie ging ihres kameralwissenschaftlichen Zusammenhangs verlustig, weil sich der Staat in der Zeit nach 1800 weniger als Verwaltungsstaat denn als Rechtsstaat entwickelte. Die Aufgabe der Staatsverwaltung wurde jetzt weniger darin gesehen, Wirtschaft und Gesellschaft zu gestalten, sondern den gesellschaftlichen Kräften des Adels und des Bürgertums Rechtssicherheit zu gewähren. Im 19. Jh. wurde die Technologie ein Teilgebiet der Technikwissenschaften mit den Verfahren der Stoffverarbeitung als Gegenstand. Dabei verfolgte die Disziplin aber weniger allgemeine Systematisierungsabsichten, sondern orientierte sich an den einzelnen Gewerbezweigen. Als erste Untergliederung entstand daraus die in mechanische und chemische Technologie.

Die Technologie und die Mechanik waren im 18. Jh. als Disziplinen an den Universitäten bzw. den wissenschaftlichen Akademien institutionalisiert. Zur gleichen Zeit wurden – und zwar zuerst in Frankreich – Schulen gegründet, die ausschließlich der Technik dienten (siehe Tabelle 1). Diese staatlichen Schulen bildeten Ingenieure für das Militär und für die Verkehrsinfrastruktur aus. Seit dem späten 17. Jh. richteten einzelne Artillerieregimenter temporäre und seit 1720 ständige Schulen ein, die theoretischen und praktischen Unterricht verbanden; Mathematik und Zeichnen besaßen einen hohen Stellenwert. Für das staatliche Bauwesen kam 1747 die École des Ponts et Chaussées dazu. Für die Festungsbauer gründete der Kriegsminister 1748 in dem nahe der belgischen Grenze gelegenen Mézières die École du Génie. Der Unterricht dauerte zwei bis drei Jahre. Von allen technischen Schulen der zweiten Hälfte des 18. Jh.s besaß die École du Génie das höchste mathematisch-naturwissenschaftliche Niveau. Unter den Lehrern der Militärschulen finden sich bekannte Mathematiker, Ingenieur- und Naturwissenschaftler. So lehrte an einer der Artillerieschulen Bernard Forest de Bélidor, der mit seiner „Science des ingénieurs" (1729) und seiner „Architecture hydraulique" (1737–1739) bau- und wasserbautechnische Standardwerke verfasste, die noch Anfang des 19. Jh.s nachgedruckt wurden. Zwischen 1764 und 1784 unterrichtete an der École du Génie Gaspard Monge, der die Géometrie descriptive, die darstellende Geometrie, zur Wissenschaft ausarbeitete.

Die französische Revolution gab dem Ingenieurschulwesen mit der Gründung der École Polytechnique in Paris im Jahre 1794 eine neue Struktur. Auf der École Polytechnique wurden vor allem Mathematik und Naturwissenschaften auf einem ausgesprochen hohen Niveau gelehrt. Nach zweijährigem Besuch der

Schule wechselten die Staatsdienstaspiranten für ein bis drei Jahre auf die anwendungsorientierten Spezialschulen für das Militär, das Bauwesen, den Bergbau usw. Die etablierte zweistufige Struktur findet sich auch heute noch an den deutschen Technischen Universitäten in Gestalt der Gliederung in Grund- und Hauptstudium. Die École Polytechnique und die sich anschließenden Écoles d'application bildeten und bilden eine Elite unter den Ingenieuren aus – ausgelesen durch strenge Aufnahme- und Abschlussprüfungen, in denen die Mathematik eine zentrale Rolle spielt. Die an diesen und den anderen Grandes Écoles gelehrten Technikwissenschaften zeichnen sich durch einen hohen Grad an Theoretisierung und Mathematisierung aus.

Tabelle 1: Gründungsdaten von Schulen für die Ausbildung von Staatsdienstingenieuren in Frankreich im 18. Jh.

1720 ff.	Écoles d'Artillerie
1747	École des Ponts et Chaussées in Paris
1748	École du Génie in Mézières
1760	École de la Marine in Paris
1783	École des Mines in Paris
1794	École Polytechnique in Paris

Die deutschen Mittelstaaten schufen sich im 18. Jh., dem französischem Vorbild folgend, ebenfalls technische Spezialschulen – wenn auch meist mit reduziertem Umfang und Niveau. Nur beim in Mitteleuropa traditionsreicheren Bergbau gingen die deutschen Staaten Frankreich voran. Die Gründung von Bergschulen und Bergakademien seit der Mitte des 18. Jh.s besaß mehrere Ursachen. In einigen Revieren hatte man technische Probleme zu bewältigen. Man drang in größere Tiefen vor, was die Förderung viel größerer Mengen an Grubenwasser notwendig machte. In anderen Revieren paarten sich politisch-ökonomische Krisenerscheinungen mit Anzeichen einer neuen bergbaulichen Blüte. Die Gründung der Bergakademie Freiberg 1765 erfolgte vor dem Hintergrund der im Siebenjährigen Krieg an der Seite Österreichs erlittenen Niederlage gegen Preußen. Der Unterricht – unter Einschluss von Übungen und Versuchen – umfasste mathematische, naturwissenschaftliche und allgemeine technische sowie berg- und hüttenmännische Fächer. Die praktische Wirksamkeit des Unterrichts für den sächsischen Bergbau war umstritten, aber wissenschaftlich errang die Bergakademie jedenfalls hohes Ansehen. Der berühmteste Lehrer, Abraham Gottlob Werner, zählt zu den Begründern der Geowissenschaften. Im Laufe des folgenden Jahrzehnts gründeten andere Länder Bergakademien, so die Habsburgermonarchie im heute slowakischen Schemnitz (Banská Stiavnica), weitere entstanden in Berlin und Clausthal.

2.1.2 19. Jahrhundert

Die Bergakademien und die anderen im 18. Jh. gegründeten Spezialschulen waren für die technischen Staatsbeamten bestimmt. Im frühen 19. Jh. kamen technische Schulen für die Ausbildung von Ingenieuren für Industrie und Gewerbe dazu. Mit den Gründungen reagierten die kontinentaleuropäischen Staaten auf die Industrielle Revolution in Großbritannien. War man bei der britischen Industrialisierung noch ganz ohne formalisierte Ingenieurausbildung ausgekommen, so setzte man in Deutschland auf Bildung. Der Aufbau eines Systems technischer Bildung gehörte zu den technologiepolitischen Maßnahmen, mit denen die Staaten eine nachholende Industrialisierung in Gang setzen und den Vorsprung Großbritanniens aufholen wollten.

In den deutschsprachigen Ländern ging die österreichisch-ungarische Monarchie, wo Gewerbeförderung seit der Regierungszeit Maria-Theresias ein wichtiges Politikfeld war, den deutschen Mittelstaaten bei der Institutionalisierung technischer Bildung voran. Der gemeinsame Hintergrund der Schulgründungen bestand im Willen zur Industrialisierung sowie in durch die napoleonischen Kriege und ihre Folgen ausgelösten ökonomischen Krisen. 1806 riefen die böhmischen Stände in Prag und 1815 rief die Kronmonarchie in Wien je ein Polytechnisches Institut ins Leben. In den deutschen Ländern mittlerer Größe kam es zwischen 1821 und 1836 zu einer regelrechten Gründungswelle. In diesen anderthalb Jahrzehnten entstanden Gewerbeschulen und Polytechnische Schulen in Berlin, Karlsruhe, München, Dresden, Stuttgart, Hannover, Braunschweig und Darmstadt (siehe Tabelle 2). Es fällt auf, dass alle neuen technischen Schulen in Haupt- und Residenzstädten lagen. Damit erleichterte sich die Regierungsbürokratie Einflussnahmen; außerdem handelte es sich bei einigen Städten um wichtige Gewerbestandorte.

Das zentrale, anlässlich der Gründungen formulierte Ziel, mit Hilfe der Absolventen die nachholende Industrialisierung zu beschleunigen, erreichten die technischen Schulen – von Ausnahmen abgesehen – nur sehr bedingt und mit zeitlicher Verzögerung. Von den Abgängern landete nur eine Minderheit in der Industrie, die meisten gingen in den Staatsdienst. Die Gründe hierfür dürften in erster Linie in der langsamen industriellen Entwicklung gelegen haben. Die kleinen industriellen Unternehmen waren es zufrieden, die wenigen benötigten technischen Fach- und Führungskräfte aus der eigenen Belegschaft zu rekrutieren.

Die technische Ausbildung erfolgte in erster Linie im Betrieb selbst; gegebenenfalls konnten sich Mitarbeiter spezielle Kenntnisse im Selbststudium oder in Abendkursen aneignen. Nach der Reichsgründung erlebte die deutsche Industrie einen kräftigen Aufschwung. In den entstehenden arbeitsteilig organisierten Großbetrieben stieg die Nachfrage nach Ingenieuren schlagartig. Seitdem nahm die Industrie Absolventen der Schulen, die sich jetzt Technische Hochschulen nannten, mit großer Bereitschaft auf.

Tabelle 2: Gründungsdaten von Gewerbeschulen, Polytechnischen Schulen und Technischen Hochschulen im deutschsprachigen Raum 1800 – 1945

1806	Prag
1815	Wien
1821	Berlin
1825	Karlsruhe
1827	München
1828	Dresden
1829	Stuttgart
1831	Hannover
1835	Braunschweig
1836	Darmstadt
1837	Zürich
1870	Aachen
1904	Danzig
1910	Breslau

Die Polytechnischen Schulen besaßen anfangs nur ganz wenige Fächer, welche die wichtigsten Berufsfelder im Staatsdienst und in der Privatindustrie abdeckten: das Bauwesen, den Maschinenbau, das Hüttenwesen, die Chemie. Im Laufe der Zeit kamen weitere Disziplinen hinzu (siehe 2.2). Im Allgemeinen bildeten sie die technische Praxis ab und vollzogen die technische Entwicklung nach: Im Zusammenhang mit dem Bau von Eisenbahnen und der Verlegung von Telegraphenleitungen wurden entsprechende Lehrstühle eingerichtet. Später differenzierten sich die Fachgebiete weiter aus: Das Eisenbahnwesen untergliederte sich in Bahnbau, Lokomotivbau, Signalwesen usw. Die Technikwissenschaften reproduzierten sich gewissermaßen selbst. Die eigentliche Expansionsphase der Ingenieurdisziplinen fällt in die Zeit der Hochindustrialisierung. Bis um 1890 ging die größte Dynamik vom Bauwesen aus, danach vom Maschinenbau. Die Strukturierung des Bauwesens folgte Unterscheidungen wie der zwischen Bautechnik und Architektur, zwischen Tief- und Hochbau, nach den Baumaterialien Holz, Stein, Stahl und Eisen sowie Beton, nach den Gebäuden wie Wohnungs-, Industrie- und Verkehrsbauten usw. Im Maschinenbau schlug sich der ungeheure Erfindungsreichtum der Zeit nieder: mit Innovationen wie Erntemaschinen, Druckmaschinen, Setzmaschinen und Dampfturbinen sowie neuen Industrien wie der Elektro-, Verbrennungskraftmaschinen-, Automobil- und Luftfahrtindustrie. Ein markanter Anstieg der Studentenzahlen schuf Voraussetzungen für die Expansion der Fächerstruktur; Etatausweitungen machten sie möglich.

Die neue Wissenschaftsgruppe hatte sich etabliert, hinsichtlich ihrer Bezeichnung herrschte aber national wie international große Konfusion – und dies bis heute. In Frankreich hatte Bernard Forest de Bélidor im 18. Jh. den Begriff „Science des ingénieurs“ verbreitet, der als „Ingenieurwissenschaft“ auch ins Deutsche übertragen wurde. In Deutschland hatte der Begriff „Technologie“ Verwendung gefunden, der aber inhaltlich mit den Ingenieurwissenschaften nicht identisch war. In England tauchte im 19. Jh. zudem der Begriff „Industrial Science“ auf. Am häufigsten findet man in Deutschland in der zweiten Hälfte des 19. Jh.s „technische Wissenschaften“, dagegen fast nicht „Technikwissenschaften“. Möglicherweise scheuten die des Griechischen Kundigen die „Technikwissenschaften“ wegen der Verwechslungsgefahr mit der „Technologie“, die inzwischen die eingeschränkte Bedeutung einer technischen Verfahrenskunde erhalten hatte.

Konzeptionell und kognitiv kann man in den deutschen Technikwissenschaften des 19. Jh.s drei Phasen unterscheiden:

- eine bis etwa 1860 dauernde Phase der Systematisierung technischer Praxis,
- eine bis etwa 1890 dauernde Phase der Theoretisierung und
- eine folgende Phase eines erneuten Praxisbezugs auf einem höheren Niveau, in deren Verlauf sich die Technikwissenschaften methodisch verselbstständigten.

Deutsche Technikwissenschaftler legten ihren Arbeiten in der ersten Hälfte des 19. Jh.s nicht in gleichem Maß wie ihre französischen Kollegen die Mechanik zu Grunde. Die deutschen Lehrbücher enthielten häufig eine wenig kohärente Ansammlung von Informationen. Ihre Verfasser beschrieben – veranschaulicht durch Abbildungen – die fortgeschrittene englische und französische Praxis des Bauwesens und des Maschinenbaus. Sie bemühten sich um die Formulierung von Konstruktionsregeln. Sie fertigten Tabellen zu wichtigen technischen Parametern an. Und sie gaben meist sehr vereinfachte, auf den französischen Standardwerken aufbauende Einführungen in die technische Mechanik. Wenn die mechanischen Abhandlungen Beispiele enthielten, dann besaßen diese mehr illustrierenden denn praktischen Wert. Punktuell wurde über die Ergebnisse von Experimenten berichtet, wobei das Problem der Verallgemeinerung meist ungeklärt blieb.

Den Bemühungen um eine Systematisierung der technischen Praxis lässt sich auch das Werk Ferdinand Redtenbachers zurechnen, selbst wenn es zukunftsweisende Elemente enthielt. Redtenbacher, der zwischen 1841 und 1863 am Karlsruher Polytechnikum Maschinenbau lehrte, widmete sich in seinen Werken den fortgeschrittensten Maschinen seiner Zeit, wie den Lokomotiven und den Wasserkraftmaschinen. Dabei konzedierte er, dass es der Technikwissenschaft schwer falle, die schon weit gediehene technische Praxis weiter zu verbessern. Ihre Aufgabe sei es vor allem, die der praktischen Technik zu Grunde liegenden Gesetze und Regeln herauszuarbeiten und den Maschinenbau damit lehrbar zu machen. Für die Konstruktionspraxis verfasste er ein Tabellen- und Nachschlagewerk sowie ein Lehrbuch. Darin praktizierte er einen dem Stand des Maschinenbaus seiner Zeit durchaus angemessenen Methodenpluralismus und arbeitete mit Berechnungen, Formeln, Versuchen, Messungen, Schätzungen, Gefühl und Erfahrung.

Die sich zwischen etwa 1860 und 1890 abspielende zweite Phase der Entwicklung der Technikwissenschaften war durch eine Tendenz zur Theoretisierung geprägt. Dabei wurde Theoretisierung als Physikalisierung und Mathematisierung interpretiert. Das Ziel bestand darin, die Technik durch ein kohärentes und konsistentes System mathematisch formulierter physikalischer und mechanischer Gesetze und Regeln zu beschreiben. Auf diesem Weg gelangte man durchaus zu fruchtbaren Ergebnissen, zuerst in der Baustatik, später auch in der Maschinendynamik, Thermodynamik und auf anderen Feldern. Das Problem bestand darin, dass die Protagonisten das Konzept mit einer rigiden methodischen Strenge vertraten, die weder den Spezifika der Technikwissenschaften noch den damaligen wissenschaftlichen Möglichkeiten entsprach.

Der wichtigste Vertreter dieser Richtung im Maschinenbau war Franz Grashof, Nachfolger Redtenbachers in Karlsruhe und als Direktor des Vereins Deutscher Ingenieure einflussreicher Bildungspolitiker. In seiner „Theoretischen Maschinenlehre“ (1875 – 1890) gelangte er auf deduktivem Weg, von der Mechanik ausgehend, zu allgemeinen mathematisch-analytisch formulierten Aussagen über Maschinen, wobei er einen für die Verhältnisse der damaligen Zeit großen rechnerischen Aufwand betrieb. Zusammenhänge zwischen Technik und Wirtschaft klammerte er aus seinem Werk aus.

Eine Theoretisierung ganz anderer Art verfolgte der Berliner Maschinenbauer Franz Reuleaux. Reuleaux wollte ein konsistentes Beschreibungssystem für Maschinen schaffen, ließ sich dabei aber weniger von der Physik und der

Mathematik leiten, sondern mehr von der Philosophie und der Logik. In seinem „Lehrbuch der Kinematik“ (1875 – 1900) formulierte Reuleaux zunächst ein Begriffssystem für – so der Anspruch – die Beschreibung aller vorkommenden Maschinen. Das Endziel war eine Art Erfindungslehre. Mit Hilfe seiner kombinatorischen und intentionalen Heuristik sollte man zu neuen Maschinen gelangen.

Hinter diesen Theoretisierungen standen nicht nur wissenschaftliche Absichten, sondern auch bildungspolitische Motive. In der zweiten Hälfte des 19. Jh.s beanspruchten die Technischen Hochschulen eine Gleichberechtigung mit den Universitäten. Der Emanzipationskampf war Teil einer größeren Reformbewegung, die sich gegen den Neuhumanismus richtete. Letzten Endes wurden dabei unterschiedliche Bildungsbegriffe gegeneinander ins Feld geführt: die Idee einer praktischen Bildung versus die einer zweckfreien Bildung. In diesem „Kampf der zwei Kulturen“ setzten sich die Technikwissenschaftler einerseits polemisch von dem in manchen Universitätswissenschaften gepflegten Postulat der Zweckfreiheit ab, eigneten sich aber andererseits die in den universitären Naturwissenschaften geltenden Normen der Theoretisierung und Mathematisierung an. Hochschulpolitisch war diese ambivalente Vorgehensweise erfolgreich: Die Polytechnischen Schulen wurden Technische Hochschulen und erhielten um die Jahrhundertwende das Promotionsrecht. Allerdings reduzierte die weit getriebene Theoretisierung die praktische Problemlösungskompetenz der Technikwissenschaften.

Um 1890 entstand gegen solche als Übertheoretisierung empfundene Erscheinungen eine Gegenbewegung von Technikwissenschaftlern, die sich selbst als „Praktiker“ bezeichneten. Die Praktiker sahen in der Mathematik keinen Selbstzweck, sondern eine Hilfswissenschaft. Ihr Wert erweise sich an der Abbildungsqualität der benutzten mathematischen Modelle. Gegen eine Überschätzung der Theorie betonten die Praktiker den Wert empirischer Vorgehensweisen wie Beobachtung und Experiment. Hierfür waren die Technischen Hochschulen jedoch schlecht gerüstet. In den naturwissenschaftsnahen Fächern wie der Elektrotechnik gab es kleine Laboratorien, die aber in erster Linie studentischen Übungen dienten und mit der industriellen Technik wenig gemein hatten. Andere Einrichtungen waren für die Materialprüfung bestimmt, für Festigkeits- und Belastungsuntersuchungen der wichtigsten Bau- und Werkstoffe. Was fehlte, waren Laboratorien, in denen sich Versuche an auch in der industriellen Praxis verwendeten Maschinen durchführen ließen. Nach amerikanischem Vorbild entstanden solche Maschinenlaboratorien und Versuchsfelder um die Jahrhundertwende. Zunächst dienten sie vor allem der Lehre, später mehr und mehr auch der Forschung.

2.1.3 20. Jahrhundert

Seit der Zeit um 1900 verfügten die Technikwissenschaften über die Voraussetzungen, um sich als experimentelle Erfahrungswissenschaften zu profilieren. Die in den Hochschullaboratorien gewonnenen Versuchsergebnisse reicherten das technische Wissen an. In der gleichen Zeit begann auch die Industrie mit der Einrichtung spezieller Forschungs- und Entwicklungsabteilungen. Die Hochschulen legten bei Berufungen vermehrt Wert auf Praxiserfahrung. Die Neuberufenen brachten im Beruf erworbene Kenntnisse mit, die sie an den Hochschulen systematisierten und für Forschung und Lehre aufbereiteten. Eine verstärkte Kooperation erweiterte den Informationsfluss zwischen Hochschule und Industrie. Naturwissenschaftliches und mathematisches Wissen behielt seine Bedeutung, wurde aber den technischen Problemstellungen untergeordnet.

Die Technikwissenschaftler erkannten zunehmend, dass das Schlüsselproblem ihrer Arbeit darin bestand, die jeweilige komplexe technische Praxis in einem zieladäquaten Modell abzubilden und das Modell mit Wissen zu füllen und handhabbar zu machen. Bei den Modellen konnte es sich um Formelwerke, qualitative Beschreibungen, gegenständliche Repräsentationen oder eine Mischung aus dem Genannten handeln. Das in die Modelle eingehende Wissen entstammte unterschiedlichen Quellen: den Naturwissenschaften, wobei es in der Regel für technikwissenschaftliche Zwecke einer Transformation des Wissens bedurfte; systematischen Experimenten unter praxisnahen Bedingungen; dem Sammeln und Sichten von Erfahrungen aus der technischen Praxis usw. Bei der technikwissenschaftlichen Modellbildung waren pragmatische und ökonomische Aspekte zu beachten. Die angestrebte Genauigkeit und der betriebene Aufwand hingen von der technikwissenschaftlichen wie von der technisch-wirtschaftlichen Zielsetzung ab.

Damit hatten sich die Technikwissenschaften methodisch verselbstständigt. Sie verfügten jetzt über ein Instrumentarium, um mit Aussicht auf Erfolg die Aufgabe anzugehen, einen Beitrag zur Anleitung der technischen Praxis zu leisten. Im 19. Jh. hatten die Technikwissenschaften Praxisbezug häufig als Makel empfunden, den es mit Hilfe der Physik und der Mathematik zu überwinden gelte. Seit der Jahrhundertwende interpretierten sie Praxisbezug eher als Stärke und Ausweis ihrer spezifischen Wissenschaftlichkeit. In einem offiziösen, zur Weltausstellung in St. Louis 1904 erschienenen Werk über das deutsche Wissenschaftssystem war zu lesen:

> „Die moderne Technik benutzt nicht nur Mathematik und Naturwissenschaft als Hilfswissenschaften, sie besitzt auch einen eigenen wissenschaftlichen Geist, eine eigene wissenschaftliche Methode der Stellung und der Lösung ihrer Probleme“ (zit. nach Zweckbronner 1991, S. 400).

Die von den Technikwissenschaften im 20. Jh. verfolgte antizipative Modell- und Theoriebildung lässt sich als neue Phase im Prozess der Verwissenschaftlichung begreifen. Dabei handelt es sich aber um einen Prozess, der prinzipiell unabschließbar ist.

Die methodische Verselbstständigung der Technikwissenschaften bedeutete nicht, dass ihre weitere Entwicklung spannungsfrei verlief. Über das gesamte 19. Jh. und darüber hinaus waren die Technikwissenschaften dem Leitbild der Konstruktion gefolgt. Das Konstruktionsbüro stellte das bei weitem wichtigste Berufsfeld der Ingenieure dar. Die Wissenschaft zielte auf die ideelle Vorwegnahme der zu realisierenden Technik und ihre Fixierung in Form von Zeichnungen oder anderen Repräsentationsformen. Nach der Jahrhundertwende trat neben das Leitbild der Konstruktion jenes der Produktion. Die neuen produktionstechnischen Disziplinen rückten die ökonomischen Bezüge der Technik wieder mehr in den Vordergrund. Dies ging bis zu Überlegungen, ob man nicht Technik und Wirtschaft als Einheit sehen und in Disziplinen neuer Art zusammenfassen solle. Auf der anderen Seite wuchs der Stellenwert von Forschung und Entwicklung. In diesem Zusammenhang näherten sich die technischen Disziplinen wieder mehr den Naturwissenschaften an.

Dazu kamen wechselnde politische Einflüsse und Vorgaben – am ausgeprägtesten in der Zeit des Nationalsozialismus. Die Vertreibung jüdischer und politisch missliebiger Professoren traf auch die Technikwissenschaften. Die Nationalsozialisten stärkten die angewandte auf Kosten der Grundlagenforschung. Die Technischen Hochschulen kamen bei dieser Gewichtsverlagerung besser weg als die Universitäten, verloren aber Ressourcen an die Ingenieurschulen. Die technische Forschung folgte in einem Prozess der „Selbstmobilisierung" den nationalsozialistischen Zielen Aufrüstung und Autarkie. So erfuhren die „Wehrforschung" und die Luftfahrtforschung einen kräftigen Ausbau.

Nach dem Zweiten Weltkrieg ging die Ausdifferenzierung der Technikwissenschaften weiter. Anstöße kamen vor allem durch neue Technikfelder wie die Kerntechnik, die Raumfahrt oder die Biotechnologie. Das gewachsene Fächerspektrum wurde mehrmals neu in Fakultäten und Fachbereiche gruppiert. Die größte Bedeutung gewannen die Informatik und die wissenschaftliche Anwendung elektronischer Rechner. Dabei entstand nicht nur ein neues Fach, sondern Forschung und Lehre wurden mit der Zeit gravierend umgestaltet. Die Rechner kamen bei statistischen Auswertungen zum Einsatz, bei aufwendigen Berechnungen, beim Entwerfen von Maschinen und bei Simulationen. Elektronische Rechner enthoben die Technikwissenschaftler zwar nicht der Aufgabe, die komplexe technische Realität in handhabbare Modelle zu überführen, doch erlaubten sie die rechnerische Behandlung wesentlich komplexerer Modelle. In vielen Fällen traten auf dem Rechner durchgeführte Simulationen an die Stelle von Experimenten, die entweder aus Kostengründen oder praktisch, zum Beispiel messtechnisch, nicht mehr zu realisieren waren. Auf diese Weise ließen sich die Konsequenzen konstruktiver Änderungen oder das Betriebsverhalten von Maschinen und Anlagen unter veränderten Bedingungen durchspielen (siehe 3.2.4; 4.2.4; 4.2.5).

Die enge Verzahnung technikwissenschaftlicher und gesellschaftlicher Entwicklung zeigte sich bei der Rezeption und Verarbeitung der Umweltproblematik. Die sich Anfang der 1970er Jahre verstärkende Diskussion um Umweltgefährdung und Umweltschutz mündete bald in politische Programme und gesetzliche Regelungen. Das Wissenschaftssystem reagierte mit neuen Forschungsfragen und Institutionalisierungen. Klassische Disziplinen intensivierten mit der Umweltproblematik zusammenhängende Forschungsaspekte, wie die Biologie die Ökosystemforschung, die Klimatologie die Untersuchung anthropogener Einflüsse auf das Klima oder der Maschinenbau das ressourcenschonende und recyclinggerechte Konstruieren. Fachgebiete wie Abfallwirtschaft, Luftreinhaltung, Wasserreinhaltung oder Umweltchemie wurden verstärkt gefördert oder überhaupt erst institutionalisiert. Dabei blieb es durchaus umstritten, ob die neuen umweltbezogenen Fragestellungen und Beurteilungskriterien eher in etablierte Fachgebiete integriert oder in neuen Disziplinen und Disziplingruppen zusammengefasst werden sollten.

Um 1980 setzten immer mehr zu Tage tretende Strukturschwächen der deutschen Wirtschaft Überlegungen in Gang, wie das Innovationspotenzial der Hochschulen durch Technologietransfer der Wirtschaft zugänglich gemacht werden könne. Überhaupt entwickelte sich Innovation zum politischen Schlagwort, das aber vielfach die tatsächlich erfolgten Kürzungen der Mittel für Investitionen und die Wissenschaften nur bemäntelte. Die ergriffenen Maßnahmen waren nicht frei von überzogenen Erwartungen. Zahlreiche Universitäten richteten Technologietransfer- und Innovationsberatungsstellen ein, die insgesamt bald mehrere hundert Mitarbeiter beschäftigten. Sie bildeten ein Element einer vielgestaltigen Transferlandschaft durch Staat und Wirtschaft finanzierter Einrichtungen. Insbesondere zielten sie auf kleine und mittlere Unternehmen, denen man unzureichende Kontakte zu Wissenschaft und Forschung zuschrieb. Die meisten Instrumente des Technologietransfers waren nicht neu, wurden jetzt aber umfassender und systematischer eingesetzt. Hierzu gehören Maßnahmen der Weiterbildung, des Personaltransfers, der Informationsvermittlung und -beratung durch Seminare, Workshops und Ausstellungen. Dazu kam die Unterstützung technologieorientierter Unternehmensgründungen zum Beispiel durch die Vermittlung von Venture-Kapital. Die Zusammenfassung junger, von Hochschulabsolventen ins Leben gerufener Unternehmen in Gründerzentren erleichterte den Erfahrungsaustausch und ermöglichte die gemeinsame Nutzung von Infrastruktureinrichtungen. Die meisten dieser Technologiezentren verselbstständigten sich mit der Zeit. Der Zusammenarbeit von Wissenschaft und Wirtschaft dienten die an manchen Universitäten gegründeten „An-Institute". An der Finanzierung beteiligten sich mit recht unterschiedlichen Anteilen die Industrie und die öffentlichen Hände.

Die Technikwissenschaften sind Teil einer Gruppe von Wissenschaften, die man als finale oder als Handlungswissenschaften bezeichnen kann (siehe 2.4). In ihnen geht es nicht nur um Erkennen, sondern auch um Gestalten. Durch ihre Gestaltungsaufgabe sind die Technikwissenschaften direkt oder über die Technik indirekt an die gesellschaftliche Entwicklung rückgebunden. Gesellschaftliche Veränderungen stellen die Technikwissenschaften vielfach vor neue Fragen und Herausforderungen. Es ist deswegen zu erwarten, dass die Technikwissenschaften, wie sie sich in der hier skizzierten Vergangenheit teilweise grundlegend verändert haben, auch in Zukunft gravierende Veränderungen erfahren werden.

2.2 STRUKTUR DER TECHNIKWISSENSCHAFTEN *Wolfgang König*

2.2.1 Die Disziplingruppe Technikwissenschaften als Wissenssystem und als Wissenschaftlergemeinschaft

Eine Wissenschaft kann sowohl kognitiv als Wissenssystem wie sozial als Wissenschaftlergemeinschaft verstanden werden (siehe Bild 1). Das System des technikwissenschaftlichen Wissens enthält Aussagen über Struktur und Funktion vorhandener wie möglicher Technik sowie über Zusammenhänge zwischen Technik und Gesellschaft. Technisches Wissen bildet einen Teil technikwissenschaftlichen Wissens (siehe 2.3.4), ist aber mit diesem nicht deckungsgleich. Im Vergleich zum technischen ist technikwissenschaftliches Wissen allgemeiner und theoretischer und wird mit methodisch reflektierteren Verfahren (siehe 4.2) erzeugt und gesichert. Technikwissenschaftliches Wissen integriert das in der technischen Praxis vorhandene Wissen und baut auf diesem auf. Gleichzeitig wird technikwissenschaftliches Wissen mit dem Ziel erzeugt, einen Beitrag zur technischen Gestaltung zu leisten (siehe 2.4.1). Aus technikwissenschaftlichem Wissen soll also technisches Wissen ableitbar sein.

Das technikwissenschaftliche Wissen lässt sich nach Herkunft und Zielsetzung in Forschungswissen und Ausbildungswissen unterteilen. Die beiden Wissensformen stehen für die Doppelaufgabe von Forschung und Lehre: die Erzeugung neuen Wissens sowie die Wissensvermittlung. Forschungswissen entsteht aus empirischer Forschung. Es ist meist sehr speziell und bildet deswegen eine gute Basis für konkrete Anwendungen. Dagegen ist Ausbildungswissen allgemeiner; erst durch Konkretisierung wird es direkt anwendbar. Ausbildungswissen geht aus der Generalisierung von Forschungswissen hervor, bedarf aber unabhängig davon einer eigenständigen Konzeptualisierung von Wissen.

Zur Wissenschaftlergemeinschaft der Technikwissenschaften gehören alle, die technikwissenschaftliches Wissen erzeugen und vermitteln. Institutionell denkt man dabei vor allem an Technische Universitäten, Fachhochschulen und Stätten außeruniversitärer Forschung. Darin eingeschlossen ist die Industrieforschung, welche gerade in den Technikwissenschaften einen bedeutenden Beitrag zum Wissenszuwachs leistet. Zwischen den Technikwissenschaften und den Ingenieurwissenschaftlern auf der einen Seite und der Technik und den Ingenieuren auf der anderen Seite bestehen unscharfe Grenzen, die sich nicht mit den institutionellen decken. Das zeigt schon ein Blick in technikwissenschaftliche Fachzeitschriften, in denen Verfasser mit sehr unterschiedlichen institutionellen und beruflichen Hintergründen publizieren. Die unscharfen Grenzen hängen damit zusammen, dass die Technikwissenschaften auf systematisierte Erfahrungsrückflüsse aus der Praxis angewiesen sind. Außerdem findet in der Technik zwischen der Wissenschaft und der Praxis ein personeller Austausch statt: Universitätsprofessoren werden aus der Industrie berufen, Promovierte und Assistenten gehen in industrielle Stellungen, und Industrieingenieure wechseln zwischen Forschung und Entwicklung sowie produktionsnahen Funktionen. Als äußeres Zeichen für die Überschneidung von Wissenschaft und Praxis ist es zu interpretieren, dass die einschlägigen Wissenschaften und Industriesparten sich gleichermaßen als Maschinenbau oder Elektrotechnik bezeichnen und ihre Angehörigen als Maschinenbauer oder Elektrotechniker.

Bild 1: Die Disziplin Technikwissenschaften

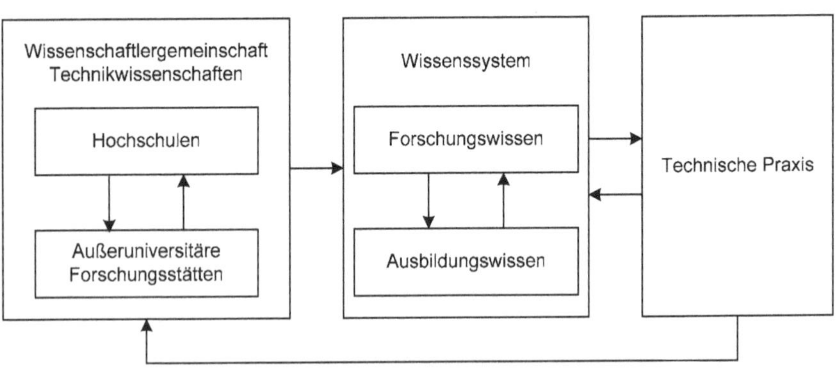

Wissenssystem und Wissenschaftlergemeinschaft lassen sich mit dem Begriff der Disziplin zusammenfassen. Der Begriff besitzt eine Reihe von Konnotationen und Semantiken, die ihn für die Zusammenführung von Kognitivem und Sozialem in den Wissenschaften besonders geeignet machen. Disziplin bedeutet nicht nur eine Anhäufung von Wissen, sondern ein geordnetes System des Wissens, drückt also ein von den Wissenschaften formuliertes Programm aus. Und Disziplin bedeutet weiter, dass sich ihre Angehörigen einer Ordnung unterwerfen, d.h. Normen und Regeln, welche die wissenschaftliche Arbeit anleiten. Schließlich betont der Disziplinbegriff, da er mit dem Wort „discipulus" (= „Schüler") zusammenhängt, auch die Ausbildungsaufgabe der Wissenschaften. Die Wissenschaften disziplinieren ihre Schüler, d.h. sie vermitteln ihnen nicht nur Wissen, sondern auch Normen, die ihr Denken und Handeln bestimmen sollen. Die Disziplingruppe der Technikwissenschaften kann also verstanden werden als eine in unterschiedlichen Formen institutionalisierte Wissenschaftlergemeinschaft, die den Gegenstandsbereich der vorhandenen und möglichen Technik mit spezifischen Methoden und Zielsetzungen analysiert und systematisiert.

2.2.2 Disziplingenese und Disziplinstruktur

Die Technikwissenschaften bilden eine Disziplingruppe, welche aus zahlreichen Einzel- oder Subdisziplinen besteht. Dabei springt von vornherein eine große Inhomogenität und Heterogenität ins Auge (vgl. Jobst 1986, 1995, S. 46-50). Da gibt es die Fahrzeugtechnik, die Thermodynamik, die Konstruktionslehre und das Wirtschaftsingenieurwesen, und man fragt sich, welches systematische Prinzip wohl dieser oder einer anderen Aufzählung zu Grunde liegen mag (siehe das Beispiel für eine systematische Struktur in 2.3.2). Nun sei dahingestellt, ob nicht auch andere Disziplingruppen wie die Geistes-, Natur- oder Humanwissenschaften ähnlich heterogene Strukturen aufweisen. Für uns ist es jedenfalls wichtig zu verstehen, worin die spezifische disziplinäre Struktur der Technikwissenschaften besteht und wo sie herrührt.

Bei den Technikwissenschaften erwächst die Heterogenität ihrer Struktur in erster Linie aus der Doppelaufgabe von Erkennen und Gestalten, aus der Spannung zwischen Theorieorientierung und Praxisbezug. Die beiden polaren Begriffe markieren ein weites Feld, auf dem sich die Technikwissenschaften immer wieder neu positionieren. Dies schlägt sich nieder in uneinheitlichen Benennungen wie Maschinenbau, -wesen, -lehre, -technik, -wissenschaft bzw. entsprechenden Wortzusammensetzungen für andere Technikfelder. Theorieorientierung heißt, dass die Technikwissenschaften nach möglichst allgemeinen Aussagen suchen, die einen großen Teil der Technik abdecken. Praxisbezug heißt, dass sie danach streben, Wissen zu generieren, das unmittelbar auftretende praktische Probleme löst. Die zwischen beiden Zielsetzungen bestehenden Spannungen lassen sich nicht in einer quasi idealen Disziplinstruktur aufheben.

Verkompliziert wird das Problem dadurch, dass in den Technikwissenschaften unter Theorie und Praxis sehr Unterschiedliches verstanden werden kann, was Konsequenzen für die disziplinäre Struktur hat. Theorie kann – nach dem Muster der Physik – heißen, die Funktionalität der Technik mit Hilfe gesetzesähnlicher Aussagen zu erfassen. Theorie kann aber auch – wie in der Systemtechnik – heißen, technische und soziotechnische Strukturen und die Beziehungen zwischen den Strukturelementen abzubilden.

Ebenso sind die praktischen Anforderungen an die Technikwissenschaften ganz unterschiedlicher Art. Die meisten entstammen konkreten Technikfeldern wie dem Dampfturbinenbau oder der Halbleiterelektronik oder sie betreffen spezielle Probleme wie das Verhalten von Werkstoffen oder die Durchströmung in Rohrleitungen. Andere technikwissenschaftliche Disziplinen beziehen sich in erster Linie auf die Qualifikationsanforderungen des Arbeitsmarktes und funktionale Differenzierungen in der Industrie, wie die Konstruktions- und Produktionstechnik oder das Wirtschaftsingenieurwesen. Und – um ein drittes Beispiel zu nennen – die um 1970 einsetzende Konjunktur der Umweltpolitik induzierte die Bildung neuer technikwissenschaftlicher Disziplinen oder eine Umorientierung bestehender.

Tendenziell werden die divergierenden Zielsetzungen der Theorieorientierung und des Praxisbezugs in der Unterscheidung zwischen Grundlagenforschung und angewandter Forschung abgebildet. Dabei ist diese Unterscheidung in den Technikwissenschaften anders zu verstehen als in den Naturwissenschaften. Aus der Perspektive der Naturwissenschaften ließe sich wohl jedwede technikwissenschaftliche Forschung unter angewandter Forschung subsumieren, weil sie immer Bezüge zur technischen Praxis aufweist. In den Technikwissenschaften lässt sich unter Grundlagenforschung zweierlei fassen: Einerseits theoretische Systematisierungen, die für eine unmittelbare Anwendung zu abstrakt sind. Und andererseits das empirische Erkunden neuer Technikfelder, ohne dass sich der Blick bereits auf eine konkrete Anwendung richtet. Solche Forschungen sind nicht „zweckfrei", sondern die Zwecke werden in erster Linie innerhalb des Wissenschaftssystems formuliert. In der angewandten Forschung der Technikwissenschaften geht es dagegen meist um konkrete Entwicklungsaufgaben. Die Zwecke werden häufig außerhalb des Wissenschaftssystems gesetzt und die Vorgehensweise ist in hohem Maß durch ökonomische Vorgaben beeinflusst.

Die Spannung zwischen Theorieorientierung und Praxisbezug, die unterschiedliche Ausprägung der beiden sowie geschichtliche Einflüsse mannigfaltiger Art haben in den Technikwissenschaften für eine sehr heterogene Struktur gesorgt. Eine nachträgliche Systematisierung der existierenden Struktur kann nach unterschiedlichen Kriterien erfolgen. Hier wird die Unterscheidung getroffen und erläutert zwischen produktorientierten Technikwissenschaften, funktionsorientierten Technikwissenschaften sowie berufsfeldorientierten Technikwissenschaften (siehe Bild 2).

Bild 2: Gliederung der Technikwissenschaften

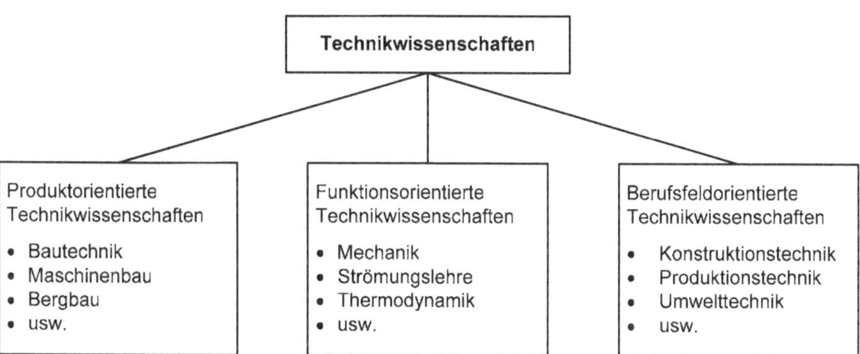

Die produktorientierten Technikwissenschaften gehen aus der technischen Praxis hervor und beziehen sich auf größere Technikfelder bzw. Industriesparten sowie auf bestimmte Produktgruppen. Hierzu gehören die großen, teilweise traditionellen, teilweise jüngeren Disziplingruppen der Bautechnik, des Maschinenbaus, des Bergbaus, des Hüttenwesens, der Elektrotechnik, der Informatik usw. Spezielle Produktgruppen wie Dampfmaschinen, Verbrennungsmotoren, Kraftfahrzeuge, Landmaschinen, Werkzeugmaschinen, Flugzeuge, Schiffe usw. werden durch eigene Disziplinen behandelt. In den genannten Fällen folgte in aller Regel die technikwissenschaftliche Institutionalisierung der technischen Entwicklung. In ihr spiegelt sich die Ausdifferenzierung der Technik wider. Die produktorientierten Technikwissenschaften sind im Allgemeinen mehr praxis- als theorieorientiert. Sie wollen einen Beitrag zur technischen Entwicklung leisten. Der größte Teil der Expansion der technikwissenschaftlichen Disziplingruppe ist auf diesem Weg der Verwissenschaftlichung technischer Praxis erfolgt. Das heißt natürlich auch, dass einzelne Disziplinen im Gleichschritt mit dem Bedeutungsverlust einer Technik wieder verschwanden. Ein Beispiel hierfür ist der Dampfmaschinenbau, im 19. Jh. eine der wichtigsten technikwissenschaftlichen Disziplinen.

Die funktionsorientierten Technikwissenschaften liegen gewissermaßen quer zu den produktorientierten. Sie thematisieren funktionale Aspekte, die für alle oder zumindest für einen großen Teil der Technik und damit auch der produktorientierten Technikwissenschaften relevant sind. Hierzu gehören Disziplinen wie Mechanik, Tribologie, Strömungslehre, Thermodynamik, Werkstofftechnik usw. Die Disziplinen dieser Gruppe sind meist theorieorientierter als die produktorientierten und besitzen eine größere Nähe zu den Naturwissenschaften. Historisch sind sie teilweise aus den Naturwissenschaften entstanden und haben naturwissenschaftliche Fragen in die Technik übertragen und für deren Zwecke transformiert. So gibt es zum Beispiel die Thermodynamik als Teil der Physik sowie eine technische Thermodynamik als technikwissenschaftliche Disziplin.

Die berufsfeldorientierten Technikwissenschaften integrieren Wissen aus den produkt- und funktionsorientierten Technikwissenschaften und bereiten es in Form von Studienangeboten und Studiengängen auf. Außerdem untersuchen sie systematisch die Anforderungen in den jeweiligen Berufsfeldern und generieren hierfür spezielle Wissensbestände und methodische Vorgehensweisen. Zur Gruppe der berufsfeldorientierten Technikwissenschaften lassen sich die Konstruktions-, Produktions-, Umwelttechnik, die Qualitätslehre, das Wirtschaftsingenieurwesen usw. rechnen. Einige Disziplinen aus dieser Gruppe haben Abteilungen in Industriebetrieben im Blick, in denen die Absolventen später tätig werden sollen. Andere vermitteln Qualifikationen, die an verschiedenen Orten eingesetzt werden können. Und andere stellen eine Reaktion auf wirtschaftliche und politische Herausforderungen dar. Wie die produktorientierten Technikwissenschaften reagieren die berufsfeldorientierten auf Veränderungen ihrer Umgebung. Während die produktorientierten aber mehr der Entwicklung der Technik folgen, spiegeln die berufsfeldorientierten mehr den gesellschaftlichen und industriellen Wandel und die Ambitionen der Ingenieurberufsgruppe wider. So sollte der im frühen 20. Jh. gegründete Studiengang der Verwaltungsingenieure die Wirtschafts- und die öffentlichen Verwaltungen den Ingenieuren öffnen. Als diesen Bestrebungen kein Erfolg beschieden war, wurde er in den 1920er Jahren wieder eingestellt.

Die Dreigliederung von produkt-, funktions- und berufsfeldorientierten Technikwissenschaften stellt eine idealtypische Unterscheidung dar. Wie immer bei solchen Typisierungen ließe sie sich auch anders vornehmen. Auch ist die Zuordnung der einzelnen Disziplinen zu den Typen nicht immer zwingend. So besaßen und besitzen konstruktionstechnische Aspekte in den meisten produktorientierten Technikwissenschaften einen großen Stellenwert. Man kann sogar sagen, dass die Konstruktion über lange Zeit das zentrale Leitbild der Technikwissenschaften überhaupt darstellte. Erst im Laufe des 20. Jh.s traten andere Leitbilder wie Produktion sowie Forschung und Entwicklung hinzu. Als Reaktion darauf institutionalisierte sich die Konstruktionslehre seit den 1930er Jahren auf höherer Ebene in Gestalt einer die produktorientierten Technikwissenschaften übergreifenden systematischen wissenschaftlichen Disziplin.

Die Technikwissenschaften stehen in Wechselbeziehungen mit anderen wissenschaftlichen Disziplingruppen. Am engsten sind sie mit den Naturwissenschaften liiert, aus denen sich die Technikwissenschaften teilweise herausbildeten und von denen sie sich abzugrenzen suchten (siehe 4.1.2.2). Aber auch zu anderen Disziplingruppen gibt es Überschneidungsräume, man denke an die disziplinäre Zuordnung der Arbeitswissenschaften oder des Wirtschaftsingenieurwesens. Weitere Disziplinen bieten sich den Technikwissenschaften als Brückenfächer zu anderen an, wie die Technikphilosophie, Techniksoziologe oder Technikgeschichte. Konkrete Entwicklungsaufgaben erfordern eine Disziplingrenzen überspannende Zusammenarbeit, wie die maschinelle Spracherkennung eine Kooperation zwischen Informatik, Akustik und Linguistik. Generell gilt, dass die Technikwissenschaften jede andere Disziplin als Hilfswissenschaft heranziehen können, wie auch jede technikwissenschaftliche Disziplin zur Hilfswissenschaft anderer werden kann.

Bei der Herausbildung neuer Disziplinen handelt es sich um ein unter zahlreichen wechselnden Einflüssen stattfindendes historisches Phänomen. In der traditionellen Wissenschaftsgeschichte und Wissenschaftstheorie wurde mit Blick auf die Physik behauptet, dass sich eine Disziplin um eine anerkannte Theorie herum gruppiere. Für die Technikwissenschaften mit ihren engen Beziehungen zur außerwissenschaftlichen Praxis ist ein solches Modell wenig brauchbar. Die Technikwissenschaften reagieren vielmehr auf gesellschaftliche Herausforderungen und Probleme im weitesten Sinn. Der wichtigste Antrieb für die Disziplinbildung kommt aus der Entwicklung der Technik. Das Wissenschaftssystem rezipiert und inkorporiert gewissermaßen die vorangegangene Technikgenese. Dabei spielen theoretische Konzepte anfangs meist keine große Rolle, sondern die neue technikwissenschaftliche Disziplin bemüht sich um die systematische Erfassung und Beschreibung der existierenden technischen Praxis. Weitere Anstöße für neue Disziplinen kann die industrielle Nachfrage nach bestimmten Ingenieurqualifikationen geben. Und schließlich setzen die Technikwissenschaften veränderte politische und gesellschaftliche Leitbilder disziplinär um. Das Streben nach vermehrter Sicherheit, nach Gesundheitsschutz und nach Umweltqualität hat zu disziplinären Ausdifferenzierungen geführt, ebenso wie die Rationalisierungsbewegung und die Qualitätssicherung.

Die außerwissenschaftlichen Einflüsse lösen innerwissenschaftliche Dynamik aus; innerwissenschaftliche Dynamik findet aber auch unabhängig von äußeren Einflüssen statt. Neue Disziplinen gehen meist aus alten hervor. Sie können Teile ihrer Inhalte aus bestehenden Disziplinen beziehen, sie können sich von ihnen abspalten, oder sie können als Subdisziplinen im alten disziplinären Kontext verbleiben. So entstand die Elektrotechnik aus der Physik und dem Maschinenbau, die Nachrichtentechnik entwickelte sich als Teil der Elektrotechnik, die Informatik bildete sich unter dem Einfluss der Nachrichtentechnik und der Mathematik heraus. Die Disziplinendynamik geht mit Selbstreflexionen, Abgrenzungen und Auseinandersetzungen einher. Sie resultiert aus Prozessen der Selbstreproduktion des Wissenschaftssystems, der Aufgabenspezialisierung, aber auch der sozialen Konkurrenz.

Am Ende eines solchen Prozesses kann eine neue technikwissenschaftliche Disziplin stehen. Der erfolgreiche Abschluss lässt sich sowohl kognitiv wie sozial bestimmen. Kognitiv zeichnet sich eine Disziplin durch einen gemeinsamen Gegenstand, gemeinsame Methoden und gemeinsame Ziele aus. Grundlegende Theorien, wie die Faraday-Maxwellsche Feldtheorie in der Elektrotechnik oder die Prandtlsche Grenzflächentheorie in der Strömungslehre, können für den Zusammenhalt der Disziplin sorgen. Sozial lässt sich eine Disziplin an Instituten, Lehrstühlen, Studiengängen, Lehrbüchern, Zeitschriften und Fachgesellschaften erkennen.

2.3 Gegenstand der Technikwissenschaften – die Technik

2.3.1 Der Begriff „Technik" *Günter Ropohl*

Das Wort „Technik" leitet sich vom altgriechischen Adjektiv „technikós" ab, das sich seinerseits auf das Substantiv „téchne" bezieht. Das Wort „téchne" hat ursprünglich die Hauptbedeutungen „Kunst", „Wissenschaft", „Handwerk" und „Geschicklichkeit" und wird entsprechend diesem Bedeutungsumfang in zahlreichen Sinnzusammenhängen benutzt, die einander zum Teil überschneiden und zum Teil wenig miteinander zu tun haben (vgl. Hubig 2006; Wörterbuch 1998). Heute kann man einen weiten, einen engen und einen mittelweiten Technikbegriff unterscheiden.

Der *weite* Technikbegriff knüpft an die Grundbedeutung der „Geschicklichkeit" an, und meint jede kunstfertige regelgeleitete Verfahrensweise in beliebigen menschlichen Handlungsfeldern. In diesem Verständnis ist das Wort häufig in der Umgangssprache anzutreffen; so spricht man z.B. von der Technik des Kopfrechnens oder der Technik des Weitsprungs. Auch in den Sozialwissenschaften wirkt offenbar immer noch eine sehr weit gefasste Definition des nach wie vor prominenten Sozioökonomen Max Weber nach: „Technik eines Handelns bedeutet uns den Inbegriff der verwendeten Mittel desselben im Gegensatz zu jenem Sinn oder Zweck, an dem es letztlich orientiert ist, ‚rationale' Technik eine Verwendung von Mitteln, welche bewusst und planvoll orientiert ist an Erfahrungen und Nachdenken, im Höchstfall der Rationalität: an wissenschaftlichem Denken. Was in concreto als 'Technik' gilt, ist also flüssig", und Weber gibt dann eine lange Aufzählung, die von der „Gebetstechnik" bis zur „erotischen Technik" reicht (Weber 1921, S. 32). Ähnlich definiert der Wirtschaftswissenschaftler Friedrich von Gottl-Ottlilienfeld „die Technik im allgemeinen“ als „Art und Weise des Vorgehens“ und „Kunst des rechten Weges zum Zweck“; freilich spezifiziert dieser Autor auch den Unterbegriff der „Realtechnik“ als „die Technik des naturbeherrschenden, an den Naturgesetzen orientierten Handelns“ und nähert sich damit dem engen Technikbegriff (Gottl-Ottlilienfeld 1923, S. 7ff.).

Der *enge* Technikbegriff, der in den Technikwissenschaften und in der öffentlichen Diskussion vorherrscht, meint dagegen allein die gegenständliche Welt der Maschinen und Apparate; nicht menschliches Handeln mit zweckmäßigen Mitteln steht im Vordergrund, sondern das künstlich gemachte Gebilde, das Artefakt. Technik ist dann „reales Sein“ aus „naturgegebenen Beständen“, während „das an der Person haftende Können“ nicht dazu gehört, weil es „mit dem Träger verschwindet“; so sagt es ausdrücklich der früher einflussreiche Technikphilosoph Friedrich Dessauer (Dessauer 1956, S. 234f.). Während der weite Technikbegriff jede Art von menschlichem Handeln betreffen kann, schließt der enge Technikbegriff das Handeln ausdrücklich aus seinem Umfang aus. Mögen diese Begriffsauslegungen auch Jahrzehnte alt sein, so bestimmen sie unterschwellig doch immer noch den Umgang mit dem Wort. Aber beide Technikbegriffe scheinen für ein angemessenes Technikverständnis unzweckmäßig: der erstere, weil er alle menschliche Praxis ins Spiel brächte und keinen überschaubaren Teilbereich abgrenzen würde; und der letztere, weil dann die gemachten Sachen als eine vom Menschen abgelöste Eigenwelt erscheinen würden – ein Missverständnis, das in den Technikwissenschaften unterschwellig durchaus vorzukommen scheint.

So bürgert sich inzwischen ein *mittelweiter* Technikbegriff ein, der in einer Richtlinie des Vereins Deutscher Ingenieure festgeschrieben worden ist. Demnach bedeutet

> „Technik
> - die Menge der nutzenorientierten, künstlichen, gegenständlichen Gebilde (Artefakte oder Sachsysteme);
> - die Menge menschlicher Handlungen und Einrichtungen, in denen Sachsysteme entstehen;
> - die Menge menschlicher Handlungen, in denen Sachsysteme verwendet werden“ (VDI 1991, S. 2).

Diese Begriffsbestimmung ist natürlich nur eine Sprachverwendungsregel, mit der nicht behauptet wird, der weite und der enge Technikbegriff wären falsch. Definitionen können nicht „wahr“ oder „falsch“ sein, sondern nur mehr oder weniger zweckmäßig. Allerdings muss man sich darüber im Klaren sein, dass sich die Erfahrungsfelder, die jeweils abgegrenzt werden, von einander unterscheiden; man darf also nicht den einen mit dem anderen Technikbegriff vermengen, und im vorliegenden Buch wird der mittelweite Technikbegriff als besonders zweckmäßig zu Grunde gelegt.

Diese Begriffsbestimmung beschränkt sich auf den Umfang des Begriffs. Sie sagt also nur, welche Erscheinungen gemeint sind, wenn man das Wort „Technik" benutzt. Über das „Wesen der Technik", das besonders manche Philosophen und Sozialwissenschaftler zu ergründen versuchen, sagt diese Definition nichts aus, aus dem einfachen Grund, weil die Erscheinungsformen der Technik zu vielfältig sind und die Formen ihrer Deutung zu stark von besonderen Sichtweisen abhängen, als dass man all das in einer einzigen verallgemeinernden Formel zusammenfassen könnte. Solche Formeln werden zwar immer wieder einmal vorgeschlagen, nicht selten mit dem Anspruch, nun endlich den „richtigen Technikbegriff" gefunden zu haben, doch beim Streit um solche „Technikbegriffe" geht es in der Regel um mehr oder minder abstrakte Deutungsversuche, die der Vielgestaltigkeit technischer Theorie und Praxis nicht gerecht werden. Darum wird hier der Umfangsdefinition der Vorzug gegeben.

Allerdings haben solche Begriffsbestimmungen meist „unscharfe Ränder". So gibt es bei den „Artefakten" oder „Sachsystemen" gewisse Abgrenzungsschwierigkeiten gegenüber Kunstwerken und gegenüber planmäßig veränderten Pflanzen und Tieren. Grundsätzlich werden Kunstwerke aus diesem Technikbegriff ausgeschlossen, weil sie nicht nutzenorientiert, also nicht auf praktische Brauchbarkeit angelegt sind; freilich finden sich im so genannten Kunsthandwerk, in der Gestaltung von Industrieprodukten und in der Architektur Hervorbringungen, bei denen sich Brauchbarkeit und ästhetische Qualität vereinen. Bei Zuchtpflanzen und -tieren andererseits wirken natürliches Werden und menschliches Eingreifen untrennbar zusammen, und bei den jüngsten gentechnischen „Konstruktionen" nimmt diese Durchdringung deutlich zu. Solche biotischen Semi-Artefakte, kurz „Biofakte" (vgl. Karafyllis 2003), bilden eine „Zwischenwelt" zwischen Natur und Sachtechnik; je nach ihrer Charakteristik sind sie teils als eher natürlich und teils als eher technisch aufzufassen.

Eindeutig sagt die Begriffsbestimmung, dass nicht nur die Herstellung, sondern auch die Verwendung von Sachsystemen zur Technik gehört. Darin besteht ja ganz wesentlich die moderne Technisierung der Welt, dass es kaum noch Lebenszusammenhänge gibt, in denen die Verwendung technischer Produkte keine Rolle spielen würde. Der allgemeine Begriff des *Handelns*, der im zweiten und dritten Bestimmungsstück der Definition vorkommt, bedarf weiterer Erläuterungen (siehe 2.3.3). Trotz zahlreicher Versuche gibt es keinen überzeugenden Vorschlag, wie man zwischen dem Handeln und dem Arbeiten eindeutig unterscheiden sollte. Wer jedenfalls handelt oder arbeitet, benötigt dafür stets auch ein bestimmtes *Wissen*, und so sind technisches Handeln und technisches Wissen eng miteinander verbunden (siehe 2.3.4). Die Definition stellt das Handeln in den Vordergrund, weil Handeln grundsätzlich Wissen einschließt. Das technische Wissen dagegen, das in manchen Technikdefinitionen betont wird, kann auch losgelöst vom technischen Handeln vorkommen. Allgemein gesprochen, ist Praxis immer mit theoretischen Elementen durchsetzt, während Theorie durchaus auf praktische Erwägungen verzichten kann – auch wenn sich natürlich die Frage stellt, ob solche Theorie gut beraten ist.

Aller Umgang mit Sachsystemen, sei es ihre Entwicklung und Herstellung, sei es ihre Verwendung, wird als technisches Handeln bezeichnet. Dabei ist allerdings ein *professionelles* Handeln vom *alltäglichen* Handeln zu unterscheiden. In der modernen Industrie- und Informationsgesellschaft verwenden alle Menschen gewöhnlich technische Produkte, und dieses technische Handeln stellt natürlich nicht so hohe Ansprüche wie beispielsweise das professionelle Handeln von Bauleitern oder Betriebsingenieuren. Aber auch das alltägliche technische Handeln ist technikwissenschaftlich von Belang. Je gründlicher es von den professionellen Entwicklern und Herstellern im Vorhinein bedacht und in der Produktgestaltung berücksichtigt worden ist, desto problemloser kann es dann vonstatten gehen. Da es heute daran nicht selten mangelt, unterliegt auch die alltägliche Technikverwendung einer unverkennbaren Professionalisierungstendenz. Der Gegenstandsbereich der Technikwissenschaften und das Tätigkeitsfeld der technikwissenschaftlich ausgebildeten Fachleute reicht mithin weit über die Entwicklungs- und Herstellungszusammenhänge hinaus.

Schließlich ist noch der Begriff der *Technologie* zu erläutern, der häufig mit den Technikbegriffen verwechselt wird. Im politischen und journalistischen Sprachgebrauch ist gegenwärtig – offenbar unter dem Einfluss des angloamerikanischen Wortes „technology" – häufig von „Technologie" die Rede, wenn eigentlich die „Technik" (im engen oder mittelweiten Sinn) gemeint ist. Auch neuere Differenzierungsversuche, mit „Technologie" auf den wissenschaftlichen oder den gesellschaftlichen Charakter der modernen Technik abheben zu wollen, treffen nicht den Kern des Begriffs. Sprachlogische und wissenschaftsgeschichtliche Gründe sprechen dafür, an die terminologische Grundlegung im 18. Jh. anzuknüpfen: „Technologie ist die Wissenschaft, welche die Verarbeitung der Naturalien, oder die Kenntnis der Handwerke" sowie der Fabriken und Manufakturen „lehret" (Beckmann 1777, S. 17); damit umschreibt Beckmann alle technischen Phänomene, die zu seiner Zeit bekannt waren. So kann man die Technologie als die Wissenschaft von der Technik definieren. Während „Technik" den oben bestimmten Bereich der konkreten Erfahrungswirklichkeit bezeichnet, meint „Technologie" die Menge wissenschaftlich systematisierter Aussagen über jenen Wirklichkeitsbereich. Sprachphilosophisch formuliert ist „Technik" ein objektsprachlicher, „Technologie" dagegen ein metasprachlicher Ausdruck. An diesen Sprachgebrauch können die Technikwissenschaften in ihrer zukünftigen Entwicklung anknüpfen (siehe Kapitel 6).

2.3.2 Der „Gegenstand" Technik

Günter Ropohl

Die Definition des Technikbegriffs, die in 2.3.1 eingeführt wurde, hat den „Gegenstand" Technik schon in erster Näherung umrissen. Während das technische Handeln und das technische Wissen in den folgenden Kapiteln ausführlich besprochen werden, soll hier auf den ersten Teil der Begriffsbestimmung näher eingegangen werden: auf die nutzenorientierten, künstlichen, gegenständlichen Gebilde (Artefakte oder Sachsysteme).[1] Zwar beschränkt sich, wie gesagt, der mittelweite Technikbegriff nicht darauf, doch die von den Menschen gemachten und gebrauchten Sachen sind doch eine zentrale Manifestation der Technik. Zur genaueren Kennzeichnung soll dieser Teil der Technik als *Sachtechnik* benannt werden.

Zunächst ist eine begriffliche Schwierigkeit aufzulösen. Obwohl wir längst im technischen Zeitalter leben, gibt es paradoxer Weise keinen angemessenen Oberbegriff für die technischen Hervorbringungen. Die historisch gewachsene Vielfalt unterschiedlicher Bezeichnungen folgt keiner nachvollziehbaren Verwendungsregel. Wann ein technisches Gebilde „Maschine", wann „Gerät", wann „Apparat", wann „Aggregat" genannt wird, wann andererseits solche Namen, wie etwa bei Bauwerken, Fahrzeugen oder Kleidungsstücken, unüblich sind, das hängt eher von zufälligen Sprachkonventionen ab als von den spezifischen Merkmalen des jeweiligen Gebildes. Selbst in naturwissenschaftlich-technologischen Nachschlagewerken findet man keine befriedigenden Definitionen; so wird beispielsweise für die „Maschine", die bisweilen als eine Art Schlüsselbegriff des technischen Zeitalters gilt, eine Erläuterung aus dem 19. Jh. kolportiert, die allein auf Energiewandler zugeschnitten ist und auf andere Maschinen, wie etwa die Rechenmaschine, gar nicht zutrifft. Auch das Wort „Artefakt", das so viel wie „künstlich Gemachtes" bedeutet und in der obigen Definition als Verständnishilfe genannt wurde, scheint bei genauerer Betrachtung nur bedingt geeignet, weil es vielfach auch für Kunstgegenstände benutzt wird.

Nun begegnet man in der Technik inzwischen immer häufiger dem Ausdruck „System", der allerdings meist ganz unspezifisch für irgendwelche Apparate oder Geräte verwendet wird; hin und wieder ist auch vom „technischen System" die Rede. Diesem Sprachgebrauch kann man sich anschließen, zumal er mit systemtheoretischen Mitteln zu präzisieren ist. Dann kann man den Begriff der *Sache* hinzuziehen, wie ihn Hans Linde definiert hat:

> „Als Sachen bezeichnen wir im Folgenden – im Unterschied zu naturgegebenen Dingen – alle Gegenstände, die Produkte menschlicher Absicht und Arbeit sind" (Linde 1972, S. 11).

---

1 In diesem Kapitel werden einzelne Passagen aus Ropohl 1999a verwendet.

So gewinnt man mit dem „Sachsystem“ tatsächlich einen brauchbaren Oberbegriff für die Menge der technischen Hervorbringungen. Wer sich mit der Einengung des Sachbegriffs auf gemachte und genutzte Gegenstände nicht anfreunden kann, der mag – in anderenfalls pleonastischer Weise – auch von „technischen Sachsystemen“ sprechen.[2]

Seit fast 50 Jahren werden Modellvorstellungen der Allgemeinen Systemtheorie zunehmend in den Technikwissenschaften eingesetzt und haben eine regelrechte *Systemtechnik* etabliert (vgl. z.B. Daenzer/Huber 1992). Ob ausdrücklich unter diesem Namen oder auch ohne Bezug darauf, sind Systemmodelle von technischen Gegenständen und Einrichtungen inzwischen zum Handbuchwissen der technikwissenschaftlichen Nachschlagewerke geworden (vgl. z.B. Betriebshütte 1996, S. 3-37f.; Dubbel 1986, S. 315ff.; Hütte 1996, S. K8ff., L1ff.). Das Blockschema, das in Bild 3 dargestellt ist, hat in dieser oder ähnlicher Form besonders in die Konzeptionsphasen der Produktentwicklung und der Produktionsplanung Eingang gefunden. Es erlaubt nämlich, die grundlegenden Funktionen und Strukturen einer zu schaffenden sachtechnischen Einrichtung in einer Art und Weise zu präzisieren, die noch keine Vorentscheidung darüber trifft, mit welchen gerätetechnischen Mitteln die spätere Konstruktion oder Konfiguration ausgeführt werden soll.

Sachsysteme repräsentieren konkrete künstliche Gegenstände, die aus natürlichen Beständen gemacht werden und greifbare Wirklichkeit in Zeit und Raum sind oder werden. Daraus folgt, dass sie, wie die Naturdinge, den Naturgesetzen unterliegen; ihre Funktionen folgen physikalischen, chemischen oder biologischen Regelmäßigkeiten. Das heißt – um dem geläufigen Missverständnis noch einmal zu widersprechen – keineswegs, dass die Sachsysteme nur dadurch konzipiert werden könnten, dass man die Naturgesetze planmäßig darauf anwendet. Häufig sind die einschlägigen Naturgesetze bei der Entwicklung eines Sachsystems noch nicht bekannt, und selbst wenn sie es sind, führt kein zwangsläufiger Weg vom Naturgesetz zur technischen Realisierung.

Wie man dem Schemabild entnimmt, befinden sich Sachsysteme grundsätzlich in einer natürlichen, einer technischen und einer gesellschaftlichen *Umgebung*. Wird ein neues Sachsystem in eine natürliche oder gesellschaftliche Umgebung gestellt, so greift es eben dadurch in Natur und Gesellschaft ein. Das moderne Technikverständnis, das mit dem Technikbegriff mittlerer Reichweite umrissen wurde, findet in diesem prinzipiellen Umgebungsbezug seine systemtheoretische Entsprechung. Da dieses Kapitel den Sachsystemen gewidmet ist, konzentriert es sich auf die *sachtechnische* Umgebung.

---

2 Dieser Pleonasmus tritt im Schemabild auf, damit es ohne erläuternden Text allgemein verständlich ist.

Bild 3: Blockschema eines Sachsystems

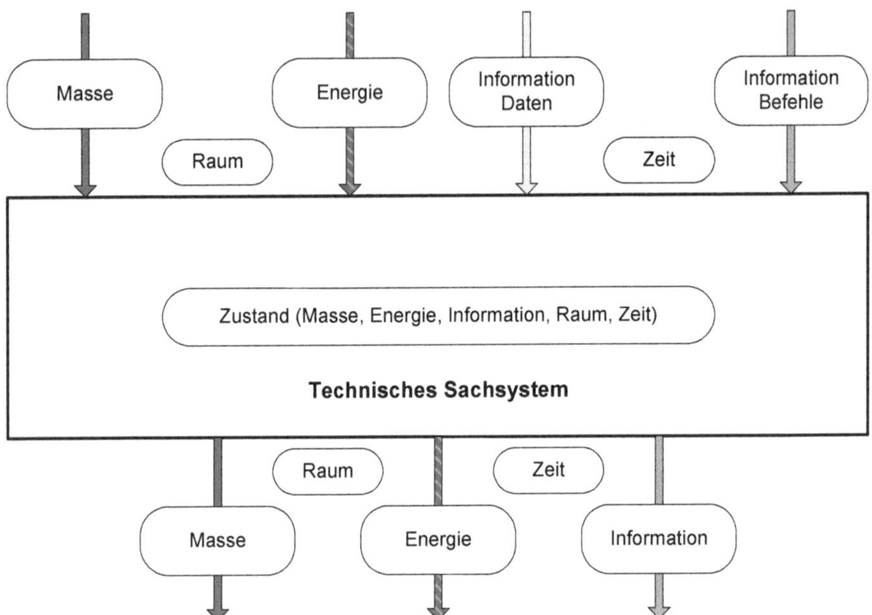

Nun kann man Objekte der technischen Umgebung ihrerseits als Sachsysteme ansehen und mit dem zunächst betrachteten System zu einem übergeordneten Sachsystem zusammenfassen. Man erhält dann ein „Supersystem“ oder, wenn man die „Ausgangsebene“ mit n bezeichnet, ein Sachsystem der Ebene n+1; dies kann man mehrfach wiederholen. Umgekehrt kann man aber das zunächst betrachtete System meist auch in Teile untergliedern, die dann „Subsysteme“ oder Sachsysteme der Ebene n-1 bilden; auch dies lässt sich häufig mehrfach wiederholen, bis man zu den Werkstoffen gelangt, den Sachelementen der „untersten“ Ebene, deren Bestandteile nicht mehr technologisch, sondern nur noch physikalisch, chemisch oder biologisch zu verstehen sind. Diese Schichtung bezeichnet man als *Hierarchie* der Sachsysteme, die vom „Einzelteil“ über „Baugruppen“, „Maschinen“, „Aggregate“ und „Anlagen“ bis zum globalen Anlagenverbund reichen kann. Auch hier ist anzumerken, dass die genannten Ausdrücke in der technischen Praxis keineswegs einheitlich gebraucht werden. Kennzeichnend für die neuere technische Entwicklung ist der Umstand, dass die Sachsystem-Hierarchien mehr und mehr in Richtung auf globale Supersysteme wachsen. Als

Beispiele bieten sich das Telefonsystem mit seiner weltweiten Vermittlungsvernetzung und das globale Computernetz *Internet* an, aber auch Produktionssysteme entwickeln inzwischen im Zuge der wirtschaftlichen Globalisierung auch sachtechnisch die gleiche Tendenz. Eine Folge dieser wachsenden Hierarchien ist es, dass neben artgleichen auch artverschiedene Sachsysteme zum Supersystem verknüpft werden; so steigen die Varietät und die Komplexität der Sachsysteme auf den „höheren" Hierarchieebenen.

Mit Hilfe des Blockschemas von Bild 3 lässt sich auch die *Funktion* eines Sachsystems kennzeichnen. Allgemein besteht sie darin, Inputs (Einträge oder Eingangsgrößen), Zustände und Outputs (Austräge oder Ausgangsgrößen) in Abhängigkeit von Raum und Zeit in einander zu überführen. Ein Input ist eine Wirkung, die von der Umgebung auf das System gerichtet ist, ein Output eine Wirkung, die vom System auf die Umgebung gerichtet ist, und ein Zustand ist ein Charakteristikum der Systemverfassung selbst. Nach systemtheoretischer Auffassung lassen sich alle Phänomene in der Welt als Masse, als Energie, als Information oder als Kombination dieser Kategorien kennzeichnen, und das gilt dann natürlich auch für die Inputs, die Outputs und die Zustände eines Sachsystems. In den Technikwissenschaften wird statt „Masse" auch das Wort „Stoff", statt „Information" auch das Wort „Signal" verwendet; das Für und Wider dieser Ausdrucksvarianten kann hier nicht erörtert werden. Sinnvoll scheint es allerdings, bei der Information zwischen Befehlen und Daten zu unterscheiden, weil letztere von bestimmten Sachsystemen verarbeitet werden, während erstere nur auf die Systemzustände einwirken.

Wenn man mit dem Blockschema ein bestimmtes Sachsystem beschreiben will, so gibt es dafür zwei Möglichkeiten. Einerseits kann man sich darauf beschränken, allein die jeweils wesentlichen Inputs und Outputs zu erfassen. Wesentlich sind diejenigen In- und Outputs, über denen die geplanten und *erwünschten Funktionen* des Sachsystems definiert sind, beim Verbrennungsmotor beispielsweise die chemische Energie des Kraftstoffs als Input und die mechanische Nutzenergie als Output. Da die Auspuffgase und Geräuschemissionen für die geplante Funktion unerheblich sind, wird man sie bei dieser typisierenden Systembeschreibung vernachlässigen – eben so, wie die Ingenieure in der Vergangenheit derartigen Nebenfunktionen wenig Beachtung schenkten, wenn nur die geplante Funktion erfolgreich geleistet wurde. Dass derartige *Nebenwirkungen* jedoch in Hinblick auf die natürliche und gesellschaftliche Umgebung keinesfalls ignoriert werden dürfen, ist inzwischen sattsam bekannt. Darum kann man andererseits das Modell auch als umfassendes Suchschema benutzen, um allen denkbaren Nebenwirkungen und gegebenenfalls auch möglichen *Störeinflüssen* aus der Umgebung auf die Spur zu kommen. In diesem Fall mustert man sämtliche Inputs und Outputs daraufhin durch, ob sie nicht in dieser oder jener Hinsicht doch beachtlich sein könnten, und scheidet sie erst dann aus, wenn man das Gegenteil beweisen kann. So wird das Blockschema für die Technikfolgen-Analyse fruchtbar und unterstützt eine Technikgestaltung, die planmäßig die ökotechnische und soziotechnische Optimierung eines Sachsystems verfolgt (siehe 3.2.3).

Bei den Funktionen, in erster Linie den Transformationen von Inputs in Outputs, kann man mehrere Klassen unterscheiden, insbesondere die Wandlung, den Transport und die Speicherung. *Wandlung* liegt vor, wenn der Output quantitativ oder qualitativ vom Input verschieden ist. Unterscheidet sich der Output vom Input nur in den Raum- und Zeitkoordinaten, handelt es sich um *Transport*. Bleiben zusätzlich auch die Raumkoordinaten konstant und der Output ist lediglich zeitversetzt gegenüber dem Input, spricht man von *Speicherung*. Bezieht man auch die Zustände in die Funktionsbetrachtung ein, erhält man zusätzlich die Funktionsklassen der *Zustandsveränderung* und der *Zustandserhaltung*, die freilich meist eher ergänzenden Charakter haben. Funktionen können in erster Näherung in Zuordnungstabellen dargestellt, häufig dann aber auch mathematisch präzisiert werden. Übrigens wird hier der Funktionsbegriff, wie in Mathematik und Naturwissenschaften üblich, im rein beschreibenden Sinn gebraucht: Die Funktion gibt das tatsächliche Transformationsverhalten an und sagt nichts über dessen Zweck oder Sinn aus. Die Funktion eines Sachsystems ist gewissermaßen das Verfahren, das darin abläuft. Darum ist es nicht sinnvoll, zwischen technischen Produkten und technischen Verfahren derart zu unterscheiden, als handele es sich dabei um zwei verschiedene Klassen von Phänomenen. Produkte und Verfahren sind lediglich verschiedene Aspekte derselben Sache; in systemtheoretischer Betrachtung erweisen sie sich als Sachsysteme und deren Funktionen.

Im Allgemeinen setzt sich, wie schon gesagt, ein Sachsystem aus Teilen zusammen, den Subsystemen, und zwischen den Subsystemen bestehen Beziehungen und Kopplungen, beispielsweise eine Reihenkopplung, eine Parallelkopplung oder eine Rückkopplung. Die Menge der Beziehungen, die zwischen den Subsystemen existieren, macht die *Struktur* des Sachsystems aus. Betrachtet man, wie die Teilfunktionen der Subsysteme zusammenwirken, gewinnt man die Funktionsstruktur. In fortgeschrittenen Phasen der Systemgestaltung muss man aber auch die räumlichen und zeitlichen Beziehungen konkretisieren. Man spricht dann von der Gebildestruktur und von der Ablaufstruktur. Aus der Strukturanalyse kann man im Allgemeinen die Gesamtfunktion des Sachsystems ableiten. Umgekehrt gilt aber nicht, dass die Struktur zwangsläufig aus der Funktion herzuleiten wäre. Meist kann ein und dieselbe Funktion durch verschiedene Strukturen realisiert werden. Darin liegt der Gestaltungsspielraum, der für die Systementwicklung kreative Leistungen erfordert.

So erlaubt es der systemtechnische Ansatz, vorhandene und geplante technische Produkte in einer Allgemeingültigkeit zu beschreiben, die zunächst von den speziellen Konkretisierungen absieht. Darüber hinaus ist es jetzt auch möglich, eine theoretisch stimmige Einteilung der Sachtechnik vorzunehmen. Früher orientierte man sich zu Klassifizierungszwecken an der Einteilung der Technikwissenschaften in Maschinenbau, Elektrotechnik und Bauwesen (siehe 2.2), oder man zog aus der Wirtschaftsstatistik die Systematik der Industriebranchen mit Metallverarbeitung, Elektroindustrie, chemischer Industrie, Büromaschinenindustrie usw. heran. Beide Einteilungen sind aber weder empirisch stimmig noch theoretisch begründet, da sie sich geschichtlichen Zufälligkeiten verdanken.

Eine angemessenere Klassifikation erhält man, wenn man die Hauptbereiche der Sachtechnik nach dem vorherrschenden Charakter des jeweiligen Sachsystem-Outputs – Masse, Energie oder Information – unterteilt. Zusätzlich benötigt man allerdings als zweite Ordnungsdimension die typische Funktionsklasse des Sachsystems, wobei in erster Näherung die Wandlung, der Transport und die Speicherung genügen.

Bild 4 zeigt diese zweidimensionale Klassifikation der Sachtechnik. Jede Zeile des Schemas entspricht einer bestimmten Outputkategorie. Wenn man alle Bereiche der Sachtechnik, die in einer Zeile zusammen gefasst sind, mit einer übergreifenden Bezeichnung benennen will, bieten sich die bereits geläufigen Oberbegriffe *Energietechnik* und *Informationstechnik* zwanglos an. Dem entsprechend wird für die Kategorie Masse der bislang ungebräuchliche Ausdruck *Materialtechnik* vorgeschlagen. Jede Spalte des Schemas umfasst alle diejenigen Sachsysteme, die der betreffenden Funktionsklasse zuzurechnen sind. Dafür kann man die Oberbegriffe *Produktionstechnik*, *Transporttechnik* und *Speicherungstechnik* einsetzen. Die einzelnen Bereiche der Sachtechnik werden dann dadurch definiert, dass man die Zeilen des Schemas mit den Spalten kreuzt. So erhält man neun Felder, die jeweils eine bestimmte Klasse von Sachsystemen bestimmen.

Bild 4: Klassifikation technischer Sachsysteme nach Funktion und Output

Funktion / *Output*	*Wandlung (Produktionstechnik)*	*Transport (Transporttechnik)*	*Speicherung (Speicherungstechnik)*
Masse (Materialtechnik)	Verfahrenstechnik Fertigungstechnik	Fördertechnik Verkehrstechnik Tiefbautechnik	Behältertechnik Lagertechnik Hochbautechnik
Energie (Energietechnik)	Energie-wandlungstechnik	Energie-übertragungstechnik	Energie-speicherungstechnik
Information (Informations-technik)	Informations-verarbeitungstechnik Mess-, Steuer- und Regeltechnik	Informations-übertragungstechnik	Informations-speicherungstechnik

Die Bezeichnungen in den Feldern sprechen großenteils für sich. In einzelnen Fällen waren jedoch Kompromisse zwischen funktional korrekten und praktisch eingeführten Ausdrücken zu schließen. So stehen gleich im ersten Feld links oben zwei konventionelle Bezeichnungen, aus denen die funktionale Differenz der betreffenden Technikbereiche nicht zu erkennen ist. Besonders unglücklich scheint das Wort „Verfahrenstechnik", da Verfahren natürlich in allen Technikbereichen angewandt werden; aber es hat sich im Ingenieurwesen derart eingebürgert, dass nichts Anderes übrig bleibt, als den Ausdruck zu übernehmen. Die *Verfahrenstechnik* ist dadurch gekennzeichnet, dass sie Stoffe mit genau definierten physikalischen, chemischen oder biologischen Eigenschaften hervorbringt; so lässt sich auch die Biotechnik der Verfahrenstechnik zuordnen. Die *Fertigungstechnik* hingegen erzeugt gegenständliche Gebilde mit definierter makrogeometrischer Gestalt und mit definierten Lagebeziehungen zwischen deren Teilen.

Auch beim Transport von Masse treten terminologische Schwierigkeiten auf. *Fördertechnik* und *Verkehrstechnik* werden nicht nach funktionalen Kriterien unterschieden, sondern mehr oder minder nach der Länge der Transportstrecke; vor allem Sachsysteme, die innerbetrieblich für den Kurzstreckentransport genutzt werden, zählen zur Fördertechnik. Zunächst mag es verwundern, dass auch die *Tiefbautechnik* in diesem Feld vermerkt ist, zumal das Wort im Bauingenieurwesen nicht mehr sonderlich verbreitet ist. Tatsächlich aber leisten Bauwerke, die zum Tiefbau gerechnet werden, durchweg Hilfsfunktionen für Transport und Verkehr; das gilt gleichermaßen für den Eisenbahngleisbau, den Straßenbau, den Tunnelbau, den Wasserbau usw. In der *Hochbautechnik* geht es dagegen um Gebäude, die in funktionaler Betrachtung der Speicherung von Gütern und Menschen dienen; allerdings tritt regelmäßig die Funktion der Zustandserhaltung hinzu, die in diesem Schema nicht gesondert ausgewiesen ist.

Gewisse Schwierigkeiten können auch im Feld links unten auftreten. Die Messtechnik, die Steuerungs- und die Regelungstechnik hat es schon gegeben, als das Wort „Informationstechnik" noch unbekannt war. Seit sich nun die Informationstheorie auch in der Technologie verbreitet, wird es offenkundig, dass jene Bereiche der Technik zur Informationsverarbeitung gehören. Gleichwohl werden sie ausdrücklich genannt, weil wohl noch heute ein Uhrentechniker nicht gerne „Informationstechniker" genannt werden möchte; schließlich ist es noch nicht lange her, dass man versucht hat, für den gesamten Bereich ursprünglich „feinmechanischer" Geräte (Messtechnik, Büromaschinentechnik, optische Technik usw.) die neue Bezeichnung „Feingerätetechnik" zu lancieren, obwohl es sich samt und sonders um informationstechnische Sachsysteme handelt. Da mag die neue Klassifikation, die allmählich Zustimmung findet, über kurz oder lang auch die Fachsprache der Ingenieure positiv beeinflussen.

Würde man die Sachsysteme nicht nach ihrem vorherrschenden Output unterscheiden, sondern auf ihren sachtechnischen Ursprung abheben, so hätten sie allesamt als Produkte der Fertigungstechnik zu gelten. So gesehen ist die Fertigungstechnik gewissermaßen die „Mutter" der Sachtechnik, zumal sie historisch damit angefangen hat, vorgefundene Naturstoffe zu bearbeiten, und erst in späteren Phasen verfahrenstechnisch aufbereitete Materialien verwendet hat. Die Klassifikation dient selbstverständlich vor allem der Orientierung und nicht der detaillierten Beschreibung. Bei komplexen Sachsystemen, die zahlreiche und vielfach verknüpfte Subsysteme enthalten und auf höheren Ebenen der Hierarchie stehen, kommen neben der charakteristischen Technik die meisten anderen Techniken in unterstützender Funktion ebenfalls vor. Beispielsweise umfasst ein Fertigungssystem neben der Gestalt gebenden Hauptfunktion auch förder- und lagertechnische, energietechnische und informationstechnische Nebenfunktionen, die dann bei der Strukturanalyse in entsprechenden Subsystemen identifiziert werden können.

Schließlich kann man die einzelnen Felder des Klassifikationsschemas nach zusätzlichen Kriterien weiter unterteilen. So gibt es für die Fertigungstechnik die standardisierte Einteilung der Fertigungsverfahren nach DIN 8580, und auch für die Verfahrenstechnik kann man nach dem Charakter der jeweiligen Verfahren eine Feingliederung entwickeln. Für die Energiewandlung gibt es seit dreißig Jahren einen besonders interessanten Klassifikationsvorschlag, der seltsamerweise bis heute nicht Gemeingut energietechnischer Lehrbücher geworden ist. Trägt man in einer Matrix in den Zeilen die möglichen Energieinputs und in den Spalten die möglichen Energieoutputs ein, repräsentiert jedes Feld der Matrix einen bestimmten Typ von Energiewandlung, die Matrix insgesamt also die Menge aller denkbaren Energiewandler. Man kann dann prüfen, welche Möglichkeiten technisch bereits realisiert sind und welche unter Umständen noch zu entwickeln wären.

Die Bedeutung einer derartigen Klassifikationsarbeit liegt zum Einen darin, dass sie eine Ordnung stiftende Übersicht über die Menge der technischen Hervorbringungen schafft. In der Biologie wird eine entsprechende Leistung, das „Systema naturae", das Carl von Linné Mitte des 18. Jh.s geschaffen hat, noch heute gewürdigt; in der Technologie sind wir über die ersten Ansätze des Johann Beckmann bis vor kurzem nicht hinaus gekommen. Wenn es zu Recht anerkannt wird, dass wir uns mit einer stimmigen Systematik in der Welt des Gewordenen orientieren können, so benötigen wir mit dem gleichen Recht eine Systematik für die Welt des Gemachten. Klassifizierende Beschreibungen des Gegenstandsbereichs sind ein entscheidender Schritt bei der Fundierung einer Wissenschaft. Akzeptiert man die Unterscheidung zwischen „Technik" und „Technologie", die im letzten Kapitel vorgeschlagen wurde, kann man Bild 4 auch der Gliederung der speziellen Technikwissenschaften zu Grunde legen. Dann entspricht jedem

Technikfeld die damit befasste technikwissenschaftliche Disziplin, also z.B. dem Sachbereich der Fertigungstechnik die Wissenschaft Fertigungstechnologie, dem Sachbereich der Informationstechnik die Wissenschaft Informationstechnologie usw.

Neben dieser wissenschaftsimmanenten Bedeutung hat die skizzierte Klassifikation aber auch Vorteile für die technische Praxis. Sie stellt eine allgemeine Verständigungsbasis für die Experten der verschiedenen Spezialgebiete bereit, die bei komplexen Projekten zusammenarbeiten, und klärt diese über die größeren Zusammenhänge auf, in denen ihr Spezialgebiet steht. Dann bietet die Systematik die Grundlage für die computergestützte Dokumentation technikwissenschaftlicher Publikationen und technischer Musterlösungen in so genannten Konstruktionskatalogen. Da die Klassifikation theoretisch begründet ist, erfasst sie aber nicht nur die wirklichen, sondern auch die möglichen Sachsysteme; sie ist also auch ein heuristisches Suchschema zum Auffinden neuer technischer Möglichkeiten in der Konstruktionswissenschaft und in der technologischen Prognostik.

Bild 5: Blockschema des soziotechnischen Systems

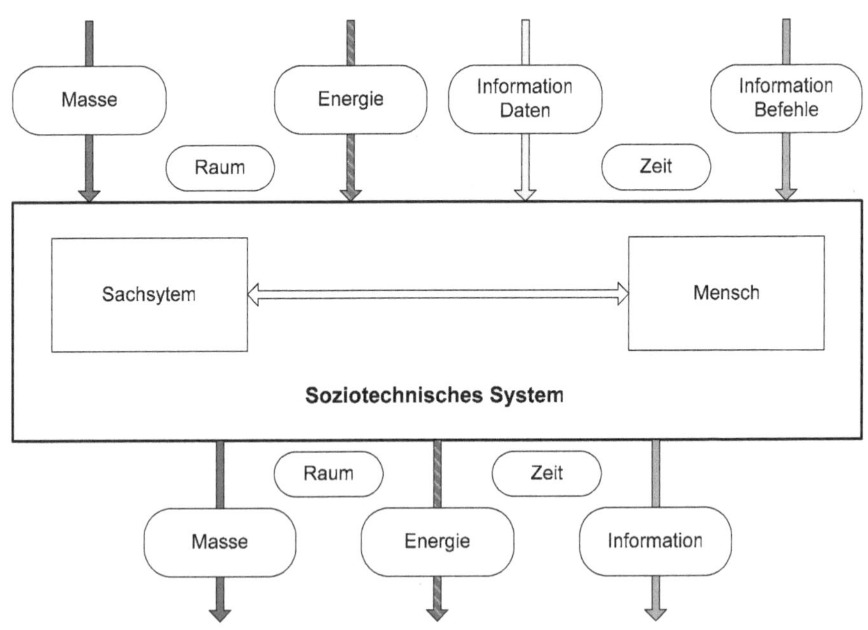

Abschließend ist freilich zu betonen, dass die Sachtechnik lediglich einen, wenn auch sehr wichtigen, Teil der Technik ausmacht. Sachsysteme blieben unvollständiges Stückwerk, wenn sie nicht in menschliches Handeln und Arbeiten integriert würden. So muss Bild 3, das diesem Abschnitt zu Grunde gelegen hat, in den Rahmen von Bild 5 gestellt werden, wenn es dem modernen Technikverständnis angemessen sein soll. Ein Sachsystem erfüllt seinen Sinn nur als Teil eines soziotechnischen Systems, eines Handlungs- oder Arbeitssystems, in dem Sachsysteme mit menschlichen Funktionsträgern zusammenwirken. Der Ursprung der Sachsysteme und ihre Bestimmung liegt im technischen Handeln.

2.3.3 Technisches Handeln

Armin Grunwald

Die Technikwissenschaften sind Handlungswissenschaften. Sie befassen sich nicht mit technischen Artefakten allein, sondern stets mit „soziotechnischen Systemen" (siehe 2.3.2). Das Wissen, das sie erzeugen, verbessern und lehren, ist letztlich ein Wissen zum Handeln und Gestalten solcher Systeme. Dem Begriff des technischen Handelns kommt daher in der Theorie der Technikwissenschaften eine prominente Bedeutung zu. In diesem Kapitel können viele der mit dem technischen Handeln verbundenen Themen nur kurz angesprochen werden (zu vertieften Darstellungen siehe 3.1.4 und 3.2).

2.3.3.1 Allgemeine Charakteristika des Handelns

Handeln lässt sich beschreiben als das absichtsvolle Realisieren gesetzter Ziele, oder auch als Transformation eines Ist-Zustandes in einen Soll-Zustand. Die *Intentionalität* des Handelns besteht darin, mit den konkret auszuführenden Handlungen *Zwecke und Ziele* zu verbinden. Diese enthalten zwei Typen von Wahlmöglichkeiten: Einerseits können verschiedene Ziele und Zwecke als erstrebenswert bestimmt werden; und andererseits kommen zur Erreichung dieser Ziele und Zwecke in der Regel verschiedene Handlungen (*Mittel*) in Frage, sodass häufig unter Effizienz- oder anderen Kriterien optimiert werden kann (siehe auch 2.4). Dazu gehört auch die Option, dass eine Handlung – im Gegensatz zu Verhalten als Widerfahrnis (vgl. Hartmann 1996) – auch intendiert unterlassen werden kann. Eine zentrale Eigenschaft von Handlungen ist, dass sie *gelingen oder misslingen* können, wie z. B. das Überqueren einer Straße bei Glatteis, ohne zu stürzen. Erfolg oder Misserfolg von Handlungen müssen, damit sie *nach* durchgeführter Handlung festgestellt werden können, bereits *vor* der Handlung explizit oder implizit bekannt sein. Der Vergleich der mit der Durchführung der

Handlung verbundenen Zwecke und Ziele mit der Situation nach der Durchführung der Handlung entscheidet über die Diagnose Misserfolg oder Erfolg.

Mit diesem intentionalen Handlungsbegriff ist der Akteursbezug untrennbar verbunden. Die Tatsache, dass Handlungen und damit auch die Folgen der Handlungen individuellen oder kollektiven Akteuren zugeschrieben werden können, ist Ausgangspunkt der Diskussion um Verantwortung (siehe 2.3.3.7).

Dieses Handlungsverständnis impliziert nicht, dass Handeln letztlich bloß instrumentell zur Erreichung bereits gesetzter Ziele diene und dass es möglich sei, bei hinreichend guter Planung die gesetzten Ziele vollständig und reibungsfrei zu erreichen. Mit Handeln ist vielmehr grundsätzlich eine *doppelte Unsicherheit* über die Erreichung der Ziele verbunden: Das Handlungsergebnis unterscheidet sich in der Regel mehr oder weniger stark von den vorab gefassten Intentionen. Denn erstens können die gesetzten Zwecke möglicherweise nicht oder nicht komplett erreicht werden, und zweitens könnten nicht nur die intendierten Folgen eintreten, sondern das Eintreten nicht-intendierter Nebenfolgen könnte erhebliche Probleme bereiten (was im Fall der gesellschaftlichen Technisierung zur Entstehung der Technikfolgenabschätzung führte (vgl. Grunwald 2002a). Damit ist grundsätzlich die *Unsicherheit des Handelns* anzuerkennen.

Aus der Tatsache, dass Akteure ihre Ziele auch erreichen *wollen*, folgen Bemühungen, durch systematische Entwicklung und Kombination von Handlungskompetenzen, praktischem Können und Wissen die Aussichten zu verbessern, die Ziele tatsächlich zu erreichen und unerwünschte Folgen zu vermeiden. Handlungstheoretisch sind hierzu folgende Orientierungen und Wissensbestände erforderlich (vgl. Grunwald 2000):

- *Zwecke und Ziele* des Handelns müssen soweit geklärt sein, dass eine Diskussion über angemessene Mittel der Zielerreichung möglich ist.
- Handlungswissen über *Zweck-Mittel*-Beziehungen (welche Mittel eignen sich zur Erreichung der Ziele?) ist unverzichtbar.
- Da Handeln immer in konkreten Kontexten stattfindet, ist über das Zweck-Mittel-Wissen hinaus zum einen Wissen über die Situation erforderlich, in der die Handlung stattfinden soll (*Situationswissen*), und zum anderen Wissen, ob die gewählte Handlung zu der Situation „passt" (*Angemessenheitswissen*).
- Eine umfassende Urteilsbildung vor einer Handlung erfordert Nachdenken über mögliche *Nebenfolgen* und deren Akzeptierbarkeit.
- *Zukunftswissen* oder wenigstens explizite oder implizite *Annahmen über zukünftige Entwicklungen* sind unverzichtbare Handlungsorientierungen, deren Zeithorizont von der zeitlichen Reichweite der Handlungen und der verfolgten Ziele abhängt.

Handeln ist auf diese Weise eingebettet in eine ganze Reihe von Überlegungen zu Zwecken und Zielen, zu verschiedenen Wissensbeständen und zu mehr oder weniger plausiblen Annahmen und Vermutungen. Erfolgt dies in der Lebenswelt häufig unterstützt durch Gewohnheiten und Routinen, so dient die wissenschaftliche Befassung mit Handeln (z.B. in den Wirtschaftswissenschaften, in der Psychologie oder eben in den Technikwissenschaften) der systematischen Erforschung der Bedingungen gelingenden Handelns und der Erweiterung der Handlungsmöglichkeiten, um aussichtsreich immer weitere Ziele erreichen zu können. Die wissenschaftliche Unterstützung der Handlungspraxis zielt auf die Rationalitätssteigerung durch optimierte Handlungsvorbereitung und Einbeziehung des besten verfügbaren Wissens (siehe 2.3.4).

2.3.3.2 Zum Begriff des technischen Handelns

Um das technische Handeln als ein spezifisches Handeln unter anderen Handlungstypen (z.B. dem künstlerischen oder dem kommunikativen Handeln) auszuzeichnen, gibt es in den verschiedenen wissenschaftlichen Traditionen auch unterschiedliche Ansätze. Im Folgenden seien die drei wesentlichen kurz beschrieben, bevor dann auf das für die Technikwissenschaften einschlägige Verständnis technischen Handelns eingegangen wird.

(1) *Technisches Handeln als Handeln im Rahmen der Zweck-Mittel-Rationalität:* Dieses auf Hegel zurückgehende Verständnis des technischen Handelns stellt dessen Mittelcharakter und das Verhältnis von Mitteln und Zwecken in den Mittelpunkt (siehe 2.3.1). Das „Technische" an technischen Handlungen besteht danach in ihrer Eignung zur Erreichung von gesetzten Zwecken. Kulturkritisch wurde auf diese Weise technisches Handeln mit instrumentellem Handeln und zweckrationaler Verfügung identifiziert (vgl. Habermas 1968). Ohne diese abwertende Tendenz ist eine methodische Bestimmung „des Technischen" über die Reproduzierbarkeit von Handlungen möglich (vgl. Grunwald/Julliard 2005). Dieses sehr allgemeine Verständnis technischen Handelns ist für bestimmte kultur- und technikphilosophische Diskussionen geeignet, erweist sich jedoch zur Abgrenzung des dem Ingenieurhandeln oder den Technikwissenschaften zugrunde liegenden Handlungsbegriffs als zu unspezifisch (siehe 2.3.1).

(2) *Technisches Handeln als ein Handeln unter Verwendung von gegenständlicher Technik:* Wenn Technik als Oberbegriff „mittlerer Reichweite" für technische Artefakte (Sachsysteme) und Handlungen im Zusammenhang mit derartiger gegenständlicher Technik verstanden wird (siehe 2.3.1), kommen

technische Handlungen in den Handlungsgefügen der Technikentwicklung und -herstellung, der Nutzung und Verwendung von Technik sowie ihrer Entsorgung oder Deponierung vor. Spezifischer kann hier die Nutzung von Werkzeugen oder Geräten als konstitutiv betrachtet werden (vgl. Hubig 1993). Dieses Verständnis technischen Handelns knüpft enger an das technikwissenschaftliche Verständnis an, ist aber nicht deckungsgleich. Es umfasst mehr als jenes, z.B. den künstlerischen Gebrauch von Werkzeugen wie dem Pinsel, aber auch die lebensweltliche Verwendung von Technik, z.B. die Verwendung von Küchengeräten im Haushalt oder des Computers im Berufsleben.

(3) Schließlich kann technisches Handeln als das Handeln derjenigen Akteure, die mit der Herstellung oder dem Betrieb von (gegenständlicher) Technik bzw. den dafür erforderlichen Bedingungen befasst sind, verstanden werden. *Technisches Handeln wäre dann das Handeln von Ingenieuren und Technikern.* In diesem Ansatz stünden bestimmte Berufsbilder im Zentrum, um deren spezifische Zuständigkeiten und Kompetenzen für Technik zu betonen. Technikentwicklung und -überwachung stünden hierbei im Mittelpunkt, während die Verwendung von Technik durch Nutzer außerhalb der genannten Berufsgruppen aus dem „technischen Handeln“ in diesem Sinne ausgeschlossen wäre. Umgekehrt könnten auf diese Weise Handlungstypen in das technische Handeln eingeschlossen werden, die in allen methodischen Bestimmungsversuchen grundsätzlich ausgeschlossen wären. Zum Beipiel gehören das professionelle Führen von Beratungsgesprächen mit Kunden oder gute Präsentationen von technischen Produkten durchaus auch zu den Handlungstypen, deren Beherrschung von vielen Ingenieuren erwartet wird.

Vor diesem Hintergrund bestimmen wir – anschließend an die Tradition der technikwissenschaftlichen Disziplinen – als technisches Handeln im Sinne der Technikwissenschaften dasjenige Handeln, das mit der *Konzipierung*, der *Entwicklung*, der *Produktion*, der *Sicherstellung eines sicheren Betriebs* bzw. einer *sachgemäßen Nutzung* (hierzu gehören z.B. *Wartung* und *Instandhaltung*, aber auch das *Verfassen von Betriebsanleitungen*) sowie der *Entsorgung* von technischen Artefakten zusammenhängt. Diese rudimentäre Einteilung nach den verschiedenen Stufen im Lebenszyklus technischer Produkte (Erstellung des Lastenhefts, Konzipierung und Planung, Entwicklung, Produktion, Nutzung bzw. Betrieb, und Entsorgung) wird in 3.1.1 näher erläutert. Die Nutzung von technischen Artefakten ist dabei in zweierlei Hinsicht technisches Handeln im Sinne der Technikwissenschaften: zum einen als Nutzung von Technik (z.B. Werkzeugen oder Maschinen) *innerhalb* der oben genannten Arten technischen Handelns (z.B. die Verwendung von CAD-Systemen in der Konstruktion); zum anderen die *bloß vorgestellte* oder *modellierte* Nutzung *außerhalb* der Technikwissenschaften (z. B. im Transportwesen oder im Haushalt).

2.3.3.3 Planen als Antizipation von Handlungen

Planen besteht im gedanklichen und kommunikativen Vorbereiten von Handlungen (vgl. Grunwald 2000). Planungsprozesse sind selbst Handlungsketten, die von Aufgabenstellungen ausgehen, die zur Zielerreichung geeignete Handlungsgefüge entwickeln und die bis hin zu einer Entscheidung für eine der denkbaren Alternativen führen, durch deren Realisierung (Ausführung) sodann das ursprüngliche Problem gelöst werden soll. Planen dient damit der Zielerreichung nur in einem *mittelbaren* Sinn: nicht der Problemlösung direkt, sondern der Ermöglichung dieser Problemlösung durch die spätere Ausführung des Plans. Das Planungsziel besteht nicht darin, ein Problem zu lösen, sondern darin, einen Plan zu entwerfen, von dem mit guten Gründen erwartet werden kann, dass durch seine Ausführung das Problem gelöst wird. Planen stellt in diesem ein *Entwurfshandeln* dar und besteht idealerweise aus (1) einem Diskurs über das Setzen der Zwecke und Ziele (*Zielplanung*), (2) der konstruktiven Erarbeitung *möglicher Pläne* der Zielerreichung *(konstruktiver Planungsdiskurs)* und (3) der Entscheidung zwischen den alternativen Optionen (Entscheidungsdiskurs):

(1) Die Zielplanung erfolgt vor dem Hintergrund einer detaillierten Problemanalyse. Ihre Aufgabe ist es, das Anforderungsprofil an die gesuchte technische Lösung soweit zu präzisieren, dass es sowohl als Orientierung für die Suche nach Lösungen als auch als Beurteilungsraster für die Eignung von möglichen Lösungen dienen kann. Dieses Anforderungsprofil besteht einerseits aus einer möglichst präzisen Angabe der *gewünschten Eigenschaften* der Problemlösung (Leistungsmerkmale); andererseits enthält es aber auch die *Randbedingungen* für die gesuchte Problemlösung (z. B. den Kostenrahmen). Über die Analyse von einzelnen Leistungsmerkmalen und Randbedingungen hinaus ist es die zentrale Aufgabe der Zielplanung, die *Konsistenz und Kohärenz des Zielsystems* sicherzustellen (vgl. Ropohl 1999, S. 151 ff.). Die Zielplanung mündet in der Bereitstellung eines *Lastenheftes* für den zweiten Schritt.

(2) Der konstruktive Aufbau von Entwürfen, Konzepten oder Plänen dient der Erarbeitung von *möglichen* Problemlösungen. Ausgehend vom verfolgten Zielsystem wird gefragt, wie dieses durch eine Kette von technischen Handlungen und den Einsatz technischen Wissens und Könnens erreicht werden kann. Orientierend für die Ausgestaltung von Konzepten, Entwürfen und

Plänen ist dabei Wissen über *notwendige Bedingungen* der Zielerreichung und über notwendige zeitliche Reihenfolgen (pragmatische Ordnungen). Diese führen auf notwendige Zwischenschritte und Meilensteine, durch welche die (möglicherweise komplexe) Planungsaufgabe in Planungsschritte geringerer Komplexität zerlegt werden kann. Dabei handelt es sich nicht um eine Komplexitäts*reduktion*, sondern um eine Transformation der opaken Komplexität der ursprünglichen Planungsaufgabe in die transparente Komplexität eines Gefüges weniger komplexer Teilschritte. Dabei wird das ursprüngliche *Entwurfs*problem in ein *Entscheidungs*problem umgewandelt (vgl. Porthey/Schlottmann 1986).

(3) In der Regel sind mehrere oder sogar unabschließbar viele Pläne denkbar, die zur Lösung desselben Problems führen. Es muss daher eine Entscheidung als Auswahl unter den möglichen Optionen getroffen werden. Diese Entscheidungen sind methodisch vom Aufbau von Plänen zu unterscheiden. Allerdings werden bereits dort eine Reihe von Entscheidungen über die Elemente technischen Wissens und Könnens, die in die auszuarbeitenden Problemlösekonzepte überhaupt aufgenommen werden, getroffen. Auch auf der Konzeptebene werden Entscheidungen teils sehr früh getroffen. Als Beispiel wird in der Fusionsforschung zurzeit das Tomahawk-Prinzip für den ersten anzustrebenden Fusionsreaktor verfolgt, während das Stellarator-Prinzip in die zweite Reihe gerückt wurde. Konstruktive Planung und Entscheidungsteile greifen daher praktisch stark ineinander und lassen sich nur analytisch trennen. Entscheidungen fallen dabei sowohl nach technischen Kriterien als auch nach außertechnischen und werden auf der Basis von Wissen und unter Anwendung von Bewertungsmethoden getroffen (siehe 3.2.3).

In technischen Problemlösungen sind jedoch die Voraussetzungen häufig nicht erfüllt, um die genannte ideale Struktur durchhalten zu können. Bereits in der Bestimmung des Problems, das es zu lösen gilt, treten häufig Schwierigkeiten auf: „Der Versuch einer Problemlösung setzt voraus, dass ein Problem zuvor einigermaßen gestellt, konstituiert ist. Die Auftraggeber haben oft nur diffuse Vorstellungen von dem, was sie wollen oder wollen könnten. Auch der Kontext des späteren Bauwerks stellt sich anfänglich nicht so strukturiert und geordnet wie im Rückblick dar. Deshalb ist es richtiger, von der Gleichzeitigkeit von Problemkonstitution und Problemlösung zu sprechen“ (Ekardt 2001, S. 123). Auch sind die zur Zielerreichung erforderlichen Wissensbestände häufig nicht oder nicht gut genug bekannt. Technische Mittel und Verfahren müssen oft erst bereitgestellt werden; Kompetenz und Können müssen erst aufgebaut werden. Entsprechende Planungsprozesse sind zweistufig: auf einer ersten Stufe ist zu planen, wie das fehlende Wissen und Können bereitgestellt werden kann, auf der zweiten Stufe erst kann auf der Basis der Ergebnisse der ersten Stufe die Problemlösung angegangen werden. Planungsprobleme in den Technikwissenschaften und im Ingenieurhandeln sind daher „häufig nicht vollständig, ‚exakt' oder ‚wohldefiniert', sondern oft nur unvollständig formulierte, ‚schlecht' definierte […], ‚ill structured' […], ‚bösartige', ‚verzwickte' […] Probleme […], die in ‚unscharfen Entscheidungen' sowie einer ‚Hypothetizität' des Ergebnisses des Problemlösungsprozesses ihren Niederschlag finden" (Banse 2003, S. 78; weitere einschlägige Literatur dort). Diese Situation hat Auswirkungen auf unvermeidliche Risiken (siehe unten).

2.3.3.4 Regelbefolgung im technischen Handeln

Die Erzeugung neuen technischen Wissens oder Könnens durch technisches Handeln erfolgt zum Teil *geplant*, z.B. durch systematisches Variieren von Umgebungsparametern oder Materialeigenschaften im Labor. Entsprechende Handlungstypen einer guten experimentellen Praxis gehören zum methodischen Inventar der Technikwissenschaften (siehe 3.2 und 4.2). Neue Ideen für technische Problemlösungen entstehen jedoch teils auch durch ein eher tastendes Ausprobieren, durch intuitiv gesteuertes heuristisches Vorgehen auf der Basis langjähriger Erfahrung oder auch durch eher zufällige Eingebungen (siehe 3.2.1; vgl. Banse/Müller 2001). Zwar ist methodisch davon auszugehen, dass diesen Handlungstypen auch Zielsetzungen und unterschwellig vorhandene Wissensbestände (*tacit knowledge*) zugrunde liegen; sie können jedoch nicht in gleich direktem Sinne als zielgeleitet und geplant bezeichnet werden. Erfahrungsgesättigtes, aber schlecht explizierbares Wissen und Intuitionen erfahrener Ingenieure spielen für den praktischen Fortschritt in den Technikwissenschaften eine erhebliche Rolle – allerdings nur im *Entstehungsprozess*. Die Validierung des auf diese Weise intuitiv oder unkonventionell gewonnenen Wissens muss dann jedoch gemäß den etablierten Verfahren und Kriterien wissenschaftlicher Überprüfung erfolgen. Denn erst dann kann das gewonnene Wissen und Können als nach den Maßstäben der Technikwissenschaften gesichert gelten (und z.B. für eine technische Anwendung genutzt werden). Aufgabe der Technikwissenschaften ist damit auch, das intuitiv gewonnene Wissen und Können in eine systematische Form zu bringen, d.h. in Form von *technischen Regeln* zu formulieren (vgl. Grunwald 2000, S. 253).

Regeln technischen Handelns entstehen während des systematischen Prozesses, eine einmal gelungene, vielleicht intuitiv durchgeführte Handlung (z.B. die Realisierung eines technischen Prozesses im Labor) wiederholbar zu machen und zu untersuchen, unter welchen Bedingungen dies gelingt. Sie sind zunächst auf das Gelingen von Einzelhandlungen bezogen, indem der Handelnde sich selbst implizit oder explizit eine Regel nach der Struktur „Immer wenn der Effekt A erreicht werden soll, führe die Handlung H aus“, aufstellt. Für diese Regeln können dann systematisch Geltungsbereiche, Geltungsbedingungen und ihre Grenzen bestimmt werden. Die Kombination der Regeln für die gelingende Einzelhandlung in einer methodischen Ordnung führt auf technische Verfahrensanweisungen. Entgegen einer handwerklichen Praxis stellt die Wissenschaftlichkeit der Technikwissenschaften auf den systematisch erprobten Regelcharakter des technischen Handelns ab.

Technische Regeln zeigen eine spezifische Ambivalenz. Zum einen drücken sie Wissen darüber aus, *was technisch geht*. Für Situationen innerhalb des Geltungsbereichs stellen sie Wissen bereit, das legitimer Weise in technische Anwendungen eingebracht oder in der Lehre weitergegeben werden kann. Zum anderen enthalten sie jedoch auch Wissen darüber, *was (noch) nicht geht*: Außerhalb der Geltungsbereiche besteht diese Legitimität nicht. Damit weisen technische Regeln sowohl eine Seite auf, die auf gesichertes Wissen hinweist, als auch eine Seite, in der das bislang bekannte technische Wissen unzureichend ist. Letztere Seite fungiert damit auch als Ansporn zum Überschreiten von Grenzen des Wissens und des Könnens durch Forschung zur Ausweitung der Geltungsbereiche.

Die Reproduzierbarkeit technischer Regeln ist die Vorbedingung der Lehr- und Lernfähigkeit im Hinblick auf technisches Handeln. Intuition ist nicht lehrbar. Insofern Intuition zu den wesentlichen Momenten ingenieurwissenschaftlicher Kreativität gehört, umfasst der Auftrag der Technikwissenschaften allerdings auch das „Explizieren des Impliziten“, denn erst dann wird es lehrbar und gezielt verbesserbar. Technikwissenschaften sind also auch damit befasst, die Intuition zu „entzaubern“ und das *tacit knowledge* soweit wie möglich zu einem lehrbaren Wissen über technisches Handeln zu machen.

2.3.3.5 Technisches Handeln und Risiko

Technisches Handeln hat angesichts seiner Vielfalt entsprechend zahlreiche Erfolgsbedingungen, die häufig mit bestimmten Zielsetzungen, Gegenstandsbereichen und Methoden verbunden sind (siehe dazu auch 2.4). Ob und inwieweit diese Erfolgsbedingungen erfüllt sind, liegt nur zum Teil in der Hand der Ingenieure, häufiger im technikexternen Umfeld. Das Gelingen technischer Gestaltungsvorhaben hängt zum einen von der adäquaten Lösung der technischen Herausforderungen ab, zum anderen aber auch von außertechnischen Umständen wie Akzeptanz und Nachfrage. Da die Erfüllung der Gesamtheit der Erfolgsbedingungen nicht garantiert werden kann, ist technisches Handeln grundsätzlich – wie letztlich jedes andere Handeln auch – ein Handeln unter Risiko und kann auf verschiedenen Ebenen misslingen. Häufig ist die Unvollständigkeit und Vorläufigkeit des Wissens limitierend für die Erwartbarkeit eines Erfolgs (vgl. dazu Banse 2003). Zu wiederkehrenden erfolgsdeterminierenden Aspekten gehören (1) Fragen der Verfügbarkeit und Konsistenz des Ausgangswissens und -könnens, (2) Transferprobleme von Wissen angesichts der Kontextbezüge technischer Problemlösungen und (3) außertechnische Erfolgsbedingungen.

(1) Im technischen Handeln werden – relativ zu einer jeweils konkreten Zielbestimmung – eine bestimmte Wissensbasis und eine Basis praktischen Könnens vorausgesetzt. Unter der Annahme ihrer Verfügbarkeit wird über den geeigneten Weg zur Zielerreichung beraten. Triviale Erfolgsbedingung ist, dass diese Annahme gerechtfertigt ist angesichts der Gefahr von nicht hinreichendem Wissen oder überschätztem Können. Dazu gehören auch die Voraussetzungen, dass entsprechende Wissensbestandteile korrekt sind, und dass Metaregeln zur Beantwortung der Frage bekannt sind, welches technische Wissen für die Zielerreichung relevant und welche technische Regel anwendbar ist und wie es mit ihren Anwendungsbedingungen und Geltungsbereichen bestellt ist. Es besteht für gelingendes technisches Handeln jedoch auch die Gefahr von *zu viel Information*. Die Gesamtmenge der zu berücksichtigenden Vorgaben (im Lastenheft und in den relevanten Regularien, z.B. Sicherheitsbestimmungen) und des relevanten technischen Wissens kann zu einer *Überbestimmung* des Problems und zu erheblichen Konsistenzproblemen führen. In diesen Situationen muss unter Relevanzaspekten entschieden werden, welche Wissensbestände als relevant für die jeweilige Problemlösung angesehen werden und welche nicht – was wiederum eigene Risiken der Fehleinschätzung mit sich bringt.

(2) In technischen Entwicklungen werden oftmals technische Regeln in Kontexten eingesetzt, die verschieden von denjenigen sind, in denen die zugehörige technische Regel auf ihre Korrektheit geprüft und entsprechend begründet worden ist. Hier sind vor allem zu nennen (a) der Transfer vom Labor, in dem die Umgebungsparameter kontrollierbar sind, in die Realwelt, wo dies nur noch sehr eingeschränkt der Fall ist, und (b) der Transfer der Erkenntnisse aus einer Computer-Simulation in die Laborwelt oder dann in die Realwelt. Crash-Modellierungen sind ein gutes Beispiel für den zweiten Fall (siehe 4.2.4). Annahmen über die Möglichkeit solcher Transfers von Wissen können empirisch geprüft werden, indem die technische Regel in dem neuen Geltungsbereich getestet wird. So kann die Funktionsweise eines technisch geplanten und in seiner Funktion erfolgreich simulierten Roboterarms dadurch geprüft werden, dass dieser Roboterarm faktisch

konstruiert und in der Praxis eingesetzt wird. Allerdings ist dieses Verfahren oft nicht mit angemessenem Aufwand zu leisten oder aufgrund der Einmaligkeit der zu schaffenden Technik aus praktischen Gründen unmöglich, z.B. im Fall eines Staudammbaus. Oft ist daher in der Praxis der „Ernstfall" simultan auch seine Überprüfung und stellt ein technisches Handeln unter dem speziellen Risiko dar, dass der Transfer der simulierten Regel in die Praxis misslingen kann. Die Technikwissenschaften haben eine Reihe von Strategien zum Umgang mit diesen Transferproblemen entwickelt, z.B. durch die Anfertigung von Demonstratoren oder Modellen von Anlagen in verkleinertem Maßstab

(3) Außertechnische Erfolgsbedingungen betreffen Erfolg oder Misserfolg der Ergebnisse technischen Handelns, welche nach technischen Kriterien einwandfrei funktionieren bzw. die definierten Leistungsmerkmale erfüllen. Beispiele wie der Schnelle Brüter in Kalkar, der Wankel-Motor oder der Transrapid zeigen, dass auch technisch erfolgreiche Entwicklungen keineswegs selbstverständlich in eine erfolgreiche Umsetzung gelangen. Außertechnische Aspekte wie der Erfolg auf einem Markt, die Kundenakzeptanz, das „Treffen" von Lifestyle-Erwartungen durch technische Produkte (etwa im Handy-Markt) stellen wesentliche Erfolgsfaktoren für technische Entwicklungen dar. Die technische Qualität ist, wenn überhaupt, oft lediglich eine notwendige, aber keine hinreichende Bedingung für den gesellschaftlichen, insbesondere wirtschaftlichen Erfolg. Daher müssen außertechnische Aspekte von Anfang an in die Technikbewertung integriert werden (siehe 3.2.3).

Der Erfolg von Handlungen ist auch durch eine optimale Vorbereitung und bestes Wissen *nicht garantierbar*. Rationalität und Erfolg sind *verschiedene* Beurteilungskriterien für Handlungen. Eine grundsätzliche handlungstheoretische Aporie besteht darin, dass rationales Handeln nicht unbedingt Erfolg haben *muss*, während irrationales jedoch durchaus Erfolg haben *kann* (vgl. Grunwald 2000). Auch ein technikwissenschaftlich unterstütztes optimales technisches Handeln hat keine Erfolgsgarantie, während umgekehrt aus dem Erfolg technischen Handelns nicht geschlossen werden kann, dass dieser Erfolg eine rationale Grundlage hat. Die Angabe von *hinreichenden* Bedingungen für eine Zielerreichung ist daher prinzipiell ebenso wenig möglich wie die Angabe eines vollständigen Satzes von notwendigen Bedingungen. Trotzdem ist es in der Vorbereitung von Handlungen erforderlich, rationale von weniger rationalen oder irrationalen Handlungen unterscheiden zu können, *bevor* Erfolg oder Misserfolg festgestellt werden können. Diesem Ziel dienen wissenschaftliche Methoden der Entscheidungsunterstützung und -bewertung (siehe 3.2.3).

Es gibt daher keine Null-Option hinsichtlich der Risiken technischen Handelns. Auch ein Nicht-Handeln bringt Risiken mit sich. Es kommt daher nicht darauf an, die Null-Option anzustreben, sondern die Risiken offen und realistisch einzuschätzen sowie Strategien zum Umgang mit ihnen zu entwickeln.

2.3.3.6 Rahmenbedingungen technischen Handelns

Technisches Handeln findet unter spezifischen Rahmenbedingungen statt. Hierunter verstehen wir die zahlreichen Einwirkungen auf Technik von außerhalb, die das technische Handeln beeinflussen, die aber gleichzeitig vom technischen Handeln gar nicht oder nur sehr begrenzt beeinflusst werden können. Externe Rahmenbedingungen haben verschiedene Hintergründe und beeinflussen das technische Handeln in den Technikwissenschaften in verschiedener Weise. Folgende Bereiche lassen sich unterscheiden:

Gesellschaftliche Rahmenbedingungen: Gesellschaft und Öffentlichkeit nehmen in den „großen" Debatten um Technik, Zukunft und Fortschritt wechselnde Positionen ein, die nicht ohne Folgen für das Ansehen von Ingenieuren und der Technikwissenschaften und damit für deren Arbeitsmöglichkeiten bleiben (z. B. in der Spannung zwischen der Sicht auf Ingenieure als „Zauberer", denen nichts unmöglich ist, oder als Verursacher aller Technikfolgenprobleme). Akzeptanzverhalten und Risikobereitschaft der Öffentlichkeit sind eine Rahmenbedingung für heutiges technisches Handeln. Konkreter nimmt der Staat, gelegentlich in direkter Abhängigkeit von den genannten gesellschaftlichen Diskussionen, Einfluss auf die zu bestimmten Themen jeweils für Forschung und Entwicklung verfügbaren Ressourcen, indem er durch themenspezifische Förderung der Technikwissenschaften Prioritäten setzt.

Rechtliche Rahmenbedingungen: Durch staatliche *Regulierung* werden gesetzliche und damit rechtliche Rahmenbedingungen für das technische Handeln gesetzt, sowohl in Bezug auf etabliertes technisches Handeln (Sicherheitsfragen beim Pkw als Beispiel) als auch in Hinblick auf die Anforderungen, die an neue Produkte, Anlagen oder Systeme gestellt werden (z. B. über Zulassungsverfahren und -bedingungen). Beispiele sind das Kreislaufwirtschaftsgesetz, die Altautoverordnung und Zulassungskriterien für den Betrieb von Großanlagen wie Kraftwerken oder Chemiefabriken. In diesen Bereich gehören auch arbeitsrechtliche Bestimmungen, die die Handlungsmöglichkeiten von Ingenieuren sowohl sichern als auch einschränken.

Wirtschaftliche Rahmenbedingungen: In der Wirtschaft findet technikwissenschaftliche Forschung im Hinblick auf einen vermuteten Bedarf und neue Märkte statt. Von der ökonomischen Lage mit den Folgen für Investitionen,

Innovationsbereitschaft und der Verfügbarkeit von Ressourcen hängen Möglichkeiten und Grenzen technischen Fortschritts ab. Damit beeinflussen auch Entwicklungen wie die Globalisierung oder die Verpflichtung auf nachhaltige Entwicklung die technikwissenschaftlichen Handlungsmöglichkeiten.

Ökologische Rahmenbedingungen: Die Verfügbarkeit natürlicher Ressourcen wie Materialien, Energie, Fläche beeinflusst zumindest die Kosten bestimmter technischer Maßnahmen, möglicherweise aber auch deren prinzipielle Möglichkeit. Knappheiten in Ressourcenfragen (z.B. seltenen Materialien) wirken steuernd auf die technische Entwicklung, da dann die Suche nach Alternativen bzw. Substitutionsmöglichkeiten gefördert wird.

Traditionen guter technikwissenschaftlicher Praxis: Gewachsene Traditionen in den Technikwissenschaften selbst, z.B. die historisch erfolgte Einteilung in Teildisziplinen, stellen ebenfalls eine Rahmenbedingung heutigen Handelns in den Technikwissenschaften dar. Im Berufsstand der Ingenieure sind im Rahmen der Profession Traditionen guter Praxis etabliert worden, z.B. im Hinblick auf den Ethik-Kodex des VDI (siehe dazu 2.3.3.7), die zwar prinzipiell gestaltbar sind, dennoch aber im Normalfall zu den Rahmenbedingungen des Handelns gehören.

2.3.3.7 Verantwortung für technisches Handeln

Im Zuge der Erkenntnis der Ambivalenz der Technik und der Krise des Fortschrittsoptimismus (jedenfalls in seiner naiven Form der sechziger Jahre) werden verstärkt Fragen nach der Verantwortung für technisches Handeln gestellt (vgl. Lenk/Ropohl 1993; Ropohl 1996). Verantwortet werden können allgemein Handlungen und Entscheidungen sowie ihre Folgen. Verantwortlich kann man sein oder gemacht werden für durchgeführte Handlungen, Verantwortung übernehmen oder zugeschrieben bekommen kann man für Entscheidungen und Handlungen. Entscheidende Voraussetzung dabei ist die *Zurechenbarkeit von Handlungsresultaten zu einem Akteur (einer handelnden Person oder einem Kollektiv).* Der Verantwortungsbegriff muss zumindest als ein vierstelliger Begriff verstanden werden: *Jemand* (ein Verantwortungssubjekt) verantwortet *etwas* (Handlungsresultate als Objekt der Verantwortung) vor einer *Instanz* (einer Person, einer Institution, einem Regelwerk, einer Moral etc.) *relativ zu einem Regelsystem oder Kriterienkatalog.* Ist das Regelwerk ein Gesetzeskodex, handelt es sich um *rechtliche* Verantwortung (z.B. in Form der Haftungsverantwortung für verursachte Schäden). Besteht es aus der Summe der Vorschriften für die Ausübung eines Berufs (Arbeitsvertrag, Richtlinien im Unternehmen, Standeskodex etc.), wird von *Professionsverantwortung* gesprochen. Sie ist eine Teilmenge der *Rollenverantwortung*, die sich auf das Regelwerk bezieht, das die Ausübung einer bestimmten lebensweltlichen Rolle regelt (solche Rollen sind z.B. die Berufsausübung, die Elternrolle oder die Nachbarnrollen).

In der Frage, *welche* Verantwortung Technikwissenschaftlern zugeschrieben werden *soll*, herrscht oft ein Verantwortungsoptimismus, nach dem, wenn jeder Ingenieur umfassend die Folge des eigenen Handelns einschätzen, diese verantwortlich beurteilen und entsprechend handeln würde, negative, nicht-intendierte Technikfolgen weitgehend oder komplett vermieden werden könnten. Vorliegende Beispiele (etwa in Lenk/Ropohl 1993) zeigen jedoch eher die Ohnmacht von Ingenieuren, Fehlentwicklungen selbst krasser Art in der Technikentwicklung zu vermeiden. Ingenieure handeln unter von ihnen selbst kaum beeinflussbaren Randbedingungen (siehe oben). Es ist auch deswegen nicht hilfreich, ein moralisches Heldentum des Ingenieurs (vgl. Alpern 1987) zu fordern, weil Ingenieure keine homogene Gruppe bilden, die durch einen „Innovationsstreik" eine Techniklinie verhindern könnte. Schließlich können Ingenieure höchstens die unmittelbaren Folgen der ihnen anvertrauten Technik beurteilen, etwa Emissionen oder Versagenswahrscheinlichkeiten technischer Anlagen. Ob diese Emissionen gesundheitlich bedenklich, nur lästig oder umweltrelevant sind bzw. ob das Ausmaß der Versagenswahrscheinlichkeit kritische Grenzen der Akzeptabilität überschreiten würde, kann von den technikgestaltenden Ingenieuren in der Regel gerade *nicht* beurteilt werden; hierfür sind andere Kompetenzen gefragt.

Die Verantwortung des Ingenieurs darf daher nicht überschätzt werden. Es wäre höchst unbillig, angesichts der Komplexität und Unüberschaubarkeit der gesellschaftlichen Probleme im Umgang mit Technikfolgen die Adressatenfrage einer Technikethik auf die „Konstrukteure" zu beschränken. Berechtigterweise von Technikwissenschaftlern zu erwarten wäre aber die frühzeitige Information der Öffentlichkeit in Fällen *möglicherweise* bedenklicher Entwicklungen. Seitens der Gesellschaft wären dann eventuell Prozesse der ethischen Reflexion oder der Technikfolgenbewertung (vgl. Ropohl 1996) in Gang zu setzen, um das Problem systematisch zu analysieren und zu beurteilen. Im Sinne einer „Frühwarnung" würde dann der Technikwissenschaft die Verantwortung zugeschrieben, vor (evtl. nur hypothetischen) Gefahren als Anregungsgeber und Themenlieferant für systematische Technikfolgenbeurteilung zu fungieren, nicht aber die unlösbare Aufgabe, selbst eine solche durchzuführen. Die spezifische Verantwortung der Technikwissenschaften liegt in der frühzeitigen Informationsbereitstellung, da sie durch besondere kognitive Kompetenz für diesen Bereich ausgezeichnet sind und bestimmte Informationen zuerst zur Verfügung haben. Konkret umfasst die Verantwortung für technisches Handeln die folgenden Verantwortungstypen (nach Hubig/Reidel 2004, S. 21 ff.):

- *Technische Verantwortung* richtet sich auf die Gewährleistung der Produktqualität, das zuverlässige und sichere Funktionieren sowie die Beachtung der zugesagten Leistungsmerkmale. Technische Verantwortung ist Verantwortung für technisches Handeln im engeren Sinne. Sie gehört zum Selbstverständnis der Technikwissenschaften von Beginn an.

- *Instrumentelle Verantwortung* meint die Verantwortung für den Umgang mit dem Produkt technischen Handelns. Hier sind Ingenieure für eine angemessene Beratung des Nutzers verantwortlich, z.B. im Rahmen von Betriebsanleitungen oder Einweisungen. Es geht dabei um die Festlegung von Nutzerpflichten (z.B. die Wahrnehmung von Wartungsintervallen), Hinweise auf mögliche Gefahren für Umwelt oder Gesundheit und die Vermeidung nahe liegenden Fehlgebrauchs.
- *Strategische Verantwortung* richtet sich auf neue, durch Technik ermöglichte Handlungsoptionen. Hier kommt Ingenieuren einerseits eine Mitverantwortung an der Bestimmung von Zielgrößen und Leistungsmerkmalen technischer Entwicklungen zu. Andererseits gilt es auch, über den bestimmungsgemäßen Gebrauch der Technik hinaus zu denken und z.B. auf Möglichkeiten eines absichtlichen Fehlgebrauchs hinzuweisen bzw. solche Möglichkeiten auszuschließen.
- *Universalmoralische Verantwortung* kommt dem Ingenieur wie jedem anderen Staatsbürger zu. Sie umfasst z.B. die Beachtung der Menschenrechte oder die Aufmerksamkeitspflicht gegenüber Verletzungen gesetzlicher oder völkerrechtlicher Bestimmungen, aber auch die Verpflichtung zur Mitwirkung der Ingenieure am gesellschaftlichen Diskurs über Technik, Technikfolgen und technischen Fortschritt.

Daraus ergibt sich die Forderung, dass die Technikwissenschaften in ihrer Ausbildung und Praxis mit an der Realisierung der Verantwortungskompetenz der Ingenieure arbeiten und die Voraussetzungen in den Studiengängen dafür schaffen sollen. Die Verantwortungsübernahme umfasst zumindest Kenntnisse der Rahmenbedingungen, die die Übernahme von Verantwortung betreffen (z.B. Rechte und Pflichten im Rahmen des Arbeitsrechts), aber auch eine interdisziplinäre Kommunikationskompetenz in Richtung Ethik und Sozialwissenschaften sowie die Kenntnis entsprechender Orientierungsschriften und Leitlinien (vgl. Hubig/Reidel 2004). Ebenso erforderlich ist die Konkretisierung derartiger, zumeist recht allgemeiner Orientierungen für das ganz konkrete Handeln in den technikwissenschaftlichen Handlungsfeldern und in den späteren Berufsfeldern.

2.3.4 Technisches Wissen

Klaus Kornwachs

2.3.4.1 Charakteristika technischen Wissens

Nach Hans Poser verweist technisches Wissen auf eine andere ontologische Struktur als wissenschaftliches Wissen.[3] Die Versuche, dieses Problem platonisch zu begreifen, wie Friedrich Dessauer[4] dies tut, indem ein Reich der Ideen postuliert wird, aus dem heraus die Konstruktionen aktualisiert werden, sind zwar heute nicht mehr akzeptabel, zeigen aber die grundsätzlichen Schwierigkeiten einer kategorialen Bestimmung auf. Technisches Wissen beinhaltet immer ein intentionales Moment: Das hervorgebrachte Artefakt wie der Akt des Hervorbringens haben einen Zweck. Als *Zuhandenes* weist es immer die Charakteristik auf, Mittel zu einem Zweck zu sein.[5]

Nun sind, wie Mario Bunge postuliert hat, die Kriterien an das technische Wissen nicht Wahrheit oder Falschheit, sondern Funktionserfüllung im Sinne von Effektivität (vgl. Bunge 1967). Für Poser ist Technik damit teleologisch, d.h. eine Maschine hat „ihre Ziele von außen eingebaut". Diese Ziele sind nach Poser nicht ontisch, sondern eine Sache der Deutung – dies ermöglicht und erfordert eine „Hermeneutik der Technik". Technik ist zwar ein Interpretationskonstrukt (nach Hans Lenk), aber die *materia* im Sinne eines ontologischen Realismus der Technikinterpretation, also die Physik, muss nach Poser das Konstrukt „zulassen". Salopp: Man kann nicht gegen die Physik konstruieren. Aber die Physik liefert bekanntlich keine Konstruktionen: Man kann Konstruktionen und Artefakte nicht durch ein deduktives Verfahren aus dem physikalischen Wissen ableiten oder ausrechnen.

Poser weist auf den von Ropohl herausgearbeiteten Systemcharakter der Technik hin. Die Wechselwirkung zwischen dem technischen Artefakt und seiner organisatorische Hülle kann sich massiv bemerkbar machen: Teilintentiona-

---

3 Poser hat in mehreren Verlautbarungen die Unterschiede so prägnant dargelegt, dass wir uns in der folgenden Darstellung in diesem Kapitel eng auf ihn beziehen können; vgl. Poser 2003a, 2003b; vgl. auch Poser 2001.

4 Folgendes berühmtes Zitat darf auch hier nicht fehlen: „Technik ist reales Sein aus Ideen/Durch finale Gestaltung und Bearbeitung/Aus naturgegebenen Beständen" (Dessauer 1956, S. 234).

5 Dies stimmt sicher, auch wenn der Zweck nicht immer unmittelbar bestimmt werden kann. Technik ist „das Herstellen von Mitteln für freigehaltene Zwecke" (Weizsäcker 1988, S. 129f.). Die Unterscheidung von Vorhandenem und Zuhandenem findet sich bei Heidegger 1967, § 14ff., S. 62ff., und § 69b, S. 356ff.; auch Poser verweist in diesem Zusammenhang auf Heidegger (vgl. Poser 2003b).

litäten bei Komponenten oder Subsystemen mögen klar definiert sein, aber es kann geschehen, dass die Gesamtintentionalität nicht „im Sinne der Erfinder" ist, d.h. sie lässt sich schwerlich aus einer Summation oder Superposition der Einzelintentionalitäten bestimmen. Dies erzeugt Phänomene, die wir als Nebenfolgen interpretieren. Poser geht noch einen Schritt weiter: Die Intention des Erbauers ist eine Sache, sozusagen die innere Perspektive. Die äußere Perspektive ist die Deutung des Nutzers: „Das Resultat ist erst ein Resultat, wenn es als Resultat gedeutet wird" (Poser 2003). Dies könnte man im Rahmen einer analytischen Techniktheorie interpretieren, wonach eine Funktion erst dann eine Funktion wird, wenn sie als Funktion aufgefasst wird. In der Physik gilt ja analog: Eine Messung ist erst dann eine Messung, wenn sie abgeschlossen ist.

Der Gebrauch, d.h. die Umsetzung der Regel, wie man von A nach B kommt, trägt nach Poser eine Deutung in den kausalen Zusammenhang von Ursache und Wirkung unabhängig von der Intention des Erbauers. Jedoch kann aus der Finalität des Hervorgebrachten die dahinter steckende Kausalität nicht abgeleitet werden. Dies ist eine Konsequenz der Bungeschen Entdeckung, dass der pragmatische Syllogismus

„Wenn A → B, d.h. wenn A in gewisser Weise B bewirkt,
und B ist gewünscht,
dann versuche, A ins Werk zu setzen",

der von ihm als technische Regel und damit als Elementarbaustein des technischen Wissens eingeführt wurde (vgl. Bunge 1967; siehe auch 3.2.2), eben keine logische, sondern eine pragmatische Figur ist.

Kommunikation über Artefakte kann sich auf eine vermutete Kausalität der Abläufe beziehen, aber auch auf die Intention des Erbauers und damit über die Finalität des Artefakts. Diese Ebenen fallen nach Poser nicht zusammen und reichen alleine auch nicht aus. Man kann von der einen Ebene nicht auf die andere schließen.

Poser legt Wert darauf, dass eine Gesamtzielbestimmung bei einem Artefakt schwierig sei, da es eine Dynamik von nicht-intendierten Systemzusammenhängen gebe. Intentionen, Zwecke und Funktionen liessen sich nicht in ein axiomatisches deduktives System einbetten. Intention, Zweck, Ziele, Funktionen, Mittelhaftigkeit seien nicht aus der Struktur der Begriffe und Sätze, sondern nur aus Handlungen ermittelbar. Handlungen könnten hingegen nicht direkt beobachtet werden und seien das Ergebnis einer Deutung der Beobachtung des Verhaltens in einem schon vorgegebenen Interpretationsrahmen. Technisches Wissen wird nach Poser durch zwei Komponenten bestimmt: empirische Gesetze und Regeln als kognitiver Anteil und ein finaler, resp. intendierter Anteil wie Zwecke, Mittel, Funktionen. Soweit Posers Bestimmungen.

Während bei Poser die Mittelwahl offen bleibt, trifft sie *in actu* doch in gewisser Weise eine Festlegung. In seiner Untersuchung, die zur Rehabilitierung des Mittelbegriffs verfasst wurde, kommt Christoph Hubig letztlich zum Schluss, dass Technik, inkorporiert im Mittel und ausdrückbar in der Zweck-Mittel-Beziehung, aus keiner anderen elementaren Überlegung ableitbar oder gewinnbar sei. Danach stelle Technik selbst ein unhintergehbares Humanum dar, das nicht aus anderen anthropologischen Grundbestimmungen herleitbar sei (vgl. Hubig 2002, S. 45).

Das bedeutet jedoch, dass man die Zuschreibung zu einem Ding, Mittel zu sein, nicht als bloße Prädikation stehen lassen kann, sondern dass man den Mittelbegriff in Form einer Handlungsregel ausdrücken muss, wie dies in Tabelle 3 angedeutet wird.

Diese Handlungsregeln geben unser Handlungswissen wieder, im Bereich der Wissenschaft als Methodik des Vorgehens (nicht des wissenschaftlichen Wissens selbst), im Bereich der Technik als Regelwissen, das die technologische Theorie eines Gegenstandbereichs ausmacht, und im Alltag die Regeln unseres tägliche Handelns.

Tabelle 3: Charakteristika technischen Wissens

Wissensart		*Wissenschaftliches Wissen*	*Technisch-handwerkliches Wissen*	*Alltagswissen*
Instrumentelles Wissen	wenn A dann B versuche *B* durch *A*	Regeln der Methodik	Regeln der Technik	Regeln des Alltags

Dieser pragmatische Syllogismus, wie ihn Bunge eingeführt hat (vgl. Alisch 1995; Bunge 1967, chap. 11; Kornwachs 1998), unterscheidet sich von der Form des Praktischen Syllogismus in der Handlungstheorie nur durch die Veränderung der notwendigen Bedingungen in eine hinreichende Bedingung

„Wenn A $\leftarrow$ B, dann kann B nur durch A erreicht werden“,

sowie dadurch, dass er in der Handlungstheorie zur Erklärung einer Handlung benutzt wird (vgl. Meggle 1985a, 1985b; Wright 1994). Dies ist nach Poser ein planvoller Eingriff, Praxis und Poiesis fallen dann zusammen.[6]

6 Der Bezug auf die Unterscheidung von hervorbringendem Handeln („poiesis“), deren Ergebnis von der Handlung abgetrennt werden kann, und der guten Handlung, deren Ziel in ihr selbst liegt („praxis“) findet sich in Aristoteles' Nikomachischer Ethik, 1140a9-30.

Gegenüber anderen Wissensarten lassen sich gewisse weitere Besonderheiten des technischen – oder instrumentellen – Wissens feststellen. Das faktuale Wissen kann empirisch falsifiziert werden, d.h. man kann gegebenenfalls feststellen, ob der Fakt besteht oder nicht. Der empirische Wahrheitswert wird bei der Verwendung faktualen Wissens für weitere Schlüsse mit einem formalen Wahrheitswert (w) oder (1) gleichgesetzt, damit erhält man den Anschluss an die Semantik der Aussagenlogik. Dies gilt auch für das prognostische Wissen: Es kann sich als falsch erweisen. Man hat zwar noch einige Schwierigkeiten, den formalen Wahrheitswert dem empirischen zuzuordnen, weil eine als formal wahr angenommene Prognose sich erst nach dem Zeitpunkt eines möglichen Eintreffens des prognostizierten Ereignisses als empirisch wahr oder falsch erweist, d.h. der empirische Wahrheitswert ist zeitabhängig. Unter der Voraussetzung der empirischen Wahrheit der Prämisse ist die deduktiv-nomologische Erklärung ein formal wahrer Schluss, nicht aber der praktische Syllogismus in Form der praktischen Explanation.

Nun ist normatives Wissen im Sine der Logik nicht wahrheitsdefinit, zumindest ist dies heftig umstritten (zum normenlogischen Skeptizismus siehe Zoglauer 1998, S. 83-88; weitere Literatur dort). Definitorisches Wissen wird als formal wahr angesetzt, wenn es in einem Normensystem als gültig akzeptiert gilt, und logisches Wissen ist aufgrund der Form wahr. Es scheint in der Tat so zu sein, dass der pragmatische Syllogismus als Regelwissen unserer Praxis weder formal wahrheitsdefinit ist, weil er zum einen normative Elemente enthält (vgl. Kornwachs 2002a, 2002b), noch aus anderen Überlegungen wie einer deduktiv-nomologischen Erklärung logisch abgeleitet werden kann. Das bedeutet, dass das technische Wissen letztlich eine eigene Wissensart darstellt.

Unter diesem Gesichtspunkt findet man in der Literatur weitere Unterdifferenzierungen in Arten des technischen Wissens. Die von Bunge eingeführte Unterscheidung einer substantiellen Theorie von einer operativen Theorie, aus der eine technologische Theorie besteht (vgl. Bunge 1967), gibt Anlass zur Unterscheidung von operativem und substantiellem Wissen. Dies korrespondiert mit dem, was man bei Expertensystemen und deren Wissensbasen prozedurales und deklaratives „Wissen" genannt hat (vgl. Bullinger/Kornwachs 1990). Hält man die Unterscheidung zwischen Information und Wissen aufrecht, dann entspricht dies der Unterscheidung in den Darstellungsformen der entsprechenden Informationsarten.

Günter Ropohl hat aus systemtheoretischen Überlegungen heraus fünf Wissensarten des technischen Wissen vorgestellt, die in Tabelle 4 zusammengefasst charakterisiert sind (vgl. Ropohl 1997, dt. und überarbeitet in Ropohl 1998, S. 88-90).

Tabelle 4: Arten technischen Wissens

Technologisches Gesetzeswissen	Transformation eines Naturgesetzes im Hinblick auf einen realen technischen Vorgang	*Naturwiss. Gesetz:* Hooksches Gesetz über Dehnung ~ Spannung gilt nur für $S < S_{grenze}$, sonst Bruch des Werkstoffs	*Technisches Gesetz:* Wenn die größte Spannung immer unter 0,5 • S_{grenze} liegt, ist das Bauteil bruchsicher.
Funktionales Regelwissen	B per A	Beste Bohrergebnisse B durch Wahl von Drehzahl A	Ablesen optimaler Drehzahl A beim Bohren aus einer Tabelle
Strukturales Regelwissen	Regeln für den Aufbau von Sachsystemen aus funktionierenden Subsystemen – setzt Antizipation des Ganzen voraus.	Konstruktion Zusammenstellen Zusammenschalten Montage	z.T. an der Erfahrung, z.T. theoretisch fundiert z.T. ausgedrückt in Zeichnungen
Technisches Können	Fertigkeiten, gewisse Prozesse (durch Handlungen) erfolgreich durchführen zu können	Meist implizit durch genügend Praxis und Erfahrung erworben	Instrument spielen Programmieren können Maschinen handhaben können
Soziotechnisches Systemwissen	Wechselwirkung zwischen Sachsystemen, natürlicher Umgebung und gesellschaftlicher Praxis	Technikfolgenabschätzung Innovationsanalyse, Integrierte Sichtweise	Technikbewertung Produktkritik Markstudien Interkulturelles Projektmanagement

Quelle: Ropohl 1998

Wir können, im Gesamtblick auch auf andere Wissensarten, einige Eigenschaften des technischen Wissens nochmals subsumieren. Technisches Wissen

- ist bedingt präskriptiv, indem es Terme des Wollens (Ziele) und Sollens (*conditioned technical ought*) enthält (vgl. Zoglauer 1998; Kornwachs 2002a, 2002b),
- setzt zu einem großen Umfang definitorisches Wissen voraus (z.B. VDI- oder DIN-Normen),
- bedarf nicht unbedingt einer nur durch naturwissenschaftliches oder formalwissenschaftliches Wissen gestützten Begründung,[7]
- ist vom logischen Aufbau in elementarer wie zusammengesetzter Form anders strukturiert als Wissen der Naturwissenschaften (vgl. Bunge 1967, chap. 11; Erlach 2001; Kornwachs 1995, 1996),

7 Unter Formal- oder Strukturwissenschaften seien Logik, Mathematik, Systemtheorie, Kybernetik, Modelltheorie etc. verstanden.

- ist überwiegend handlungstheoretisch, nicht erkenntnistheoretisch fundiert, indem es als Kern den pragmatischen respektive praktischen Syllogismus als Erklärung wie als Handlungsanleitung (Regel) beinhaltet (vgl. Bunge 1967, chap. 11; Erlach 2001; Kornwachs 1995, 1996),
- ist pragmatisch (vgl. Alisch 1995, S. 417),[8]
- enthält für den Test als empirische Basis des Erkenntnisgewinns faktuales Wissen über die Welt. Es wird erzeugt durch experimentelle und operative Erfahrung. Der Unterschied zwischen Experiment und Test kann hierbei verdeutlicht werden (vgl. Kapitel 4.2.2.2),
- enthält für die Randbedingungen des Instandsetzens von technischen Funktionen organisatorisches, also institutionelles Wissen über die Welt.[9]

Gerade der letztere Umstand wird prägnant ausgedrückt in dem Diktum von Jürgen Seetzen: „Technik ist machtschlüssig" (Seetzen 1997).

2.3.4.2 Wissen – philosophisch[10]

Philosophisch gesprochen können wir Wissen in diesem Raster als das verstehen, was verstandene Information in einem kognitiven System erzeugt (vgl. Kornwachs 2005b). Damit ist auch eine Unterscheidung gegeben, die sich auf die gesellschaftliche Bestimmung von Informations- und Wissensgesellschaft auswirkt: Information ist das, was kommuniziert wird, Wissen das, was durch die kommunizierte Information entsteht. Wir verwandeln in der Kommunikation Wissen in weitergebbare Information, die beim Empfänger wieder zu einem Wissen wird, das mit dem ursprünglichen Wissen wegen der Individualität der Vorbedingungen und Situiertheit des Empfängers nie identisch, aber – so die Hoffnung der Bemühungen – ähnlich sein wird. Die Individualität des Senders, die Individualität des Empfängers und die situativen Bedingungen bestimmen diese immer bestehende Differenz beträchtlich.

---

8 Er geht dort auf Herbert Stachowiaks Differenzierung wissenschaftlicher Vorhersagen ein und stellt fest, dass die Handlungsneutralität nur bei rein theoretischen Voraussagen, nicht aber bei operativen oder prospektiven Voraussagen gegeben ist.

9 Auf diese Erweiterung des Technikbegriffs hat gerade Ropohl in seinem Werk (vgl. u.a. Ropohl 1991) erfolgreich insistiert: Technik umfasst nicht nur das Artefakt, sondern die Handlungen und Handlungsweisen zur Herstellung und Gebrauch, letztlich auch zur Entsorgung. Dazu gehören auch die organisatorischen und institutionellen Randbedingungen wie Ko-Systeme, die sie oben mit dem Begriff der organisatorischen Hülle umschrieben worden sind.

10 Vgl. zum Folgenden auch Kornwachs 1999, 2005a.

Platon sprach von Wissen als einer wahren, gerechtfertigten Meinung, aber wie dieses Wissen zustande kommt, ist schon in Platons Dialog „Theaitetos" hoch qualifiziert umstritten, und die Frage wird letztlich auch dort nicht gelöst (vgl. Platon 1990). Heidegger hat in seiner Theaitetos-Interpretation einen entscheidenden Schritt getan und das Wissen, das aus dem Erkenntnisakte folgt, als Wissen um eine Sache und wie mit ihr umzugehen sei, gedeutet – jemand *weiß* sich zu benehmen, er *weiß* um ..., er *weiß* Bescheid (vgl. Heidegger 1988, S. 149ff.).

Wozu dient Wissen, was ist sein Nutzen? Kann man danach füglich fragen? Die Nützlichkeit und der Wert von Information kann man pragmatisch als die Differenz zwischen der Effektivität einer Problemlösung mit und ohne Verfügbarkeit der in Frage stehenden Information (normiert durch die Effektivität ohne Information) in gewisser Weise messen. Dies setzt aber eine sehr restriktive Definition dessen voraus, was das Problem ist, zu dessen Lösung man eine Information gebraucht hätte.[11]

Der Abgrenzung des wahren Wissens als einer gerechtfertigten Meinung über einen Sachverhalt nach Platons „Theaitetos", das nicht Glaube, bloße Meinung, Auffassung oder Wahrnehmung ist, von funktionalisierbarem oder instrumentalisierbarem Wissen wie Weltanschauung, Ideologe, Anwendung oder Rhetorik verdanken wir nach Gernot Böhme die Entstehung der Wissenschaft überhaupt (vgl. Böhme 1999).

Dieses wahre Wissen ist kommunizierbar. Als wissenschaftliche Information, aufgrund derer man selbst nachprüfen kann, was es mit der Behauptung auf sich hat, muss sie explizierbar und nachvollziehbar sein. Ihr Geltungsanspruch ist in der Regel durch die Methodik der Entstehung des Wissens, das zur mitgeteilten Information führt, zunächst einmal höher als der des Alltagswissens, aber sie muss sich, da sie immer bloß zu vorläufigem Wissen führt, unter Kritik und Widerlegungsversuchen bewähren. Wissen, was man weiß, expliziert sich dann in Aussagen, die man mit guten Gründen behaupten kann (vgl. Böhme 1999) – diese stellen eine verstehbare Information dar. Wissen – auch Alltagswissen – setzt also geglückte Kommunikationsprozesse voraus. Diese Prozesse beinhalten Informationsprozesse, die wir als Teilprozesse zwar technisch gut beschreiben können. Von einem Gesamtverständnis des Kommunikationsprozesses selbst sind wir jedoch noch weit entfernt.

Die entscheidende Kritik, die uns auch weiterführt, ergibt sich aus der Analyse von Gettier. Er zeigte, dass Platons Diktum der wahren und gerechtfertigten Meinung formal nicht hinreichend für den Wissensbegriff sein kann. Denn man

11 Auch hier können wir nicht ins Detail gehen, sondern nur auf Ansätze einer Problemlösungslogik verweisen, wie sie schon von Bunge vorgestellt und entwickelt worden ist (vgl. Bunge 1967, S. 170-183; vgl. auch in Kornwachs 1987, S. 118ff., 523ff.) sowie 2.3.4.5).

kann immer Gegenbeispiele konstruieren, bei denen ein Bewusstseinsinhalt wahr und gerechtfertigt ist und dennoch kein Wissen über einen Sachverhalt darstellen kann (vgl. Gettier 1963; Gegenbeispiele werden in Craig 1993, S. 53-64 diskutiert). Wir wollen diese inhaltliche Analyse hier nicht näher erörtern, entscheidend ist, dass diese Kritik, weitgehend akzeptiert, durch Craig aufgenommen wurde und er daraus zu einer operativen Bestimmung von Wissen gelangte, die wir hier weiter verwenden wollen (vgl. Craig 1993).

2.3.4.3 Der Gute Informant

Der Begriff des Guten Informanten (*good informant*) wurde von Craig vorgeschlagen (vgl. Craig 1993), als er sich durch die Kritik von Gettier an Platons Wissenskonzept (vgl. Gettier 1963) anregen ließ. Da er einen genaueren Begriff davon haben wollte, was es bedeutet, wenn jemand sagt, er habe ein Wissen, so wie dies in Platons Dialog „Theaitetos“ verhandelt wird, versucht Craig den Begriff des Wissens operational im Hinblick auf eine bestimmte Fähigkeit zu bestimmen. Er entwickelte hierfür einen pragmatischen Wissensbegriff, den wir hier auch näher nutzen wollen (vgl. auch Berndes 2001). Sein Ausgangspunkt ist die oben verwendete Platonische Formel: Wissen ist wahre, gerechtfertigte Meinung. Nun ist Wissen ein System von gerechtfertigten Überzeugungen, die eine Person hat und aus hinreichenden Gründen für wahr hält.

Die Kritik von Gettier an der platonischen Formel ergab sich aus einer formalen Analyse. Die Aussage, dass „Person S weiß den Sachverhalt p“ (hier in Form einer Aussage repräsentiert) erfüllt folgende Bedingungen:

S weiß p genau dann, wenn
p der Fall ist,
S glaubt, dass p und
S ist darin gerechtfertigt zu glauben, dass p (vgl. Gettier 1963).

Das reicht nach Gettier aber nicht hin. Man kann Gegenbeispiele konstruieren wie: Mein Nachbar N weiß, dass p, d.h. ich einen VW Golf besitze. Er hat gute Gründe, dies zu glauben, denn er ist mein Nachbar und kennt mich. Es ist der Fall, dass ein Volkwagen vor meiner Tür steht, mein Nachbar ist mehrere Male auch schon mitgefahren und ich rede ihm gegenüber von diesem VW Golf als von meinem Auto, und er hat auch die Dokumente gesehen.

Nun kann man eine Aussage p immer disjunktiv erweitern, z.B. mit q und sie $r = p \vee q$ nennen. Der Disjunktivsatz r: „Ich besitze einen VW Golf oder q“ ist wahr, wenn einer seiner Teilsätze wahr ist. Mein Nachbar kann diesen Satz bilden und ihn für richtig halten, wenn er daran glaubt, dass ich einen VW Golf besitze, unabhängig vom Wahrheitsgehalt von q. Wenn p jedoch wahr ist, dann ist der gesamte Satz auch wahr. Wenn der Vordersatz falsch ist, also zum Beispiel, dass ich den VW Golf verkauft habe wegen eines Lottogewinns und ihn eingetauscht habe für einen Rolls Royce, den mein Nachbar aber noch nicht gesehen hat, dann muss q wahr sein, wenn r wahr sein soll. Ist dies der Fall – man kann für q immer einen trivialen wahren Satz finden –, dann hat mein Nachbar also alle guten Gründe zu glauben, dass $r = p \vee q$ wahr ist, obwohl p nicht mehr zutrifft. Nach Gettier wären also alle drei Bedingungen erfüllt und man würde doch nicht sagen wollen, dass mein Nachbar weiß, dass r wahr ist (dargestellt bei Craig 1993, S. 54ff.).

Um solchen Gegenbeispielen Gettiers zu entkommen, hat Craig versucht, einen interkulturell gültigen Wissensbegriff durch den Begriff des „Guten Informanten" zu operationalisieren: Wissen ist ein System, das aus Überzeugungen besteht, die ein Individuum im Laufe der Zeit durch Erfahrungen, durch Verstehen von Information und durch Sinneswahrnehmung aufgebaut hat. Dieses Wissen muss durch seinen Träger ausdrückbar und mitteilbar sein, es muss also explizites Wissen sein. Deshalb müsste auch eine Rekonstruktion dieses Wissens durch eine „Expertenbefragung" rekonstruierbar sein.

Die Grundidee besteht in der Rekonstruktion dieses Wissens durch Befragen der Person über bestehende Sachverhalte und ihre begründeten Verknüpfungen untereinander. Denjenigen, der entsprechende Antworten zu geben vermag, nennt Craig einen „Guten Informanten".

Ein Mensch mit Wissen, der in der Lage ist, dieses Wissen zu rekonstruieren, ist ein Guter Informant, wenn gilt:

- Der Gute Informant ist dem Fragenden hier und jetzt zugänglich.
- Er ist für den Fragenden erkennbar als einer, der in der Frage, ob p der Fall ist oder nicht, wahrscheinlich recht hat.
- Die Wahrscheinlichkeit, dass er recht hat, sei für die hiesigen und jetzigen Zwecke des Fragenden ausreichend.
- Die Kommunikationswege müssen natürlich offen sein.

Wissen ist deshalb nach Craig ein Zustand, durch den ein Subjekt in der Lage ist, in irgendeiner bestimmten Frage ein Guter Informant zu sein. Der Gute Informant kann bei Craig auch ein Kollektiv oder eine Institution sein. Das Kriterium zur Festlegung der subjektiven Erwartungswahrscheinlichkeit für den Fragenden ist eine institutionelle Tatsache, d.h. sie setzt ein Vertrauen und eine Vorgeschichte der Beziehung zwischen dem Guten Informanten und dem Fragenden voraus. Es gibt demnach kein sicheres Wissen, aber es ist der Mitteilung fähig. Wir werden diese Art von Wissen pragmatisches Wissen nennen.

2.3.4.4 Explizites und implizites Wissen

Daraus folgt für das technische Wissen, wie es oben charakterisiert wurde,[12] eine wichtige Konsequenz: Sofern Fähigkeiten und Fertigkeiten nicht im Rahmen der (hier sehr allgemein verstandenen) Sprache kommunizierbar sind, sind sie auch nicht als explizites Wissen darstellbar. Dieses nichtexplizite Wissen ist dann nicht mehr in Information zu „verflüssigen". Wir könnten dieses Wissen implizites Wissen technisch-handwerklicher Art nennen (siehe auch 3.2.1). Es kommt auch nicht, wenn es nicht explizierbar ist, durch Verstehen von Information im kommunikativen Akt, sondern durch direkte, gleichsam sprachlose Erfahrungsakkumulation zustande.[13]

Auf den ersten Blick scheint es so zu sein, dass das von Craig vorgeschlagene operationale Wissenskonzept daher nur auf explizites Wissen, also auch explizites technisches Wissen bezogen werden kann. Das würde bedeuten, dass man ein Viererschema erhält, wenn man Ryles Unterscheidung von propositionalem und praktischen Wissen hinzunimmt[14] (siehe Tabelle 5):

Tabelle 5: Differenzierung von Wissensarten

Wissen	*Propositionales Wissen*	*Praktisches Wissen*
Explizites Wissen	Formalisierbares Wissen (Ausdrücke)	Regeln
Implizites Wissen	nicht möglich	Fähigkeiten

Zum Erfolg des kommunikativen Aktes genügt es übrigens, dass die Äußerung des Guten Informanten einen Sprechakt mit der klaren Illokution der Behauptung ohne übergeordnete Intention darstellt.[15] Dabei seien alle paralinguistischen

12 Für weitere begriffliche Analysen siehe Kornwachs 2004; Poser 2001, 2003a, 2003b; ein anderer Ansatz findet sich bei Krämer 2003; vgl. auch Banse/Ropohl 2004.

13 Der Unterschied zwischen implizitem Wissen (tacit knowledge) und explizitem Wissen ist durch Michael Polanyi eingeführt worden (vgl. Polanyi 1985); für weitere Diskussionen vgl. auch Layton 1974, später Ropohl 1997; Vries 2003 und andere.

14 Ryle hat dieses Wissen „propositional knowledge" im Sinne von knowing that genannt. Er unterscheidet es vom „practical knowledge" im Sinne von know how. Das propositionale Wissen kann in Form der Aussagen- und Prädikatenlogik formalisiert werden, das praktische Wissen in Form von Regeln (vgl. Ryle 1949).

15 D.h., dass Illokution (die pragmatisch-linguistische Funktion eines Sprechaktes) und Intention des Agierenden hier idealer Weise zusammenfallen sollen. Sprechakte sind die pragmatische Einheit dessen, wie man mit Sprache handeln kann, „how to do things with words", wie Austin seine berühmte Schrift nannte (vgl. Austin 1962); zur Theorie der Sprechakte vgl. Searle 1971.

Möglichkeiten voll ausgeschöpft: Der Gute Informant soll auch durch eine Geste eine Frage hinreichend beantworten können, Sinn und Bedeutung dieser Antworten sollen das Problem lösen können.

Man könnte nun dem Guten Informanten, der für das explizite Wissen zuständig ist, ein Pedant zu Seite stellen, das für das implizite Wissens zuständig ist. Da dieses nicht über sprachliche (im weitesten Sinne) Mittel erworben werden kann, könnte dieses Pedant der Erbauer oder „Macher" eines Artefakts sein.[16] Wir könnten also umformulieren und sagen:

- Der Gute Erbauer ist in der Lage, eine technische Funktion hinsichtlich eines Problems effektiv zu realisieren.
  Wir paraphrasieren damit die Definition des Guten Informanten für den Guten Erbauer. Die Grundidee besteht in der Rekonstruktion des impliziten technischen Wissens durch Aufforderung einer Person, eine technische Funktion bezüglich eines bestehenden Problems (einschließlich ihrer Verknüpfungen untereinander) zu realisieren bzw. ein Artefakt hierfür herzustellen.
- Der Gute Erbauer ist mir (hier und jetzt) zugänglich.
- Er ist für mich erkennbar als einer, der in der Frage, ob die fragliche Funktion F, die er bauen kann oder baut, eine Problemlösung darstellt oder nicht, wahrscheinlich Erfolg hat bzw. effektiv ist.
- Die Wahrscheinlichkeit, dass er effektiv ist, ist für meine hiesigen und jetzigen Zwecke ausreichend.
- Die Kommunikationswege und die Möglichkeit des Bauens und Demonstrierens des Gebauten sind offen.

Entsprechend der Analogie zu Craigs Gutem Informanten kann man definieren: Implizites technisches Wissen ist der Zustand, durch den ein Subjekt geeignet ist, in irgendeiner bestimmten Problemsituation ein Guter Erbauer zu sein. Der Erbauer kann in Analogie zu Craigs Gutem Informanten auch als ein Kollektiv oder eine Institution beschrieben werden. Das Kriterium zur Festlegung der Wahrscheinlichkeit ist eine institutionelle Tatsache. Es gibt demnach kein sicheres implizites technisches Wissen. Aber es ist der Erbauung fähig.

Ob der Gute Erbauer ein Guter Informant sein muss, bleibt dahingestellt – denn aus der Tatsache des Guten Informanten kann man noch nicht auf den Guten Erbauer und umgekehrt schließen – die hängt davon ab, ob das praktische Wissen implizit oder explizit vorliegt. Die Alltagserfahrung zeigt, dass es durchaus Gute Erbauer geben kann, die alles andere als Gute Informanten sind.

---

16 Der Ausdruck „Erbauer" oder „Macher" (the good doer) soll die Bedeutung haben, dass derjenige etwas bauen, produzieren, herstellen, ins Werk setzen, allgemein etwas durchführen kann.

Dieser Begriff des impliziten Wissens, der hier mit dem Begriff des praktischen Wissens im Sinne von wissensbasiertem Können verknüpft wird, unterscheidet sich von dem Begriff des praktischen Wissens, wie er z.B: in der analytischen Philosophie diskutiert wird (vgl. Hawley 2003). Danach hängt praktisches Wissen mit einer erfolgreichen (hier effektiven) Handlung zusammen, die durch den Handelnden angestrebte Ziele in einer kontrollierbaren Weise erreichen lässt. Dabei verweist nach Riss ein Fehler bei dieser Handlung auf einen Kontrollverlust (vgl. Riss 2005). Er betrachtet das Beispiel eines Chirurgen, der weiß, wie man eine Operation durchführt. Geschieht etwas Unvorhersehbares, muss der Chirurg in der Lage sein, auf diese neue Situation zu reagieren, und zwar so, dass er die Kontrolle wieder herstellt. Dieses Beispiel zeigt die dynamische Sicht dieses Wissensbegriffs – das Wissen wird nicht mehr „besessen", sondern es stellt eher einen Prozess dar, der Wissen zu erwerben und zu adaptieren erlaubt. Damit wird nach Riss eher eine Erwartung ausgedrückt, dass der Handelnde über die Fähigkeit verfügt, die Situation erfolgreich zu meistern. So ist zu vermuten, dass erst mit dieser Dynamisierung der angelsächsische Begriff des *knowledge-how* an den Begriff des Guten Erbauers anschlussfähig gemacht werden kann.

2.3.4.5 Der Gute Problemlöser

Der Gute Informant spielt nun offensichtlich eine ausdifferenzierbare Rolle im Hinblick darauf, ob er technisches oder wissenschaftliches Wissen mitteilt. Es ist jedoch für uns nicht erkennbar, ob der Gute Erbauer auch ein Guter Informant ist und sein Wissen auch explizit präsent ist, wenn es lediglich um eine technische Handlung geht. Wir können nun versuchen zu verallgemeinern. Der Gute Informant und der Gute Erbauer sind beides Sonderformen des Guten Problemlösers:

- Der Gute Problemlöser ist als Guter Informant und/oder als Guter Erbauer in der Lage, eine Problemlösung effektiv zu realisieren.

  Wir stellen damit den Guten Informanten und den Guten Erbauer hinsichtlich ihrer Problemlösungsfähigkeit gleich – zuweilen löst die richtige Antwort, zuweilen die richtige technische Handlung das Problem.
- Der Gute Problemlöser ist mir (hier und jetzt) zugänglich.
- Er ist für mich erkennbar als einer, der in der Frage, ob der fragliche Problemlösungsausdruck, den er bauen oder nennen kann oder baut oder nennt, eine Problemlösung darstellt oder nicht, wahrscheinlich Erfolg hat bzw. effektiv ist.
- Die Wahrscheinlichkeit, dass er hierin effektiv ist, oder der Grad μ, mit dem er effektiv ist, ist für meine hiesigen und jetzigen Zwecke ausreichend.

- Die Kommunikationswege und damit die Zugänglichkeit (Erreichbarkeit) zur Problemlösung sind offen.

Wir können dann unterscheiden, ob es sich um ein technische Lösung (entweder durch die Erbauung oder die Besorgung eines Artefakts oder das Nennen technischen Wissens) oder eine nicht-technische Lösung (Auskunft über nichttechnisches explizites Wissen) handelt (vgl. Kornwachs 2006).

Man sieht aus dieser Gegenüberstellung, die wir unter entsprechenden Vorbehalten verallgemeinern wollen, dass der Übergang von der Information zum Wissen (das Verstehen), aber auch der Übergang vom Wissen zur Information (das Mitteilen), in der Technik etwas anders strukturiert ist. Die Erfüllung eines Problemlösungsausdrucks in der Technik ist formal einfacher, wenn man sie auf das Artefakt im engeren Sinne allein beschränkt. Man muss nur das geeignete Objekt besorgen oder bauen. Dies ist allerdings eine reduzierte instrumentalistische Sichtweise. Verwendet man den erweiterten Technikbegriff, d.h. nimmt die organisatorische Hülle dazu, dann wird der Problemtyp als gemischter, weil aus verschiedenen Klassen zusammengesetzter Typ wesentlich komplizierter als der der Wissenschaft und ist in der Regel formal gar nicht mehr darstellbar. Dies scheint der Grund zu sein, warum Technologie weitaus komplexer ist als Wissenschaft. Diese Komplexität mag auch ein Grund dafür sein, dass sich Ingenieure beim Problemlösen gerne auf den reduzierten Problemlösungstyp zurückziehen.

Die formale Darstellbarkeit führt, seit es Mathematik gibt, dazu, einen Prozess an ein regelgeleitetes repetitiv aufgebautes Verfahren (Begriff des Algorithmus) zu delegieren, das man spätestens seit Gottfried Wilhelm Leibniz eben an eine Maschine zu delegieren versucht, d.h. durch eine Maschine exekutieren zu lassen. Dies hat zwei Konsequenzen im Zusammenhang mit dem Guten Erbauer:

(1) Alles, was sich der Formalisierbarkeit widersetzt oder zu komplex ist, wird bei der Problemstellung und der Beantwortung durch den Guten Technischen Informanten weggelassen, um den Vorgang an eine Maschine delegieren zu können. Dies ist formal leichter möglich bei einem eingeschränkten Technikbegriff als bei Wissenschaft oder einem organisatorisch erweiterten Technikbegriff. Deshalb ist technisches Wissen im engeren Sinne leichter formalisierbar.

(2) Technische Funktionen sind letztlich nur aus Artefakt und organisatorischer Hülle verständlich. Da die organisatorische Hülle zu komplex ist, wird man bei den Versuchen, den Verstehensprozess technischer Information zu Wissen und der Formulierung technischen Wissens zu mitteilbarer Information maschinell zu unterstützen oder zu ersetzen, zwangsläufig Verkürzungen vornehmen, die das Verständnis von technischen Funktionen einschränken.

Die Risikobehaftetheit dieses Vorgehens, nämlich den Kognitionsprozess selbst zu technisieren, sprich zu automatisieren und an eine Maschine zu delegieren, erscheint offenkundig.

2.4 Ziele der Technikwissenschaften *Wolfgang König*

Wissenschaften lassen sich durch ihren Gegenstand, ihre Ziele, ihre Methoden und durch die Art und Weise ihrer Institutionalisierung charakterisieren. Besonders augenscheinlich unterscheiden sich die Technikwissenschaften von anderen Wissenschaften und Wissenschaftsgruppen durch ihre Ziele. Ihnen geht es nicht nur um Welterkenntnis, sondern auch um Weltgestaltung, also um eine in einem weiteren Sinn soziale Zielsetzung. Den aus dieser spezifischen Zielstellung entstehenden theoretischen Fragen ist bislang wenig nachgegangen worden. So hat sich die traditionelle Wissenschaftstheorie unter dem Begriffspaar „Verstehen und Erklären" vorwiegend mit den Geisteswissenschaften und den Naturwissenschaften beschäftigt. Gemäß gängiger Interpretationen bemühen sich die Geisteswissenschaften um das Verständnis und die Deutung der Ergebnisse geistigen Schaffens mit einem Schwerpunkt auf Texten. Die Naturwissenschaften erklären die ungestaltete sowie die vom Menschen gestaltete Natur, indem sie die zu Grunde liegenden Gesetzlichkeiten herausarbeiten.

Elemente geistes- wie naturwissenschaftlicher Zielsetzungen lassen sich auch in den Technikwissenschaften finden. Technische Produkte und Prozesse unterliegen den gleichen Naturgesetzlichkeiten wie naturale Objekte. Tatsächlich werden sie von Technikwissenschaftlern auch hinsichtlich ihrer naturalen Dimensionen und mit naturwissenschaftsnahen Methoden untersucht. Und technische Produkte und Prozesse lassen sich auch als Texte lesen, in welche die Ziele und Werte ihrer Produzenten gleichsam eingeschrieben sind. Bei Verbesserungsinnovationen und Variantenkonstruktionen tun Technikwissenschaftler deshalb gut daran, sich des Entstehungszusammenhangs der jeweiligen Technik zu vergewissern.

Die Technikwissenschaften gehen jedoch über das Ziel des Erkennens der vorhandenen Technik hinaus; ihnen geht es um die Gestaltung des Neuen. Sie suchen nach gegenständlichen Mitteln, um gesellschaftliche Ziele umzusetzen. Sie arbeiten technische Möglichkeiten aus und empfehlen deren Überführung in technisch-gesellschaftliche Praxis. Zur Charakterisierung dieser Ziel-, Zweck-, Zukunfts- und Handlungsorientierung der Wissenschaftsgruppe Technikwissenschaften sind eine ganze Reihe von Begriffen vorgeschlagen worden. Da ist die Rede von finalen, intentionalen, teleologischen Wissenschaften, von strategischen, präskriptiven, praxisorientierten Wissenschaften, von Möglichkeits-, Gestaltungs- und Handlungswissenschaften.

Mit den genannten Begriffen lassen sich nicht nur die Technikwissenschaften kennzeichnen, sondern auch andere. Diese bilden gemeinsam mit den Technikwissenschaften eine dritte große Wissenschaftsgruppe neben den Naturwissenschaften und den Geisteswissenschaften. Als Mitglieder dieser dritten Wissenschaftsgruppe werden u. a. angeführt: die Medizin, die Pharmazie, die Umweltwissenschaften, die Agrarwissenschaften, die Sozialwissenschaften, die Wirtschaftswissenschaften, die Rechtswissenschaften. Über die jeweiligen Zuordnungen ließe sich natürlich streiten. Strukturelle Ähnlichkeiten zu den Technikwissenschaften sollen hier am Beispiel der Medizin angedeutet werden. Die Medizin orientiert sich am gesellschaftlichen Ziel der Gesundheit. Sie greift sowohl auf wissenschaftliche Erkenntnisse aus verschiedenen Disziplinen zurück wie auf praktisches Erfahrungswissen. Und sie hat wie die Technik einen Doppelcharakter als wissenschaftliche Disziplin und ärztliche Praxis (siehe zusammenfassend Bild 6).

Bild 6: Ein System der Wissenschaften

Geisteswissenschaften	*Handlungswissenschaften*	*Naturwissenschaften*
– Geschichte – Literatur – Philosophie – usw.	– Sozialwissenschaften – *Technikwissenschaften* – Medizin – usw.	– Physik – Chemie – Biologie – usw.

Die Ziele der Technikwissenschaften werden hier analytisch unterteilt in praktische, kognitive und soziale (siehe Bild 7). Die Grenzen zwischen den drei Zielkomplexen sind fließend und sie sind eng aufeinander bezogen. Dabei wird als praktisches Ziel der Beitrag der Technikwissenschaften zur Gestaltung der technischen Praxis verstanden. Das kognitive Ziel besteht in der Produktion und Überprüfung technikwissenschaftlichen Wissens. Das soziale Ziel – im engeren Sinn – bezieht sich auf die Institutionalisierung der Technikwissenschaften als aus Einzeldisziplinen bestehende Wissenschaftsgruppe. Wie alle Wissenschaften streben auch die technikwissenschaftlichen Disziplinen nach institutioneller Festigung, Erhaltung und Expansion. Und schließlich wird nach den Kriterien gefragt, an denen der Erfolg oder Misserfolg technikwissenschaftlicher Arbeit festgemacht wird, und nach den Instanzen, welche hierüber entscheiden.

Es entspricht dem Selbst- und dem Fremdverständnis der Technikwissenschaften, dass sie an der Gestaltung der technischen Praxis mitwirken. Ihre Institutionalisierung in der Zeit der frühen Industrialisierung erfolgte mit dem Auftrag, die technisch-gewerbliche Entwicklung voranzutreiben. Der Begriff der

„Verwissenschaftlichung der Technik“ besagt, dass ihr Stellenwert für die Technikentwicklung bis zur Gegenwart immer wichtiger geworden ist. Dessen ungeachtet gibt es in der Technikentwicklung eine Arbeitsteilung zwischen Wissenschaft und Praxis bzw. zwischen Hochschule und Industrie. In der Regel entsteht an wissenschaftlichen Hochschulen keine marktfähige Technik. Und in den Ausnahmefällen agieren die Beteiligten aus der Wissenschaft und der Hochschule dann als Ingenieure und nicht als Technikwissenschaftler.

Bild 7: Ziele der Technikwissenschaften

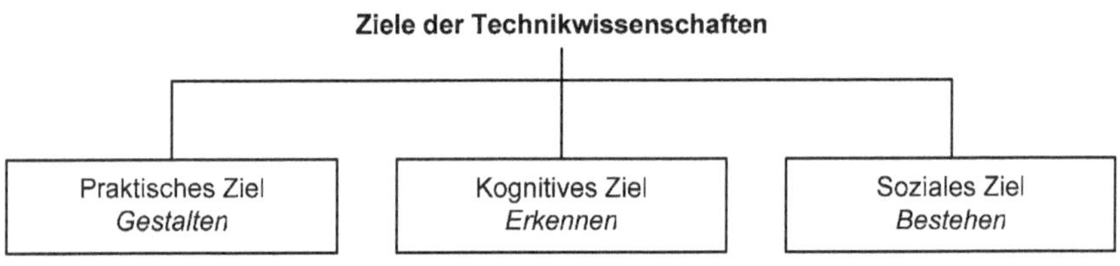

2.4.1 Praktisches Ziel: Gestalten

In den Technikwissenschaften wird Wissen erzeugt, das zur Anwendung fähig und zur Anwendung bestimmt ist. Selbst wenn dieses Wissen die Gestalt gegenständlicher Prinziplösungen oder Prototypen annimmt, bedürfen diese der weiteren Entwicklung und Ausarbeitung, um praktisch eingesetzt zu werden. Darüber hinaus erzeugen die Technikwissenschaften gewissermaßen Wissen auf Vorrat. Es ist zwar mit Blick auf spätere Anwendungen gewonnen, aber nicht zur unmittelbaren Verwendung bestimmt. Es ließe sich auch von einer virtuellen Gestaltung durch die Technikwissenschaften sprechen. Die Technikwissenschaften erzeugen keine fertige Technik, sondern machbare und mögliche Techniken.

Die virtuelle Gestaltung in den Technikwissenschaften zielt auf technische, auf Mensch-Maschine- und auf soziotechnische Systeme. Die Praxistauglichkeit der Gestaltungsempfehlungen wird durch eine Reihe von Rückkopplungen zwischen der technischen Praxis und den Technikwissenschaften gesichert. In der Regel gehen technikwissenschaftliche Arbeiten vom Stand der Technik und der Wissenschaft aus. Das heißt, sie rezipieren das in der Praxis Bewährte und das von anderen Wissenschaftlern ebenfalls mit Blick auf die Praxis Entworfene. Innovative Forschungen werden derart an praxisorientierte Wissensbestände angeschlossen. Des Weiteren legen die Hochschulen bei der Berufung von Ingenieurprofessoren auf Praxiserfahrung Wert. Die Professoren bringen aus der Industrie einerseits konkrete Forschungsfragen mit, andererseits eine Sensibilisierung für die Kriterien praktischer Brauchbarkeit. Darüber hinaus erfordern Auftragsforschungen und Kooperationsprojekte von Industrie und Hochschule einen ständigen Abgleich der Forschungs- und Entwicklungsziele.

Bild 8: Beziehungen zwischen Zielen und Werten (dargestellt am Beispiel typischer Zusammenhänge bei einem Pkw-Ottomotor)

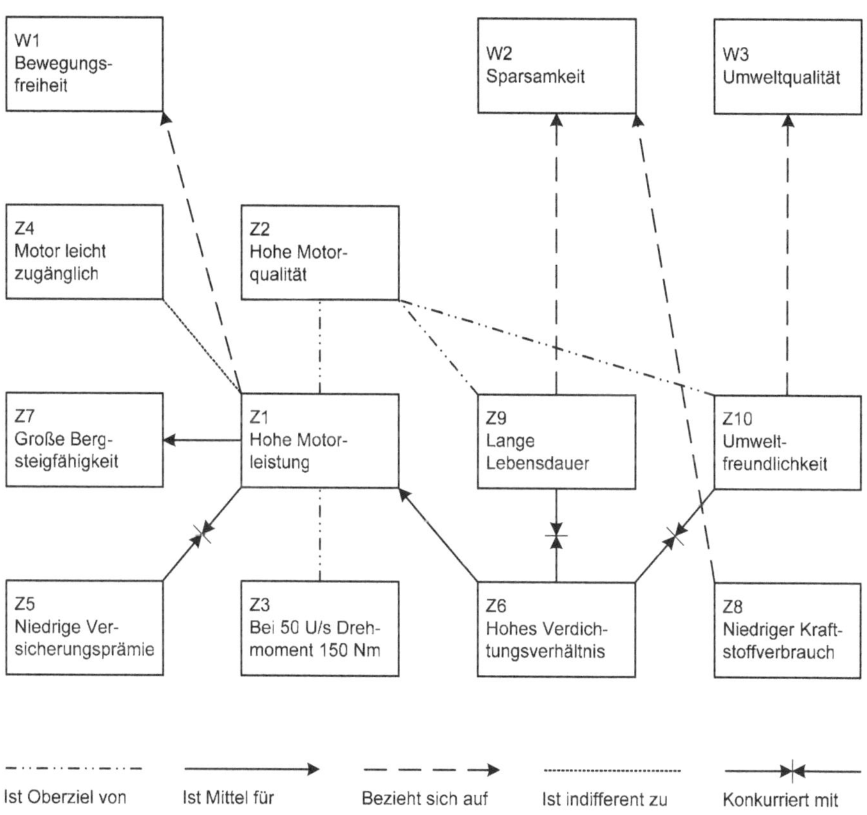

Quelle: VDI 1991

Hiermit ist bereits angedeutet, dass die Technikwissenschaften ihre Ziele in größerem Maß als andere Wissenschaften nicht eigenmächtig formulieren, sondern bereits vorfinden bzw. von außen angetragen bekommen. Einerseits sind Ziele bereits in der existierenden Technik, dem Ausgangspunkt von Verbesserungsinnovationen, „eingeschrieben“. Andererseits erfolgen Forschungsarbeiten mit Blick auf mögliche Entwicklungsziele. Die derart in der Technik zusammenwirkenden älteren, aktuellen und zukünftigen Zielstellungen stammen aus verschiedenen Bereichen der Gesellschaft (siehe 3.2.3). Den größten direkten Einfluss auf technische Forschung und Entwicklung dürften in Wirtschaft und Staat formulierte Ziele besitzen (siehe Bild 8). Hinter diesen stehen differenzierte gesellschaftliche Interessen von Konsumentengruppen, politischen Gruppierungen, Weltanschauungsgemeinschaften usw. In offenen Gesellschaften sind komplexe Zielsysteme, in denen Wertkonflikte und Interessensgegensätze zum Ausdruck kommen, der Normalfall.

Die vorhandene Technik und technische Entwicklungsprojekte lassen sich somit als Ergebnisse gesellschaftlicher Konflikte und Kompromisse interpretieren (siehe Bild 9).

Bild 9: Entwicklung und Auswahl technischer Möglichkeiten unter dem Einfluss allgemeiner Rahmenbedingungen und individueller Dispositionen

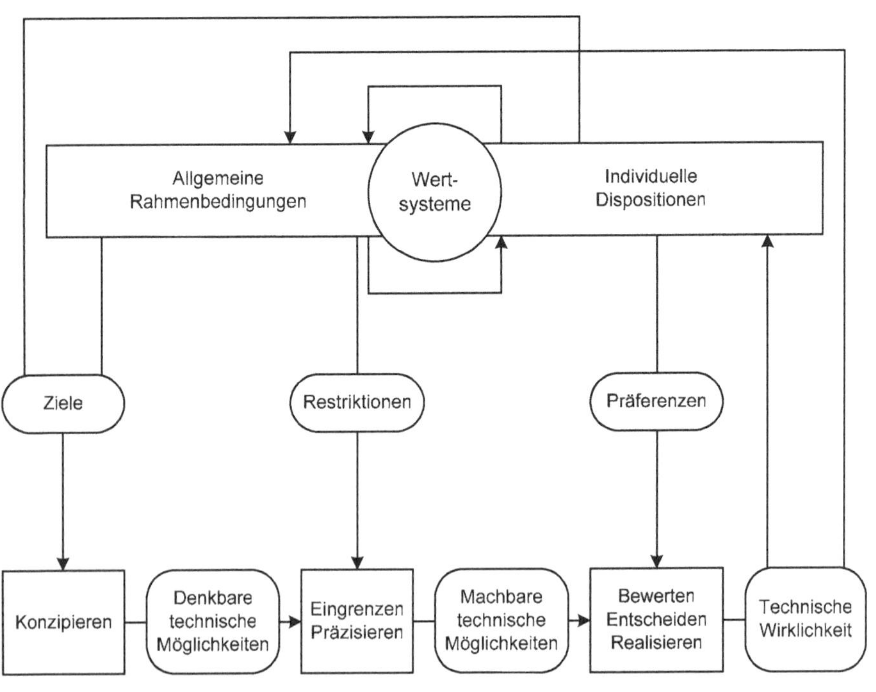

Quelle: VDI 1991

Die Technikwissenschaftler sind Adressaten gesellschaftlicher Zielstellungen und gleichzeitig an der Formulierung der Ziele für die Technik beteiligt. Wissenschaftliche Arbeiten erfolgen nie voraussetzungslos, sondern gehen von vorgefundenen technischen Kenntnissen und Realisierungen aus, welche frühere Zielzuschreibungen enthalten. Mit ihren aktuellen Arbeiten stellen Technikwissenschaftler einen Anschluss an solche Ziele – sei es bewusst oder unbewusst – her; sie akzeptieren die in der Technik vorhandenen Ziele, verwerfen, ergänzen oder modifizieren sie. Darüber hinaus stehen sie häufig vor der Aufgabe, neue gesellschaftliche Ziele und Werte oder Umgewichtungen in bestehenden Ziel- und Wertsystemen technisch umzusetzen. So hat beispielsweise die um 1970 erfolgte gesellschaftliche Aufwertung der Umweltqualität die Technikwissenschaften vor eine Fülle neuer Aufgaben gestellt. In die existierenden technikwissenschaftliche Modelle der Energieumwandlung in Kohlekraftwerken mussten z.B. Rauchgasentschwefelungs- und -entstickungsanlagen integriert werden. Oder es entstanden miteinander konkurrierende Forschungsstrategien, wie die einer zentralen oder dezentralen Energieversorgung.

In ihren Forschungs- und Entwicklungsarbeiten generieren die Technikwissenschaftler Modelle als Repräsentationen und Interpretationen existierender und möglicher technischer Praxen. Dabei integrieren sie Daten und Vorstellungen sowohl über die Struktur und Funktion wie über die Ziele der Technik. Modellbildung beinhaltet immer auch Komplexitätsreduktion. In unserem Zusammenhang heißt dies, dass nur eine begrenzte Auswahl technischer und „nichttechnischer" Ziele in die Modelle eingehen. Es ist wichtig, dass diese notwendige Reduktion bewusst erfolgt und gegebenenfalls begründet wird. Das Gleiche gilt für die Gewichtung der aufgenommenen Ziele und die ebenfalls unumgehbare Festsetzung der Systemgrenze des Modells. Je nachdem, welchen Stellenwert man bei einem Verbrennungsmotor für ein Automobil den Zielen große Elastizität, Drehfreudigkeit, Verbrauchsminderung oder geringer Schadstoffausstoß einräumt, gelangt man zu unterschiedlichen Modellen und Ergebnissen. Noch radikalere Konsequenzen hat es, wenn man die Systemgrenze der Betrachtung erweitert und nach technischen und organisatorischen Lösungen fragt, um das gesellschaftliche Ziel hohe Mobilität zu erreichen, also das gesamte Verkehrsspektrum einbezieht. Und schließlich lässt sich auch fragen, ob hohe Mobilität wirklich wünschenswert ist und wie Modelle einer verminderten Mobilität aussehen könnten.

Als Teil der Gesellschaft und Kultur agieren die Technikwissenschaften im Rahmen bestehender Ziel- und Wertsysteme, und zwar häufig der jeweils dominierenden. Sie wirken an der Umsetzung soziokultureller Ziele in Form der Schaffung soziotechnischer Systeme mit. Dabei gehört es auch zu ihren Aufgaben, über die wirtschaftlichen, sozialen und ökologischen Kosten und Folgen der vorgeschlagenen Lösungen zu informieren. Die Technikwissenschaftler führen aber nicht nur einfach gesellschaftliche Zielvorgaben aus. Indem sie technische Möglichkeitsräume erkunden, erweitern sie bestehende gesellschaftliche Zielhorizonte und stellen etablierte Wertordnungen in Frage. Hieraus lässt sich eine Verpflichtung ableiten zur frühzeitigen Information über technische Entwicklungen und über mögliche Konsequenzen für die existierenden Ziel- und Wertsysteme.

2.4.2 Kognitives Ziel: Erkennen

Wie jede Wissenschaft produzieren die Technikwissenschaften Wissen, welches erweiterten – das heißt wissenschaftlichen – Überprüfungs- und Sicherungsverfahren unterworfen wird. Dabei handelt es sich um Aussagen über Struktur und Funktion vorhandener sowie möglicher Technik. Überlegungen zu technischen Potenzialen schließen notwendigerweise Überlegungen zur gesellschaftlichen Machbarkeit ein. Technische Aussagen enthalten also offen oder versteckt immer auch soziotechnische Aussagen. Die Ergebnisse technikwissenschaftlicher Arbeit können sich als empirische auf individuelle Erscheinungen beziehen, zielen aber – wie in allen Wissenschaften – auf theoretische Verallgemeinerungen. Ebenso gelten in den Technikwissenschaften klassische Kriterien wissenschaftlicher Arbeit wie Kohärenz, Ableitungsrichtigkeit, Widerspruchsfreiheit, Genauigkeit, intersubjektive Verständlichkeit und Prüfbarkeit, Grad der Überprüftheit oder der Bestätigung, Bedeutsamkeit, Einfachheit und Reichhaltigkeit (vgl. Diemer/König 1991, S. 25).

Aufgrund der dualen Aufgabenstellung der Technikwissenschaften, Erkennen einerseits und Gestalten andererseits, ergibt sich jedoch eine Reihe von Besonderheiten und Problemen. Zunächst besteht ein Spannungsverhältnis zwischen theoretischer Verallgemeinerung des Wissens (Erkennen) und seiner praktischer Anwendung (Gestalten). Theoretisches Wissen ist dekontextualisiertes Wissen, welches für die Anwendung einer Rekontextualisierung bedarf. Damit solche Transfers erfolgreich verlaufen, findet bereits die Theoretisierung mit Blick auf spätere Gestaltungsaufgaben statt. Das heißt, dass von vornherein Abstriche hinsichtlich der Kohärenz und Konsistenz der technikwissenschaftlichen Theoriebestände gemacht werden. Das kann bedeuten, dass die Forderung nach Kohärenz und Konsistenz zwar nicht aufgegeben, aber dass sie nur auf jeweils kleinere Teilbereiche der Technikwissenschaften bezogen wird. Im Interesse der praktischen Brauchbarkeit wird also eine größere theoretische Heterogenität in Kauf genommen.

Ebenso spielen mit Blick auf die Gestaltungsaufgaben von vornherein ökonomische Prinzipien bei der Gewinnung und Verarbeitung von Wissen eine Rolle.

Auch in den technischen Wissenschaften gilt das „Ingenieurprinzip [...] so genau wie notwendig zu arbeiten und so grob wie möglich“ (Müller 1990, S. 9). Die Art und Weise der Wissensrepräsentation hat Forderungen wie Angemessenheit und Handhabbarkeit zu genügen, was Abstriche bei der Exaktheit notwendig machen kann. Konkret führt das in den Technikwissenschaften zu möglichst einfachen Formeln und Regeln sowie zur Verwendung von Tabellen und Diagrammen. Es wird zu fragen sein, in welcher Weise der Rechner die praktische Wirksamkeit des „Ingenieurprinzips“ verändert hat (siehe 3.2.4; 4.2.5).

Der nicht sehr eindeutige Begriff „Wissenschaft“ wird sowohl auf die Forschung wie auf Lehre und Ausbildung bezogen. Forschungswissen und Ausbildungswissen hängen miteinander zusammen, wenn sie auch in der Entwicklung der Wissenschaften – gerade auch bei den Technikwissenschaften – mehr und mehr auseinander getreten sind. Der Begriff der „Forschung“ betont die Neuheit wissenschaftlicher Erkenntnisse. Meist bedeutet neues Wissen auch sehr spezielles empirisches Wissen. Das Wissen kann anwendungsnah sein; in der Regel führt neues empirisches Forschungswissen nicht zur Umformulierung größerer Theoriebestände. Dagegen versteht man unter Ausbildungswissen das in der Lehre vermittelte anerkannte allgemeine Wissen. Es ist also stabiler und gleichzeitig theoretischer als Forschungswissen. Beide Wissensarten sind mit der praktischen Technik verbunden. Das Forschungswissen ist durch seinen überwiegend empirischen Charakter an die technische Praxis rückgekoppelt. Das an der Hochschule vermittelte Ausbildungswissen unterliegt hinsichtlich seiner Relevanz der Kritik der Berufsfelder.

Im Allgemeinen wird Forschungswissen als primär, Ausbildungswissen als sekundär eingestuft, was einerseits qualitativ, andererseits genetisch gemeint ist. Forschungswissen soll wichtiger als Ausbildungswissen sein und zeitlich dem in der Lehre vermittelten Wissen vorausgehen. Dem gemäß wird Ausbildungswissen als generalisiertes und reduziertes Forschungswissen interpretiert. Eine solche Interpretation lässt sich jedoch weder historisch noch theoretisch halten. Historisch nicht: Denn bei der Entstehung der Technikwissenschaften als Disziplingruppe im 19. Jh. und häufig auch bei der Herausbildung von Einzeldisziplinen wurde in der Ingenieurpraxis vorhandenes Erfahrungswissen für Zwecke der Lehre gesammelt und systematisiert; es dauerte geraume Zeit, bis die Technikwissenschaften in der Lage waren, es durch eigenes experimentell erzeugtes Forschungswissen anzureichern. Theoretisch nicht: Denn bei Erkenntnisprozessen wirken immer empirische Induktion und theoretische Deduktion zusammen; Erkenntnisfortschritte können folglich von dem mehr theoretischen Ausbildungs- oder dem mehr empirischen Forschungswissen ausgehen. Die Vermutung liegt nahe, dass die in den Technikwissenschaften vielfach anzutreffende Geringschätzung des Ausbildungswissens auf einer Übergewichtung der Praxis gegenüber der Theorie fußt.

2.4.3 Soziales Ziel: Bestehen

Wissenschaft ist nicht nur – im Sinne von Wissensbestand – ein kognitives, sondern auch – im Sinne von Wissenschaftlergemeinschaft als gesellschaftliches Subsystem – ein soziales Phänomen. Die Wissenschaftlergemeinschaft verfolgt also soziale Ziele in einem engeren Sinne, dies aber eingebettet in größere gesellschaftliche Zielsysteme in einem weiteren Sinne. In der Wissenschaft geht es nicht nur um die Produktion technischer Erkenntnis und die Mitwirkung an der Gestaltung technischer Praxis, sondern auch um die Reproduktion der disziplinären Gemeinschaft. „Bestehen" als soziales Ziel der Technikwissenschaften meint also, den Bestand der Disziplin zu bewahren und gegebenenfalls auszubauen. Hierfür ist es erforderlich, dass die Fachvertreter ein disziplinäres Selbstverständnis entwickeln und vertreten. Und es ist erforderlich, dass dieses Selbstverständnis in der Gesellschaft Anerkennung findet.

Wissenschaftliche Disziplinen und Subdisziplinen entstehen als Antworten auf wissenschaftliche oder gesellschaftliche Herausforderungen und durch Ausdifferenzierungen des bestehenden Wissenschaftssystems. So kann man die Institutionalisierung der Gruppe der Technikwissenschaften im frühen 19. Jh. als Antwort auf die Industrialisierung begreifen. Und eine Subdisziplin wie die Elektrotechnik entstand seit den 1880er Jahren, indem sie Ansätze aus den älteren Fächern Physik und Maschinenbau zusammenführte.

Die ersten Anfänge einer Disziplin liegen meist in einer wissenschaftlichen Kommunikationsgemeinschaft. Ihre Angehörigen beschäftigen sich mit den gleichen oder mit ähnlichen Problemen. Und sie bemühen sich um eine gemeinsame Sprache – hierzu zählen auch Versuchsanordnungen und Messmethoden – zur Problembeschreibung und Problemlösung. Kraft und Dauer kann eine neue Disziplin aber nur gewinnen, wenn sie sich institutionalisiert und wenn sie ihre Reproduktion sichert. Entscheidende Bedeutung besitzt dabei die Ausbildung wissenschaftlichen Nachwuchses und deren institutionelle Absicherung in Form von Studiengängen. Weitere Formen der Institutionalisierung sind die Einrichtung von Professuren, Instituten und Fakultäten, der Aufbau von Laboratorien und Versuchsfeldern und die Gründung von Zeitschriften, Schriftenreihen und Fachgesellschaften.

Üblicherweise durchlaufen Disziplinen Lebenszyklen unterschiedlicher Dauer. Nach erfolgreicher Etablierung streben sie nach Expansion; wenn sie ihren Höhepunkt überschritten haben – hierfür können inner- wie außerwissenschaftliche Gründe verantwortlich sein – verfolgen sie das Ziel der Selbsterhaltung. Das wichtigste Mittel der Expansion sowie der Selbsterhaltung ist die Wissensproduktion. Es hängt von der spezifischen Situation der jungen, reifen oder auch absterbenden Disziplin sowie ihres Umfelds ab, auf welche Felder sich die Wissensproduktion konzentriert. Legt die Situation die Produktion von Forschungswissen nahe, dann kann es zur Bildung einer wissenschaftlichen Schule kommen, die sich über dieses Forschungswissen definiert und eine gewisse Dauerhaftigkeit der zentralen Fragestellungen garantiert. Erscheint dagegen die Produktion von Ausbildungswissen günstiger, dann kann es darum gehen, Studiengänge und -abschlüsse einzurichten, die von Teilen der außerwissenschaftlichen Praxis als Normalzugänge anerkannt werden.

Wissenschaftliche Disziplinen legitimieren sich einerseits durch Relevanz, d.h. gesellschaftliche Nützlichkeit, andererseits durch Curiositas, d.h. durch „zweckfreie Neugier". An sich ließen sich die Technikwissenschaften auf beiderlei Weise begründen. Ihrem Selbstverständnis nach sind sie jedoch vor allem der Relevanz verpflichtet. Sie wollen nützliches Wissen produzieren, in der Form von Forschungs- und in der Form von Ausbildungswissen.

Mit dieser Legitimation müssen die Technikwissenschaften in einer komplexen Umwelt bestehen. Die Nützlichkeit des produzierten Wissens hat sich in der jeweiligen Gesellschaft, Wirtschaft und Technik zu erweisen. Das bedeutet, dass kein universeller Bewertungsmaßstab für den Nutzen der technischen Disziplinen und ihrer Ergebnisse zur Verfügung steht, sondern historisch variante nationale, regionale oder lokale. Zum Beispiel zeigt sich die enge Verschränkung zwischen Technik und Technikwissenschaften darin, dass neue Technikfelder, wie Dampfmaschinen, Elektrizität, Verbrennungskraftmaschinen oder elektronische Datenverarbeitung, neue technikwissenschaftliche Subdisziplinen entstehen lassen. Verliert ein solches Technikfeld, wie der Dampfmaschinenbau, an Bedeutung, dann führt dies früher oder später zur Reduzierung oder Einstellung der Disziplin. Auch wenn ein Technikfeld nur innerhalb einer Volkswirtschaft zurückgefahren wird, wie der Bergbau oder die Kernenergienutzung in Deutschland, geraten die zugehörigen Technikwissenschaften unter Druck.

Über den Nutzen der Technikwissenschaften entscheiden nicht zuletzt Wirtschaft und Industrie. Zwischen Forschung und Entwicklung in der Industrie und der Forschung an den Hochschulen bestehen sowohl Konkurrenz- wie Komplementaritätsbeziehungen. Im Allgemeinen wird das in der Industrie erzeugte Wissen spezieller, das an den Hochschulen produzierte universeller sein. Jedenfalls haben die Hochschulen unter Beweis zu stellen, dass sie mit dem von ihnen erzeugten Wissen das der Industrie erweitern und ergänzen. Diese spezifische Legitimation der Technikwissenschaften ist der Grund für die Hochschätzung eingeworbener industrieller Drittmittel. Eine weitere Größe für die soziale Relevanz der Technikwissenschaften und der einzelnen Disziplinen stellt die Akzeptanz der Absolventen in den technischen Berufsfeldern dar.

Technikwissenschaftliche Disziplinen haben nicht nur nach außen, gegenüber der Gesellschaft, zu bestehen, sondern auch nach innen, im Rahmen der Disziplingruppe in ihrer Gesamtheit. Das stärkste Argument hierbei ist die

Rezeption ihrer Forschungsergebnisse und ihrer Absolventen durch die technische Praxis. Doch auch das Binnenverhältnis zwischen den Disziplinen ist von Bedeutung. Es wird geprüft, ob das in einer technikwissenschaftlichen Disziplin erzeugte Wissen sich an den allgemeinen Wissensbestand anschließen lässt und ob es diesen erweitert. Und es wird geprüft, ob neue Ausbildungsrichtungen sich sinnvoll in das Spektrum der Studiengänge einer Hochschule und in das Spektrum der Ingenieurberufe einfügen lassen.

2.4.4 Beziehungen zwischen den Zielen

Das praktische Ziel des Gestaltens, das kognitive Ziel des Erkennens und das soziale Ziel des Bestehens sind eng miteinander verschränkt. Die Technikwissenschaften gestalten, indem sie in Erkenntnisprozessen gewonnenes Wissen einsetzen. Sie erkennen, d.h. gewinnen Wissen, im Hinblick auf bereits Gestaltetes bzw. auf spätere Gestaltungsaufgaben. Erkenntnis und Gestaltung finden im Rahmen institutionalisierter Disziplinen statt. Deren Bestehen hängt von Erfolgen beim Gestalten und Erkennen ab. Theoretisch bedeutet diese enge Verschränkung, dass – abhängig von der jeweiligen Perspektive und historischen Situation – zwischen den einzelnen Zielen instrumentelle Beziehungen bestehen. Jedes Ziel kann zum Mittel jedes anderen werden: Erkenntnis zum Mittel der Gestaltung und Institutionalisierung, Gestaltung zum Mittel der Institutionalisierung und Erkenntnis sowie Institutionalisierung zum Mittel des Erkennens und Gestaltens. Im Folgenden soll diesen Beziehungen genauer nachgegangen werden.

Erkenntnisprozesse setzen an bereits vorhandenem Wissen an. In den Technikwissenschaften ist dieses jedenfalls teilweise in Gestalt der existierenden Technik materialisiert. Auf diese Weise schließen sich die Technikwissenschaften an früheres Gestalten an und bereiten neues vor. Erkennen und Gestalten bilden ein Spannungsfeld von Kontextualisierung, Dekontextualisierung und Rekontextualisierung (vgl. Ekardt 2004). Indem die Technikwissenschaften Wissen dekontextualisieren und damit theoretisieren, bereiten sie es für vielfältige Anwendungen vor und machen es lehrbar. Gleichzeitig reduziert dieser Prozess der Verallgemeinerung aber die unmittelbare Anwendbarkeit des Wissens in den Einzelfällen. Für konkrete Gestaltungsaufgaben muss es wieder rekontextualisiert werden. Besonders augenscheinlich ist dies bei der Gestaltung von Unikaten wie Großmaschinen oder Bauwerken, bei denen zudem lokale Bedingungen eine wichtige Rolle spielen. Bei der Durchführung solcher Projekte wird wissenschaftliches Wissen mit Gestaltungswissen kombiniert, welches sich vor allem aus praktischen Erfahrungen speist.

Der Begriff der wissenschaftlichen Disziplin verbindet in seiner Doppelbedeutung als Wissensgebiet oder Wissenssystem und als Wissenschaftlergemeinschaft das kognitive Ziel des Erkennens und das soziale Ziel des Bestehens. Eine Wissenschaftlergemeinschaft kann durch Bezug auf das dort produzierte Wissen bestimmt und von anderen abgegrenzt werden. Gleichzeitig sollte man jedoch vor der in der Metapher Wissensgebiet angelegten Vorstellung warnen, das Wissensgebiet entstünde durch die kumulative Anhäufung von Wissen auf einem bestimmten Territorium. Wissenschaft entsteht nicht einfach durch Kumulation thematisch bestimmten Wissens, sondern erst durch eine von Institutionen organisierte normen- und regelgeleitete Überprüfung und Bewahrung des Wissens.

Die technische Gestaltung stellt einen gesellschaftlichen Prozess dar, an dem die Industrie einen bedeutenden Anteil besitzt. Die Technikwissenschaften partizipieren am Prozess des Gestaltens nicht zuletzt aufgrund ihrer engen Beziehungen zur Industrie. Versteht man die Industrieforschung als Teil der Technikwissenschaften, so besitzt sie die größte Industrienähe. Die Hochschulen etablieren enge Beziehungen zur technischen Praxis auf mehrfache Weise. Sie machen Industrieerfahrung zur Voraussetzung von Berufungen. Auftragsforschungen bis hin zu gemeinsamen Entwicklungsprojekten sorgen dafür, dass sich die technische Wissenschaft nicht zu weit von konkreten Gestaltungsaufgaben entfernt. Und die Absolventen der Ingenieurstudiengänge transferieren Elemente der Wissenschaftskultur in die technische Praxis.

Die Frage nach den Beziehungen zwischen den praktischen, kognitiven und sozialen Zielen in den Technikwissenschaften ist bislang nicht oder wenig systematisch behandelt worden. Die traditionelle philosophische Wissenschaftstheorie hat sich ohnehin auf das Kognitive, die soziologische Wissenschaftsforschung weitgehend auf das Soziale beschränkt. Beide ignorieren oder vernachlässigen das für die Technikwissenschaften spezifische Ziel des Gestaltens. Die meisten Vorarbeiten für eine Theorie der Technikwissenschaften bezeichnen das Ziel des Gestaltens als dem des Erkennens vorgelagert oder übergeordnet (vgl. Banse/Wendt 1986, S. 74ff.; Grunwald 2004, S. 55). Hier wird die Auffassung vertreten, dass die Zielsysteme der Technikwissenschaften und die herrschenden Hierarchiebeziehungen ganz unterschiedliche kulturelle und zeitvariante Ausprägungen erfahren können (siehe 2.1). Die Rekonstruktion dieser Wissenschaftsdynamik und solcher Wissenschaftskulturen erforderte eine „historische Wende“ in der Theorie der Technikwissenschaften sowie umfangreiche empirische Forschungsarbeiten. An dieser Stelle können nur einige Hinweise für die anstehenden Aufgaben gegeben werden.

In spezifischen historischen Konstellationen kann es in den Technikwissenschaften zu dramatischen Verschiebungen hinsichtlich ihrer Praxis- und Theorieorientierung und damit zwischen den Zielen des Gestaltens und des Erkennens kommen. So strebten die deutschen Technischen Hochschulen in der zweiten

Hälfte des 19. Jh.s nach sozialer Gleichwertigkeit mit den Universitäten. Im Interesse dieses Ziels orientierten sie sich an den universitären Leitwissenschaften Physik und Mathematik. Dies führte in langfristiger Perspektive zu fruchtbaren Erkenntnissen, reduzierte aber kurzfristig den Stellenwert der Technikwissenschaften bei der Technikgestaltung dramatisch. In anderen kulturellen und historischen Konstellationen können sich die Technikwissenschaften aus politischen oder finanziellen Gründen auf die Gestaltungsaufgabe konzentrieren und die Produktion von Erkenntnis hintanstellen. So fand an den Technischen Hochschulen unter dem Nationalsozialismus eine markante Verlagerung von theoretischen Arbeiten zu konkreten Entwicklungsaufgaben statt. Und mehrere technische Fakultäten chinesischer Hochschulen agieren heutzutage quasi als Produktionsbetriebe.

Die Frage der Praxis- oder Theorieorientierung berührt nicht nur die Gestaltungsaufgabe und die Erkenntnisproduktion, sondern auch die Ingenieurausbildung. Es gehört zu den perennierenden Diskussionen an den Technischen Hochschulen und Universitäten, ob die Ingenieurstudenten allgemeiner und theoretischer oder spezieller und praktischer ausgebildet werden sollen. Im ersteren Fall kommen sie für weitere Berufsfelder in Frage, benötigen aber längere Einarbeitungszeiten, im letzteren sind sie besser für den unmittelbaren Einsatz in allerdings sehr engen Berufsfeldern geeignet. Die Ingenieurkulturen verschiedener Länder wählten in dieser Konfliktsituation ganz unterschiedliche Lösungswege. Die Ingenieurwissenschaften integrieren Wissen, das sie teilweise selbst erzeugen, aber auch aus der technischen Praxis und aus anderen wissenschaftlichen Disziplinen beziehen. Zudem hängt der Stellenwert der einzelnen Wissenselemente und die Art der Kombination des Wissens von den jeweiligen Zeitumständen ab. So lassen sich bei der Integration wirtschafts-, sozial- und geisteswissenschaftlichen Wissens Einflüsse der Wirtschaftssituation und der jeweils dominierenden Kulturverständnisse aufzeigen.

Traditionelle wissenschaftshistorische Vorstellungen gehen davon aus, dass sich neue wissenschaftliche Disziplinen auf der Basis gemeinsamer theoretischer Vorstellungen bilden. Die Geschichtsschreibung – auch die der Technikwissenschaften – lehrt uns, dass dies häufig nicht der Fall ist. So entstand die akademische Elektrotechnik seit Anfang der 1880er Jahre, ohne dass für das Schlüsselproblem der jungen Disziplin, die Berechnung elektrischer Maschinen, anerkannte und theoretisch tragfähige Methoden zur Verfügung standen (vgl. König 1995). Die Institutionalisierung der Elektrotechnik erfolgte damals vielmehr, um mit diesem Scheck auf die Zukunft einzelne in ihrem Bestand gefährdete Technische Hochschulen zu sichern.

Bislang sind mit dem Gestalten, dem Erkennen und dem institutionellen Bestehen nur die zentralen Ziele der Technikwissenschaften genannt worden. Dabei handelt es sich um formale Ziele, welche inhaltlich gefüllt werden müssen. Gestalten kann auf finanzielle Gewinne zielen, Erkennen auf einen eleganteren Lösungsalgorithmus, Institutionalisierung auf Sozialprestige. Diese und weitere Ziele lassen sich in zahlreiche Unterziele ausdifferenzieren. Die Geschichte der technischen Wissenschaften und ihrer Expansion ist auch eine Geschichte der Zielvermehrung und Zielerweiterung. Seinen Niederschlag findet dies in Zielkatalogen mit Dutzenden und Hunderten von Nennungen, wobei zwischen den darin aufgeführten Zielen komplexe Konkurrenz- und Ergänzungsbeziehungen bestehen. Auch derart erweiterte Zielsysteme unterliegen zeitlichem Wandel. Es stellt sich die Frage, ob dabei – Differenzierungen im Detail außen vor gelassen – bestimmte Verlaufsmuster auftreten. Das könnte so aussehen, dass es in einer neuen technikwissenschaftlichen Disziplin – analog zur Technikentwicklung – zunächst um Kriterien der Funktionsfähigkeit geht, später um Kriterien der Wirtschaftlichkeit, ehe dann solche der Gesellschafts- und Umweltqualität hinzukommen.

2.4.5 Kriterien und Instanzen der Zielerreichung

Für die Technikwissenschaften lassen sich traditionelle Kriterien von Wissenschaftlichkeit wie „Wahrheit“ nur sehr bedingt verwenden (vgl. Müller 1990). Dies gilt auch dann, wenn man der „Wahrheit“ nur den Status einer regulativen Idee zubilligt. Die Gründe hierfür liegen in der engen Verschränkung von Erkennen und Gestalten. Die Technikwissenschaften formulieren Aussagen über vorhandene und mögliche Technik. Bei den Aussagen über mögliche, d.h. noch zu gestaltende, Technik handelt es sich um die theoretische Antizipation von Konstruktions- und Entwicklungsprozessen. Die Frage der Wahrheit ist dabei von vornherein dadurch eingeschränkt, dass erstens der Gegenstand, auf den sich die Aussagen beziehen, noch nicht existiert. Zweitens beanspruchen technikwissenschaftliche Aussagen keine universelle Gültigkeit, sondern nur Geltung in spezifischen Kontexten. Und drittens sind technikwissenschaftliche Aussagen für eine Überprüfung gemäß der klassischen wissenschaftstheoretischen Schemata zu komplex.

An die Stelle von „Wahrheit“ und anderer Kriterien der Wissenschaftlichkeit tritt bei den Technikwissenschaften die Bewährung der wissenschaftlichen Aussagen in der Praxis. In einer saloppen Formulierung: Der Naturwissenschaftler ruft „Heureka!“, der Technikwissenschaftler „Es funktioniert!“ (nach Klaus Kornwachs). Technikwissenschaftliche Aussagen bewähren sich, wenn die auf ihrer Basis gebaute Brücke nicht einstürzt, wenn das Werkzeug die errechneten Standzeiten besitzt, der Motor die gewünschte Drehfestigkeit, die Schadstoffemissionen in den geforderten Grenzen bleiben, die Anlage den erwarteten Output erzielt, die Fabrik die projizierten Gewinne einfährt. Mit dieser punktuellen Aufzählung ist schon angedeutet, dass die Frage der Bewährung in der Praxis komplex ist und – abhängig von den Bewertungsperspektiven und dem zeitlichen Horizont – unterschiedlich beantwortet werden kann.

Die genannten Beispiele beziehen sich auf die Produktion von Forschungswissen, welches auf Gestaltung zielt. Es ist aber daran zu erinnern, dass die Technikwissenschaften mit der Selbstreproduktion und der Produktion von Ausbildungswissen weitere Ziele verfolgen. Ob ein Ingenieurstudium erfolgreich abgeschlossen wurde, prüfen die Professoren und bestätigen es in einem Zeugnis. Der Erfolg oder Misserfolg eines Studiengangs zeigt sich jedoch erst in der Praxis, d.h. auf dem Arbeitsmarkt. Nimmt der Arbeitsmarkt die Hochschulabsolventen auf und wie beurteilt er deren Quantität und Qualität? Hierfür spielt nicht nur das Fachwissen eine Rolle, sondern auch Kompetenzen wie Selbstständigkeit, Problemlösefähigkeit, Systematik, Kommunikations- und Kooperationsvermögen. Die wissenschaftliche Sozialisation an der Hochschule leistet einen Beitrag zur Ausbildung dieser Kompetenzen, ohne dass diese direkt gelehrt werden. Nicht nur das Forschungswissen, sondern auch das Ausbildungswissen hat sich also in der Praxis zu bewähren.

Es ist wohl deutlich geworden, dass es sich bei der „Bewährung in der Praxis" um ein komplexes, kulturell und zeitlich variantes Phänomen handelt, das nur bedingt objektivierbar ist. Letzten Endes geht es um Anerkennungsakte in der Ingenieurwelt und in der Gesellschaft. Der unscharfe Begriff der Ingenieurwelt umfasst zunächst die in Disziplinen organisierten Technikwissenschaftler. Zu diesen scientific communities gehören nicht nur an Hochschulen arbeitende Ingenieure, sondern auch an außeruniversitären Forschungsstätten und in industriellen Forschungseinrichtungen tätige. Die Wissenschaftlergemeinschaft der Ingenieure ragt nicht nur in die technische Praxis hinein, sondern ist zudem in vielfältiger Weise an sie rückgebunden. „Bewährung in der Praxis" heißt darüber hinaus, dass nicht nur forschende Ingenieure über die Brauchbarkeit technikwissenschaftlicher Aussagen urteilen, sondern auch Konstrukteure, Produktionsingenieure, Vertriebsingenieure usw. – kurz: alle, welche direkt oder indirekt technikwissenschaftliche Aussagen anwenden. Besonders die technisch-wissenschaftlichen Vereine bemühen sich um Abstimmungsprozesse zwischen den genannten Gruppen. Darüber hinaus ist die Anerkennung technikwissenschaftlicher Aussagen durch die Ingenieurwelt mit der Anerkennung der Technik durch die Gesellschaft gekoppelt. Wenn sich eine Technik, auf die sich technikwissenschaftliche Gestaltungsempfehlungen beziehen, gesellschaftlich nicht durchsetzt, dann bedeutet dies nicht unbedingt, dass die zu Grunde liegenden technikwissenschaftlichen Aussagen verworfen werden, kann diese aber irrelevant machen.

3 Gestaltung

Entwicklung, Produktion und Einsatz von Technik sind Gestaltungsvorgänge. Ihnen liegen bestimmte Ziele zugrunde, sie finden inmitten konkreter Rahmenbedingungen statt und benötigen Ressourcen in Form von Materialien, Energie, Wissen und Zeit. Technikentwicklung verändert die Welt, indem der Gesellschaft neue Handlungsoptionen zur Verfügung gestellt werden, deren Einsatz und Nutzung dann wiederum teils weit reichende Folgen hat, zum Beispiel für mehr Lebensqualität, für Wohlstand und Komfort oder für eine nachhaltige Entwicklung. Die Lösung von *Problemen* und die Erreichung von Zielen in den Technikwissenschaften bedürfen strukturierter und auf die jeweiligen Anforderungen hin optimierter Vorgehensweisen und Methoden. Technikgestaltung kann zu diesem Zweck in verschiedene Phasen eingeteilt werden (3.1.1). Der Erfindung als Kombination von Potenzialkenntnis und Funktionsidee (3.1.2) kommt dabei eine zentrale Rolle zu. Dann sind die Zusammenhänge zwischen Funktions- und Strukturkonzepten in den Blick zu nehmen (3.1.3). Für die Realisierung von Problemlösungen hat sich mit dem Konstruktionshandeln eine generelle Vorgehensweise etabliert (3.1.4). Zur konkreten Umsetzung der dabei erforderlichen Schritte sind eine Reihe von *Methoden* entwickelt worden, die entweder intuitiv-heuristisch (3.2.1) oder als rational-systematische Methoden (3.2.2) eher deduktiv ausgerichtet sind. Angesichts der Situation, dass in einem Problemlösungsprozess häufig Entscheidungen zwischen verschiedenen Optionen getroffen werden müssen, braucht man darüber hinaus Methoden der Bewertung unter verschiedenen – technischen wie außertechnischen – Kriterien, um eine rationale Auswahl zu ermöglichen (3.2.4). Im Gestaltungsprozess wird an zwei Stellen besonders deutlich, dass die Technikwissenschaften in einem gesellschaftlichen Auftrag arbeiten: in der Aufnahme gesellschaftlicher Probleme und Herausforderungen einerseits und in den Bewertungsverfahren möglicher Lösungen andererseits.

3.1 Probleme

3.1.1 Phasen der Technikgestaltung

Günter Ropohl

Die mannigfachen Gestaltungsprobleme, die im technischen Handeln auftreten und technikwissenschaftlicher Klärung bedürfen, werden ein wenig übersichtlicher, wenn man zunächst die Phasen betrachtet, die ein Produkt von der ersten Entwicklungsidee, der Erfindung (siehe 3.1.2), bis zu seiner schlussendlichen Auflösung durchläuft. In einem ganz frühen Stadium der Technik waren all diese Phasen in ein und derselben Person vereint, die zugleich Erfinder, Hersteller und Verwender eines technischen Gegenstandes war. In der handwerklichen Technik traten dann Herstellung und Verwendung auseinander, doch Produktentwicklung und Produktion fielen meist immer noch im Handwerker zusammen. Die Produktauflösung am Ende der Lebensdauer ist Jahrhunderte lang überhaupt nicht als eigenes technisches Problem begriffen worden. Erst in der modernen Technik sind die verschiedenen Phasen des Produktlebenszyklus, wie er in Bild 10 dargestellt ist, arbeitsteilig auseinander getreten und einer Vielzahl unterschiedlicher Einrichtungen und Personen zugeordnet worden. Gleichwohl sind die jeweiligen Gestaltungsprobleme nicht völlig unabhängig von einander. Das bedeutet, dass die arbeitsteilige Problemzerlegung mit zusätzlichen Problemverknüpfungen aufgefangen werden muss, derart, dass Teilprobleme der einen Phase auch in einer anderen Phase zu berücksichtigen sind.

Die *Produktentwicklung* besteht darin, ein neu zu schaffendes Produkt gedanklich vorwegzunehmen und in seinen Merkmalen und Eigenschaften im Voraus zu bestimmen. Diese Hauptphase und die jeweiligen Teilphasen werden in den verschiedenen Fächern der Technik unterschiedlich benannt. Es finden sich Bezeichnungen wie „Planen“, „Projektieren“, „Entwerfen“, „Konstruieren“,[17] „Konzipieren“, „Auslegen“, „Ausarbeiten“ und andere. Allein darüber könnte man Seiten lange Begriffs- und Abgrenzungsdiskussionen führen. Der technischen Praxis kann man das nicht verübeln, aber dass auch die Technikwissenschaften bislang kaum zur Vereinheitlichung der Terminologie beigetragen haben, offenbart eines ihrer Defizite: das technische Handeln nämlich, zu dessen Unterstützung sie da sind, bislang nicht gründlich genug reflektiert zu haben.

---

17 „Konstruktion“ heißt im Englischen „design“. Dieses englische Wort darf in der allgemeinen Bedeutung nicht unübersetzt ins Deutsche übernommen werden, weil hier das Fremdwort „Design“ insbesondere die ästhetischen und ergonomischen Aspekte der Produktgestaltung bezeichnet.

Bild 10: Produktlebenszyklus

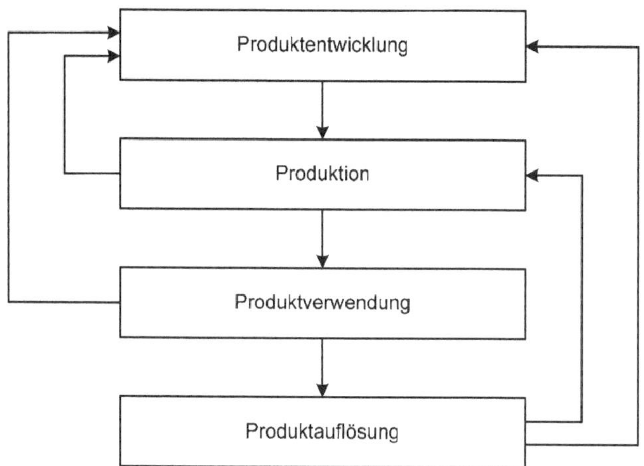

Die Produktentwicklung umfasst kognitive und kreative Tätigkeiten, in denen Aufgaben identifiziert, Lösungsmöglichkeiten gesucht, bestimmte Lösungen ausgewählt und schließlich im Detail virtuell (als Pläne, Zeichnungen und Computerdateien) voraus bestimmt werden (vgl. Pahl et al. 2003). Tendenziell kann man eine konzeptionelle Teilphase von einer konkretisierenden Teilphase unterscheiden. Erstere beschränkt sich auf das funktionale und strukturale Konzept der Lösung, während letztere die gegenständlichen Details ausarbeitet, doch sind diese Teilphasen nicht immer scharf von einander abzugrenzen. Gegebenenfalls wird danach ein Prototyp hergestellt und auf seine Funktionstüchtigkeit hin erprobt. Aber nicht nur die Tätigkeitsbezeichnungen, sondern auch die Handlungsformen differieren, je nachdem, ob Problemlösungen etwa in der Bautechnik, in der Fertigungstechnik oder in der Informationstechnik gesucht und erarbeitet werden. Beispielsweise werden Prototypen im Anlagenbau allenfalls in verkleinerter Form, im so genannten halbtechnischen Maßstab, realisiert, während sie in der Bautechnik, wo jedes Produkt ein Unikat ist, aus begreiflichen Gründen meist gar nicht vorkommen. Jedenfalls ist die Erzeugnisplanung, früher meist reine Kopfarbeit, heute durchweg auf den Einsatz von Computern angewiesen, die technische Daten verfügbar machen, Berechnungen durchführen, Zeichnungen erstellen, standardisierbare Konstruktionsaufgaben selbstständig bearbeiten, die entworfenen Produkte auf dem Bildschirm simulieren und Programme zur Herstellung von Prototypen erzeugen. All dies theoretisch zu analysieren und systematische Vorgehensregeln dafür zu entwickeln, ist Aufgabe einer Planungs- oder Konstruktionswissenschaft.

Die produktionsreif ausgearbeiteten Pläne für die neue Lösung dienen dann in der nächsten Phase, der *Produktion*, als Grundlage für die gegenständliche Verwirklichung. Früher hatte man die technischen Gestaltungsprobleme vorwiegend in der Produktentwicklung gesehen und auch hinsichtlich der Herstellung meist nur die einzelnen Produktionsvorrichtungen und -maschinen in den Blick genommen. Der Produktionsprozess als ganzer wurde – und wird in kleinen Betrieben noch heute – von Werkstattmeistern und Betriebsingenieuren in mehr oder minder intuitiver Improvisation gestaltet. Erst seit etwa einem halben Jahrhundert betrachtet man angesichts zunehmender Automatisierung die Gestaltung integrierter Produktionsprozesse als ausdrückliches und eigenständiges Problem, das besondere Anforderungen stellt.

Viel stärker noch als die Produktentwicklung erweist sich die Produktionsgestaltung als ein komplexes Problem, das zwar auch herkömmliche Ingenieurqualifikationen benötigt, damit allein aber nicht zu meistern ist. Produktion bedeutet, die so genannten Produktionsfaktoren Material, Energie, Arbeit und Maschinerie derart zu kombinieren, dass die vorgestellten Produkte wirtschaftlich so günstig wie möglich herzustellen sind. Aus dieser Kennzeichnung folgt, dass neben den Produktionsmitteln und ihrer technischen Verknüpfung auch die Material- und Energiebereitstellung sowie der Einsatz der menschlichen Arbeit zu gestalten sind. Um das alles optimal miteinander zu verknüpfen, muss die Produktionsgestaltung auch arbeitswissenschaftliche, organisationswissenschaftliche und betriebswirtschaftliche Gesichtspunkte berücksichtigen. Die Produktion erweist sich als technisch-organisatorisch-ökonomisch-soziale Einheit. Produktionsgestaltung ist also grundsätzlich eine fachübergreifende, interdisziplinäre Aufgabe. In der produktionswissenschaftlichen Durchdringung dieser Aufgabe können sich systemtechnische Vorstellungsmodelle und Vorgehensweisen bewähren (vgl. Eversheim/Schuh 1996; Ropohl 1997b).

Auch hier ist zunächst wieder zu planen, also ideell vorweg zu nehmen, wann wie viel von welchem Rohmaterial benötigt wird, welche Produktionsanlagen und welche Fachkräfte einzusetzen sind. In der Fertigungstechnik, die traditioneller Weise besondere Aufmerksamkeit findet, ist zu klären, in welcher Reihenfolge die Einzelteile gefertigt, welche Zulieferteile beschafft und wie sie zum fertigen Produkt zusammen gefügt werden. Vor allem die Automatisierung, nicht zuletzt die Computergestützte Produktion, erfordert minutiöse Vorgaben und Planungsalgorithmen. Die computerisierte Verknüpfung von Konstruktions- und Produktionsprogrammen (CIM, computerintegrierte Produktion) wird angestrebt, stößt wegen der hohen Komplexität aber noch auf zahlreiche Schwierigkeiten. Schließlich steht am Ende der Herstellungsphase der Vertrieb. Bei einfachen Gebrauchsgütern ist das eine eher kaufmännische Aufgabe, doch bei aufwendigen und spezialisierten Investitionsgütern (Maschinen, Aggregaten, Anlagen) ist Ingenieurkompetenz vonnöten, um die Kaufinteressenten richtig zu beraten oder auch besondere Kundenwünsche abzuklären und in Zusammenarbeit mit der Entwicklung zu berücksichtigen. So ist der Vertriebsingenieur im Grunde ein Vermittler zwischen Herstellung und Verwendung.

Auch bei der *Verwendung* muss man zwischen der Nutzung von Gebrauchsgütern durch Laien und der Verwendung komplizierter Anlagen durch Fachleute unterscheiden. Für die Systematisierung von Ingenieuraufgaben kommt natürlich nur Letzteres in Betracht. Da kann schon die Montage und Inbetriebnahme am Einsatzort anspruchsvolle Aufgaben stellen. Aber auch der Betrieb selbst, der Einsatz der Sachsysteme, die Ver- und Entsorgung von Hilfs- und Betriebsstoffen sowie die Wartung und Reparatur, kann nur in einfachen Routinefällen von gewerblichen Arbeitskräften betreut werden und wird in vielen Fällen von Ingenieuren geleitet, überwacht und kontrolliert. Dabei können gelegentlich auch kreative Gestaltungsaufgaben anfallen, doch im Großen und Ganzen überwiegt die sachverständige Organisation und Betreuung technischer Anlagen und Abläufe. Ähnliches gilt für die Stilllegung, bei der es nicht immer damit getan ist, nur einfach den Hauptschalter abzustellen.

Im Grunde ist die *Auflösung* – ein Ausdruck für das unschöne „recycling" übrigens, der noch nicht geläufig ist, aber als Oberbegriff für die darunter fallenden Aktivitäten durchaus seinen Sinn hat – der letzte Schritt zum Ende der Verwendung. Nichts ist ewig, und was Menschen künstlich in die Welt gesetzt haben, müssen sie, wenn sie es nicht mehr benutzen können, auch in geordneter Weise beseitigen. Weil diese schlichte Wahrheit den Menschen lange Zeit offenbar verborgen geblieben ist, scheint es allerdings nötig, diese Endphase im Umgang mit Sachsystemen vorläufig ausdrücklich heraus zu stellen – so lange jedenfalls, bis die Aufgabe der Auflösung in Industrie, Wirtschaft und Gesellschaft endlich als originär technische Aufgabe anerkannt ist. Außer Betrieb genommene Produkte müssen zunächst zerlegt werden. Einzelteile und Materialien sind daraufhin zu prüfen, in wie weit sie für erneuten Einsatz aufbereitet werden können oder im Ausnahmefall doch zu deponieren oder zu vernichten sind. Aufbereitete Abstoffe können dann rezykliert, d.h. erneut der Herstellung zugeführt werden. Bei der Auflösung vor Allem von Massenprodukten sind geeignete Einrichtungen und Verfahren zu bestimmen und zu optimieren, eine Aufgabe, die wiederum Gestaltungsprobleme aufwirft. Diese Aufgabe im Einzelnen zu beschreiben, Lösungsmöglichkeiten zu systematisieren und optimale Lösungen zu entwickeln, gehört zu den wissenschaftlichen Grundlagen der Umwelttechnik (vgl. Karafyllis/Ropohl 2001).

Schon bei der isolierten Betrachtung der einzelnen Phasen erweisen sich die jeweiligen Gestaltungsprobleme als höchst anspruchsvoll. Zusätzliche Schwierigkeiten tauchen auf, wenn man die Problemvernetzungen zwischen den Phasen berücksichtigen muss. Da ist zunächst die Abstimmung zwischen *Produktentwicklung und Produktion* zu nennen, die wiederum in verschiedenen Technikfeldern unterschiedlich hohe Anforderungen stellt. In der – unglücklicher Weise so benannten – „Verfahrenstechnik“ ist der Produktionsprozess weitgehend durch die mechanischen, thermischen, chemischen oder biologischen Prinzipien festgelegt, denen die Änderung der Stoffeigenschaften unterliegt. In der Fertigungstechnik dagegen gibt es sowohl bei der Produktgestaltung wie bei der Produktionsgestaltung meist zahlreiche Variationsmöglichkeiten, unter denen die technisch wie wirtschaftlich günstigste Kombination auszuwählen ist. Bei der Auswahlentscheidung spielt es eine Rolle, ob das Produkt in Einzel-, Serien- oder Mengenfertigung erzeugt wird. Hatten lange Zeit die Entwicklungs- und Konstruktionsabteilungen dominiert und die Herstellbarkeit ihrer Entwürfe nur am Rande bedacht, verbreitete sich dann später unter dem programmatischen Ausdruck „fertigungsgerechtes Konstruieren“ die Idee, dass die Produktentwicklung ausdrücklich auch die günstigste Fertigungsmöglichkeit in Betracht ziehen und gegebenenfalls anfängliche Entwürfe überarbeiten muss, wenn diese die technisch-wirtschaftlichen Bedingungen der Produktion überfordert hätten. Der Rückkopplungspfeil in Bild 10 deutet diese Einflüsse der Produktion auf die Produktentwicklung an. Heute wird dafür gelegentlich bereits eine „integrierte Produkt- und Prozessgestaltung“ empfohlen (vgl. Eversheim 1996).

Aber auch zwischen *Produktverwendung und Produktentwicklung* bestehen, wie durch einen weiteren Rückkopplungspfeil symbolisiert, wechselseitige Einflüsse. Im folgenden Kapitel wird ausführlich besprochen, dass Produkte ja überhaupt erst in der Verwendung ihren Zweck erfüllen. Gegen diese nahe liegende Einsicht wird von Produktentwicklern immer wieder verstoßen, wenn sie die einfache und bequeme Bedienbarkeit ihrer Erzeugnisse vernachlässigen. Bei Investitionsgütern können die professionellen Verwender häufig ihren durch Marktmacht gestützten Einfluss geltend machen und auf hinreichende Bedienungsfreundlichkeit dringen. Bei technischen Gebrauchsgütern für eine anonyme Menge von Benutzern gibt es solche Einflüsse kaum, und so reißen die Klagen nicht ab, dass solche Produkte, vor allem im Bereich der Elektronik, mit undurchsichtigen Bedienungsprozeduren und verspielten Überflüssigkeiten die Benutzer überfordern. So gehört es zu den Aufgaben der Produktentwicklung, beizeiten auch die Bedingungen der Produktverwendung zu optimieren. Dabei können allerdings auch widersprüchliche Anforderungen aus der Produktverwendung und aus der Produktion die Produktentwicklung zusätzlich erschweren. Da die meisten Produkte während der Nutzungsdauer gewartet und gelegentlich repariert werden müssen, sollten sie dafür leicht zu handhaben und gegebenenfalls zu demontieren sein. Die dazu erforderlichen lösbaren Verbindungselemente belasten aber die Produktion meist mit zusätzlichen Kosten, sodass die Fertigungsgerechtigkeit eher unlösbare Teileverbindungen (z.B. Vergießen, Ummanteln, Schweißen, Kleben), die Reparaturfreundlichkeit dagegen eher lösbare Teileverbindungen (z.B. Steck- oder Schraubverbindungen) nahe legt.

Schließlich ist inzwischen auch den Rückkopplungspfeilen zwischen *Auflösung und Produktentwicklung* sowie zwischen *Auflösung und Produktion* Beachtung zu schenken. Mit dem „recyclinggerechten" oder „auflösungsgerechten" Konstruieren sollen Produkte entwickelt werden, die nach Ende ihrer Lebensdauer umstandslos wieder in ihre Bestandteile zerlegt werden können, damit diese dann, gegebenenfalls aufbereitet, der Wiederverwendung oder endgültigen Entsorgung zuzuführen sind. Diese Anforderung beeinflusst einerseits die Werkstoffauswahl, damit nach Möglichkeit wiederverwertbare Materialien eingesetzt werden, andererseits wie bei der Reparaturfreundlichkeit aber auch die Gestaltung der Bauteilverbindungen, die eine leichte Demontage ermöglichen sollen. Dem entsprechend berührt die Auflösungsgerechtigkeit auch wiederum die Produktionsgestaltung, weil manche Produktionsverfahren die spätere Zerlegbarkeit der Produkte nicht unbedingt erleichtern.

Die genannten Rückwirkungen der Produktions-, Verwendungs- und Auflösungsprobleme auf die Produktentwicklung werden heute dadurch zum Ausdruck gebracht, dass man davon eine „restriktionsgerechte Konstruktion" erwartet (vgl. Eversheim/Krause 1996, S. 7-35 ff.). Das ursprüngliche Ziel, ein Produkt mit funktionsgerechtem Verhalten zu gestalten und dafür einen geeigneten Aufbau vorzusehen, wird nun in einer ganzheitlichen Betrachtungsweise, die den gesamten Produktlebenszyklus berücksichtigt, den Einschränkungen unterworfen, die als „Fertigungsgerechtigkeit", „Montage- und Demontagegerechtigkeit", „Wartungs- und Instandhaltungsgerechtigkeit" und „Umwelt- und Recyclinggerechtigkeit" (vgl. Eversheim/Krause 1996, S. 7-35 ff.) zusätzliche Anforderungen an die Produkteigenschaften stellen. In dieser wesentlich erweiterten Auffassung vom Umfang technischer Gestaltungsprobleme kommt der Paradigmenwechsel in den Technikwissenschaften zum Ausdruck, der statt abgegrenzter Gegenstandsbetrachtung die umfassende Systembetrachtung in den Vordergrund stellt (vgl. Ropohl 1998). Das aber ist eine Perspektive, die nur mit erweiterten technikwissenschaftlichen Ansätzen zu bewältigen ist.

3.1.2 Erfindung – Potenzialkenntnis und Funktionsidee

Günter Ropohl

Technisches Handeln gestaltet vor allem Produkte und deren Produktion. Soweit für die Produktionsgestaltung neue Produktionsmittel benötigt werden, erweisen sich diese ebenfalls als Produkte, die zu gestalten sind. Eine Kernaufgabe technischen Gestaltungshandelns besteht also darin, neue technische Produkte zu schaffen, d. h. Erfindungen zu machen und Innovationen zu verwirklichen (siehe Bild 11).

Bild 11: Phasen der technischen Entwicklung

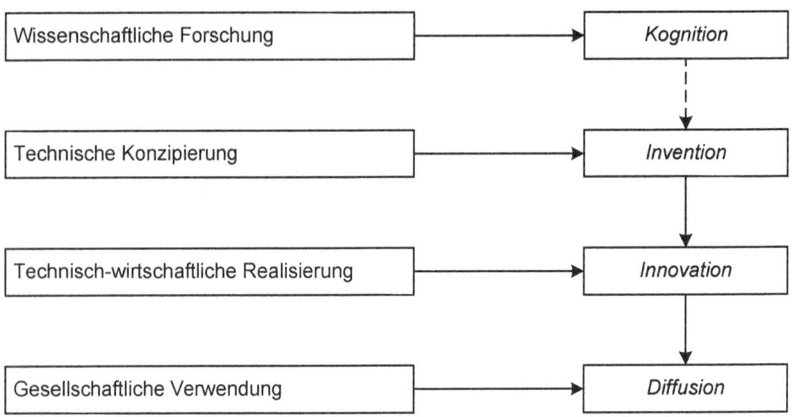

In korrekter Abgrenzung heißt:

- *Erfindung* bzw. *Invention*, eine neuartige sachtechnische Funktion und Struktur zu konzipieren, die eine nützliche Verwendungsmöglichkeit verspricht;
- *Innovation*, eine Erfindung bis zur technisch und wirtschaftlich erfolgreichen Markteinführung auszuarbeiten.

Beide Ausdrücke bezeichnen nicht nur den Vorgang der betreffenden Tätigkeit, sondern auch deren Ergebnis. Die vorgelagerte Phase der *Kognition*, also eine Erkenntnis aus wissenschaftlicher Forschung, spielt häufig bei der Erfindung eine gewisse Rolle, ist aber keine notwendige Bedingung; noch heute werden Erfindungen gemacht, deren wissenschaftliche Grundlage zunächst unklar ist. Die letzte Phase der *Diffusion* kann an dieser Stelle außer Betracht bleiben, da sie zu großen Teilen von wirtschaftlichen und gesellschaftlichen Umständen beeinflusst wird (siehe 4.1.2).

Offensichtlich liegt die Wurzel aller Technik in den Erfindungen; das gilt nach wie vor, auch wenn dieses Wort heute gegenüber den „Innovationen" ein wenig in den Hintergrund getreten ist. Man darf sich, entgegen früheren Stilisierungen, die Erfindung nicht unbedingt als urplötzliche, unvermittelte, einmalige Eingebung einer einzelnen genialen Person vorstellen. Viele Erfindungen sind innerhalb eines längeren Zeitraums schrittweise von mehreren Einzelnen, teils unabhängig von einander und teils von einer Arbeitsgruppe gemeinsam, gemacht worden. Aber grundsätzlich ist die Erfindung die notwendige Bedingung technischer Innovationen. Darum wird hier zunächst das Wesen der Erfindung analysiert.

Die Bedeutung der Erfindung zeigt sich darin, dass sie in einem förmlich-rechtlichen Verfahren anerkannt und mit einem *Patent* geschützt werden kann. In der Praxis werden Erfindungen nicht immer zum Patent angemeldet, weil dadurch die neue Idee offen gelegt werden müsste und Konkurrenten dazu anregen könnte, die neue Idee mit gewissen Veränderungen nachzuahmen; die Erfinder verlassen sich dann lieber auf zeitweilige Geheimhaltung. Andererseits werden manchmal ganze Bündel von Erfindungsvarianten lediglich darum als Patente angemeldet, damit möglichen Mitbewerbern das ganze Entwicklungsfeld versperrt bleibt. Abgesehen von derartigen taktischen Erwägungen aber ist das Patent vor Allem ein Schutzrecht, das den Erfindern ihr geistiges Eigentum sichert. Maßstäbe für die Erteilung eines Patents sind:

- Neuheit;
- Erfindungshöhe;
- Anwendbarkeit (vgl. Häußer 1996).

Dass eine Erfindungsidee neu sein muss, versteht sich natürlich von selbst. Erfindungshöhe bedeutet, dass die Neuheit die Alltagsleistung von Durchschnittsingenieuren, den so genannten Stand der Technik, deutlich übersteigt. Das Kriterium der Anwendbarkeit wird im Folgenden noch ausführlich besprochen.

Auf welche Art und Weise Menschen zu einer Erfindung gelangen, wird später behandelt (siehe 3.2). Hier geht es zunächst darum, was eine Erfindung überhaupt bedeutet. In großer Klarheit hat das der Ingenieur und Schriftsteller Max Eyth beschrieben:

> „Wer erfolgreich Mittel und Wege zeigt, ein bisher unerreichtes Ziel auf dem Gebiet materiellen Wirkens zu erreichen oder auch wer neue Wege und Mittel zeigt, ein bereits bekanntes Ziel zu erreichen, hat eine Erfindung gemacht" (Eyth 1905, S. 253 f.).

Dem ist allerdings hinzuzufügen, dass das „Ziel" grundsätzlich darin besteht, ein Stück menschlicher Arbeits- und Lebenspraxis zu erleichtern, zu verbessern oder zu ergänzen, also einen Nutzen für das Handeln und Erleben der Menschen zu stiften. Die „Mittel und Wege" andererseits sind gleichbedeutend mit zuvor unbekannten oder nicht gewürdigten natürlichen oder technischen Möglichkeiten, die den angestrebten Nutzen herbeiführen können. So haben Erfinder in früheren Jahrhunderten den Zweck verfolgt, die schwere körperliche Arbeit zu erleichtern und für die Funktion des Energieeinsatzes den Menschen durch sachtechnische Systeme zu ersetzen. Als Mittel für diesen Zweck schufen sie die verschiedenen Formen der Kraftmaschinen, vom Wind- und Wasserrad bis zu Dampfmaschine und Elektromotor. Eine Erfindung des 20. Jh.s dagegen, die übrigens etliche Teilschritte bis zum heutigen Stand erforderte, das Fernsehen, dient nicht dazu, menschliche Arbeit zu erleichtern, sondern den Menschen eine neue Erlebnisform zu verschaffen.

Im herkömmlichen Verständnis der Erfindungen ist meist vor allem die Leistung gewürdigt geworden, ein bis dahin vernachlässigtes natürliches oder technisches Potenzial in seiner Bedeutung zu erkennen und für technische Anwendung nutzbar zu machen. Diese Leistung ist selbstverständlich eine notwendige Bedingung der Erfindung. Wenn auch manchmal Zufälle den Erfindern zu Hilfe gekommen sind, werden sich Potenziale doch üblicherweise vor allem denjenigen Menschen zeigen, die sich in einem bestimmten Bereich natürlicher Phänomene oder technischer Prinzipien auskennen. In früheren Phasen der Technikgeschichte – und gelegentlich wohl auch noch heute – werden ausnutzbare Phänomene und Effekte identifiziert, die in der unbeeinflussten Natur auch von sich aus auftreten. Die besonders ausgeprägte Wärmeausdehnung bestimmter Stoffe gibt Anlass zur Erfindung des Thermometers, oder die Lichtempfindlichkeit von Silbersalzen regt die Erfindung der Fotografie an. In zunehmendem Maße allerdings stellen sich die natürlichen Erscheinungen, die dann eine Erfindung ermöglichen, nicht von allein ein, sondern erst durch künstliche Anordnungen in Laborexperimenten. Das trifft schon für die Fliehkraft zu, die zuerst bei menschlich erzeugter Rotationsbewegung erkannt wird, bevor sie dann als Grundlage für den Fliehkraftregler dient. Und die heute vielfach genutzten Laserstrahlen kommen trotz ihrer naturgesetzlichen Grundlage in der unbeeinflussten Natur überhaupt nicht vor, sondern können nur durch technischen Eingriff erzeugt werden. Doch auch die Laserstrahlen bilden, so künstlich sie sein mögen, in der Anfangszeit nur ein naturwissenschaftlich-technisches Potenzial, für das erst technische Gebrauchswerte gefunden werden müssen, bevor man von Erfindungen sprechen kann.

Die Entwicklung des Laser zeigt einen Verlauf, der für die moderne Verknüpfung von Naturwissenschaft und Technik typisch ist. Schon Anfang des 20. Jh.s hatte Albert Einstein die theoretische Hypothese aufgestellt, dass solche Lichtstrahlen möglich seien. In den 1960er Jahren gelang der experimentelle Nachweis: Laserstrahlen konnten nun im Labor künstlich erzeugt werden. Seit den 1970er Jahren begann man dann die ersten Funktionsideen zu verfolgen, die mit diesem neuen Potenzial zu realisieren waren: Trennung von Stoffen, Abtastung von Mustern usw. (vgl. Huisinga 1996, S. 69 ff.). Aber es gibt auch andere Verläufe, in denen theoretische Erklärungen, intuitives Experimentieren und technische Nutzungsversuche mehr oder minder unverbunden nebeneinander betrieben werden. Ein Beispiel ist die Elektroporation, die sich zurzeit zwischen Erfindungs- und Innovationsphase befindet. Dabei werden pflanzliche Zellen gepulsten elektrischen Feldern ausgesetzt, sodass sich die Zellmembranen öffnen und Zellflüssigkeit abgeben. Nachdem man rund drei Jahrzehnte vielfältige Versuche angestellt hatte, die nur wenig theoriehaltig waren, ist man jetzt praktisch so weit, pflanzliche Flüssigkeiten wie Zuckerrohrsirup oder Traubensaft erfolgreich extrahieren zu können (vgl. Toepfl/Heinz/Knorr 2005). Und jetzt erst schenkt man der zellbiologischen Entdeckung der späteren Nobelpreisträger Erwin Neher und Bert Sakman Beachtung, die in den 1970er Jahren das Phänomen der Ionenkanäle erforscht und damit die theoretische Grundlage der Elektroporation gelegt hatten. Hier also hat die Funktionsidee eine experimentelle Potenzialsuche angestoßen, die lange Zeit der naturwissenschaftlichen Begründung entbehrte.

Es gibt keine Erfindung, die nicht tauglich wäre für menschlichen Gebrauch. Im Einzelfall mag die Gebrauchstauglichkeit unterschiedlich beurteilt werden. Eine Erfindung liegt aber nur dann vor, wenn sie einen gewissen Gebrauchswert aufzeigt. Darum auch ist die „Anwendbarkeit" ein Kriterium für die Erteilung eines Patents. Künstliche Anordnungen, die in der Arbeits- und Lebenspraxis nicht zu gebrauchen sind, gelten nicht als Erfindungen im technologischen Sinn. Wer eine Erfindung macht, muss immer schon eine mehr oder minder deutliche Vorstellung von ihrem Gebrauchswert besitzen. Die Erfindung identifiziert eine bestimmte Partie – genauer gesagt: eine Teilfunktion – menschlicher Arbeits-, Handlungs- oder Erlebensweisen, die mit sachtechnischen Mitteln zu realisieren ist. Das ist in Bild 12 dargestellt: In der linken Hälfte sieht man ein menschliches Handlungs- oder Arbeitssystem, in dem drei verschiedene Teilfunktionen zusammen wirken. Wenn man nun für eine bestimmte Funktion ein technisches Potenzial auffindet, mit dessen Hilfe ein entsprechendes Sachsystem zu gestalten ist, hat man eine Erfindung gemacht. Ein Vorgang, den zuvor nur Menschen bewerkstelligen können – wenn er nicht überhaupt menschliche Fähigkeiten übersteigt –, kann nun in künstlichen, von Menschen gemachten Gebilden ablaufen, die somit zu Trägern menschlicher Arbeits- und Handlungsfunktionen werden. Die Erfindung konfiguriert einen *soziotechnischen* Handlungszusammenhang (siehe 2.3.1).

Aus diesen Überlegungen folgt eine Einteilung der Erfindungen, die schon Max Eyth vorgeschlagen hat (vgl. Eyth 1905). Die echte *Funktionserfindung* – Eyth nennt sie die Erfindung „erster Ordnung" – konzipiert zugleich eine neue Funktionsidee und ein neues Potenzial; als Beispiel aus neuerer Zeit kann man das Fernsehen anführen. Freilich gibt es auch Funktionserfindungen zweiter Ordnung, die zu einem bereits bekannten Potenzial eine neue Handlungsfunktion entwerfen. Im Grenzfall geschieht das sogar bei der ungeplanten Verwendung multifunktionaler Sachsysteme durch den Nutzer. Im Normalfall der technischen Entwicklung freilich wird die Struktur für die neue Nutzung zu modifizieren sein; als jüngeres Beispiel kann man das Fernkopieren (Telefax) anführen, eine neue Funktion für das alte Telefon.

Häufiger dürften in der technischen Entwicklung allerdings die *Strukturerfindungen* auftreten, die für eine schon früher technisierte Funktion eine neuartige Struktur vorsehen, meist aus dem Grund, weil die neue Realisierung leistungsfä-

Bild 12: Erfindung als Idee einer technisierbaren Handlungsfunktion

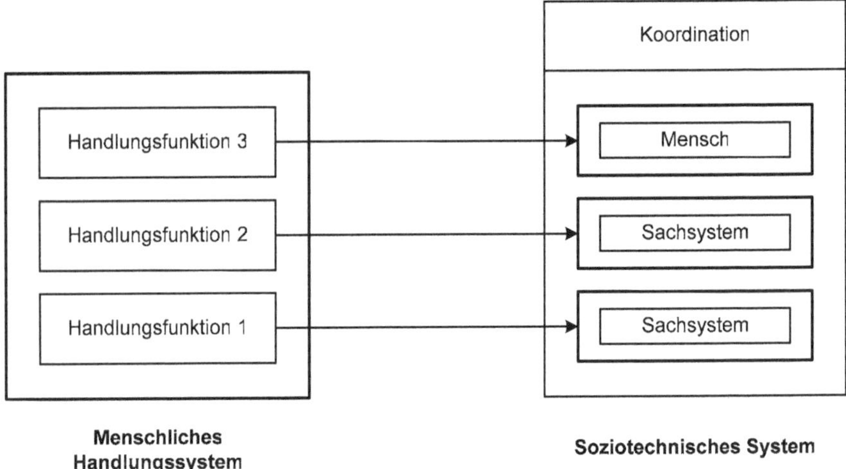

higer oder kostengünstiger ist als die alte. Das gilt beispielsweise für den Transistor, wenn er die Funktion der Elektronenröhre übernimmt. Schließlich besteht ein großer Teil der technischen Entwicklung darin, bekannte Strukturen für andere, aber ebenfalls schon bekannte Funktionen einzusetzen. Man kann dann von *Übertragungserfindungen* sprechen; ein aktuelles Beispiel ist die optische Datenspeicherplatte (CD-ROM), bei der die Struktur, die von der Musikplatte bekannt war, in neuartiger Weise für die an sich ebenfalls bekannte Funktion der Speicherung von Computerdaten übertragen worden ist (siehe Bild 13).

Bild 13: Einteilung der Erfindungen

Funktionsidee / *Technisches Potenzial*	*Neu*	*Bekannt*
Neu	Funktionserfindung I (z. B. Fernsehen)	Strukturerfindung (z. B. Transistor)
Bekannt	Funktionserfindung II (z. B. Telefax)	Übertragungserfindung (z. B. Daten-CD)

Allen Arten von Erfindungen aber ist gemeinsam, dass sie grundsätzlich eine Funktionsidee und die Kenntnis eines technischen Potenzials zur Deckung bringen; sie unterscheiden sich nur dadurch, dass Funktionsidee und Potenzial entweder neu oder bereits bekannt sind. Bei den Strukturerfindungen liegt die Funktionsidee schon vor und bedarf lediglich eines neuen Potenzials, um besser realisiert werden zu können. Die Funktionserfindung dagegen ist gleichbedeutend mit der Erfindung einer Sachverwendung; sie schafft eine neue soziotechnische Identifikation. Ebenso wie ein Sachsystem seine Realfunktion erst in der Nutzung entfaltet, hat auch der Erfinder von vorn herein die Nutzung der konzipierten Sachfunktion durch andere Menschen im Auge.

Erfinder sind keine Glasperlenspieler, die mit beliebigen Künstlichkeiten für frei bleibende Zwecke jonglieren würden; sonst müsste man gewisse Nonsense-Maschinen, die von der modernen Kunst in ästhetischer Absicht geschaffen wurden, als technische Erfindungen betrachten, obwohl sie keine konkrete Handlungs- oder Arbeitsfunktion ausführen. Abwegig ist darum die Behauptung mancher Kritiker, in der modernen Technik würden fortgesetzt neue Mittel erfunden, für die es zunächst keine Zwecke gibt. Erst wenn ein bestimmter Zweck erkannt worden ist, wird das Potenzial zum Mittel; erst dann wird die Verknüpfung von Potenzialkenntnis und Funktionsidee zur Erfindung. Tatsächlich wohnt noch den groteskesten technischen Erfindungen – davon kann man sich in der Patentliteratur überzeugen – eine wirkliche Nutzungsidee inne, die zumindest der Erfinder selbst durchaus ernst genommen hat, auch wenn er andere Menschen nicht davon hat überzeugen können. Übrigens muss sie der Patentprüfer ebenfalls ernst genommen haben, denn in der Funktionsidee kommt die Brauchbarkeit zum Ausdruck, die unter den Kriterien für die Patentwürdigkeit einer Erfindung wie gesagt ausdrücklich genannt wird.

Eine Erfindung ist also grundsätzlich die Verknüpfung von Potenzialkenntnis und Funktionsidee. Bild 14 illustriert das Verhältnis dieser beiden Bedingungen zueinander. Man mag die reizvollsten Funktionsideen haben, doch die Erfindung bleibt aus, wenn man kein Potenzial dafür identifiziert. Oder man mag auf ein neuartiges Potenzial stoßen, doch so lange man keine dazu passende Funktionsidee hat, kommt ebenfalls keine Erfindung zustande. Erfindungen liegen grundsätzlich allein in der Schnittmenge von Potenzialkenntnissen und Funktionsideen. Das grundlegende technische Gestaltungsproblem, wie man das Neue schafft, umfasst mithin drei Teilprobleme:

- Wie entdeckt man menschliche Handlungs-, Arbeits- und Erlebensfunktionen, die einer Technisierung zugänglich scheinen?
- Wie findet man natürliche oder wissenschaftlich-technische Potenziale, mit denen die identifizierten menschlichen Nutzungsfunktionen sachtechnisch verwirklicht werden können?

- Wie gelangt man zu einer Verknüpfung von Funktionsidee und Potenzialkenntnis, die eine innovationsträchtige Lösung in Aussicht stellt?

Bild 14: Bedingungen der Erfindung

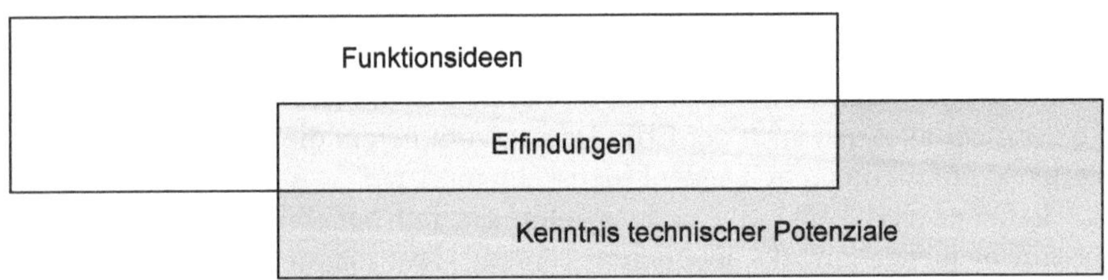

Eigenartiger Weise wird das erstgenannte Teilproblem, die Identifizierung technisierbarer Teilfunktionen, in den Methodenlehren technischen Problemlösens, z.B. der Konstruktionswissenschaft (vgl. z.B. Müller 1990), meist kaum gewürdigt. Die Ablaufschemata, die dafür vorgeschlagen werden, beginnen im Allgemeinen mit der „Analyse der Aufgabenstellung", so als fiele diese vom Himmel. Allenfalls werden ein paar unverbindliche Bemerkungen über die „Erfordernisse des Marktes" eingestreut, doch wird kaum etwas darüber gesagt, dass eine spätere Marktnachfrage besonders dann zu erwarten ist, wenn die Produktidee von einem wirklichen Nutzungsbedürfnis ausgeht.

Wenn die Technikwissenschaften den Ursprung ihrer Aufgaben kaum reflektieren, äußert sich darin ihre merkwürdige Selbstbescheidung, sie wären nicht auch für die Ziele ihrer Arbeit zuständig, sondern allein für die fachlich korrekte Lösung fremdbestimmter Aufgaben. Und es kommt darin die enge Ausrichtung der Technikwissenschaften auf die natürlichen und sachtechnischen Erscheinungen zum Ausdruck; denn an der Entwicklung von Zielvorstellungen kann ja nur mitwirken, wer sich auf menschliche Arbeits- und Handlungspraxis versteht – ein Feld, das die Technikwissenschaften üblicherweise den Human- und Sozialwissenschaften überlassen haben (siehe 4.1.2). Man darf bezweifeln, dass solche Zielabstinenz der Neuerungsfähigkeit der Ingenieure besonders förderlich ist. Bedeutende Erfinder haben sich nämlich immer dadurch ausgezeichnet, dass ihnen der erwartete Gebrauchswert ebenso wichtig war wie die technischen Mittel, die sie dafür ersannen.

Die Leistung, Potenzialkenntnis und Funktionsidee miteinander zu verknüpfen, vollzieht sich, selbst wenn im Vorfeld Mehrere daran beteiligt sind, letztlich doch im Kopf eines Einzelnen; dabei können intuitive und rationale Methoden angewandt werden (siehe 3.2). Was jedoch zu verknüpfen ist, die Funktionsidee und die Potenzialkenntnis, hat durchaus auch gesellschaftliche Wurzeln (vgl.

Gilfillan 1963). Die Bedürfnisse und Handlungsmuster, die der Erfinder identifiziert und mit einem technischen Potenzial verknüpft, mögen im Einzelfall bloß seine eigenen sein, doch im Allgemeinen bilden sie manifeste oder latente soziokulturelle Standards, die er als Mitglied der Gesellschaft bewusst oder unbewusst teilt. Aber auch die Kenntnis technischer Potenziale ist längst nicht immer individuelles Sonderwissen, das nur ein einziger Fachmann besäße. Über die verschiedensten Kommunikationskanäle wird es formell oder informell unter einschlägig Interessierten verbreitet. Heute spielen dabei die jeweiligen Fachgemeinschaften eine gewisse Rolle, doch entstehen manche Erfindungen auch gerade dadurch, dass wenig geläufiges Wissen aus entlegenen Bereichen übertragen wird. Jedenfalls erklärt die überindividuelle Verfügbarkeit von Funktionsideen und Potenzialkenntnissen die nicht eben seltenen Doppel- und Mehrfacherfindungen; dann hat die Erfindungsidee nicht, wie der Volksmund sagt, „in der Luft“ gelegen, sondern im gesellschaftlichen Wissen, und die Erfinder sind dann vor Allem die Grabungsspezialisten, welche die gesellschaftlichen Schätze heben.

Begreiflicher Weise gibt es Bestrebungen, die Rate patentfähiger Erfindungen zu steigern. Erfolgreiche Erfindungen, die in anderen Ländern gemacht worden sind, kosten das eigene Land, wenn ihre Verwendung unausweichlich ist, hohe Lizenzzahlungen. Werden sie hingegen im eigenen Land gemacht, kann man von Lizenzzahlungen aus dem Ausland profitieren. Neue Potenziale und neue Nutzungsmöglichkeiten zu identifizieren und miteinander zu verknüpfen, ist mithin nicht nur ein technisches Problem, sondern liegt auch im gesamtwirtschaftlichen Interesse. Damit begründet sich die Forschungsaufgabe, umfassende Übersichten über wissenschaftlich-technische Potenziale und über menschliche Nutzungsbedürfnisse systematisch zu ermitteln und damit die Bedingungen des Erfindens zu erleichtern. Einzelwirtschaftliche Gesichtspunkte entscheiden dann darüber, ob es lohnend scheint, bestimmte Erfindungen zu Innovationen auszuarbeiten. Des Weiteren ist anzustreben, Erfindungen und Innovationen einer umfassenden Technikfolgen-Analyse und Technikbewertung zu unterziehen, damit die Chancen von Neuerungen maximiert und die Risiken minimiert werden können (siehe 3.2.3).

3.1.3 Funktions- und Strukturkonzepte

Klaus Kornwachs

3.1.3.1 Der Begriff der Funktion

Wenn wir Technik begreifen wollen, genügt das Ingenieurswissen alleine nicht, aber es ist Voraussetzung jeglichen Verstehens von Technik. So beinhaltet jeder Studiengang der Ingenieurswissenschaften eine gehörige Portion Mathematik, über deren Notwendigkeit die Studierenden oftmals Unverständnis erkennen lassen.

In der Mathematik ist der Funktionsbegriff in seiner Wichtigkeit durch den Abbildungsbegriff ersetzt worden, man schreibt nicht mehr $y = f(x)$, sondern $f: x \rightarrow y$. Begrifflich hat sich dadurch ein mathematischer Akzent verschoben – nicht die Funktion ist das Primäre, sondern die Mengen, auf und in die man abbildet, denn eine Funktion f auf einer nichtleeren Teilmenge M wird als eine Zuordnung von jeweils genau einem Element $y = f(x) \in \mathit{IR}$ zu jedem $x \in M$ definiert (vgl. Grauert/Lieb 1967, S. 61). Es hat sich aber nicht geändert, worauf es ankommt: Dass die Funktion durch eine (surjektive) Abbildung ersetzt wird, heißt nach wie vor, dass man für jedes vorliegende y einen Wert von x mit $y = f(x)$ finden kann. Das bedeutet, dass zu jedem $y = f(x)$ ein x existiert und angegeben werden kann. Kausal interpretiert würde dies bedeuten, dass jede Wirkung y mindestens eine Ursache haben muss. Das schließt nicht aus, dass Ursachen mehrere Wirkungen haben können. Umgekehrt soll aber für jedes frei gewählte x ein y bestimmbar sein. Das bedeutet, dass man x als die unabhängige, bestimmende, kontrollierende, kausale Variable ansehen kann und y als die abhängige, bestimmte, kontrollierte, oder auch Wirkungsvariable. Diese Asymmetrie geht über den Abbildungsbegriff insofern hinaus, weil sie für den technisch bestimmten Funktionsbegriff wesentlich wird und sozusagen schon eine ontologische Unterstellung macht, nämlich die der Kausalität.

Interpretiert man die Zuweisung eines Wertes zur bestimmenden Variablen als die Präparation eines bestimmten Zustandes (in der realen Welt), ausgedrückt elementar durch die Proposition der Form „x ist P“ oder prädikatenlogisch „P(x)“, wobei x etwas ist, was dazu fähig ist, die Eigenschaft P anzunehmen, oder auch dazu gebracht werden kann, die Eigenschaft P anzunehmen, dann bezeichnet der Variablenname x (mathematisch einfach als Variable, logisch als Individuenvariable) eine allgemeine Variable für einen Gegenstand oder einen Prozess, dem P zukommen oder nicht zukommen kann. Dasselbe gilt für die Variable y.

Interpretiert man die Zuweisung eines Wertes der bestimmten oder beeinflussten Variablen y durch die Funktion f aufgrund der Vorgabe eines Wertes für x, dann muss man sich eine Vorstellung davon machen, wie durch vorgegebenes x eine Wertezuweisung für y operativ zustande kommt. Naiverweise nennen wir dies Ausrechnen oder mathematisch die Berechnung einer Funktion (zum Beispiel durch einen Algorithmus). Dies wird durch eine Entität durchgeführt, die wir als operierende Entität, als Operator oder als Black-Box-System konzipieren und die wesengemäß nicht zur Menge gehört, auf der operiert wird.

Interpretieren wir x und y als Variablen, die als Individuenvariable für reale Gegenstände oder Prozesse stehen und irgendwelche Eigenschaften annehmen können, ausgedrückt durch unterscheidbare Werte (quantitativ oder qualitativ), dann muss die operierende Entität ebenfalls etwas in der Welt der Gegenstände oder Prozesse sein, um diese Operation realiter auch ausführen zu können. Dies wird in der Systemtheorie als Black-Box-Verhalten formal ausgedrückt: Es ist das Verhalten, beschrieben etwa durch die Funktion y = f(x) mit x als der Input- und y als der Outputvariablen. Ist die operierende Einheit (das Problem der Zusammensetzung von Black Boxes zu großen Systemen lassen wir hier zunächst weg) eine natürliche, vorgefundene Einheit, so beschreibt der Funktionsbegriff das beobachtbare Verhalten des Gegenstandes oder Objektes, das durch das, was x ausdrückt, beeinflusst wird, und dass sich am Objekt zeigt, ausgedrückt durch y.

3.1.3.2 Die Technische Funktion

Ist die operierende Einheit absichtsvoll hergestellt (ein Apparat oder ein Gerät), dann ist die realisierte Funktion durch dieses Gerät eine technische Funktion, wenn ein Wert für x absichtsvoll herbeigeführt wird, um den Wert für y, der durch die Funktion zugewiesen wird, zu erlangen. Wird eine technische Funktion f durch eine Klasse von Geräten realisiert, kann man diese Geräte äquifunktional nennen. Äquifunktionalität kann man auch danach definieren, durch welche Klasse von Paaren (f(x), x) jeweils der gewünschte Wert von y erreicht wird. Den gewünschten Wert von y können wir wieder ausdrücken als „y hat den Wert Q oder Q(y)“, und die Klasse kann beschrieben werden als ein Ausdruck, der grammatikalisch lediglich aus einer Nominalphrase besteht, die aus Nomen und Verb zusammengesetzt ist (Substantiv, Verb), d.h. die Klasse (f(x), x) besteht aus allem, was den Träger y den Wert oder die Eigenschaft Q annehmen lässt. Tabelle 6 zeigt die unterschiedlichen, aber einander entsprechenden Ausdrucksweisen.

Der technische Funktionsbegriff, wie er z.B. in der Konstruktionssystematik vgl. z.B. Kesselring 1954, S. 242-247) oder in der Wertanalyse (vgl. Korwachs 1987; siehe auch 3.2.3) auftritt, ist an den mathematisch-systemtheoretischen Funktionsbegriff ohne weiteres anschließbar. Man kann die funktional-mathematische Formulierung, die prädikatenlogische Formulierung wie die Form der Technischen Regel ineinander überführen. Sie sind formal äquivalent (vgl. Kornwachs 2006, Kap C, Tabelle 7).

Tabelle 6: Unterschiedliche Ausdrucksweisen von Funktionen und ihre Entsprechung

Kategoriale Bestimmung	*Y*	*zu Q machen*
Formale Grammatik	Nomen, Substantiv	Verbalphrase
Logikkalkül	Objekt, Träger (Individuen-variable oder -konstante)	Prädikat
Umgangssprachliche Grammatik	Subjekt	Prädikat, Objekt
Funktionsbeschreibung in der Alltagstechnik (z. B. in der Wertanalyse):	Licht	Spenden
	Auskühlung	Abhalten
	Konzentration	Erhöhen
	Informationsfluss	Schützen
	Daten	Verarbeiten

Tabelle 7: Funktion und technologische Regel

	Unab-hängige Variable x	*Konkreter Wert von x P(x)*	*Funktion y = f(x)*	*Ergebnis-variable y*	*Konkreter Wert von y Q(y)*	*Kommentar*
Mathemati-sche Formu-lierung	Variable [18] $x \in IR$	Individuen-konstante $x = 0{,}3455$	funktionales Modell: $f: x \rightarrow y$	Variable $y \in IN$	Ergebnis $y = 7{,}4$	Wenn y = 7 wer-den soll, stelle x = 0,3455 ein
Eigenschaf-ten, prädi-katenlogisch ausgedrückt	Individuen-variable x, Prädikaten-variable P	P(x) Prädikaten-konstante P(x): x hat Eigenschaft P	Allgemein: $\forall x,y\ (P(x) \rightarrow Q(y))$ Partikulär: $\forall y \exists x\ P(x) \wedge Q(y)$	P(x) Individuen-variable x, Prädikaten-variable P(x)	P(x) Individuen-variable x, Prädikaten-variable	Kausalnexus: $t[P(x)] < t[Q(y)]$ Ursache P(x) geht der Wirkung Q(y) voraus
Technologi-sche Regel		Mache P(x) Handlung A	Wenn $A \rightarrow B$ Versuche B durch A		Ergebnis Q(y) als Zustand B	Exekutiere Modell von $f: x \rightarrow y$,

Während das Gesetz als allgemeines oder partikuläres Urteil im Sinne der klassischen Urteillehre formuliert wird, hat es die Technik immer mit dem konkreten

18 Als Beispiel, aus welchem Wertevorrat (reelle oder natürliche Zahlen) Werte für die Variablen angenommen werden können.

Einzelfall zu tun. Die technologische Regel exekutiert das Modell der Funktion. Dies ist die Vorgehensweise, entweder Kausalzusammenhänge oder auch Handlungsanweisungen zu modellieren; das Modell selbst ist aber noch nicht die Exekution in Form einer Handlungsanweisung.

Konstruieren bedeutet nun die Zusammensetzung von operierenden Einheiten mit bekannter Funktion unter den Bedingungen der Minimierung oder Maximierung bestimmter Größen zur einer operierenden Gesamtheit mit Funktionen, die sich im Idealfall systemtheoretisch berechnen lassen oder die approximativ bestimmbar sind oder im Test (im Gegensatz zum Experiment) bestimmt werden müssen. Erst eine gebaute Konstruktion kann man testen. Der „Prototyp" ist der Einzelfall, auf den sich die Regeln letztlich beziehen. Die Simulation kann die Vorarbeiten für einen Test jedoch wesentlich abkürzen.

Dabei kann man für die Beschreibung der operierenden Einheiten (Geräte) systemtheoretische Modelle verwenden, die durch Struktur (Verknüpfung zwischen den Elementen oder Subsystemen) und Verhalten charakterisiert sind. Dann ergibt sich eine „Entartung"[19] zwischen Strukturen und Verhalten: Liegt die Struktur fest, liegt das Verhalten im Idealfall fest. Wird dagegen das Verhalten definiert, lassen sich fast beliebig viele Strukturen finden, um diese Funktion zu realisieren. Deshalb bleibt Konstruieren nach wie vor eine Kunst und ist kein deduktives Handwerk.

3.1.3.3 Hinweise zum Strukturbegriff

Entscheidend ist hier der Strukturbegriff. Systemtheoretisch stellt eine Struktur die Gesamtheit der Relationen zwischen den Elementen bzw. Komponenten eines Systems dar. Damit konstituiert sie über die Art der Relationen, was zum System gehört und was nicht. Dadurch lässt sich begrifflich eine „Oberfläche" des Systems als Grenze zwischen System und Umwelt definieren.

Dieser so gefasste Strukturbegriff ist sehr anschaulich, sein Paradigma ist die elektrische oder elektronische Schaltung: Die Verbindungen sind Leitungen oder Leiterbahnen, welche die Komponenten (Transistoren, Widerstände, Dioden, Kondensatoren etc.) miteinander verbinden. Aus der mathematischen Darstellung von Strukturen (Verknüpfungsmatrizen oder Graphen) lassen sich Strukturtypen unterscheiden wie hierarchische, zentralistische, netzartige, rück- oder vorwärtsgekoppelte oder gemischte Systeme.

19 Dies ist ein Begriff aus der Quantentheorie: wenn ein Energieniveau zu mehreren Eigenwerten gehört, spaltet es sich in verschiedene Niveaus auf, wenn man äußere Zwangsbedingungen anlegt.

Strukturähnlichkeiten zwischen Systembeschreibungen, die als Modell völlig unterschiedlicher Gegenstandbereiche benutzt werden, können unter gebotener Vorsicht zu Analogieschlüssen anregen. Wenn ein Modell eines Wirtschaftprozesses eine oder mehrere Rückkopplungsschleifen enthält, so weiß man aus dem Verhalten von rückgekoppelten Systemen aus Technik und Natur, dass die Gefahr der Instabilität besteht.

Der Zusammenhang zwischen Funktion und Struktur kann systemtheoretisch sehr allgemein formuliert werden, ist aber für das Verständnis von technischen Funktionen, wie wir sie oben beschrieben haben, und Strukturen übertragbar.

Durch die Kenntnis der Struktur als den wirkungsleitenden Verbindungen zwischen den Elementen respektive Subsystemen und der Kenntnis des Verhaltens der Elemente (Input-Output-Verhalten) kann das Gesamtverhalten modelliert werden. Die Struktur bestimmt also das Verhalten. Deshalb ist Strukturstabilität in der Technik von überragender Bedeutung.

Umgekehrt kann eine technologische Funktion in gleicher Weise von unterschiedlichen Strukturen ins Werk gesetzt werden. Für die Schaltung der elektronischen Funktion „Radioempfang", also Demodulation von trägerfrequenten Signalen, gibt es ca. 20 Standardschaltungen, also Strukturen. Deshalb ist es sehr schwierig, von einer bekannten Funktion eines technischen Geräts auf die Struktur zu schließen (vgl. Anschütz 1970; Kornwachs 1999).

3.1.3.4 Zusammensetzung von Funktionen

So, wie es in der Mathematik möglich ist, Funktionen zu verknüpfen, etwa $(f+g)(x) = f(x) + g(x)$, ist es auch möglich, technische Funktionen miteinander zu verknüpfen. Ladislav Tondl nennt das Zusammenfügen von technologischen Teil-Funktionen *Konkatenation* und schlägt vor, die Zusammensetzungsregeln analog zu den grammatikalischen Regeln einer (formalen) Sprache für den Bau eines grammatikalisch korrekten Satzes aufzufassen (vgl. Tondl 2004). Allerdings enden hier die direkt übertragbaren Analogien, d. h. nicht alle der genannten Verknüpfungen sind auf der technologischen Ebene sinnvoll.

Die zusammengesetzte Funktion $y = f \bullet g(x)$ sei definiert als $y = f(g(x))$. Auf der Ebene der Abbildungen ist dann $f: x \rightarrow z$, $g: z \rightarrow y$, wobei z die Variable für einen Zwischenzustand repräsentieren soll. Will man das Modell einer solchen Funktion, die z. B. einen Kausalzusammenhang wiedergeben soll, als technologische Regel exekutieren, ergibt sich mit den konkreten Eigenschaften P(x) als Handlung A, Q(y) als erreichtes Ergebnis B und R(z) als Zwischenergebnis, dann lautet die technologische Regel „B per A und C per B".

Wegen der durch „B per A" bedingten Verfügbarkeit des „zweiten Mittels" B kann zuerst g und dann erst f exekutiert werden. Das bedeutet auch, dass die technologische Interpretation von $y = f \bullet g(x)$ die Verknüpfung „•" als nicht kommutativ ansieht. Allgemeiner: $y = f \bullet g(x)$ ist technologisch interpretiert in der umgekehrten Reihenfolge wie eine Operatorenanweisung zulesen. Eine Vertauschung der Reihenfolge ist nur sinnvoll, wenn die Funktion f die Funktion g ersetzen könnte und umgekehrt, d.h. wenn sie technologisch gleiche Operationen repräsentieren würden (z.B. zweimalige Anwendung).

Wenn also C selbst nur über vielerlei Maßnahmen (B_1 und/oder B_2 und/oder B_3 ...) seinerseits zu realisieren ist, könnte man die Ansicht vertreten, dass in der Entscheidung für und der Realisierung eines dieser B (einschließlich ihrer technischen Begründung und normativen Rechtfertigung) die eigentliche *technische* Leistung liege. Die Aufgabe der Konstruktion wie der technischen Problemlösung könnte dann durch die Frage charakterisiert werden, wie man ein angemessenes B findet und zusammensetzt (vgl. Gallee 2003; Hubig 2001).

Das bedeutet, dass die Verknüpfung der Regel für die Realisierung einer technologischen Funktion über die Struktur, d.h. den Zusammenhang der Einzel- oder Teilfunktionen läuft, wobei es eine Entsprechung zwischen der Zusammensetzung der Funktionen, der logische Zusammensetzung der zugehörigen Aussagen und damit einem zeitlichen Ablauf der Durchführung von Regeln geben muss. Spielt man die Kombinationen durch, so sieht man, dass bestimmte formal erlaubte Möglichkeiten technologisch nicht sinnvoll sind, z.B. die Multiplikation von Funktionen, dic keine Entsprechung bei den technischen Regeln hat (näheres vgl. Kornwachs 2006, Kap. C).

3.1.3.5 Funktionen in der Systemtheorie: Transitivität und organisatorische Hülle

In der Systemtheorie ist jedes System eingebettet in ein größeres System. Man kann dies, je nach Intention der Systembeschreibung vernachlässigen und das System auch isoliert beschreiben. Dies tut man mit dem Funktionsbegriff, sofern er sich technisch auf ein Gerät beziehen lässt. Die Frage ist, ob die Funktion eines (Teil-)Gerätes von dieser Einbettung abhängt. Das hängt von der gewählten Betrachtungsweise ab. In der Technik ist jedoch jedes System eingebettet in die so genannte organisatorische Hülle. Diese wird überwiegend definiert durch die operativen Regeln einer technologischen Theorie (siehe oben). Diese lassen sich ebenfalls durch den Funktionsbegriff ausdrücken. Damit müsste über die Möglichkeit impliziter Funktion eine Anschlussfähigkeit der Regeln und damit der zumindest intendierten Funktionalität zwischen operativer und substantieller Theorie in der Technologie herstellen lassen.

Der Begriff Hülle kommt ebenfalls aus der Mathematik und meint, dass man zu jedem Graphen (Knoten und Kanten), dessen Relationen transitiv definiert sind, eine „*transitional closure*" konstruieren kann. Es sei R eine transitive Relation zwischen a und b, geschrieben als aRb (in der Skizze als Pfeil symbolisiert $\rightarrow$), dann ist in der Relationenlogik

$$(aRb) \wedge (bRc) \Rightarrow (aRc).$$

Sei nun noch eine weitere Relation realisiert (z.B. als R = nachrichtentechnisch miteinander erreichbar sein), wie cRd, dann kann man bilden (siehe Bild 15)

$$(cRd) \wedge (bRc) \Rightarrow (bRd) \text{ sowie}$$
$$(aRc) \wedge (cRd) \Rightarrow (aRd).$$

aRc und bRd sowie aRd (gestrichelte Pfeile) sind die Ergänzungen vermöge der Transitivitätseigenschaft, also die transitive Hülle. Eine zweistellige, asymmetrische Relation kann man als Funktion interpretieren, wenn man sie wie einen Graphen einer Funktion auffasst, also die Punktmenge {x, f(x)}.

Bild 15: Transitive Hülle eines Graphen

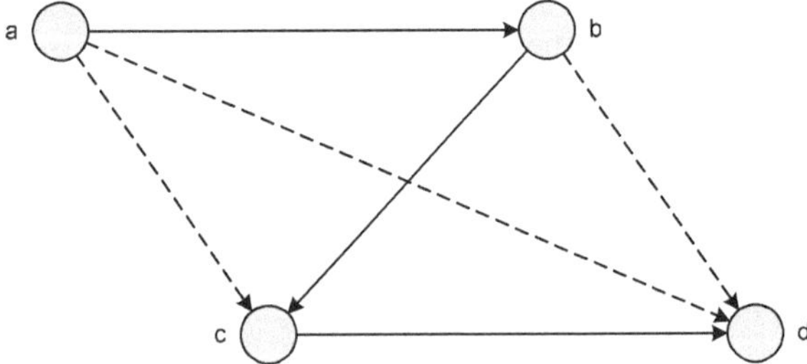

Übertragen wir den Funktionsbegriff auf die technische Funktion mit den Einschränkungen, die wir im vorigen Kapitel gemacht haben, so ergibt sich als Konsequenz: Sofern die technologische Funktion transitive Eigenschaften hat, ergibt die transitive Hülle eine Reihe weiterer technischer Funktionen, die sich realisieren lassen oder aber als Funktion zur Verfügung stehen oder auch als Nebenwirkung verstanden werden können.

Seien A, B, C, D technische Funktionen (siehe Bild 16), die von den jeweiligen Subsystemen erfüllt werden. Der Input x führt dann zum Output y durch die impliziten Funktionen y = D(C(A(x)), B(A(x))). Dieser Ausdruck spiegelt die Verschaltung der Subsysteme wieder und damit die Struktur der Unterfunktionen. Die transitive Ergänzung von A nach D könnte man dadurch erhalten, dass man xA(x) als eine Relation ansieht, die aussagt, dass x eine funktionale Verknüpfung mit A(x) ist. Da A im Beispiel von Bild 16 mit B, B mit D funktional verknüpft ist, aber auch A mit C und C mit D, kann man auch behaupten, dass A mit D zweifach funktional verknüpft ist (entsprechend dem gestrichelten Pfeil), d. h. man kann nach Funktionen suchen, die y = D(C(A(x), B(A(x)) ersetzen durch eine einfachere, sagen wir y = D′(A(x)). Solche Funktionsvereinfachungen sind in der Regel mit einem ökonomischen Vorteil verbunden, weil jede Unterfunktion Kosten verursacht. Damit wird bereits ein Trend zur Universalisierung deutlich: Je einfacher eine Funktion D′ gefunden werden kann, die mit weniger Umständen ins Werk zu setzen ist und die auch dann noch funktioniert, wenn man die ursprünglichen B und C variiert, verändert oder erweitert, um so universaler ist sie.

Funktionell-verknüpft-sein ist durchaus eine transitive Relation, aber eine triviale und formale. Man könnte nun sagen, dass transitive Eigenschaften technologischer Funktionen bevorzugter Gegenstand der Untersuchungen von Nebenwirkungen sein müssten. Dann würde man die technologische Transitivität dabei folgendermaßen interpretieren:

Seien A, B und C technische Geräte. C kann nur funktionieren, wenn zwischen A und C der Apparat B dazwischen geschaltet liegt. Jede Kette von Funktionen ist im Allgemeinen so aufgebaut. Ist C so beschaffen, dass B ersatzlos entfernt werden kann, und A so beschaffen, dass es den geeigneten Input für C liefert, dann sind die Funktionen y = A(B(C(x))) = y′ = A(C(x)) gleich. D. h. die implizite funktionale Verknüpfung ist ebenfalls transitiv.

Bild 16: Systemtheoretische Repräsentation technischer Funktionen mit transitiver Ergänzung (gestrichelt)

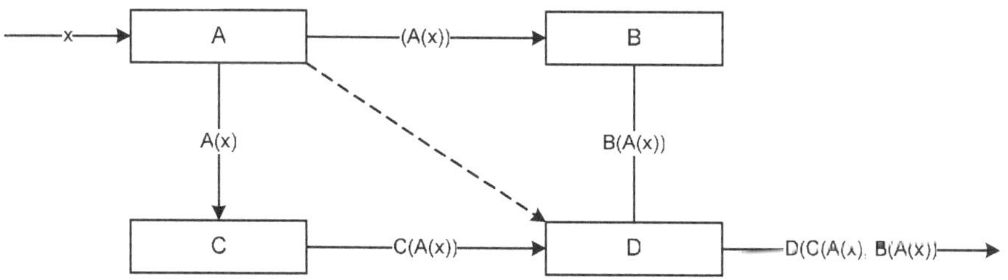

Die Verknüpfungen der Steuerung, der Befehlskette oder einer kausalen Beeinflussung sind transitiv (d. h. z. B. x steuert y, y steuert z, d. h. y steuert [mittelbar] z), nicht aber die Auswirkungsketten bei einer gewisse Autonomie der Teilsysteme wie beispielsweise die Funktion, aufgrund eines Inputs Entscheidungen treffen zu können oder zu dürfen oder in einem Umfeld ein Optimum zu erreichen. A entscheidet über B, B entscheidet über C, aber A muss/kann nicht über C entscheiden. A optimiert sich in Bezug auf B, B optimiert sich in Bezug auf C – das bedeutet noch lange nicht, dass sich A in Bezug auf C optimiert. So sind auch Liebesbeziehungen oder das Gewinnen beim Fußballspielen nicht transitiv.

Die organisatorische Hülle einer Technik (d.h. die Gesamtheit der Geräte, um eine rein technische Funktion zu realisieren) enthält die Anteile an Organisation und deren Regeln (operative Regeln), die erforderlich sind, die Geräte adäquat interagieren zu lassen. Dabei kann ein Gerät immer mehr Funktionen realisieren, als in ihm angelegt sind. Dies ist ein Funktionsüberschuss, der in der Diskussion der Zweck-Mittel-Relation in der Handlungstheorie bekannt ist. Weiter hängt die Realisierung der Funktion ab von der Verfügbarkeit des Gerätes, von der Präparation von x (Idealfall der Bedienung) und von der Adäquatheit des gewünschten y im konkreten Kontext.

Die Regeln in der organisatorischen Hülle sind operative Regeln, gehören also zum operationalen Teil der technologischen Theorie. Die Funktionen, die hier realisiert werden müssen, sind jedoch meist nicht transitiver Natur, weil sie Entscheidungen, Optimierungen, d.h. teilautonome Subsysteme enthalten. Dies lässt sich an den großen Freiheitsgraden ablesen, den man im Umgang mit Technik hat. So ist die organisatorische Funktion der Kompetenz (im Sinne von Zuständigsein) transitiv, wenn man Kompetenz hierarchisch denkt,[20] sie ist aber nicht mehr transitiv, wenn man sie im Sinne von „geeignetes Wissen haben" denkt.

Allerdings muss zwischen Regeln der substantiellen Theorie und der operativen Theorie, also zwischen der Funktionalität des Geräts und der unmittelbar anschließenden organisatorischen Hülle eine direkte Anschlussfähigkeit gegeben sein. So müssen die Regeln der Bedienung, formuliert in Begriffen der kausal bestimmten Regeln: „Wenn man dies tut, dann geschieht jenes", an die Regeln anschließbar sein, wie man diese Bedienung arbeitsteilig organisiert (wie beispielsweise beim Schichtdienst).

Die weitere Hülle ist jedoch durch Freiheitsgrade gekennzeichnet, die auch das Scheitern der Funktionalität eines Gerätes bei richtiger Bedienung (nämlichen einem falschem Einsatz) zu Folge haben können, z.B. das Verweigern des Einsatzes eines Geräts aufgrund gesetzlicher Vorschriften oder moralischer Be-

20 A ist für Entscheidungen von B zuständig, B ist für Entscheidungen von C zuständig, also ist A letztlich für Entscheidungen von C zuständig. Hier liegt der Grund hierfür, dass Politiker als Vorgesetzte von Behörden die so genannte „politische Verantwortung" für Entscheidungen ihrer Untergebenen (oftmals spät genug) übernehmen.

denken. Deshalb ist der erfolgreiche Einsatz nicht prognostizierbar, sondern nur testbar, und zwar innerhalb der konkreten organisatorischen Hülle.

Betrachtet man bei einem eingeschränkten Technikbegriff nur das Gerät, so führen die vorherigen Handlungen zu einer Präparation des Eingangs- oder Anfangszustandes x. Die Intaktheit des Gerätes, ausgedruckt durch eine Bewertung der Funktion f (einwandfreies Funktionieren) führt dann zum gewünschten Ergebnis sowie bisweilen zu einigen Nebenergebnissen. Das Gerät existiert aber nicht allein; es ist bei Gebrauch und Nutzung mit zahlreichen Interaktionen an die Umgebung gebunden. Wir können von einer Einbettung sprechen, die letztlich zu dem von Günter Ropohl vorgeschlagenen erweiterten Technikbegriff führt, der nicht nur die Geräte, sondern auch die Herstellungsweise und die Verwendungsweise bis hin zur Entsorgung mit einschließt (vgl. Ropohl 1979, 1999a).

Die Einbettung der ersten Art besteht in der Kofunktionalität der Ko-Geräte; ein Kühlschrank hängt an der elektrischen Energieversorgung. Es gibt jedoch so etwas wie eine Einbettung zweiter Art, d.h. die Rolle der Rand- und Anfangsbedingungen in der Technik (Beschickung und Entnahme des Kühlgutes beim Kühlschrank). Es ist trivial, dass beim Zusammenbruch der Präparation, beispielsweise einer fehlerhaften Bedienung, das Gerät die ihm zugedachte Funktion, selbst wenn es selbst richtig „funktioniert“, nicht mehr entfalten kann. Kühlgut, das zu lange lagert, wird auch bei richtigem Funktionieren des Kühlschranks schlecht. Die Wirkungen können sowohl in intendierte und nichtintendierte sowie in absehbare und nicht absehbare Anwendungen von Mitteln eingeteilt werden, wobei die Kunst der Technikfolgenschätzung nun darin besteht, bei absehbaren Varianzen der erforderlichen Präparation die Varianten des Funktionierens und deren Konsequenzen zu ermitteln.

Eine Einbettung der dritten Art könnte man sich dahingehend vorstellen, dass diese Einbettung die Funktion des Gerätes selbst ändert: Gebrauch, Missbrauch, Veränderung, unintendierte Abwahl („nicht im Sinne des Erfinders“) oder Parametrisierung der Funktion selbst. Das neue Paradigma der Universalmaschine dürfte dann die Programmierung durch den Nutzer im jeweiligen Kontext sein, d.h. die Universalmaschine wird durch den Nutzer zu der Maschine definiert, die sie im Augenblick der Nutzung sein soll – die Funktion wird erst während oder für eine spezielle Nutzung erzeugt.

Aus den angestellten Überlegungen, die selbstverständlich alles andere als vollständig sind, ergibt sich jedoch auch ein gewisser Forschungsbedarf für eine Wissenschaftstheorie der Technik und Ingenieurswissenschaften: Welche Bedingungen müssen für die Anschlussfähigkeit der substantiellen Theorie an eine entsprechende operative Theorie erfüllt sein? (Vgl. Kornwachs 2006, Kap. C.)

3.1.4 Ausarbeitung und Realisierung von Problemlösungen

Armin Grunwald

Technikwissenschaften sind auf die Lösung von Problemen *in der Zukunft* bezogen: Durch Forschung streben sie nach der Erweiterung *zukünftiger* menschlicher Handlungsmöglichkeiten durch neues technisches Wissen und Können, teils zielgerichtet zur Lösung bestehender oder absehbarer Probleme und teils eher explorativ durch Bereitstellung von Wissen und Können „auf Vorrat". Technikentwicklung hat damit grundsätzlich einen inhärenten Zukunftsbezug: Sie soll Funktionen und Leistungsmerkmale von Technik ermöglichen, die erst in der Zukunft als Problemlösungen zum Einsatz kommen. Die Gestaltung technischer Produkte, Verfahren, Anlagen und Systeme bedarf daher einer vorausschauenden und planenden Vorgehensweise und der Strukturierung zeitlicher Abläufe.

3.1.4.1 Problemlösung in den Technikwissenschaften

Technikwissenschaften haben primär eine *gestalterische Sicht* auf Zukunft. Technikwissenschaftler und Ingenieure verstehen sich als Mitgestalter, teils als „Macher" der Zukunft, indem sie die Technik der Zukunft und damit wesentliche Elemente der zukünftigen Gesellschaft bereitstellen. Diese Sicht der Zukunft eröffnet einerseits gestalterische Freiräume für technikwissenschaftliche Kreativität. Entscheidungen über den Entwicklungspfad und die letztendliche Ausprägung der technischen Produkte und Systeme *können*, aber sie *müssen* auch getroffen werden. Die Freiheit der Entscheidung ist auch eine Verpflichtung. Diese Entscheidungen werden vor dem Hintergrund der jeweils verfolgten Ziele, gesetzter Kriterien und der zu beachtenden Rahmenbedingungen der Entwicklung getroffen und bedürfen in komplexen Situationen spezifischer Bewertungs- und Auswahlmethoden (siehe 3.2.3). Dabei spielen auch *Prognosen* eine wichtige Rolle in der Beantwortung der Fragen, woher die Ziele der technischen Entwicklungen kommen und wie sie realisiert werden können, z.B. über

- die vermutete zukünftige Nachfrage auf dem Markt und erwartete zukünftige Kundenwünsche sowie die Entwicklung der Konkurrenzsituation zu anderen technischen Entwicklungslinien,
- die zukünftige Entwicklung von Problemen, für die man frühzeitig gewappnet sein will (z.B. Klimawandel, Ressourcenknappheiten, alternde Gesellschaft),
- die zukünftige Verfügbarkeit von natürlichen, finanziellen und personellen Ressourcen zur Realisierung technischer Problemlösekonzepte,

- die Geschwindigkeit des technischen Fortschritts in bestimmten, für die eigene Zielerreichung relevanten Bereichen, oder über
- die zukünftige Entwicklung der Wirtschaftlichkeit von technischen Verfahren (z.B. der Bereitstellung erneuerbarer Energien).

Die Themen für technische und technikwissenschaftliche Anstrengungen zur Problemlösung entstammen daher direkt oder indirekt einer „realen“, wahrgenommenen oder vermuteten gesellschaftlichen Problemsituation. „Problemsituationen und Probleme sind Gebilde, die nur in der gesellschaftlichen Tätigkeit auftreten. In allen Fällen, in denen die gegebenen Bedingungen – darunter auch der vorliegende Wissensstand – nicht ausreichen, um ein bestimmtes Ziel zu erreichen, wird von Problemsituation und entsprechend formulierten Problemen gesprochen. [...] Seiner gedanklichen Struktur entsprechend stellt jedes Problem ein System von Aussagen und Fragen dar, das bezogen auf ein gesetztes Ziel sowohl bereits vorhandenes Wissen, das Bedingungen der Zielerreichung bestimmt, als auch Fragen enthält, die Wissenslücken über Bedingungen der Zielerreichung fixieren, wobei kein Algorithmus bekannt ist, durch den der festgestellte Wissensmangel [...] beseitigt werden kann“ (Parthey/Schlottmann 1986, S. 44). In diesem Zitat werden bereits wesentliche Merkmale von Problemen deutlich, wie sie auch die Technikwissenschaften und die technische Praxis betreffen:

- Probleme markieren eine Mangelwahrnehmung, in der systemtheoretischen Sprache eine Soll-Ist-Differenz (vgl. Ropohl 1979).
- Diese Mangelwahrnehmung ergibt sich aus einer „gesellschaftlichen Tätigkeit“, das heißt aus der Praxis bzw. der Lebenswelt.
- In den Überlegungen zur Problemlösung, d.h. zur Behebung der Soll-Ist-Differenz, sind die Bedingungen der Zielerreichung zu beachten.
- Wissen um die Problemlösung ist nicht als ein Algorithmus vorhanden, der einfach „angewendet“ werden kann.

Maßgeblich für das Verständnis der Technikwissenschaften ist die Unterscheidung zwischen technischen und technikwissenschaftlichen Problemen: „Das gesellschaftliche Bedürfnis, technikwissenschaftliche Probleme zu formulieren, entsteht in vielgestaltiger Weise in dem Maß, wie Problemsituationen in der technischen Tätigkeit auftreten und entsprechende technische Probleme formuliert werden, in denen zum Ausdruck kommt, dass zur Erreichung eines technischen Ziels Wissen benötigt wird, das nicht bereits vorhandenen Wissensspeichern entnommen werden kann, sondern gewonnen werden muss“ (Parthey/Schlottmann 1986, S. 45). Technikwissenschaftliches Problemlösen dient damit der wissensgestützten und wissensgenerierenden Anleitung technischen Problemlösens in der Praxis. Die Technikwissenschaften stellen eine theoretische und praktische Stütze der technischen Praxis dar (vgl. Janich 1995).

Näherhin können *reduzible* Probleme, die zwar komplex sind, aber in eine Reihe von einfacheren und durch Anwendung bekannten Wissens lösbaren Teilproblemen zerlegt werden können, und *irreduzible* Probleme unterschieden werden, bei denen das nicht der Fall ist und die stets auf Grundlagenprobleme führen (vgl. Parthey/Schlottmann 1986, S. 46). *Entwurfsprobleme* sind mit der Entwicklung technischer Gebilde verbunden. Der Weg von der Formulierung eines Problems bis zu technischen Lösungsvorschlägen führt über die Phasen der Problemanalyse, der Konzipierung, des Entwurfs und der Ausarbeitung von Lösungsmöglichkeiten bis hin zur Realisierung. Diese Phasen sind Teil eines umfassenden Planungs- und Entscheidungsprozesses (siehe unten).

3.1.4.2 Konstruktionshandeln: Konzipieren und Entwerfen

Zur Lösung komplexer Probleme durch technikwissenschaftliche Forschung und Gestaltung muss das Problem konkretisiert und müssen mögliche Wege der Problemlösung in bearbeitbare Phasen mit klaren Zwischenschritten eingeteilt werden. In der allgemeinen Betrachtung des Zustandekommens technischer Problemlösungen werden üblicherweise das *Konstruktionshandeln*, das mit einem ausführbaren Entwurf zur Problemlösung abschließt, und die *Ausführung* selbst unterschieden (vgl. Hubka/Eder 1992). In dieser Unterscheidung bezeichnet der Begriff „Konstruktionshandeln" die technikwissenschaftliche Operationalisierung des Entwurfs bzw. des Planens technischer Problemlösungen. Im Folgenden werden zunächst prozessuale Merkmale des Konstruktionshandelns und dann die Anforderungen an die Ergebnisse dieses Handelns beschrieben.

Zur Strukturierung des Konstruktionshandelns sind verschiedene Konzepte entwickelt worden, die begrifflich differieren, inhaltlich jedoch recht große Übereinstimmungen aufweisen. Unterschiedliche Akzente werden in der Frage gesetzt, ob das Konstruktionshandeln als ein linearer Prozess charakterisiert werden kann oder ob es nicht wesentlich aus Rückkopplungsschleifen besteht. Gegenwärtig hat sich die Orientierung an Rückkopplungsschleifen sowie Iterationen mit ihren aufeinander aufbauenden Lernmöglichkeiten durchgesetzt, auch in Darstellungen, die – häufig aus didaktischen Gründen – eine lineare Darstellung bevorzugen (vgl. Banse 2000; Eder 2000). Diese Darstellung (vgl. dazu auch VDI 1977) sei im Folgenden kurz erläutert (die Vorgehensweise ist in 5.2.3 anhand des Entwurfs eines Turngerätes konkret beschrieben). Konstruktionshandeln besteht danach aus Problemanalyse, Konzipieren, Entwerfen und Ausarbeiten, mit in dieser Reihung zunehmender Detaillierung und weiterer Annäherung an technisches Handeln (siehe Bild 17; vgl. Banse 2000, S. 64; Eder 2000, S. 217; Parthey/Schlottmann 1986, S. 47 ff.; Ropohl 1999a, S. 258 ff.).

Bild 17: Vorgehensweise beim Konstruktionshandeln

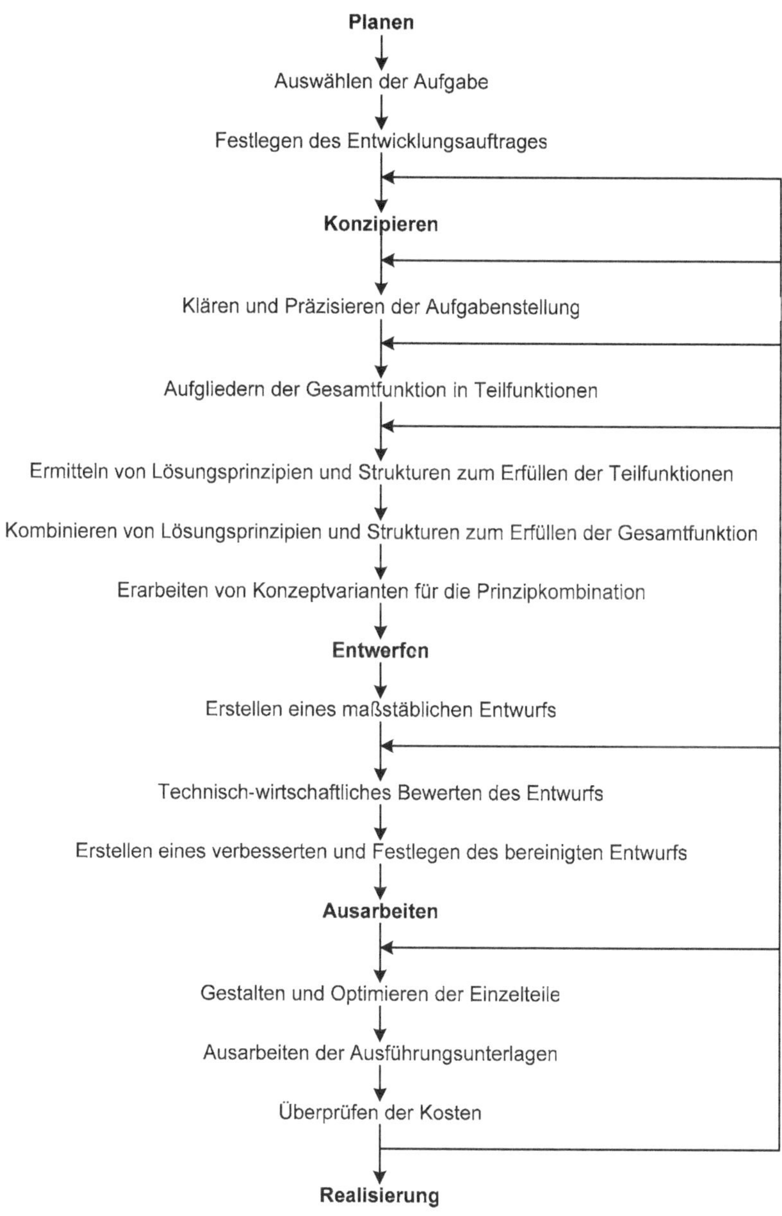

Quelle: Banse 2000, S. 64, in Anlehnung an VDI 1977

Die *Problemanalyse* entspricht der in 2.3.3.3 genannten Phase der Zielplanung, in der es vor allem um die Formulierung eines konsistenten Lastenhefts geht. Im Übergang zum Konzipieren und Entwerfen stellt sich, wenn das Zielsystem genügend geklärt ist, oft das Problem mangelnden Wissens über die prinzipielle Machbarkeit oder die Machbarkeit unter Beachtung der jeweiligen Randbedingungen (z.B. im Kostenrahmen). Der Klärung dieses Problems dienen in der Planungspraxis oft so genannte „Machbarkeits- oder Pilotstudien", in denen versucht wird, ex ante das Risiko eines Projekts oder die Struktur eines möglichen Lösungskonzepts vorläufig und grob einzuschätzen, ohne bereits hinreichende Informationen für eine genaue Einschätzung zur Verfügung zu haben.

Hauptaufgabe der *Konzipierung* ist die systemanalytische Aufgliederung der gewünschten Gesamtfunktion der technischen Problemlösung in Teilfunktionen, auf deren Basis dann Lösungsprinzipien und Grundstrukturen zur Realisierung der Teilfunktionen ermittelt werden können (möglichst auf der Basis vorhandenen wissenschaftlich-technischen Wissens und Könnens; anderenfalls führt die Konzipierung auch auf die Identifikation von Wissens- und Könnenslücken und damit zu technikwissenschaftlichem Forschungsbedarf). Die Lösungsmöglichkeiten der Teilfunktionen werden sodann in ein *Gesamtkonzept* zur Lösung der Gesamtfunktion integriert, bzw. es werden mehrere *Konzeptvarianten* entworfen (vgl. Ropohl 1999a).

Im *Entwerfen* wird (im Falle der Entwicklung eines technischen Systems) auf der Basis des Konzeptes ein maßstäblicher Entwurf angefertigt (zunehmend als digitales Modell). Dieses Modell wird einerseits nach verschiedenen *technischen* Kriterien bewertet (Machbarkeit, Sicherheit, Funktionserfüllung, zur Realisierung erforderliche Voraussetzungen, Material-, Energie- und Datenflüsse etc.), andererseits auch nach außertechnischen Kriterien (zumindest nach Wirtschaftlichkeitsaspekten, gegebenenfalls auch nach weiteren sozialen, rechtlichen oder ethischen Aspekten). Auf dieser Basis wird ein verbesserter Entwurf bzw. ein verbessertes Modell erstellt. Für zeitliche Abläufe werden Zeitstrukturen erarbeitet und „Meilensteine" mit ihren jeweiligen überprüfbaren Anforderungen eingebaut, welche Ausgangspunkt für die Projektierung und das Projektmanagement sind.

Die *Ausarbeitung* erstreckt sich auf eine weitere Konkretisierung und Detaillierung, zusammen mit einer Optimierung der Einzelteile des Entwurfs und seiner Komposition. Es werden Stücklisten erstellt, systematische Zusammenstellungen benötigter Ressourcen erarbeitet und schließlich die Ausführungsunterlagen (z.B. eine Konstruktionsanleitung im Falle der Konstruktion eines technischen Systems) erstellt. Die groben Kostenschätzungen werden auf dieser Basis verfeinert und möglichst belastbar gemacht.

Diese Arbeitsschritte im Konstruktionshandeln lassen sich charakterisieren als (verändert nach Eder 2000, S. 216):

- *iterativ*: Teilaufgaben werden mehrmals durchlaufen, mit jeweils verbessertem Problem- und Systemverständnis;
- *rekursiv*: Aufgaben werden in Teilaufgaben zerlegt und dann wieder zu einem Ganzen verbunden;
- *interaktiv*: die Teilaufgaben werden interaktiv zwischen an den einzelnen Schritten beteiligten Personen und Gruppen sowie zwischen Mensch und Maschine (z. B. CAD) bearbeitet;
- *explorativ*: es werden zu jeder Teilaufgabe zunächst mehrere Lösungsmöglichkeiten gesucht;
- *selektiv*: sodann wird eine Auswahl getroffen (die Paarung explorativ/selektiv nimmt die Unterscheidung von konstruktivem Planungsdiskurs und Entscheidungsdiskurs auf; siehe 2.3.3.3);
- *abstrahierend*: die jeweilige Teilaufgabe wird als Sonderfall eines allgemeinen Aufgabentyps charakterisiert;
- *konkretisierend*: gleichzeitig aber werden die kontextspezifischen (individuellen) Aspekte der geforderten Problemlösung beachtet.

Ergebnisse des Konstruktionshandelns sind *ausgearbeitete Entwürfe* für eine technische Problemlösung. Der Grad der Ausarbeitung kann sich je nach verfügbarem Wissen und der danach adäquaten Planungstiefe stark unterscheiden. In den Entwürfen für eine technische Problemlösung sind eine (technik-)interne und eine externe Seite zu unterscheiden, welche in der weiteren Ausführung der Problemlösung sowohl methodisch unterschiedlich behandelt als auch von verschiedenen Disziplinen bzw. Gruppen bearbeitet werden:

- Die *interne* Seite der technischen Entwürfe dient der Sicherstellung der geforderten technischen Funktionalität. Sie wird charakterisiert durch Anforderungen an Materialien, durch Energiebetrachtungen und die Lenkung von Daten- und Informationsflüssen, Sicherheits- und Risikobetrachtungen sowie entsprechende Vorkehrungen für Produktion, Nutzung und Entsorgung. Die Sicherstellung dieser Aspekte ist Aufgabe der Qualitätssicherung im engeren Sinne.
- Die *externe* Seite bezieht sich auf Aspekte der technischen Problemlösung, die den gesellschaftlichen Kontext betreffen: Kosten, für Forschung und Entwicklung benötigte Ressourcen, Realisierungsdauern, eventuelle Einbindung von Nutzern, das notwendige Bedienungswissen des zukünftigen Nutzers, Verhinderung von nahe liegendem Fehlgebrauch und absehbarem Missbrauch etc. Aufgabe der Qualitätssicherung in einem weiteren Sinne ist die Beachtung dieser externen Schnittstellen technischer Entwürfe, von denen genauso wesentlich der Erfolg abhängt wie von der Realisierung der internen Funktionalitäten.

3.1.4.3 Anforderungen an das Konstruktionshandeln

Entwürfe, Konzepte und Pläne technischer Problemlösungen müssen in der Vorbereitung einer Entscheidung über die Ausführung auf Qualitätsaspekte wie technische Machbarkeit, (begründet vermutete) Eignung zur Zielerreichung, mögliche Nebenfolgen, Kosten, Effizienz, Akzeptanz etc. untersucht und bewertet werden, vor allem in vergleichender Absicht angesichts möglicher konkurrierender Entwürfe. Diese Bewertungen basieren auf antizipativem Wissen und entsprechenden Einschätzungen und erfolgen daher grundsätzlich unter Unsicherheit: Irrtum nicht ausgeschlossen (vgl. Banse 2003). Auch eine bestmögliche und umfassende Rationalitätsuntersuchung ex ante garantiert nicht den Erfolg der späteren Ausführung des Entwurfs. Technische Problemlösungen bleiben ein Handeln unter Risiko.

Für viele Fragen der antizipativen Bewertung technischer Problemlösungen sind objektivierende Methoden entwickelt worden (siehe 3.2.3). Im Folgenden wird auf einige übergreifende Rationalitäts- und Qualitätsaspekte von Entwürfen und Konzepten aufmerksam gemacht. Unter der „Rationalität" eines Entwurfs, Konzepts oder Plans sei der Grad an intersubjektiver Begründbarkeit verstanden, der auf der Basis des verfügbaren Wissens erreichbar ist (nach dem Gesagten gilt dann, dass auch ein rationaler Plan nicht erfolgreich sein muss). Diese Rationalität setzt sich zusammen aus zwei Anteilen:

- Der *internen (technischen) Rationalität*, die die Begründbarkeit nach technikwissenschaftlichen Maßstäben umfasst. Interne Rationalität zerfällt weiterhin in *atomare Rationalität,* welche die Begründbarkeit der *Einzelbestandteile* des Entwurfs oder Konzepts umfasst, und *systemare Rationalität*, in der es um die Begründbarkeit der *Zusammenstellung* der Einzelbestandteile geht, d.h. die Rationalität der Struktur des gesamten technischen Lösungskonzepts.
- Und der *externen (außertechnischen) Rationalität*, die danach fragt, ob und wie die entworfene technische Lösung dem externen (gesellschaftlichen) Umfeld gerecht wird.

Die Bedeutung der externen Rationalität von technischen Problemlösungsvorschlägen ist in den letzten Jahrzehnten deutlich gewachsen. Es gibt Beispiele, in denen technische Problemlösungen letztlich gesellschaftlich erfolglos waren, obwohl sie nach Maßstäben interner Rationalität hervorragend geeignet zu sein schienen (der Schnelle Brüter in Kalkar dient heute als Vergnügungspark). Atomare und systemare Rationalität haben einen voneinander unabhängigen Einfluss auf die Qualität des technischen Entwurfs. Auch wenn ein Entwurf in allen seinen Bestandteilen rational und bestens begründet ist, impliziert dies keineswegs seine Rationalität insgesamt. Rationale Bestandteile können in völlig sinnloser Weise zu Gesamtentwürfen zusammengestellt werden. Vor diesem Hintergrund stellen sich – unabhängig von Detailproblemen der antizipativen Bewertung von technischen Problemlösungsvorschlägen – wiederkehrende Fragen auf der konzeptionellen Ebene des Konzipierens und Entwerfens, welche im Folgenden anhand der Stichworte Konsistenz, Vollständigkeit, pragmatische Ordnung, Planungstiefe und Flexibilität in Kürze diskutiert werden.

Konsistenz erscheint als eine geradezu triviale Bedingung der Rationalität von technischen Entwürfen. Die Bedingung, ein Plan „darf nicht zugleich das Vorhaben, etwas Bestimmtes zu tun, und die Absicht, dieses Bestimmte nicht zu tun, enthalten" (Kotarbinski 1966, S. 87), ist allerdings nur eingeschränkt gültig, wenn nämlich das „zu tun" und das „nicht zu tun" sich auf die gleiche Situation beziehen. A priori darf keineswegs ausgeschlossen werden, dass in einer komplexen Problemlösung in einer bestimmten Situation eine Handlung geboten wird, deren Negation jedoch an einer anderen Stelle. Zum Beispiel kann im Testplan für ein Kernkraftwerk eine spezielle Handlung an einer genau definierten Stelle vorgesehen werden, die in allen anderen Situationen streng untersagt ist, z.B. um das Anspringen bestimmter Notmaßnahmen zu testen. Umgekehrt sind Widersprüche oft „versteckt", wenn z.B. an verschiedenen Stellen in einem Prozess mit parallel verlaufenden Teilen (z.B. des Bauens) zeitgleich auf die gleichen Ressourcen zurückgegriffen wird. In diesem Sinne ist im technischen Entwerfen, Konstruieren und Planen immer eine *pragmatische*, nicht eine theoretische oder prinzipielle Konsistenz gefordert. Der Nachweis der Widerspruchsfreiheit ist oft ausgesprochen schwierig (z.B. bei komplexen Software-Lösungen) und teils auch nicht abschließbar (sodass Widersprüche teils erst in der Phase der Nutzung durch die Nutzer selbst entdeckt werden müssen).

Eine weitere Frage der Rationalität von Entwürfen und Konzepten ist die nach der *Vollständigkeit* des verwendeten Wissens. Sind alle relevanten Wissensbestandteile in den Entwurf eingegangen oder gibt es Lücken? Für technische Problemlösungen gibt es methodische Hilfsmittel, um weitgehende Vollständigkeit zu erreichen, so z.B. die morphologische Analyse (vgl. Zwicky 1966; siehe 3.2.2). Das Bestehen auf dem Ideal der Vollständigkeit in der Art „Wenn wir bei der Verfolgung bestimmter Ziele eine rationale Handlungsweise wählen wollen, dann müssen wir alle verfügbaren Informationen heranziehen" (Hempel 1977, S. 389) ist jedoch nicht zu rechtfertigen. Angesichts begrenzter Ressourcen sowie des oft dringenden Handlungsbedarfs müssen statt des Strebens nach Vollständigkeit wohlüberlegte Relevanzentscheidungen getroffen werden. Dies gilt sowohl für die interne als auch für die externe Seite der Entwurfsrationalität (siehe oben).

Technische Problemlösungen stellen komplexe Handlungsgefüge unter Einsatz materieller Technik dar. In der Ausführung der Konzepte oder Entwürfe kommt es dabei häufig auf die *pragmatische Ordnung* verschiedener Schritte an: Bestimmte Schritte sind Vorbedingung für andere (evident z.B. im Bauingenieurwesen). Mängel in technischen Problemlösungen sind häufig durch eine nicht hinreichende Beachtung solcher pragmatischer und zeitlicher Anordnungen verschiedener Handlungen erklärbar. Aus der Bedeutung dieser Ordnungsverhältnisse ergibt sich die Anforderung, bereits in den Konzepten, Entwürfen und Plänen die pragmatischen Ordnungen zu berücksichtigen (Prinzip der methodischen Ordnung; vgl. Grunwald 1996, S. 69).

Planbarkeit und Grade der Konkretion: In vielen technischen Problemlösungen wird im Entwurf bis ins Einzelne alles im Voraus festgelegt, sodass in der Ausführung idealer Weise keine Entscheidungen mehr zu treffen sind (was in der Regel nicht vollständig gelingt). In anderen Problemfeldern hingegen ist eine so weitgehende Planbarkeit nicht gegeben, sondern es werden zunächst nur Grobkonzepte entworfen und dann in einem iterativen Prozess verfeinert und konkretisiert (vgl. Banse 2000, S. 60ff.). In der Frage an technische Entwürfe und Konzepte nach der geeigneten Planungstiefe bzw. dem Grad der Konkretion ist das Maß des verfügbaren Wissens eine entscheidende Größe. Als Faustregel gilt: Je unvollständiger das Wissen, umso grober der Entwurf und umso kleiner die Planungstiefe.

Die *Flexibilität* von Konzepten und Entwürfen, d.h. ihre Eigenschaft, vor oder am besten während der Ausführung noch verändert werden zu können (z.B. aufgrund neu eingetretener oder bekannt gewordener Sachverhalte), gehört zu unverzichtbaren Merkmalen rationaler Planung: „Der Plan muss deshalb unbestimmte Elemente mit enthalten [und] eine Möglichkeit der Modifizierung aufweisen bzw. wenigstens zulassen“ (Kotarbinski 1966, S. 89). Aus praktischen Gründen ist es zwar oft unvermeidbar, Konzepte oder bestimmte Anteile von ihnen abzuschließen oder „einzufrieren“. Aufgrund unvermeidbarer prognostischer und damit unsicherer Anteile der Wissensbasis, wegen der Möglichkeit, dass neues technisches Wissen im Zeitraum zwischen Entwurf/Planung und Ausführung oder während der Ausführung bekannt wird, und aufgrund der nie auszuschließenden Möglichkeit, dass sich extern gesetzte Ziele ändern (z.B. die Wünsche eines Bauherrn, oder im Großen in Form eines „Wertewandels“ in der Gesellschaft, wie es sich z.B. in der Kernenergiefrage gezeigt hat), wäre es aber häufig sehr wünschenswert, im Verlauf der Ausführung noch Anpassungen vornehmen zu können. Gerade in der Technikgestaltung für nachhaltige Entwicklung kommt diesem Offenhalten eine hohe Bedeutung zu (vgl. Fleischer/Grunwald 2002). Angesichts der aber unzweifelhaft vorhandenen Festlegungsnotwendigkeiten – die z.B. unter wirtschaftlichen Aspekten auftreten, da die Offenhaltung aller Optionen vor allem eine Kostenfrage ist – kommt es auf eine vernünftige Balance an. Eine Operationalisierung dieses Vorgehens stellt die Einbringung von „Bifurkationen" in die Entwürfe dar. Hierbei handelt es sich um bereits in der Planung vorgesehene Verzweigungsmöglichkeiten, an denen abhängig vom dann erreichten Stand des Wissens eine Auslegungsentscheidung den weiteren Verlauf in die eine oder andere Richtung beeinflussen kann.

Hat das Konstruktionshandeln zu einem Ergebnis geführt und ist eine Entscheidung über die Ausführung einer technischen Problemlösung getroffen, steht die Phase der Umsetzung an. Dies ist eigentlich nicht mehr Aufgabe der Technik*wissenschaften*, sondern der technischen *Praxis*. Aufgabe der Technikwissenschaften bleibt es, diese Praxis durch Weiterentwicklung bestehender Verfahren (z.B. des Konzipierens und Entwerfens oder des Qualitätsmanagements), durch Aufgreifen und Bewältigung neuer Herausforderungen (z.B. der Unterstützung derartiger Prozesse durch neue computer- oder internetgestützte Modellierungs- und Simulationsverfahren) und durch kritische Begleitung und Auswertung der laufenden Praxis zu unterstützen.

Wesentliche Bedeutung kommt dabei – und das ist ein zentraler Unterschied zwischen Technik- und Naturwissenschaften – der *Qualitätssicherung* zu. Die hohen Anforderungen an Technik (z.B. in Bezug auf Lebensdauer, Sicherheit, Zuverlässigkeit) bringen es mit sich, dass häufig das Qualitätsmanagement über das Ansehen und den Erfolg von technischen Produkten entscheidet (vgl. z.B. die Rolle der Pannenstatistik oder von Rückrufaktionen im Pkw-Bereich). In modernen Verfahren der Qualitätssicherung werden nicht mehr einzelne Aspekte für sich betrachtet, sondern wird der gesamte Lebenszyklus einbezogen, einschließlich der Nutzerbedürfnisse, der Gestaltung der späteren Bedienung und entsprechender Bedienungshandbücher (so etwa im „Total Quality Management" TQM).

3.2 Methoden

3.2.1 Intuitiv-heuristische Methoden

Ulrich Wengenroth

Im 20. Jahrhundert erlebte die Verwissenschaftlichungseuphorie ihren bisherigen Höhepunkt. Max Weber hatte zum Beginn des Jahrhunderts als Charakteristika der Moderne festgehalten: „Der spezifisch okzidentale Kapitalismus nun ist zunächst offenkundig in starkem Maße durch Entwicklungen von technischen Möglichkeiten mitbestimmt. Seine Rationalität ist heute wesenhaft bedingt durch *Berechenbarkeit* der technisch entscheidenden Faktoren: der Unterlagen exakter Kalkulation. Das heißt aber in Wahrheit: durch die Eigenart der abendländischen Wissenschaft, insbesondere der mathematisch und experimentell exakt und rational fundierten Naturwissenschaften" (Weber 1981, S. 18). Damit war die Zukunftserwartung formuliert: moderne Rationalität fußt *wesenhaft* auf Berechenbarkeit. Oder, wie er an anderer Stelle schrieb: „Die zunehmende Intellektualisierung und Rationalisierung bedeutet also [...], dass es also prinzipiell keine geheimnisvollen unberechenbaren Mächte gebe, die da hineinspielen, dass man vielmehr alle Dinge – im Prinzip – durch *Berechnen beherrschen* könne. Das aber bedeutet: die Entzauberung der Welt" (Weber 1967, S. 17). Weber selbst sah die Auswirkungen dieser Entzauberung höchst ambivalent und überwiegend kritisch, aber letztlich unabwendbar.

In Entfaltung dieser allgemeinen Rationalisierungserwartung bildet sich im Laufe des Jahrhunderts in den Technikwissenschaften das heraus, was Günter Ropohl „technologischen Szientismus" nannte, die Vorstellung von der reinen Wissenschaftlichkeit der Technik, gegründet auf das Ideal der einen und eindeutigen Wahrheit mit dem zwangsläufigen Ergebnis der besten Technik (vgl. Ropohl 1998, S. 12ff.). Für Ropohl handelt es sich dabei um ein „ideologisches Vorstellungsgebilde", eine selbst nicht weiter hinterfragte Grundüberzeugung, auf der eine letztlich etwas bodenlose Rationalität errichtet wird. Verwissenschaftlichung, so könnte man auch formulieren, ist das Versprechen einer ganzheitlichen Klammer, die der Moderne im Zuge ihrer funktionalen Differenzierung verloren gegangen war.

Wie Matthias Heymann gezeigt hat (vgl. Heymann 2005), prägte das von Ropohl beschriebene szientistische Ideal tatsächlich das Selbstverständnis und die Theoriebildung in den Konstruktionswissenschaften bis in die achtziger Jahre. Einige Autoren in den USA sehen darin sogar eine spezifische Verformung der epistemischen Grundlage der Ingenieurwissenschaften durch den Kalten Krieg und die darin bestehende Dominanz von Militär- und Raumfahrtforschung (vgl. Buccarelli/Kuhn 1997). Intuitiv-heuristische Verfahren galten noch in den späten siebziger Jahren nahezu durchweg als überholt oder doch zumindest als bald entbehrlich, wenn man nur das Webersche Rationalisierungsprogramm der Moderne entschlossen fortsetzt und möglichst bald zu einem Abschluss bringen kann. Klarheit, Fortschritt und technische Kompetenz wurden alleine von Verwissenschaftlichung, am besten in Form von Quantifizierung erwartet. Intuition, „Bauchgefühl", galt dagegen als Überrest aus der vorwissenschaftlichen Vergangenheit der Technikwissenschaften. Ein Überrest, der zwar bisweilen wegen der Unvollkommenheit der wissenschaftlichen Durchdringung der Materie noch unentbehrlich aber letztlich nicht legitim war – schon gar nicht im wissenschaftlichen Methodendiskurs.

Das ändert sich zum Ende des 20. Jh.s. Die Zuversicht, dass die Entzauberung der Welt unaufhörlich voranschreiten und alles berechenbar machen würde, wird entweder ganz aufgegeben oder doch in eine so ferne Zukunft gerückt, dass sie nicht mehr handlungsleitend ist und auch in der Wissenstheorie in den Hintergrund tritt (vgl. Rescher 1993). Statt der auf die eine eindeutige Wahrheit begründeten Methode werden nun eher solche Methoden gesucht, die in der Konkurrenz und gegenüber den zu lösenden Problemen leistungsfähig sind, wobei deren epistemischer Status eher zweitrangig ist. Von einem "one best way" ist kaum noch die Rede; seine Existenz wird sogar immer häufiger ganz in Abrede gestellt (vgl. Andreasen/Hein 1987; Ropohl 1998, S. 18). Von Methoden und Theorien wird nicht mehr erwartet, dass sie absolut wahr sind, es reicht, wenn sie für die Lösung konkreter Probleme „gut genug" sind. Theorien- und Methodenpluralismus werden in der Planung von Innovationsprozessen akzeptabel (prononciert bei Gibbons et al. 1994).

Dieser ernüchterte Realismus verdankt sich der Beobachtung, dass Webers fortschreitende Entzauberung in den Unternehmen doch nicht so schnell vorangekommen ist und Berechnung keineswegs die dominierende Form geistiger Arbeit ist. Ikujiro Nonaka und Hirotaka Takeuchi fanden in den neunziger Jahren, dass in den großen Organisationen das Wissen zur Lösung schwieriger Probleme überwiegend implizit, also intuitiv, sei und bauen darauf ihre Theorie des Wissensmanagement auf (vgl. Nonaka/Takeuchi 1997). Zur gleichen Zeit hatten Robert G. Cooper und Elko J. Kleinschmidt in einer umfangreichen empirischen Studie zum Erfolg von Technologieentwicklungen den Befund präsentiert, dass "the greatest differences between winners and losers were found in the quality of execution of pre-development activities" (Cooper/Kleinschmidt 1994, S. 26). Diese unscharfe Vorstufe der Ideengenerierung und vorläufigen Konzipierung wird häufig als "fuzzy front end" von Forschung und Entwicklung bezeichnet, worunter all jene Aktivitäten verstanden werden, die vor der regelgeleiteten Forschung und Produktentwicklung liegen (vgl. Khurana/Rosenthal 1998).[21] "[...] the front end is inherently fuzzy because it is a crossroads where complex information processing, a broad range of tacit knowledge, conflicting organizational pressures including cross-functional inputs, considerable uncertainty, and high stakes must meet" (Khurana/Rosenthal 1998, S. 72).

In den Technikwissenschaften ist es vor allem die Konstruktionswissenschaft, die, von sich kumulierenden Komplexitätsüberforderungen am ehesten

21 Der Begriff „fuzzy front end" wurde 1983 von dem damaligen McKinsey Mitarbeiter Don Reinertsen geprägt.

geplagt, die bis dahin verfolgte szientistische Verwissenschaftlichungsstrategie durch einen reflektierten Methodenpluralismus unter expliziter Einbeziehung nicht-propositionalen Wissens ersetzt (vgl. ausführlich bei Heymann 2005, Kap. 8). Doch auch in anderen Technikdisziplinen zeigen sich ähnliche Tendenzen, indem Begriffe wie „Kunst/art“ Wissens- und Gestaltungsformen in den Vordergrund rücken, die ganz wesentlich auf Intuition beruhen (vgl. z.B. Knuth 1968-2006). Das DFG-Schwerpunktprogramm „Denkprozesse beim Entwerfen und Konstruieren“ aus den späten achtziger Jahren verzeichnete in Beobachtungsstudien eine große Diversität grundsätzlich gleich erfolgreicher Denkstrategien. Königswege zur „richtigen“ oder „besten“ Lösung wurden nicht gefunden, wohl aber eine große Lösungsvielfalt mit akzeptablen Ergebnissen.

Klaus Ehrlenspiel hat 1995 auf der Grundlage der Erfahrungen aus diesem Schwerpunktprogramm ein ähnliches Verhältnis von explizitem und implizitem Wissen in der Konstruktion des Maschinenbaus vermutet wie Nonaka und Takeuchi in Organisationen insgesamt. Er zeichnete zur Verdeutlichung einen Eisberg, dessen Volumen unter Wasser das intuitive Vorgehen repräsentierte, während nur der kleine Teil über Wasser für formale Rationalität stand (siehe Bild 18).

Bild 18: Intuitives und bewusstes Handeln beim Konstruieren

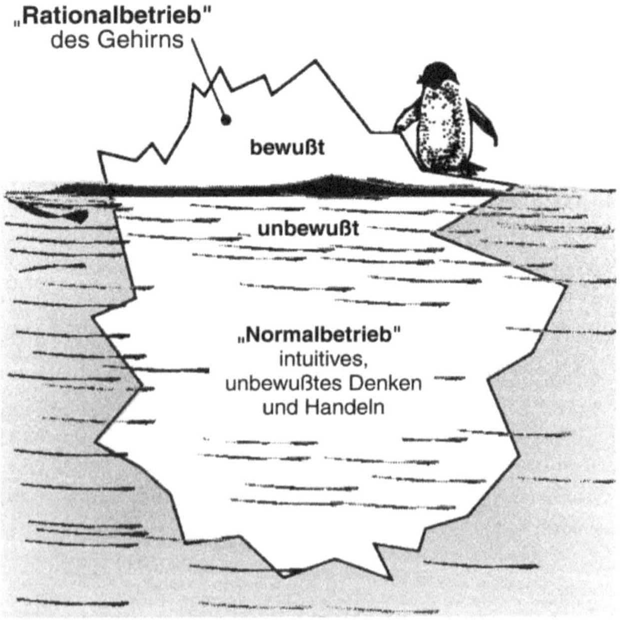

Quelle: Ehrlenspiel 2003, S. 61

Das neue „konstruktive Gefühl" der 1990er Jahre knüpfte jedoch nicht einfach am alten an. Weder ist es eine vorläufige Methode, die bis zur endgültigen Verwissenschaftlichung noch notgedrungen angewandt werden muss; noch ist es die Wiederbelebung einer idealistischen Tradition technischer „Schöpfung", sondern ganz nüchtern die billigere und schnellere Methode, gesetzte Konstruktionsziele einschließlich der gewünschten Produktqualität zu erreichen (vgl. Ehrlenspiel/Kiewert/Lindemann 1999). Die Renaissance intuitiver Methoden steht somit keinesfalls im Widerspruch zu den Versuchen der Managementberater, den Zeitverlust im "fuzzy font end" zu minimieren. Die Strategie ist nicht, Intuition durch formal abgesicherte Methoden zu ersetzen, um die Konstruktionsprozesse auch zeitlich planbarer und das heißt: wirtschaftlicher, zu machen. Es geht vielmehr darum, Intuition methodisch reflektiert einzusetzen und ihr die optimale Rolle im Gesamtprozess der Produktentwicklung zuzuweisen.

Udo Lindemann und Joachim Wulf haben diese Aufeinander-Bezogenheit von intuitivem oder doch zumindest im seinem epistemischen Status ungeklärtem Arbeiten einerseits und klassischer Kontrollrationalität auf Grundlage abstrahierbarer Wissensrepräsentation andererseits als Dualität eines "level of action" und eines "level of results" dargestellt (siehe Bild 19) Der Wechsel in der Dominanz der Wissensformen wird in diesem Modell temporalisiert und nicht funktional zugeordnet. Soviel epistemische Freiheit gab es in der wissenschaftlichen Konstruktionslehre zuvor nicht.

Hier zeigt sich in den Technikwissenschaften ein allmählicher Wandel im Selbstverständnis der Moderne in Form einer behutsamen Abkehr vom Weberschen Rationalisierungsparadigma, wie sie in ähnlicher Weise in vielen gesellschaftlichen Bereichen konstatiert wird. Wenngleich immer noch offen ist, ob das von Günter Ropohl beklagte Aufklärungsdefizit der Technikwissenschaften, das sich in der Verdrängung des Natur- und Gesellschaftsverhältnisses technischen Handels zeigt (vgl. Ropohl 1991, S. 41), mittlerweile schrumpft, so finden die Technikwissenschaften in der Re-Legitimierung intuitiver Methoden zur allgemeinen Skepsis gegenüber der Möglichkeit, alleine mit explizitem Wissen die Probleme und Aufgaben unsere Zeit vernünftig lösen zu können. Ob daraus zu schließen ist, dass wir „nie modern gewesen" sind (vgl. Latour 1995) oder dass wir in eine neue Phase der Moderne eintreten, die man „reflexiv-modern" nennen könnte (vgl. Beck/Giddens/Lash 1994), steht hier nicht zur Diskussion. Doch zeigt diese sozialwissenschftliche Debatte, dass es sich nicht nur um ein Phänomen in den Technikwissenschaften, sondern in der zeitgenössischen Gesellschaft insgesamt handelt. Nach jahrzehntelangen Bemühungen zur Objektivierung des Wissens wird nun dessen subjektive Dimension rehabilitiert und kehrt als grundsätzlich andere aber unverzichtbare Wissensform in die Wissenssoziologie, die Wissenstheorie wie auch in den Methodenkanon der Technikwissenschaften zurück.

Bild 19: Level of Action – Level of Results

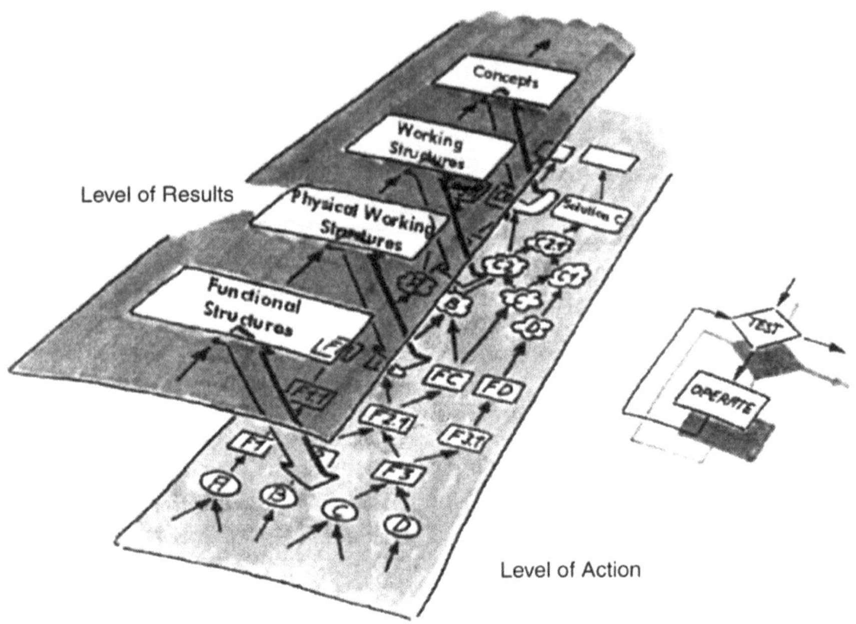

Quelle: Lindemann/Wulf 2001, S. 131

3.2.1.2 Wissensforschung

Als „tacit knowing“ hat Michael Polanyi das subjektive, nicht explizierbare Wissen in den fünfziger Jahren des vergangen Jahrhunderts in der Wissensforschung verankert. Mit seinem berühmten dictum „we can more than we can tell“ (Polanyi 1967, S. 4) war das Potenzial „schweigenden Wissens“, das häufig nicht ganz korrekt als „implizites Wissen“ ins Deutsche übersetzt wurde (vgl. Polanyi 1985), aufgezeigt. Andererseits hatte Polanyi auch entschieden den, nicht nur für technisches Schaffen, prekären Charakter des schweigenden Wissens hervorgehoben: „tacit knowing cannot be critical“ (Polanyi 1962, S. 264).

Für Polanyi ging es um den Prozess des Wissens („tacit knowing“, nicht „tacit knowledge“), um „wissen“ als Verb, nicht um „Wissen“ als Struktur oder abrufbaren Vorrat, wie es im Begriff des „impliziten Wissens“ mitschwingt und in der Managementliteratur überwiegend gebraucht wird. „Knowledge is an activity which would better be described as a process of knowing“, heißt es bei ihm (Polanyi 1969, S. 132). In diesem Prozess des Wissens stellt das schweigende Wissen den unartikulierten Hintergrund der bewussten, explizierbaren Wissensschritte dar. „[...] the act of knowledge includes an appraisal; and this personal coefficient, which shapes all factual knowledge, bridges in doing so the disjunction between subjectivity and objectivity“ (Polanyi 1962, S. 17). Es ist damit eine notwendige Komponente allen Wissens und kann vom artikulierten Wissen nicht getrennt werden.

Dieser Hintergrund ist seinerseits vom kulturellen und sozialen Umfeld geprägt und konstituiert über Traditionsbildung das, was Ludwik Fleck „Denkkollektive“ genannt hat (vgl. Fleck 1993). Polanyi nennt die Verbindung von schweigendem Wissen, Tradition, Erfahrung und persönlichem Interesse „personal knowledge“. Die Bedeutung von Tradition hebt er besonders hervor, indem sie erklärt, warum der Transfer von explizitem Wissen alleine keine technische oder wissenschaftliche Kreativität begründen kann. „Again, while *the articulate contents of science* are successfully taught all over the world in hundreds of new universities, *the unspecifiable art of scientific research* has not yet penetrated many of these“ (Polanyi 1962, S. 53; Hervorhebungen vom Autor). Diese Einschätzung wird vielfach bestätigt durch die Beobachtung, dass eine Technik auch bei völliger Offenheit des mit ihr verbundenen impliziten oder expliziten Wissens nicht einfach übernommen werden kann. Man muss zuerst „skills“ erwerben, um sich das verfügbare Wissen in Erfolg versprechender Weise aneignen zu können (vgl. Collins 1974, S. 182ff., 2001, S. 81ff.; Pavitt 1987, S. 186).

Jenseits der vor allem seit den frühen neunziger Jahren rasant vermehrten Literatur, die sich auf die eine oder andere Weise auf das Werk von Michael Polanyi bezieht, hat Eugene Ferguson eine ganz eigenständige Diskussion um nicht-verbales Wissen in der Technik wieder aufgenommen, indem er das innere Auge des Ingenieurs, die a priori „gesehene Lösung“ in den Mittelpunkt stellt (vgl. Ferguson 1977, 1992). Ferguson geht gleich zu Beginn mit dem Weberschen Rationalisierungsparadigma und der szientistischen Tradition des 20. Jh.s hart ins Gericht. Die beiden ersten Sätze seines Buches lauten: „This scientific age too readily assumes that whatever knowledge may be incorporated in the artifacts of technology must be derived from science. This assumption is a bit of modern folklore that ignores the many nonscientific decisions, both large and small, made by technologists as they design the world we inhabit.“ Und nur wenige Sätze weiter: „Many features and qualities of the objects that a technologist thinks about cannot be reduced to unambiguous verbal descriptions; therefore, they are dealt with in the mind by a visual, nonverbal process. The mind's eye is a well-developed organ that not only reviews the contents of a visual memory but also forms such new or modified images as the mind's thoughts require” (Ferguson 1992, S. xi).

Ferguson hebt damit ästhetisches Wissen als wichtige Erkenntniskategorie in den Technikwissenschaften hervor, wie es in vormodernen Zeiten ganz üblich gewesen war. Er knüpft dabei explizit an den Begriff „Kunst“ in der Technik an, worunter nicht der expressive Kunstbegriff, wie er im 19. Jh. entstanden ist, sondern die „Können-Kunst“, die auch Donald Knuth im Titel seiner umfangreichen Arbeiten zur Informatik führt, gemeint ist. Seine Klage über die Verarmung der Technikwissenschaften durch den „technologischen Szientismus“ des 20. Jh.s hebt entsprechend den Verlust dieser Könnens-Kunst hervor: „The art of engineering has been pushed aside in favor of the analytical ‘engineering sciences’, which are higher in status and easier to teach.“ Verloren ging dabei auch das Wissen, „that most of an engineer’s deep understanding is by nature nonverbal, the kind of intuitive knowledge that experts accumulate“ (Ferguson 1992, S. xii).

Ästhetisches Wissen, auf dessen anhaltende Bedeutung Ferguson abhebt, ist zwar nicht-verbal aber darum nicht völlig „schweigsam“, weil sich, wie eine reichhaltige Literatur zeigt, darüber sehr wohl ausgiebig reden und schreiben lässt. Fergusons mehrfach aufgelegtes und übersetztes Buch (vgl. Ferguson 1993) ist ein „beredtes“ Beispiel hierfür, auch wenn es sich ganz überwiegend historischen Beispielen zuwendet. Eine Umsetzung in einer stringente Methodendiskussion, wenngleich oft gefordert, ist aber vorläufig noch nicht absehbar.

3.2.1.3 Die Umsetzung der Ergebnisse der Wissensforschung

Die Managementtheorie sucht nun mit Methoden des „knowledge engineering“ nach Wegen der Externalisierung des in Personen und, je nach Autor, auch in Gruppen eingeschlossenen, verborgenen Wissens, das im Englischen dann auch „implicit knowledge“ und nicht „tacit knowing“ heißt. Es geht also um zwei unterschiedliche Ansätze der Wissensforschung, die freilich oft in einem Begriffsgemenge ineinander übergehen. Beide sind für die Analyse intuitiv-heuristischer Methoden in der Technikwissenschaft relevant und die scharfe Unterscheidung der beiden ist, so wünschenswert sie grundsätzlich auch sein mag, gegenüber dem mittlerweile etablierten Gebrauch kaum noch durchzusetzen und auch nicht für alle Aspekte der Diskussion erforderlich.

Die meisten Autoren, die sich mit „tacit knowledge“, „implicit knowledge“ oder „implizitem Wissen“ beschäftigen, beziehen sich letztlich auf die Arbeiten von Polanyi, wobei diese drei Begriffe als Varianten zur Beschreibung desselben Phänomens verwendet werden.[22] Diese Unschärfe wird hier akzeptiert und nicht

22 Es gibt freilich auch Autoren, die einen Unterschied zwischen „implicit“ und „tacit“ knowledge machen (vgl. z.B. Baumard 1999). Daneben existiert eine Vielzahl von Arbeiten, die weitere Wissensformen in einer Ausdifferenzierung des Konzepts postulie-

aufgelöst. Gemeinsam ist allen drei Begriffen und ihren Verschränkungen, dass darunter eine Form nicht-verbalen und nicht-numerischen Wissens verstanden wird, das individuell, kontext-spezifisch und sehr stark in der persönlichen, kulturellen Prägung in Form von Werten, Ideen und Empfindungen verankert ist.

In der Forschung zum Management „impliziten Wissens" in Unternehmen, die vor allem durch die Arbeiten von Nonaka begründet wurde, wird ausgehend von Polanyi implizites Wissen in zwei Kategorien unterschieden: zum einen „technisches implizites Wissen", worunter „skills" und konkretes „know-how" verstanden werden, und „kognitives implizites Wissen", in dem tief verwurzelte Handlungs- und Denkschemata, Überzeugungen und als evident angenommene, mentale Modelle verankert sind (vgl. Nonaka 1991, S. 98f.). Auch Polanyi machte diese Unterscheidung, betonte jedoch mehr das Gemeinsame beider Formen von Wissen: „I shall always speak of 'knowing', therefore, to cover both practical and theoretical knowledge" (Polanyi 1967, S. 7). Für Polanyi ist „tacit knowing" der Kern expliziten Wissens, die Tätigkeit, mit der es intellektuell verarbeitet und schließlich verstanden wird. Es gibt für ihn kein explizites Wissen ohne dies ermöglichendes „tacit knowing", wohl aber „tacit knowing" ohne darauf aufbauendes explizites Wissen (vgl. Polanyi 1975, S. 41).

Das Interesse der Managementtheorien und der Technikwissenschaften war und ist natürlich, das implizite Wissen angemessen beschreiben und dann möglichst auch gezielt nutzbar machen zu können. Dazu bedarf es aber irgendwelcher beobachtbarer Regelmäßigkeiten. Was diese anbelangt, so gibt Polanyi selbst widerstreitende Hinweise. Auf der einen Seite hebt er besonders hervor, „[...] the aim of a skillful performance is achieved by the observance of rules which are not known as such to the person following them" (Polanyi 1962, S. 49). Das würde die Möglichkeit eröffnen, diese Regeln durch eine Vielzahl von Beobachtungen identifizieren zu können. Nur kurz danach heißt es dann aber einschränkend: „an art which cannot be specified in detail cannot be transmitted by prescription, since no prescriptions for it exists. It can be passed on only by example from master to apprentice" (Polanyi 1962, S. 53). Also „Regeln" ohne „Vorschriften"; das erschwert die Analyse aus der Beobachtung.

Es lässt sich jedoch leicht beobachten, dass Erfahrung zur zeitsparenden Automatisierung von Entscheidungsabläufen in der technisch schöpferischen Tätigkeit führt, sei es in der Konstruktion oder beim Programmieren. Es herrscht hier offensichtlich eine Komplexität reduzierende kognitive Ökonomie vor, die sich nicht expliziert. Ein sehr instruktives Beispiel zeigt Ehrlenspiel auf der Grundlage einer Arbeit von Joachim Günther (vgl. Günther 1998). Hier wurden zwei Konstrukteure bei der Lösung der gleichen Aufgabe verglichen. Dabei

ren. Dies alles hier aufzuführen lässt der begrenzte Raum nicht zu. Sie sind für unsere Fragestellung auch nicht primär relevant.

zeigte sich, dass der erfahrene Praktiker „Rolf", ohne Hochschulausbildung, dem methodisch an einer Hochschule ausgebildeten „Hans" deutlich überlegen war. Indem er viele Schritte abkürzte und einige offenbar auch ganz wegließ, kam „Rolf" sehr viel schneller zu einem guten Ergebnis (siehe Bild 20). Die kurzen Schritte und das ständige, korrigierende Hin und Her zwischen Konzipieren und Feinentwerfen entspricht dabei genau den präferierten Strategien für das „fuzzy front end", wie wir es aus der Managementliteratur kennen.

Bild 20: Konstruktionsphasen bei Methodiker und Praktiker

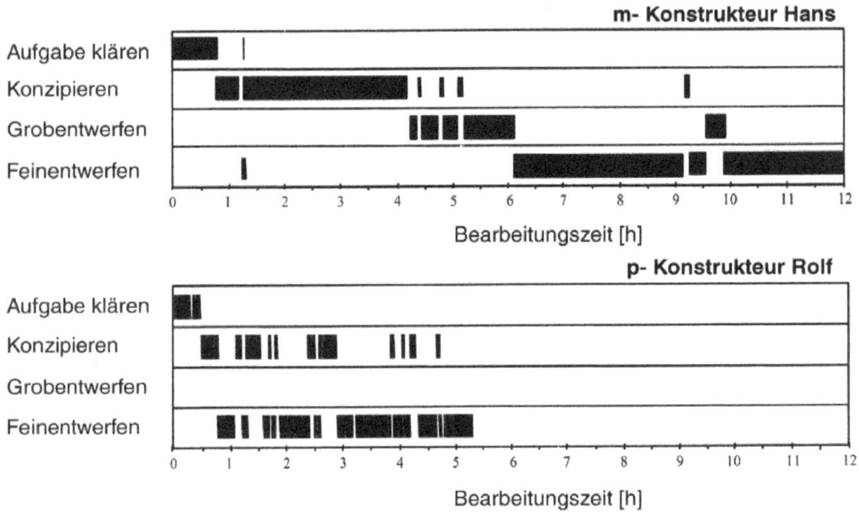

Quelle: Ehrlenspiel 2003, S. 113

Wenn diese stummen Prozesse nun aber auf Drängen von beobachtenden Forschern verbalisiert werden sollen, um ihrer abstrahierbaren Regelhaftigkeit auf den Grund kommen zu können, dann findet nach Auffassung der Kritiker dieser Untersuchungsmethode nicht eine Beschreibung der intuitiven Schritte sondern eine Post-hoc-Erklärung, eine nachträgliche Rationalisierung statt. Diese steht nur wieder ganz in der Tradition der von Weber beschriebenen, modernen europäischen Kultur (vgl. Suchmann 1987, S. ix, 52f.). Die Probanden beschreiben also nicht, was in ihnen vorgeht, ihr „schweigendes Wissen", sondern wie sie ihr Handeln nachträglich erklären, d.h. rechtfertigen würden. Das kann man auch als Übersetzung vom „level of action" zum „level of results" in der Darstellung von Lindemann und Wulf verstehen. Ob bei diesem Prozess das schweigende

Wissen so deformiert wird, dass es nicht mehr zu untersuchen ist, wie die Kritiker behaupten, oder ob es in Worten im dialektischen Sinne „aufgehoben“ wird, kann hier nicht geklärt werden. Gleichwohl bleibt, dass es kaum einen anderen Zugang zum schweigenden Wissen gibt, als das Implizite zu explizieren.

Häufig wurde vermutet, dass heuristische Kompetenz als Fähigkeit, intuitiv, ohne explizierte Regeln Handlungspläne zur Bewältigung komplizierter Situation zu entwickeln, „von einer naturgegebenen Persönlichkeitsstruktur abhängig“ sei (Pahl/Beitz 1993, S. 64). Dem steht jedoch der empirische Befund etwa von Peter Auer und Rüdiger von der Weth entgegen, wonach „der Umfang der verbalisierten Informationen über die eigenen Handlungspläne [...] mit zunehmender Berufserfahrung ab[nimmt]“ (Auer/Weth 1994, S. 178). Intuition wird also, was nicht wirklich überraschend ist, auch gelernt und ist das Produkt eines fachspezifischen Sozialisationsprozesses. Wissen in beiden Wissensformen, explizit und implizit, wird durch Übung erworben. Begabungsunterschiede mag es wie überall geben, aber einer „naturgegebenen Persönlichkeitsstruktur“ bedarf es nicht. Peter Lloyd und Peter Scott beschreiben den Erwerb impliziten Wissens als Prozess, in dem ein erfahrener Entwickler “seems somehow to have encapsulated his analytic knowledge into the structuring of the problem” (Lloyd/Scott 1994, S. 138). Das entspricht dann wieder ganz der Vorstellung Polanyis, wonach es ein ständiges Hin und Her zwischen explizitem und schweigendem Wissen gibt, bei dem die Sicherheit der intuitiven Einschätzung (Polanyi: appraisal) des zur Problemlösung adäquaten theoretischen und methodischen Werkzeugs den Unterschied zwischen einem mehr und einem weniger erfolgreichen Entwickler ausmacht.

3.2.1.4 Kreativitätstechniken

Das Problem, wie dieses kognitiv so ökonomische, eingekapselte analytische Wissen, über das erfahrene Entwickler verfügen, auch anderen zugänglich gemacht werden kann, bleibt also bestehen. Die Wissensforschung kommt dem schweigenden Wissen zwar analytisch näher, scheitert jedoch fast immer in der Anwendung bei dem Versuch, dieses Wissen schneller als durch die traditionelle Meister-Schüler-Interaktion zu übertragen. Auswege werden daher auf wissenschaftlich weniger gesichertem Terrain in Kreativitästechniken gesucht, bei denen die Denkprozesse in einer black box verschwinden.

Zu den wichtigsten und grundlegenden Kreativitätstechniken gehört Brainstorming, das selbst eine wechselvolle Geschichte hinter sich hat. Einen ersten Höhepunkt erlebte es in den fünfziger Jahren des 20. Jh.s als Kreativitätswaffe im Kalten Krieg, insbesondere nach dem Sputnikschock. Erfinder des Begriffs und Motor der Bewegung war Alex Osborn, dessen Lehrbuch „Applied Imagination“ in den zehn Jahren seit seinem Erscheinen (1953) eine Auflage von über 100.000 Exemplaren erreichte. Osborn stand auch hinter der Gründung der Creative Education Foundation, die seit 1967 das „Journal of Creative Behavior“ publizierte. Im Vorwort der dritten Auflage von „Applied Imagination“ findet sich eine Aufzählung aller möglichen Kreativitätskurse und Kreativitätsaktivitäten (vgl. Osborn 1963); Versprechen und Maxime des Brainstorming ist „quantity breeds quality“. Durch eine möglichst assoziative, nicht gewertete Sammlung von vielen Beiträgen soll das erreicht werden.

Im Gefolge des Brainstorming und seiner Erfolge sind eine ganze Reihe ähnlicher Kreativitätstechniken entstanden bzw. wurden nun popularisiert und ausdifferenziert. Den meisten sind zwei Ziele gemeinsam: Zum ersten soll in den Individuen verborgenes und ihnen selbst oft unzugängliches, implizites Wissen geweckt und so weit als möglich expliziert werden; zum zweiten soll kollektives implizites Wissen, das seit den Arbeiten von Nonaka und Takeuchi verstärkte Aufmerksamkeit gefunden hat, in Gruppensitzungen gemeinsam gehoben werden. Praktisch geht es bei diesen Kreativitätstechniken also darum, unbewusste Widerstände und Hemmnisse zu überwinden, die der Mobilisierung aller Wissenspotenziale im Wege stehen. Dies kann nur gelingen, wenn die Beteiligten von der Wirksamkeit der jeweiligen Methode hinreichend überzeugt sind, um den Prozess durch Aufbau zusätzlicher Widerstände nicht zu konterkarieren. Die Varianz der an Zahl und Spielarten kaum noch zu überblickenden Methoden ist selbst eine Strategie, um eine Verfestigung dieser Widerstände zu vermeiden. Dies wird deutlich, wenn man sich eine größere Zusammenstellung dieser Techniken ansieht (vgl. z.B. Lindemann 2005, Anhang A1). Die auffälligen Unterschiede bestehen in der Stimulanzvariation, nicht in der Analyse der Denkprozesse, so diese überhaupt in der Darstellung auftaucht. Mit unterschiedlichen Zeithorizonten und vorgestellten Gruppensituationen wird diese Stimulanzvariation in nicht-ausschließender Parallelität durch die verschiedensten Methoden von Delphi über Mind-Mapping bis Synektik geboten. Deren Einsatz ist denn auch, was die Varianzthese stützt, durch einen auffälligen Modenwechsel gekennzeichnet. Theoretische Aussagen über Wissensprozesse in der Generierung neuer Technik machen sie nicht.

3.2.2 Rational-systematische Methoden

Klaus Kornwachs

3.2.2.1 Einleitung

Der Begriff der technischen Funktion, wie er im vorigen Kapitel in Analogie zum mathematischen Funktionsbegriff entwickelt wurde, dient nun als Kern zum Verständnis rational-systematischer Methoden und Vorgehensweisen in der Technik.

Man kann im Sinne des Fünferschritts Problemstellung (Leidensdruck) – Diagnose – Therapie – Erfolgskontrolle – Prävention wie in der Medizin[23] diese Methoden und Vorgehensweisen zu ordnen versuchen, und wird dann feststellen, dass dies den Begriffen entspricht, wie sie in Tabelle 8 aufgelistet sind.

Man sieht, dass die Verallgemeinerung der Schritte bei den systematischen Methoden ein Verständnis dessen voraussetzt, um welches System es sich handelt und welche Funktionen in diesem System zu erfüllen sind. Mit anderen Worten: Nur die Kenntnis des Pflichtenheftes erlaubt eine sinnvolle Definition des in Frage kommenden Systems. Das bedeutet auch, dass der in diesem Kontext in Anwendung gebrachte Rationalitätsbegriff (im Sinne rationaler Methoden) empfindlich davon abhängig ist, wer der „Autor" des Systems, also der Entwerfer und Beschreiber des Systems ist und welche Interessen er mit dem Systementwurf verfolgt.

Man kann nun in der Tat fast alle in der Technikwissenschaft gängigen Methoden wie

- Prozessanalyse,
- Kostenanalyse,
- Kreativitätstechniken wie Synektik, Brainstorming, Delphi-Methode, Morphologischer Kasten,
- Wertanalyse,
- Organisationsentwicklung,
- „Kaizen"-Methode der inkrementellen Verbesserung,
- Technikbewertung und Technikfolgenabschätzung

23 Dies ist selbstredend ein bereits schon technisierter Medizinbegriff – indem er Krankheit als eine Funktionsstörung im Kontext dessen, was als normal gilt, betrachtet; vgl. hierzu auch die Definition der Gesundheit durch die World Health Organisation: „[...] geistiges, körperliches und soziales Wohlbefinden" (Pschyrembel/Hildebrandt/Dornblüth 1982, S. 640).

in diesem Raster klassifizieren, verorten und erklären. Hierzu benutzen wir zuerst den Begriff des rationalen Umgangs mit Systemen.[24]

Tabelle 8: Systematische Vorgehensweise in der Medizin und systemtheoretische Entsprechungen

Schritte in der Medizin	*Verallgemeinerte Vorgehensweise*
Problemstellung (Leidensdruck)	Feststellen einer Systemstörung oder eines Bedarfs oder einer Notwendigkeit
Diagnose	Systemanalyse, Systemvorhersage
Therapie	Systemgestaltung, -beeinflussung, -stabilisierung
Erfolgskontrolle	Systemevaluation
Prävention	Systemprognose und -stabilisierung

3.2.2.2 Rationaler Umgang mit Systemen

Um Kriterien zu entwickeln, welche es erlauben, von einem rationalen Umgang mit Systemen zu sprechen, müssen wir zuerst die Bedeutung von „rational“ und „System“ festlegen.

„Rational“ wird in mehreren, abgegrenzten Bedeutungen gebraucht. Zum einen verweist die Eigenschaft „rational“ auf ein anzugebendes Verhältnis von Aufwand zu Nutzen (entsprechend dem englischen Begriff der *ratio*, d.h. des Verhältnisses). Rational sich zu verhalten oder der Vorgang der Rationalisierung (in der Produktion beispielsweise) bedeutet dann ein Vorgehen, das sich an der Verbesserung dieses Nutzen-Aufwand-Verhältnisses orientiert (rationalisieren). Bei gleichem Aufwand ist es also rational, die Lösung zu wählen, die den besseren Nutzen verspricht. Jede Optimierungsstrategie ist nach dieser Sichtweise rational.

„Rational“ wird jedoch auch im Zusammenhang mit Rationalität gebraucht. Hier verweist der Begriff auf eine Fähigkeit des Menschen, das, was er tut und sagt, begründen zu können beziehungsweise seine Ansprüche mit akzeptablen Argumenten verteidigen zu können. Dieser Begriff von Rationalität setzt den Diskurs voraus. Er impliziert, dass der Mensch über Verfahren der Begründung verfügen und sie gegebenenfalls auch selbst entwerfen kann (vgl. Gethmann 1995, S. 468). Das Prädikat „rational“ bezieht sich auf Handlungen relativ zu

24 Das bedeutet nicht, dass eine Vorgehensweise, die sich nicht an den in diesem Kapitel dargestellten Methoden orientiert, nicht rational oder irrational sei.

Kriterien, die als akzeptiert in einem entsprechenden Kontext relativ zum Kontextwissen des Handelnden gelten sollen (vgl. Grunwald 2002, S. 201). Hinzu kommt jedoch die Reflexivität, d.h. das Mitbedenken der Geltungsgrenzen dessen, was man als rational ansieht und was als Kriterium gelten soll. Wissenschaftliche Aussagen gelten deshalb als rational, weil sie durch akzeptierbare Verfahren gewonnen wurden, somit eine Begründung aufweisen, und die Geltungsgrenzen der Aussagen selbst mit thematisieren (Geltungsbereiche). Verfahren im Zusammenhang mit der Technik sollen nach dem Gesagten als rational gelten, wenn das Verfahren dem Gegenstandbereich angemessen ist, – dies entscheidet im allgemeinen die *scientific* oder *technical community* – die einzelnen Schritte des Verfahrens nachvollziehbar, d.h. erklärbar und replizierbar sind, wenn die Kriterien für die richtige Durchführung der einzelnen Schritte vorher festgelegt sind und von den konkreten unterschiedlichen Durchführungen des Verfahrens unabhängig bleiben und schließlich wenn die Grenzen des Verfahrens durch die Kenntnis des Verfahrens selbst thematisiert werden können.

Verfahren in diesem Sinne werden hier auf organisatorisch-technische Gegenstandsbereiche angewandt, um sie aufbauen, umgestalten, verbessern, erweitern, reduzieren, kontrollieren, bewerten, rückbauen und entsorgen zu können. Diese Verfahren bestehen aus festgelegten Operationen oder Operationsklassen sowie deren Verknüpfungen. Die Gegenstandsbereiche, auf die Verfahren angewandt werden, können systematisch in der Regel implizit (oftmals verbal oder nur in Tabellen) oder explizit (im Sinne von mehr oder weniger stark mathematisierten Modellen) als Systeme beschrieben werden.

Wir verwenden hier den von Günter Ropohl verwendeten Systembegriff zur Beschreibung technisch-organisatorischer Systeme (Handlungssysteme; vgl. Ropohl 1974, 1979, 1999a), der auf George J. Klir und Mihajlo D. Mesarović u.a. zurückgeht (vgl. Klir 1969; Mesarović 1972) und mit dem soziologischen Systembegriff nach Niklas Luhmann außer dem Namen zunächst nicht viel zu tun hat (vgl. Luhmann 1984, besser lesbar Luhmann 1986). Es ist nicht auszuschließen, dass es gewisse Korrespondenzbeziehungen zwischen den Begrifflichkeiten der jeweiligen Theoriefelder gibt, allerdings würde eine kritische Synopsis eine noch nicht geleistete Forschungsarbeit darstellen (vgl. Obermeier 1988).

Bestimmte Teilbereiche unseres Interesses, bei denen wir ein Problem feststellen oder bei dem wir gewisse Funktionsvermutung, ein Produktions-, Steuerungs- oder Erklärungsinteresse haben, beschreiben wir als System, d.h. in der begrifflichen Sprache der mathematisch formulierten Systemtheorie. Das bedeutet, dass es dieses „System als solches" naturgesetzlich oder ontologisch gesehen, nicht „gibt", sondern dass wir eine Beschreibung erstellen. Diese Beschreibung, sei sie verbal, graphisch oder formal im Sinne von Gleichungen, nennen wir abgekürzt System, repräsentiert immer ein Modell des von unserem Interesse herausgegriffenen Gegenstandbereiches. Zur Rationalität gehört demnach als erste Bedingung, sich der Autorschaft jeder Systembeschreibung bewusst zu sein und Systeme nicht zu ontologisieren.

Die zweite Bedingung ist, diese Systembeschreibung danach auszurichten, dass eingehende und ausgehende Größen, sprich Input und Output (synonym dazu bewirkende oder unabhängige Größe gegenüber der bewirkten oder anhängigen Größe) unterschieden werden können. Dies ist eine Voraussetzung, um Kausalvermutungen über das Geschehen überhaupt formulieren zu können: „Immer dann, wenn man A verändert, tut sich etwas bei B".

Die Bedingungen empirischer Erfahrungen mit Gegenstandsbereichen, die wir als Systeme beschreiben, sind also in dieser Hinsicht, aber nur in dieser Hinsicht, dieselben wie in der Wissenschaftstheorie der Naturwissenschaften: Jede Beobachtung, Messung, aber auch jeder technische Test fällt unter einen Begriff, der in einer Beobachtungs-, Mess- oder Testvorschrift operativ umgesetzt werden kann.[25]

Systeme werden charakterisiert nach ihrer Grenze (was zur Systembeschreibung gehört und was nicht), ihrer Funktion (= Verhalten im obigen Sinne einer Zuordnung von Output zu Input in Anhängigkeit von inneren Zuständen) und ihrer Struktur (der Beziehungen zwischen den Elementen oder nicht weiter zu zerlegenden Subsystemen). Ist das Verhalten der einzelnen Elemente und ihr Wirkungsgefüge (Beeinflussung über die Beziehungen zwischen ihnen), also die Struktur bekannt, kann man im linearen Fall das Gesamtverhalten berechnen, wie z.B. bei einer Schaltung, wenn die Elemente und der Schaltplan bekannt sind. Im Einzelfall kann dies sehr schwierig wenn nicht sogar unmöglich werden, z.B. bei chaotischen Systemen, wenn die einzelnen Elemente sich nicht linear verhalten. Umgekehrt kann jedoch aus der bloßen Kenntnis der Gesamtfunktion (als Verhalten im Sinne von Input-Output-Zuordnung) ohne weitere Zusatzannahmen nicht auf die innere Struktur des Systems geschlossen werden. Eine reine Beobachtung liefert also noch keine Systemstruktur.

Es sei ausdrücklich betont, dass sich nicht alle Probleme, auch wenn sie *prima facie* als technische oder technisch-organisatorische Probleme erscheinen mögen, mit dieser Klasse von Methoden und Vorgehensweisen behandeln lassen. Die systemtheoretische Beschreibung in der Technik, auch im erweiterten Technikbegriff, setzt ein Mindestmass an Definition der Beobachtungs- und Wirkungsgrößen voraus, sie geht – im Unterschied z.B. zur astronomischen Beobachtung – immer davon aus, dass die als Input oder auch als unabhängige Größen beschriebenen Zustandsmöglichkeiten durch einen äußeren Eingriff des *homo technicus* in den Gegenstandsbereich verändert und präpariert, d.h. für

25 Dabei sind Beobachtung, Experiment (Messung) und Test sowie die dazu gehörenden Vorgehensweisen und Verfahren wohl voneinander zu unterscheiden.

eine gewünschte Zeit „gehalten“ werden können.[26] Dies gilt für Artefakte, Organisationen, Handlungsweisen und nicht zuletzt auch für ökonomische und gesellschaftliche Bedingungen, in denen der zu „behandelnde“ Gegenstandsbereich ja immer eingebettet ist.

Methoden schließlich geben Klassen von Verfahren, also Vorgehensweisen an, die begründet sind. Von daher haben sie schon ein rationales Moment.[27] Es gibt eine gewisse Zuordnung von Methoden und Gegenstandsbereichen, die nicht endgültig ist, aber über eine gewisse Zeit der wissenschaftlichen-technischen Entwicklung stabil bleibt, da sich diese Zuordnung erst mit verändertem und erweitertem Wissen verändern kann. So ist es nicht sinnvoll, digitale Systeme mit Methoden der Analysis, also mit Verfahrensklassen, die mit kontinuierlichen Größen arbeiten, zu analysieren. Es kann sich jedoch als durchaus sinnvoll herausstellen, Einschwingvorgänge auch bei der Übertragung von digitalen Signalen genauer zu analysieren (z.B. durch Fourier-Analyse), wenn es um Fehleranalysen geht.

Im Gegensatz zu den heuristischen Methoden geht man bei rational-systematischen Methoden davon aus, dass, ähnlich wie in der Wissenschaft, bei gleichen Voraussetzungen und Konstellationen (insbesondere auch bei der Verwendung gleicher Kriterien und bei gleichem Vorwissen), die Anwendung der Methode replizierbar ist, also an vergleichbaren Gegenstandsbereichen wiederholt werden kann, und unter diesen Vorraussetzungen sowie unter Berücksichtigung von Toleranzen und unvermeidbaren Fehlern die Ergebnisse des Verfahrens reproduzierbar sein müssen, also mit vorigen Ergebnissen vergleichbar und zumindest ähnlich sein müssen.

3.2.2.3 Zum inneren Aufbau rational-systematischer Methoden

Die im Folgenden besprochenen rational-systematischen Methoden lassen sich danach einteilen, ob sie sich eher funktions- oder strukturorientierter Systembeschreibungen bedienen. Danach sind auch die Tabellen aufgeteilt.

Unter der Anwendung einer Methode wollen wir dabei einen Satz von operativen Vorschriften aus einer Verfahrensklasse verstehen, die durch Kenntnisse

26 In der Psychologie wie in der Ökonomie und der Organisationstheorie ist es bekannt, dass diese Forderung nur sehr schwer oder oftmals gar nicht zu erfüllen ist.

27 Was selbst aber keine hinreichende Bedingung ist. Der Satz von William Shakespeare „Ist es auch Wahnsinn, hat es doch Methode“ aus seinem Stück „Hamlet“ zeigt, dass es für die Anwendung mehr als nur einer Begründung für die Zuordnung Methode – Gegenstandbereich bedarf, vielmehr müssten die Ziele der Handlungen mittels einer Methode ebenfalls thematisiert werden.

über den Gegenstandsbereich, auf dem diese Vorschriften operieren, begründet sind, und die untereinander durch die Bedingungen der Kohärenz (als Anschlussfähigkeit nacheinander geschalteter Operationen und verträglich nebeneinander durchgeführter Operationen) und Korrespondenz (d.h. Substituierbarkeit einer älteren Operation durch eine jüngere, also neuere und vermutlich bessere) gekennzeichnet sind.

Unter Vorgehen verstehen wir dann die tatsächlich ausgeführte Reihe von solchen Operationen, unter Vorgehensweise die erkennbaren, aber nicht notwendigerweise wie eine Methode begründeten Muster des Vorgehens, die erlernt oder probiert werden können.

Prozessanalyse

Prozesse sind Zustandsänderungen in der Zeit, man nennt sie zuweilen auch Dynamik. Die Prozessanalyse versucht, Muster in solchen Abläufen zu finden, eine Unterform hiervon ist die Signalanalyse, bei der eine mathematische Funktion als Modell einer zeitlichen Dynamik einer ein- oder mehrdimensionalen Variablen in der Zeit parametrisch angepasst wird (Least Square Fit, exponentielle Glättung, Fourier-Analyse, Laplace-Transformation, statistische Verfahren, systemtheoretische Verfahren wie Reconstructability Analysis), meist durch eine Superposition von Elementen aus einem vollständigen Funktionensystem (zur Extrapolation und Simulation siehe auch 4.1.2.1 und 4.2.4). Die gefundenen Funktionen (mit den empirisch bestimmten Parametern) erklären den Prozess nicht, erlauben aber bei vorgegebener Unsicherheitsgrenze eine Vorhersage für einen bestimmten Zeitraum über den Verlauf. Diese Verfahren werden benutzt, wenn man keine theoretischen Vorstellungen über die Wirkungsmechanismen hat, die zu diesem Verhalten führen.

Man führt diese Methode bei der Analyse von mechanischem, elektrischen oder chemischen Verhalten von technischen Komponenten durch, um beim Test Vorstellungen über Verhaltensmuster zu bekommen und Regularitäten zu entdecken. Diskrepanzen zwischen extrapoliertem Verlauf (Prognose aufgrund des mathematischen Modells, das eine solche Funktion darstellt) und dem tatsächlichen Verhaltensverlauf in einem Test geben Hinweise für die Korrektur der Modellbildung und für neue Hypothesen. Die Prozessanalyse ist hauptsächlich im Bereich der Diagnose zu verorten, also der Analyse und – begrenzt – der Vorhersage des Systemverhaltens.

Die Methode setzt voraus, dass die Größen, die als anhängige und unabhängige Variablen im Modell eine Rolle spielen, beobachtet werden können. Das dahinterliegende Systemkonzept ist das der Black Box und seiner Beschreibung der Dynamik der Ausgangsvariablen durch eine Zustandsüberführungsfunktion in Abhängigkeit von der Dynamik der Eingangsvariablen.

Kostenanalyse

Ausgangspunkt einer Kostenanalyse ist in der Regel ein erheblicher finanzieller „Leidensdruck“. Die Durchführung einer Kostenanalyse macht sichtbar, wo man mit einer Veränderung ansetzen könnte, aber sie führt diese Änderung nicht durch. Deshalb bleiben Kostenanalysen oftmals folgenlos. Eine gewisse Funktion haben solche Analysen in der Prävention, also der Systemprognose und -stabilisierung.

Die Erstellung eines Kostengerüsts nimmt eine Zuordnung von monetär quantifizierbaren Bewertungen zu Teilen eines Aggregats oder Funktionen, die es erfüllen soll (siehe Funktionsgliederung bei der Wertanalyse), oder zu Prozessen eines Systems (z. B. Materialfluss) vor. Sie geht in der Regel von einer hierarchisch gegliederten Struktur der Elemente aus, die bewertet werden sollen. Im Prinzip muss also nur eine Struktur bei der Systembeschreibung vorliegen. Das Maß muss nicht notwendigerweise monetär sei, es können auch andere Zuordnungen, z. B. Zeitabschnitte, quantitative Maße für Vorteile, Nutzen oder Gewinn oder auch Fuzzy-Maße[28] Anwendung finden.

Zur Gruppe der Kostenanalyse gehören alle Verfahren, die mit Finanzkennzahlen arbeiten, z. B. die Kapitalbindung von Umlaufvermögen in der Produktion, oder die Forschungskostenquote (= Forschungs- und Entwicklungskosten/ Umsatzerlöse x 100 %), um zwei Begriffe aus dem Bereich der Unternehmensbewertung im technischen Bereich zu nennen.

Viele der nachstehenden Methoden wie Nutzwertanalyse oder Wertanalyse enthalten solche Kostenanalysen (auch im verallgemeinerten Sinn) als konstituierenden Arbeitsschritt. Auch hier haben wir es mit einer Diagnose, allerdings mehr auf der Ebene von Systemstrukturen zu tun.

Kreativitätstechniken wie Synektik, Brainstorming, Delphi-Methode, Morphologischer Kasten

Normalerweise würde man Kreativitätstechniken nicht als rationale und analytische Methoden einstufen, sondern sie eher zu den synthetischen und intuitiven Methoden der Ideenfindung zählen (siehe 3.2.1). Trotzdem haben sie in ihrem Aufbau und in ihrer Durchführung einen systematisch-rationalen Kern, da sie von einer Analyse der bestehenden, meist systemtheoretisch beschreibbaren Strukturen ausgehen, die in der Regel replizierbar und reproduzierbar ist.

---

28 Dies muss sehr allgemein verstanden werden. Fuzzy-Maße bilden in ein Intervall von $[0,1] \in \Re$ ab, dabei sind aber unterschiedliche Maße definierbar: Wahrscheinlichkeitsmaß mit der Normierungsbedingung, Possibilitätsmaß, Plausibilitätsmaß u. a.; vgl. Klir/ Yuan 1995.

In der Synektik oder auch beim Verfahren des Morphologischen Kastens versucht man beispielsweise systematisch eine Verfremdung und Variation bisheriger Sichtweisen und Denkgewohnheiten zu erzeugen. Gerade Konstrukteure und Produktdesigner kennen den Effekt der Gewöhnung an eingeschliffene Denk- und Sichtweisen, die dann in traditionelle, innovationsarme Konstruktionsstile münden. Die Verfremdung setzt aber zuerst eine sorgfältige Darstellung des Bestehenden voraus.

Auch bei der Delphi-Methode, die ja auf den Standards der empirischen Erhebungen in den Sozialwissenschaften aufbaut, muss das Gebiet, über das Experten ihre Einschätzungen zukünftiger Entwicklungen abgeben sollen, ziemlich genau definiert und strukturiert sein. Diese Methode bezieht sich auf die Beobachtung und gehört damit zu den analytisch geprägten Vorgehensweisen, die auch ohne aktuellen Anlass oder Problemstellung zum Zwecke des Monitorings eingesetzt werden können.

Wertanalyse

Die Wertanalyse stellt eine gut praktikable Kombination von funktionellen und strukturellen Diagnoseverfahren dar, die es gestatten, unter Einbeziehung von Kreativitätstechniken zu einer Verbesserung von Systemen, deren Verhalten oder ihrer Struktur, auch hinsichtlich ihrer monetären Quantifizierung zu gelangen. Die Arbeitsschritte eines solchen Verfahrens sind in Tabelle 9 genannt.

Entscheidend ist, dass im Gegensatz zur Kostenanalyse (siehe oben) nicht Teile eines Produkts oder Teilprozesse eines Ablaufs direkt zu Kosten zugeordnet werden, sondern deren Funktionen im Gesamtsystem.

Solche Funktionen lassen sich aus dem Gebrauch einer rational aufgefassten Ziel-Mittel Relation ermitteln, sie drückt sich operativ meist durch ein Substantiv und ein Verb aus, wie beispielsweise Licht spenden, Stabilität garantieren, Verbrennung vermeiden, Flüssigkeit speichern etc. Die Wertanalyse geht nun davon aus, dass nicht Teile oder Prozesse Objekte dessen sind, was dem Kunden angeboten wird, sondern die Funktion. Es geht also um den Wert von Funktionen ausgedrückt im Quotient von „Aufwand" (meist in Gestehungskosten für den Hersteller) und dem „Nutzen", d.h. der Qualität und Zuverlässigkeit der Funktionserfüllung. Ergebnis der strukturellen Diagnose eines Geräts oder auch eines Verwaltungsablaufs oder einer Dienstleistung sind dann Kostengerüste anhand von Funktionen.

Damit sind die Nutzwertanalysen und Funktionsanalysen, wie sie aus der Technik bekannt sind, Teilschritte der Wertanalyse.

Eine so genannte ABC-Analyse filtert die teuersten Funktionen (70% der Kosten) heraus und unterwirft diese Funktionen einem kreativen Veränderungsverfahren (z.B. Synektik, morphologischer Kasten oder Brainstorming). Die

Vorschläge hierzu müssen dann untersucht und bewertet werden, ob sie den Wert der Funktion und damit des Produkts erhöhen, indem sie bessere Qualität für gleiche Kosten oder gleiche Qualität für niedrigere Kosten oder womöglich beides erreichen können. Im Allgemeinen kann bei der konsequenten Durchführung dieser Verfahren bei technischen Produkten eine Wertsteigerung von 15%, bei Prozessen und Dienstleistungen wie Verwaltungsprozeduren bis zu 60% Einsparung erreicht werden. Die Optimierungsmaxime besteht in der Forderung, eine Funktion so gut wie nötig und so billig wie möglich anzubieten.

Tabelle 9: Arbeitsschritte bei der Wertanalyse

1.	Auftragserteilung, Spezifizierung des Projekts (Gegenstand, Ziel, Umfang)
2.	Systemanalyse des Gegenstandsbereichs (Teile, Strukturen, Kosten, Funktionen, Varianten)
3.	Kostenanalyse der Funktionen bzw. konstituierenden Entitäten
4.	Systematische Erstellung von Variationen (unter Verwendung von Kreativitätstechniken) mit Kosten und Suche nach optimalen Lösungen
5.	Bewertung der Lösung, Implementierungsvorschläge
6.	Durchführung und Erfolgskontrolle

Im Rahmen unseres groben Rasters im Vergleich mit der Medizin liegt die Problemstellung im permanenten Druck, Kosten einzusparen (als Leidensdruck), der zu einem Analyseverfahren führt. Das Verfahren muss unter Einbeziehung von betroffenen Abteilungen durchgeführt werden, um die Information für Analyse und Evaluierung der Verbesserungsvorschläge zu beschaffen. Dabei setzt man für die Phase der Informationsbeschaffung selbst ungefähr 70% der Zeit und der Aufwendungen an. Die Therapie beginnt mit der tatsächlichen Umsetzung der verabschiedeten Verbesserungen, die aber dann nicht mehr Teil des Verfahrens der Wertanalyse ist.

Die Wertanalyse ist, wenn man sie konsequent und organisatorisch anwendet, ein ziemlich universelles Verfahren zur Verbesserung von Produkten und Dienstleistungen, sie kann auch zur Organisationsentwicklung eingesetzt werden. Sie stellt weniger ein Präventionsverfahren dar, sondern setzt in der Regel auf eine bereits bestehende Technologie auf. Versuche, prospektiv Wertanalyse an in der Entwicklung befindlichen Technologen zu betreiben, scheinen sich nicht bewährt zu haben.

Organisationsentwicklung

Die Organisationsentwicklung geht analog zur Wertanalyse vor, sie quantifiziert im Allgemeinen nicht monetär, sondern nach Personalkapazitäten und Aufwänden. Hier ist insbesondere bei der konkreten Durchführung solcher Projekte auf eine allseits befriedigende Einbindung der betroffenen Personen und Struktureinheiten zu achten.

Auslöser solcher Projekte ist stets wieder ein erhöhter Leidensdruck, d.h. eine Systemstörung, die sich in unklaren Unterstellungen (Aufbauorganisation) und Prozeduren (Ablauforganisation) zeigt.

Da man im Gegensatz zu einer Produktbeschreibung mit dem in der Wertanalyse üblichen Funktions-Kostengerüst nicht ohne weiteres arbeiten kann, weil sich Organisationen nicht wie Geräte beschreiben lassen, ist die systemtheoretische Beschreibung durch Vorranggraphen, zeitliche Balkendiagramme oder allgemein Graphen geeignet, eine Organisation zu analysieren, obwohl es noch keine befriedigende operativ umsetzbare Theorie von Organisationen gibt. Man kann diese gefundenen Strukturen analog dem Verfahren der Kostenanalyse oder der Wertanalyse bewerten und erhält somit Hinweise, in welchen Bereichen man umgestalten muss. Auch hier ist der Gestaltungsprozess selbst offen und hängt auch stark von partizipativen und diskursiven Elementen ab. Der Schritt der Systemevaluation nach der Umgestaltung erfolgt nach aller betrieblichen Erfahrung selten oder nie. Erst erneut einsetzender Leidensdruck setzt eine Neubewertung in Gang.

Insofern ist der Analyseteil des Verfahrens durchaus rational zu nennen, der Gestaltungsteil ist eher ergebnisoffen und damit auch nicht reproduzierbar.

Kaizen-Methode der inkrementellen Verbesserung

Die in den 1980er Jahren in Japan propagierte Methode der ständigen Verbesserung von Technik und Organisation benutzt die hier beschriebenen gängigen Methoden und einzelnen Verfahren in der beschriebenen Weise, allerdings hochgradig repetitiv und in kleinen, aber vielen Anwendungsfeldern des betrieblichen Geschehens, und damit auch in der Erzeugung und Handhabung technischer Geräte und organisatorischer Gegebenheiten. Während sich diese Methode in der Produktgestaltung durchaus bewährt hat, erweisen sich organisatorische Strukturen doch als zäher und veränderungsresistenter als angenommen. Das bedeutet, dass die Perioden der repetitiven Anwendung bei Technik und Organisation unterschiedlich sind in der Anwendung und sich daher auch Synchronisierungsprobleme ergeben können. Dies hat auch zu einem Bedeutungsverlust dieser Methode geführt.

Es wären noch eine ganze Reihe von rational-systematischen Methoden zu nennen wie Zuverlässigkeits- und Risikoanalyse, systematisches, d.h. funktions- oder produktionsorientiertes Konstruieren, Produktentwicklung, Instandhaltung, systematisches Rationalisieren, Simulationsstudien und Sensitivitätsanalysen, Testdesign, Umweltverträglichkeitsprüfung (UVP), Environment Impact Analysis, die ebenfalls nach den oben genannten Kriterien dargestellt werden können. Zur Einzeldarstellung wird auf die Literatur verwiesen, die für jede dieser Methoden umfangreich und praxisorientiert zur Verfügung steht.

Technikfolgenabschätzung und Technikbewertung als Paradigma rational-systematischer Methoden

Es ist in der Literatur umstritten, ob Technikfolgenabschätzung Technikbewertung beinhaltet oder umgekehrt (siehe auch 3.2.3.6). Sieht man sich die mittlerweile kanonisierten Arbeitsschritte solcher Verfahren an, erkennt man leicht das „medizinische" Schema wieder. Ähnlichkeiten sind auch zu den Schritten in der Wertanalyse erkennbar.

In der Technikfolgenabschätzung hat man rechtzeitig darauf verzichtet, Prognosen machen zu wollen, die einen Zeitraum von etwa fünf Jahren nennenswert überschreiten – dies ist in etwa der Zeitraum, indem man quantitative Indikatoren für Trends in der Technikentwicklung ohne allzu große Fehler und Unsicherheitsbereiche extrapolieren kann.[29] Allerdings muss man sich, um dem Rationalitätsgebot zu folgen, der Defizite einer solchen Extrapolation bewusst sein – im Gegensatz zu einer Erklärung schreibt eine solche Extrapolation unter der Annahme gewisser Stetigkeitsbedingungen Trends aufgrund ihres formal angefitteten Verlaufs fort. Deshalb ist die Reichweite solcher Überlegungen nicht sonderlich groß.

Freilich kann man aus Retrospektionen immer wieder lernen, insbesondere auch durch den reizvollen Vergleich früherer Prognosen und Abschätzungen mit der heutigen Realität. Der Vergleich fällt in der Regel nicht zugunsten der Prognosesicherheit aus, aber man kann in der Regel feststellen, dass die heutigen Entwicklungen zumindest als möglicher Entwicklungspfad in früheren Technikfolgenabschätzungen genannt worden sind, wenngleich man die Wahrscheinlichkeit nicht oder falsch ermittelt hatte. Eine erste grobe Analyse zeigt, dass lediglich ein Drittel der vermuteten Entwicklungen mittlerweile eingetreten ist oder unmittelbar bevorsteht (vgl. Kahn/Wiener 1967).

Die Tabelle 10 zeigt die Arbeitschritte einer Technikfolgenabschätzung, wie sie sich nach etwa zwanzig Jahren internationaler Projektarbeiten in diesem Bereich herauskristallisiert haben.[30] Man kann davon ausgehen, dass mehr oder

---

29 Vgl. die Arbeiten zur Technometrie z. B. bei Grupp et al. 1987.

30 Es gibt eine Reihe von Darstellungen über die Arbeitsschritte einer Technikfolgenabschätzung als Projekt, vgl. z.B. Kornwachs/Meyer 1994; Kornwachs/Niemeyer 1990; Paschen 1991; siehe auch Grunwald 1999, S. 14, und Gethmann/Grunwald 1996, sowie modelltheoretisch Ropohl 1996.

weniger jedes Projekt danach vorgeht oder strukturiert werden kann. Man sieht sofort, dass die „Prognose" einen untergeordneten Stellenwert hat.

Tabelle 10: Arbeitsschritte einer Technikfolgenabschätzung

Konzeptionsphase – Aufgabenstellung – Strukturierung – Bestimmung der Beteiligten – Problemanalysen und Vorstudien
Systemdefinition – Informationsbeschaffung – Beschreibung der Steuerungsgrößen – Beschreibung von Rahmenbedingungen – Systembeschreibung und Modellbildung
Potenzialabschätzung – Abschätzung technologischer Entwicklungspotenziale – Abschätzung der Diffusion – Konkurrierende Techniken und Nulloption
Szenarienbildung – Szenarientyp – Entwicklungsmöglichkeiten – Ausarbeitung und Bündelung – Konsequenzenanalyse
Folgenabschätzung – Relevante Auswirkungsfelder – Bestimmung der Auswirkungen (Folgen) – Beschreibung gesellschaftlicher Konfliktfelder und Akzeptanz – Prüfung Plausibilität und Nachvollziehbarkeit
Bewertung – Auswahl der Bewertungskriterien – Bewertung der abgeschätzten Folgen – Erarbeitung von Handlungsoptionen
Ergebnis – Endbericht und Summaries – Präsentation, Öffentlichkeitsarbeit, Diskurs

Quelle: Kornwachs/Meyer 1994

Systemtheorie wird hier verstanden als eine formale Beschreibungsmöglichkeit eines Gegenstandsbereichs, der modelliert werden soll. Die klassische Systemtheorie versucht, basierend auf mathematischen Verfahren, eine zeitliche Dynamik entscheidender oder als wesentlich angesehener Variablen zu finden, die üblichen Formen der Darstellungen sind Trajektorien im Zustandsraum oder die Formulierung von Differenzen- oder Differentialgleichungen. Man denke als

Beispiel an die Gleichungen, die die Diffusion einer bestimmten Technologie in einen Markt hinein beschreiben. Aber bereits der Versuch, eine solche Dynamik zu finden, zwingt zu einer Weise der Beschreibung, die eine Unterscheidung zwischen verursachenden und verursachten Größen, zwischen wesentlichen und unwesentlichen Größen und Variablen erforderlich macht. Dies hängt auch in empfindlicher Weise von der formalen Modellierbarkeit des Gegenstandsbereichs ab – insbesondere gilt dies für die Modellierung von Organisationen.

So stellen die mathematischen Methoden und die Systemtypen, die in der Technikfolgenabschätzung Verwendung finden, eine heterogene Mischung dar und spiegeln das ganze Repertoire der mathematischen und technischen Systemtheorie wieder, die ja selbst ebenfalls noch keine einheitliche Theorie darstellt.

Tabelle 11 stellt zur Demonstration dieser Behauptung die gängigen Methoden, wie sie in der Technikbewertung und der Technikfolgenabschätzung Verwendung finden, nach ihrem systemtheoretischen Typus und den zugehörigen mathematischen Grundlagen zusammen.

Man sieht sehr deutlich, wie methodenorientiert, aber methodisch dennoch inhomogen die Technikfolgenabschätzung und Technikbewertung arbeiten, sie sind durch einen Methodenmix gekennzeichnet, der jedoch darauf ausgerichtet ist, möglichst viel quantitativ erfassbare Zusammenhänge zu verwerten, und da, wo keine unmittelbar quantitativen Größen verwendet werden können, das Vorgehen zumindest im Bereich von Nominalvariablen und Klassifikationsvariablen nachvollziehbar zu machen.

Dies unterscheidet das systemtheoretische Vorgehen, wie es bei Technikbewertung und Technikfolgenabschätzung charakteristisch ist, von der Betrachtungsweise, wie sie die Schule um den jüngst verstorbenen Soziologen Niklas Luhmann (1984, 1986) betreibt und die sich ebenfalls mit dem Wort „Systemtheorie“ benennt (vgl. Tabelle 12).

Eine klare Abgrenzung erscheint erforderlich, wenn man die Verwirrung, die durch den unterschiedlichen Gebrauch des Terminus „Systemtheorie“ entstanden ist, beenden möchte. Beide Betrachtungsweisen sind methodisch wie wissenschaftlich verschieden und sie haben eine unterschiedliche historische Genese. Die Verwirrung stammt aus dem Umstand, dass Luhmann in seinen Schriften das technisch-wissenschaftliche Vokabular der Allgemeinen Systemtheorie (AST) verwendet, aber mit gänzlich anderen Bedeutungen versieht.

Die Stärke systemtheoretisch inspirierter Verfahren (vgl. Ropohl 1974, 1979, 1995, 1999) gerade in der Technikfolgenabschätzung liegt darin, dass der Beschreibungs- und Modellierungscharakter immer deutlich bleibt und es jederzeit nachvollzogen werden kann, von welcher Prämisse eine solche Modellierung (z.B. einer Technikentwicklung oder der Ermittlung eines Folgenspektrums) ausgeht.

Tabelle 11: Methoden in der Technikbewertung und Technikfolgenabschätzung sowie deren mathematische Grundlagen

Gängige Methoden	*Systemtheoretischer Typus*	*Mathematische Grundlage*
Brainstorming	(Metaplan) – Cluster	Klassenbildung
Delphi-Methode	Variablenklassen	Klassenbildung
Morphologischer Kasten	Wertebereiche von Variablen	Graphentheorie, Kombinatorik
Regressionsanalyse	Input-Output Modelle	Statistik
Korrelationsanalyse	Faktoreninterdependenzen	Statistik
Zeitreihenanalyse	Signaltheorie	z. B. Fourieranalyse, Chaostheorie, nichtlinear
Trendextrapolation	Black Box	Exponentielle Glättung, Fit mit vollständigen Funktionensystemen
Historische Analogiebildung	Verbal ...	
Relevanzbaum-Analyse		
Entscheidungsbaum	Diskrete Systeme	Graph, Spieltheorie
Wertbaum		Gewichteter Graph
Netzplantechnik		
Risikoanalyse	Netzstrukturen	Zuverlässigkeitstheorie
Petrinetze	Prozessstrukturen	Diskrete Zustandsräume
Ereignisorientierte Simulation	System Dynamics, SLAM	Kontinuierlicher Zustandsraum
Verflechtungsmatrix	Dynamische Systeme	(nicht)-lineare Differenzengleichungen
Input-Output Analyse	Dynamische Systeme	Differentialgleichungen
Modellsimulation	Zeit- und Zustandsvariablen, die jeweils diskret und/oder kontinuierlich oder hybrid sein können	Numerische Näherungsverfahren von Gleichungssystemen
Diffusionsmodelle	Parametrisches Modell	Logistische Gleichung
Szenariotechnik	Verbal ...	
Kosten-Nutzen Analyse		
Nutzwertanalyse	Min-Max Analysen	Diskrete Optimierung
Wertanalyse		

Quelle: in Anlehnung an Ludwig 1995, zum Teil erweitert

Tabelle 12: Allgemeine und Soziologische Systemtheorie: Vergleiche

	AST = Allgemeine Systemtheorie	*Soziologische Systemtheorie*
Historische Wurzel	Formale Logik, E-Technik, Mechanik, Biologie, Neopositivismus, Kybernetik, Regelungstheorie, äquifinale Systeme, algorithmische Systeme	Hegel, Marx' Kritik der Nationalökonomie, Weber, Gesellschaftstheorie, Kritische Theorie, Kommunikationstheorie
Neuere Entwicklung	Systeme fern vom Gleichgewicht, nichtlineare Systeme, Chaostheorie, Synergetik, Emergenz, Autopoiesis	Theorie der Sozialen Systeme
Systemdefinition	Grenze System/Umwelt durch Wechselwirkung, Elemente, Struktur, Variable (mengentheoretisch)	Selbstherstellungsprozesse von Elementen, System schafft seine Umwelt selbst, selbstreferentiell
Funktion	Verhalten, Abbildung Input auf Outputvariable	Spezifizierung, Differenzierung und Selektion zur Systemerhaltung
Erkenntnis-theoretischer Status	Beschreibung von Realitätsausschnitten – *deskriptiv* –	Eigenständige Entitäten mit Autopoiesis und Selbsterhaltung – *normativ* –
Kommunikation	Austausch von Information	Sinnverarbeitung
Autoren	Norbert Wiener, Ludwig von Bertalanffy, George J. Klir	Talcott Parsons, Niklas Luhmann

Damit sind im Sinne einer Nachvollziehbarkeit und Kritisierbarkeit der zwangsläufig zu treffenden Vorannahmen auch die Hauptforderungen des wissenschaftlichen Vorgehens erfüllt.

Das methodische Problem der Werte und der Bewertung liegt nicht so sehr darin, dass man keine Werte und Kriterien finden könnte (Vorschläge hierzu sind durch die Richtlinie zur Technikbewertung Nr. 3780 des VDI schon vor zehn Jahren erarbeitet worden; vgl. VDI 1991[31]), sondern darin, dass die Definition der Aufgabenstellung die Systemgrenze dessen festlegt, was bewertet werden soll. Umgekehrt bestimmt im Nachhinein die Systemgrenze wiederum in der rekursiven Anwendung der oben in den Tabelle 11 und Tabelle 12 genannten Arbeitsschritte die Aufgabenstellung selbst. Damit wechselwirken der Gegenstandsbereich und dessen Beschreibung in einer Weise, die methodisch durch die gängigen Verfahren in der Ingenieurwissenschaft und in der Technik normalerweise nicht erfasst werden.

Die verschiedenen Konzepte der Technikfolgenabschätzung unterscheiden sich naturgemäß durch ihre Auswahl des Systemtyps zur Modellierung, d.h.

31 Ein Rückblick auf die Wirkungsgeschichte dieser Richtlinie gibt Rapp 1999. Populär wurde die Technikbewertung durch das Funkkolleg „Technik einschätzen – beurteilen – bewerten“ (vgl. DIFF 1995; Hubig/Alber 1995).

durch die Richtung, in der Modellvereinfachungen vorgenommen werden, aber auch in den Kriterien für eine Bewertung der zur Frage kommenden Techniken, organisatorischen Lösungen und Folgen. Da die Nachvollziehbarkeit der Ergebnisse wohl eine unabdingbare Forderung für alle Arten der Tewchnikfolgenabsachätzung darstellt, dürften die verschiedenen Formen sich in der Gewichtung nach entscheidungsunterstützendem oder orientierendem Wissen unterscheiden.

Abschließend soll aber gesagt werden, dass Technikfolgenabschätzung, gerade da, wo sie den Einfluss zwischen Technik und Gesellschaft untersucht,[32] zwar im methodischen Kern wissenschaftlich vorgeht, selbst aber keine Wissenschaft, auch keine Wissenschaft von der Technik ist – sie setzt sie vielmehr voraus. Sie trägt zur Selbstvergewisserung der Technikwissenschaften bei, indem sie zu einer Aufklärung über die Wechselwirkung von Technik und Nicht-Technik beiträgt, aber sie ersetzt die Wissenschaftstheorie der Technik nicht.

3.2.3 Bewertungs- und Auswahlmethoden *Armin Grunwald*

Auswahl- und Entscheidungsnotwendigkeiten durchziehen den gesamten Prozess technischer Problemlösungen. Handlungsspielräume werden genutzt, um eine „optimale" Lösung zu erreichen. Auswahl- und Entscheidungsnotwendigkeiten beginnen bereits in der Formulierung des Lastenhefts und in ersten Ansätzen zu Entwürfen und Konzepten und ziehen sich bis in die Phasen der Ausarbeitung, Entwicklung und Produktion. Sie finden auf sehr unterschiedlichen Ebenen statt, die von Detailentscheidungen im Labor bis hin zu strategischen Richtungsentscheidungen reichen.

Zu einem Teil können Auswahlentscheidungen im technischen Problemlöseprozess von Ingenieuren unmittelbar auf der Basis ihres Wissens und Könnens getroffen werden, z. B. in naturwissenschaftlich-technischen Fragen wie Entscheidungen zwischen verschiedenen Werkstoffen. Hierfür ist eine eigenständige Methodik nicht erforderlich; es reicht eine nachvollziehbare Argumentation auf der Basis anerkannten Fachwissens und praktischer Erfahrungen. Anders sieht dies aus, wenn

(1) die technischen Fragen eine *systemische Komplexität* erreichen, die mittels bloßer Argumentation nicht mehr adäquat erfassbar ist, z. B. wenn technische Leistungsmerkmale von vielen und wiederum untereinander abhängigen Parametern abhängen, sodass systemische Vernetzungs- und Rückkopplungsprobleme auftreten können;

32 Zur Unterscheidung zwischen produktinduzierter, projektinduzierter, technikinduzierter und probleminduzierter Technikfolgenabschätzung vgl. VDI 1991.

(2) *außertechnische Aspekte* zur Diskussion stehen, die eine nachvollziehbare und transparente Bewertung technischer Gesamtlösungen unter gesellschaftlichen Aspekten erfordern.

In diesen Fällen bedarf das technische Problemlösen methodischer Unterstützung, um eine – jenseits des Intuitiven – „rationale“, d.h. nachvollziehbare und belastbare Bewertung in der Behandlung von Auswahlproblemen zu erhalten. Die aus der internen Komplexität der zu betrachtenden Alternativen resultierenden Anforderungen an diese Methoden werden häufig dadurch verstärkt, dass die entsprechenden Auswahl- und Entscheidungsprozesse angesichts der Vorläufigkeit und Unvollständigkeit vorliegenden Wissens mit nicht eliminierbaren Unsicherheiten umgehen müssen.

3.2.3.1 Bewertungs- und Auswahlkriterien

In dem bekannten „Werte-Oktogon“ des Vereins Deutscher Ingenieure (vgl. VDI 1991) wurden acht zentrale Wertebereiche als Kriterien für technische Auswahl- und Entscheidungsprozesse über technische Optionen identifiziert: Funktionsfähigkeit, Sicherheit, Wirtschaftlichkeit, Wohlstand, Gesundheit, Umweltqualität, Persönlichkeitsentfaltung und Gesellschaftsqualität (siehe Tabelle 13). Technische Problemlösungen sind entsprechend in der Regel mit einer Fülle von gleichzeitig zu realisierenden Zielen konfrontiert: Sie sollen funktionsfähig, sicher, effizient, kostengünstig, umweltverträglich etc. sein. Dieses komplexe Kriterienfeld gibt einen guten Eindruck von den heterogenen Anforderungen an „gute“ technische Problemlösungen – aber auch davon, dass ihre Güte nur zu einem Teil von der Erfüllung *technischer* Kriterien, zu einem anderen Teil aber von der Realisierung *außertechnischer* Erwartungen abhängt (siehe 5.1.2.5.

Innerhalb dieser Gruppe recht heterogener Zielsetzungen und entsprechender Erfolgskriterien für technische Problemlösungen bestehen verschiedene Beziehungen. Zunächst sind sie teilweise nicht klar voneinander abzugrenzen (z.B. Gesundheit, Sicherheit und Persönlichkeitsentfaltung). Darüber hinaus gibt es einerseits Instrumental- und andererseits Konkurrenzbeziehungen. So dienen Sicherheit und Umweltqualität der Gesundheit, während auf der anderen Seite Konflikte häufig unvermeidlich sind, etwa zwischen Wohlstand und Sicherheit oder zwischen Wirtschaftlichkeit und Umweltqualität. Bereits im technischen Bereich, verstärkt aber im Hinblick auf außertechnische Kriterien kommt es dabei oft zwischen verschiedenen Anforderungen zu *Konkurrenz*beziehungen. So soll z.B. die Karosserie eines Pkw einerseits möglichst leicht sein, andererseits müssen Anforderungen an die Sicherheit bei Auffahrunfällen beachtet werden. Daher müssen häufig Abwägungen auf der Basis von Bewertungen nach teils extrem unterschiedlichen Kriterien vorgenommen und dann in eine Gesamtbewertung integriert werden. Auswahl- und Entscheidungsmethoden bieten Hilfe in solchen Situationen. Basis ist dabei immer die Festlegung der im Einzelfall relevanten Kriterien, möglichst auch ihrer Gewichtung im Gesamtfeld.

Tabelle 13: Wertebereiche und Leitkriterien im Rahmen der Technikbewertung und entsprechende Konkretisierungen

Leitkriterium	*Konkrete Ausprägungen*
Funktionsfähigkeit	Brauchbarkeit, Machbarkeit, Wirksamkeit, Perfektion (Einfachheit, Robustheit, Genauigkeit, Zuverlässigkeit, Lebensdauer, technische Effizienz, Wirkungsgrad, Stoffausnutzung, Produktivität etc.)
Sicherheit	Körperliche Unversehrtheit, Lebenserhaltung von Individuum und Menschheit, Minimierung des Risikos (Betriebsrisiko, Ausfallrisiko, Missbrauchsrisiko) etc.
Wirtschaftlichkeit	Kostenminimierung, Rentabilität, Gewinnmaximierung, Unternehmenssicherung, Unternehmenswachstum, betriebliche Konkurrenzfähigkeit etc.
Wohlstand	Deckung des gesellschaftlichen Bedarfs, volkswirtschaftliches Wachstum, volkswirtschaftliche Konkurrenzfähigkeit, Beschäftigung, Verteilungsgerechtigkeit etc.
Gesundheit	Körperliches und psychisches Wohlbefinden, Steigerung der Lebenserwartung, Minimierung von gesundheitlichen Belastungen (im Berufsleben, in der privaten Lebenswelt etc.)
Umweltqualität	Landschaftsschutz, Artenschutz, Ressourcenschonung, Minimierung von Emissionen, Immissionen und Deponaten, Realisierung einer Kreislaufwirtschaft etc.
Persönlichkeitsentfaltung und Gesellschaftsqualität	Handlungsfreiheit, nachhaltige Entwicklung, Informations- und Meinungsfreiheit, Kreativität, Privatheit, informationelle Selbstbestimmung, Solidarität und Kooperation, Chance zur Teilhabe an der Gesellschaft, Chancengleichheit, kulturelle Identität, Stabilität, Transparenz etc.

Quelle: VDI 1991

Diese genannten, noch recht allgemeinen Kriterien sind für eine Nutzung im technischen Problemlöseprozess weiter zu konkretisieren und zu operationalisieren. Sie müssen zu den Parametern in Verbindung gesetzt werden, die in Entscheidungsprozessen konkret „messbar“ oder einschätzbar sind, wie z. B. Kosten, Nutzen, Ausfallwahrscheinlichkeiten, Einsatz natürlicher Ressourcen, Unfallrisiken, Emissionen, Zeitverbrauch, Personaleinsatz etc. Tabelle 13 enthält eine Aufstellung konkreterer Parameter (nach VDI 1991). Klassischerweise zählt zum Selbstverständnis der Technikwissenschaften die Orientierung an den Leitkriterien Funktionsfähigkeit, Sicherheit und Wirtschaftlichkeit. Die anderen Leitkriterien sind erst im Rahmen der gesellschaftlichen Diskussion über negative Technikfolgen und die Verantwortung von Ingenieuren hinzugekommen (vgl. Ropohl 1996).

3.2.3.2 Technische Auswahlkriterien und -methoden

Im technischen Entwurfsprozess (siehe 3.1.4) muss häufig eine Auswahl aus möglichen Optionen getroffen werden, die dann der weiteren Entwicklung zugeführt wird. Diese Auswahlentscheidungen reichen von techniknahen Details bis hin zu Systemfragen. Kriterien wie Machbarkeit, Wirksamkeit, Einfachheit, Robustheit, Genauigkeit, Zuverlässigkeit, Lebensdauer, technische Effizienz, Wirkungsgrad, Stoffausnutzung oder Produktivität spielen dabei eine Rolle. Hier geht es zunächst um die Prüfung der grundsätzlichen *technischen* Machbarkeit einer technischen Lösung (relativ zu bestimmten Randbedingungen, zu denen auch der Stand des naturwissenschaftlich-technischen Wissens gehört), sodann um die Optimierung einer Auswahl aus verschiedenen machbaren Optionen unter technischen Kriterien.

Die Machbarkeit einer technischen Lösung (*feasibility*) wird in der Regel dadurch nachgewiesen, dass das Gesamtkonzept in eine Reihe von Bausteinen zerlegt wird, deren Machbarkeit im Einzelnen bereits bekannt ist oder mit einfach(er)en technikwissenschaftlichen Mitteln (z.B. relativ rasch durchführbaren Laborversuchen oder Computersimulationen) erwiesen werden kann. Ob dann das Ganze durch konstruktiven Aufbau aus den einzelnen Bausteinen machbar ist, bedarf einer eigenen Einschätzung (in komplexen Feldern wie z.B. der Konstruktion von Kraftwerken oder Flugzeugen wurde hierfür eigens die systemtechnische Methodik entwickelt; vgl. Zangemeister 1976). Da in frühen Stadien von Forschung und Entwicklung, gerade in komplexen Fragen, eine belastbare Einschätzung der Machbarkeit oft kaum möglich ist, werden häufig eher heuristisch ausgerichtete Machbarkeitsstudien erstellt, bereits auch mit groben Kostenschätzungen (siehe unten). Beispiele zeigen, dass es hierbei in beiden Richtungen zu erheblichen Fehleinschätzungen kommen kann. So wurde vor ca. 50 Jahren für den Anfang des 21. Jh.s mit der technischen Beherrschung der Kernfusion gerechnet, während man dies heutzutage nicht vor der Mitte des Jahrhunderts erwartet. Umgekehrt kam für viele der Fortschritt in der Chip-Technologie der letzten zwei Jahrzehnte erheblich schneller als erwartet. Einschätzungen dieser Art bedürfen langjähriger Erfahrung und sind daher oft Gegenstand von Expertenbefragungen. Allerdings neigen Experten oft dazu, die Geschwindigkeit des Fortschritts zu über- und die Hemmnisse zu unterschätzen. Denn die technische Problemlösung muss nicht „prinzipiell“, sondern verlässlich funktionieren, das unter gerade häufig nicht mehr kontrollierbaren Umweltbedingungen, und sie muss qualitätsgesichert und auch noch wirtschaftlich sein. Der notwendige und oft mühsame Weg aus dem Labor in die Praxis ist es häufig, der einen ganz erheblichen Aufwand und damit auch Zeit erfordert und der zunächst optimistische Einschätzungen oft deutlich korrigiert.

Zu den technischen Auswahlkriterien gehören über die Machbarkeit hinaus auch Sicherheits- und Risikofragen. Die Beachtung sozialer Kriterien wie der Sicherstellung der körperlichen Unversehrtheit (z.B. am Arbeitsplatz) und die Minimierung verschiedener Risikotypen (Betriebsrisiko, Ausfallrisiko, Missbrauchsrisiko) gehören zum Berufsbild des Ingenieurs und zum Selbstverständnis der Technikwissenschaften. Der Umgang mit technischen Risiken gehörte immer schon zur Technikentwicklung. So ist auch der Ansatz der Risikoanalyse aus der *technischen* Sicherheitsforschung hervorgegangen (vgl. Fritzsche 1986). Um Sicherheitsstandards (z.B. am Arbeitsplatz, beim Nutzer oder bei Betroffenen) zu erfüllen und z.B. staatliche Zulassungen zu erreichen, müssen bestimmte Nachweise geführt werden, zu deren Zweck technische Verfahren der Risikoerfassung und -bewertung entwickelt wurden. Das ganze TÜV-Wesen, staatliche Zulassungsverfahren für besondere Anlagen (z.B. kerntechnischer Art) und Normierungen über Sicherheitsstandards dienen der möglichst weitgehenden Sicherstellung des technischen Funktionierens. Ein wesentlicher Anlass für die Institutionalisierung von Sicherheitsstandards im technischen Bereich waren häufige und schwere Dampfkesselexplosionen im 19. Jh. als ein eklatanter Missstand der raschen Technisierung.

Risiko, mathematisch-ökonomisch häufig aufgefasst als Produkt aus Schadenswahrscheinlichkeit (z.B. Eintrittswahrscheinlichkeit eines Störfalls) und der Schadenshöhe (ausgedrückt in der Regel in Geldeinheiten), wird in technikwissenschaftlichen Risikoanalysen quantitativ zugänglich gemacht und auf diese Weise „objektiviert". Dann können technische Problemlöseoptionen nach verschiedenen Risikogrößen und -typen unterschieden und entsprechende Auswahlprozesse durch Risikovergleiche darauf aufgebaut werden. Sind auch noch Nutzenwerte quantifiziert (siehe dazu 3.2.3.3), so können Risiko-Nutzen-Abwägungen durchgeführt und für Entscheidungszwecke und Auswahlprozesse brauchbar gemacht werden.

Belastbare Aussagen über technische Risiken bedürfen zunächst einer *Schwachstellenanalyse* der in Frage kommenden technischen Problemlösungen. Schwachstellenanalysen basieren auf technikwissenschaftlicher Erfahrung in der Praxis, aus Laborversuchen und zunehmend aus Simulationen (z.B. durch die Simulation von Crash-Tests; siehe 3.2.4). Basis bildet häufig das Wissen über Funktionsprobleme und Ausfallwahrscheinlichkeiten auf Bauteil- oder Komponentenebene. Zur Bewertung der Folgen des Ausfalls einzelner Bauteile gehört Wissen über die Auswirkungen dieser Fehler und die Fehlerfortpflanzung in dem zu bewertenden technischen Entwurf. Dies erfolgt durch Erstellung von *Relevanzbäumen* und kann graphentheoretisch dargestellt werden (vgl. Schneeweiß 1991, S. 22 ff.). Die gegenseitige Beeinflussung verschiedener Fehlerquellen kann durch *Verflechtungsmatrix-Analysen* (*cross-impact analysis*) erfasst werden. *Fehlerbaumanalysen* führen diese Informationen zur Erstellung von Typologien möglicher Schadensfälle und resultierender Sicherheitsrisiken zusammen. Durch *Bedingungsanalysen* kann die Gesamtwahrscheinlichkeit des Versagens eines technischen Systems aus den Teilwahrscheinlichkeiten des Ausfalls von Komponenten unter Berücksichtigung der systemischen Verknüpfung der Komponenten berechnet werden. Umgekehrt kann in der *Störfallablaufanalyse* die Fortpflanzung eines Komponentenausfalls untersucht werden. Auf diese Weise kann das Gesamtrisiko einer technischen Problemlösung berechnet werden, letztlich basierend auf dem Wissen über Ausfallwahrscheinlichkeiten auf Komponenten- oder Bauteilebene und die Fehlerfortpflanzung im System.

Risikovermeidungsstrategien im Rahmen eines Risikomanagementsystems können entweder an der Quelle ansetzen (dann muss detailliertes Wissen über die Fehlerquellen und -ursachen vorhanden sein), oder es kann der Ausfall von Bauteilen und Komponenten durch technische Redundanzen und Sicherheitssysteme „eingekapselt" werden, um den Ausfall von einzelnen Bauteilen auf anderen Ebenen des technischen Entwurfs zu kompensieren. In komplexen Systemen bedarf diese Thematik einer eigenen Sicherheitsarchitektur. So wird z. B. in den Entwürfen autonomer Roboter eine „Kontrollarchitektur" eingebaut, die in unvorhergesehenen Fällen zu einer Abschaltung führt. Es gibt allerdings Zweifel, ob in komplexen technischen Systemen überhaupt alle möglichen Risiken vorab zu erkennen sind (vgl. Perrow 1987). Insbesondere in Software-Systemen ist es häufig nicht mehr möglich, alle denkbaren Programmpfade in Tests vor der Abnahme durchzuspielen.

Die technikwissenschaftliche, auf Wahrscheinlichkeitsrechnungen beruhende Risikoanalyse wurde vor allem zusammen mit dem forcierten Ausbau der Kernenergie in den sechziger Jahren entwickelt. Dieser Ansatz stieß jedoch auf mehrere prinzipielle Grenzen (vgl. dazu Adam 1996, S. 238 ff.). So liegen für viele Risikobewertungen neuer Technologien quantitative Erfahrungen weder für das Eintreten von Störfällen vor, noch können Schadenshöhen quantitativ angegeben werden. Wenn trotzdem Quantifizierungen versucht werden, ist es leicht, sie als beliebig, subjektiv gefärbt oder gar schönfärberisch zu kritisieren. Weiterhin sind unerwartete Ereignisse an der Mensch-Maschine-Schnittstelle („menschliches Versagen") nicht mit Wahrscheinlichkeiten belegbar (man denke an den Ablauf des Reaktorunfalls in Černobyl). Schließlich hat sich, vor allem in der Diskussion um die Risiken der Kernenergie, gezeigt, dass dieses „objektive" Risiko-Konzept im Krisenfall nicht brauchbar war, denn die betroffene Öffentlichkeit ließ sich durch die „objektiven" Zahlenwerte nicht beeindrucken. Obwohl Kernenergie unter Kriterien der technischen Risikoanalyse als nicht problematisch erschien, versagte die Gesellschaft ihr die Akzeptanz vor allem aus Gründen *wahrgenommener* Risiken. Dies war Anlass, sozialwissenschaftliche und psychologische Ansätze zum Risiko in die Risikoanalyse zu integrieren und sich dem Phänomen der Risikokommunikation zuzuwenden (vgl. Banse/Bechmann 1998).

3.2.3.3 Wirtschaftliche Auswahlkriterien und -methoden

Technische Entwürfe müssen frühzeitig auf ihre zu erwartende Wirtschaftlichkeit hin bewertet werden, da sie sich in der Regel unter Wettbewerbsbedingungen auf einem Markt gegen Konkurrenz durchsetzen müssen. Trifft dies auf technische Produkte wie Automobile oder Mobiltelefone direkt zu, so gilt es indirekt auch z.B. bei der Verkehrsinfrastruktur, der Errichtung von Gebäuden oder bei technischen Großprojekten wie Staudämmen. Dort spielt sich der Wettbewerb in der Ausschreibungsphase ab, wobei von den teilnehmenden Firmen nicht nur technische Entwürfe zur Problemlösung und Ausgestaltung der Erwartungen verlangt werden, sondern auch Angaben zu Kosten und Wirtschaftlichkeit. Kostenberechnungen technischer Entwürfe – d.h. noch nicht existierender Produkte, Anlagen oder technischer Großprojekte – müssen dabei über den gesamten Lebenszyklus vorgenommen werden. Sie setzen sich zusammen aus

- *Entwicklungskosten* (Kosten aus der Entwurfsphase, eventuell notwendigen Forschungsarbeiten, Konstruktion, Konzeption und Durchführung von Tests, gegebenenfalls Erstellung eines Prototypen, Serientests);
- *Produktionskosten* (Herstellungskosten in Form von Kosten für Materialien, Energie und Personaleinsatz, Erstellung oder Anpassung von Produktionsanlagen, Qualitätssicherung, Erstellung von Bedienungshandbüchern, gegebenenfalls Schulung von Betreuungspersonal);
- *Beratung, Marketing* und *Vertrieb* (gegebenenfalls);
- *Betriebskosten* (Energie- und Materialbedarf im Betrieb, Kosten für laufende Überwachung, Tests im laufenden Betrieb – z.B. ICE, Flugzeuge –, Instandhaltung von Bauwerken, Wartung, Reparaturen, Kundenbetreuung);
- *Entsorgungskosten* (eventuell notwendige Rückstellungen für die Entsorgung wie für die Endlagerung abgebrannter Kernbrennstäbe; Vorsorge zur Realisierung von Rücknahmeverpflichtungen, z.B. von Altautos oder Elektrogeräten).

In Auswahlprozessen zwischen mehreren technischen Optionen spielen Aussagen zur Wirtschaftlichkeit eine entscheidende Rolle. Dafür wird in der Regel die betriebswirtschaftliche *Wirtschaftlichkeitsrechnung* eingesetzt. Wie in der Risikoanalyse das Gesamtrisiko aus den (bekannten oder leichter einschätzbaren) Ausfallwahrscheinlichkeiten und Schadenspotenzialen auf Komponentenebene aggregiert wird, so werden in der Wirtschaftlichkeitsrechung die erwartbaren

Gesamtkosten aus Kennzahlen für Teilsysteme, Komponenten oder Bauteile sowie deren Aggregation im Gesamtsystem errechnet. Hinzu kommen die erwähnten Kosten über den gesamten Lebenszyklus. Häufig sind dabei Vergleiche erforderlich, die sich nicht nur auf die reinen Kosten etwa unterschiedlicher Materialien beziehen (z.B. Aluminium im Automobil versus innovative Stahllegierungen), sondern die die jeweiligen Folgekosten über den Lebenszyklus beachten (z.B. die besonderen Anforderungen in der Bearbeitung von Aluminium). Dies zeigt, dass in der Erstellung von Vergleichen unter Kosten- und Wirtschaftlichkeitsaspekten eine enge Kooperation zwischen Ingenieuren und Betriebswirten erforderlich ist. Betriebswirtschaftliche Modelle und Verfahren zur Kosteneinschätzung gehören zum Standardrepertoire auch von Ingenieuren.

In diese Kostenschätzungen gehen jeweils auch Annahmen über *zukünftige* Entwicklungen ein, insofern es sich um Bewertungen von noch nicht realisierten *Entwürfen* von Technik handelt. Neben dem bekannten Effekt, dass solche Kostenschätzungen unter erheblichen Unsicherheiten erfolgen und häufig, besonders bei Großprojekten, weit unter der dann real eintretenden Größenordnung der Kosten liegen, stellt sich das methodische Problem, Kosten von technischen Entwicklungen einzuschätzen, die erst am Anfang stehen und für die verlässliche Erfahrungswerte noch nicht vorliegen. Eingeschätzt werden muss in derartigen Fällen insbesondere, wie sich andeutungsweise bereits erkennbare Kosten in der weiteren Zukunft entwickeln werden. Erfahrungsgemäß sinken die Kosten pro Einheit beim Übergang in die Massenfertigung ganz erheblich. Durch Routine, Effizienzsteigerungen in der Massenfertigung und Lerneffekte im Umgang mit der betreffenden Technologie kann erheblich preisgünstiger hergestellt werden, als dies in der Phase der ersten Prototypen oder Demonstratoren der Fall ist. Durch diesen Effekt können sich Wettbewerbsvorteile älterer und -nachteile innovativer Technologien auflösen oder sogar in ihr Gegenteil umkehren. Gegenwärtig findet im Bereich der erneuerbaren Energien eine Diskussion statt, ob und wann bestimmte Technologien (wie die Photovoltaik), die heute noch weit von der Konkurrenzfähigkeit entfernt sind, mit anderen erneuerbaren oder mit traditionellen Energietechnologien konkurrieren können.

In der *Kosten-Nutzen-Analyse* (vgl. Schneeweiß 1991, S. 74ff.) wird versucht, alle relevanten Entscheidungsgrößen – die „Kosten" genauso wie die „Nutzen" – in Geldeinheiten zu erfassen und zu bilanzieren. Dabei können prinzipiell auch „externe" Effekte bedacht werden wie z.B. Risiken für die menschliche Gesundheit oder die natürliche Umwelt – allerdings müssen entsprechende Schäden letztlich in Geldeinheiten angegeben werden (zu den Problemen siehe 3.2.3.5).

3.2.3.4 Ökologische Auswahlkriterien und -methoden

Umweltaspekte sind in den Technikwissenschaften von Beginn an wenigstens in Ansätzen beachtet worden. Zumindest die Ressourcenseite hat in technischen Problemlösungen immer eine Rolle gespielt, zum einen in Bezug auf die Verfügbarkeit von Rohstoffen in Form von Materialien und Energie, zum anderen über Effizienzüberlegungen der bestmöglichen Ausnutzung der natürlichen Ressourcen (wenngleich dabei das treibende Argument häufig eher Kosten- als genuine Umweltschutzüberlegungen waren). Dagegen sind Emissions- und Entsorgungsaspekte technischer Anlagen und Produkte erst im Zuge der verstärkten Beachtung von Umweltfragen seit den sechziger und siebziger Jahren des 20. Jh.s systematisch als Bewertungskriterien durch die Technikwissenschaften aufgenommen worden. Ökologische Bewertungen von technischen Problemlösungen können sich auf einzelne Verfahren, Produkte oder Anlagen bzw. auf Gruppen von ihnen beziehen, mit dem Ziel der methodischen und transparenten Unterstützung der Auswahl zwischen mehreren möglichen Problemlösungsoptionen unter Umweltkriterien. Im Folgenden werden die Umweltverträglichkeitsprüfung, die Ökobilanz, die Lebenszyklusanalyse und die Stoffstromanalyse als Methodenbeispiele kurz vorgestellt.

Umweltverträglichkeitsprüfung (UVP, Environmental Impact Assessment, EIA)

UVP zielen auf die Erfassung und Bewertung der Auswirkungen konkreter technischer Vorhaben z.B. im Straßenbau oder beim Bau großtechnischer Anlagen wie Fabriken oder Kraftwerke. Sie stellen geregelte und in vielen Ländern gesetzlich vorgeschriebene Verfahren dar, die vor einer Genehmigung des betreffenden Vorhabens, d.h. in der Planungsphase durchlaufen werden müssen (vgl. Schoenenberg 1993). Teils müssen sie auch auf umweltrelevante Pläne und Programme wie Raumordnungspläne, Verkehrsplanungen oder Förderprogramme für Wissenschaft und Technik angewendet werden. UVP wurden bereits 1973 in den USA für bestimmte Vorhabenstypen vorgeschrieben und in den achtziger Jahren sukzessive durch die Europäische Union in den Mitgliedsländern verankert. Sie gehören mittlerweile zum Stand der Planung technischer Anlagen.

Lebenszyklusanalyse (Life Cycle Assessment, LCA und Ökobilanzierung)

In der Bewertung technischer Produkte unter Aspekten der Umweltverträglichkeit muss der gesamte Lebenszyklus betrachtet werden. Jedes technische Produkt führt die ökologischen Belastungen („Rucksäcke") mit sich, die auf dem gesamten Weg seiner Herstellung angefallen sind. Und auch in der anderen Richtung müssen entsprechende Belastungen berücksichtigt werden: *Nach* der

Nutzung fallen ökologische Belastungen durch die Entsorgung an. Die Ökobilanzierung stellt eine Standardisierung der Lebenszyklusanalyse dar. Sie soll die durch Produkte, Prozesse, Verfahren, Anlagen oder Dienstleistungen verursachten Umweltbelastungen in möglichst objektivierter Weise über den gesamten Lebenszyklus erfassen. Ökobilanzen dienen der Einschätzung der Umweltverträglichkeit von z.B. Produkten oder Anlagen *im Vorhinein* und werden daher z.B. in den UVP eingesetzt. In der DIN EN ISO Norm 14040 „Umweltmanagement – Ökobilanz. Prinzipien und allgemeine Anforderungen" liegt eine weltweit gültige Standardisierung vor, welche einen Rahmen für die Durchführung vorgibt. Danach besteht eine Ökobilanz aus Zieldefinition, Sachbilanz, Wirkungsbilanz und Auswertung (vgl. Rubik 1999). Zur Zieldefinition gehören die Festlegung des Untersuchungsumfanges und der Untersuchungsziele. Zur Sachbilanz gehören die Aufstellung einer Stoff- und Energiebilanz für jeden einzelnen Prozess innerhalb der Systemgrenzen, die Prüfung dieser Prozesse auf die Einhaltung von Umweltstandards und die Aggregation der Stoff- und Energiebilanz für die gesamte Produktlinie. Unter der Produktlinie versteht man die Darstellung sämtlicher relevanter Prozesse aus dem Lebenszyklus, d.h. vom Rohstofflager bis hin zur Abfalldeponie. Wichtig kann dabei auch die Berücksichtigung von Transportprozessen und des dabei anfallenden Energieverbrauchs sein – dies ist z.B. für die Streitfrage, ob Einweg- oder Mehrwegverpackungen umweltfreundlicher sind, entscheidend. In der Wirkungsbilanz werden die an der Produktlinie beteiligten Stoffe und Energien auf Kriterien der Umweltverträglichkeit bezogen und danach gewichtet und bewertet. Auch die Identifizierung von ökologischen Schwachpunkten in einer Prozesskette und die Ableitung von Prioritäten für notwendige Veränderungen können zu den Ergebnissen gehören. Ökobilanzen erlauben nicht, eine *absolute* Umweltverträglichkeit festzustellen, sondern liefern vergleichende Aussagen.

Stoffstromanalyse

Stoffstromanalysen haben das Ziel, den Stoff- und Energieeintrag wie auch den Verbleib der ein- bzw. umgesetzten Stoffe in einem definierten Untersuchungssystem zu identifizieren (qualifizieren) und im Weiteren zu quantifizieren. Hierbei sind innerhalb der Bilanzgrenzen sämtliche wesentlichen Verzweigungen und Umwandlungen im Stoffstrom zu identifizieren, wobei sowohl die Stoffströme der benötigen Ressourcen als auch die zu erwartenden Emissionen oder Abfallprobleme zu beachten sind. Themen sind häufig langfristige und schleichende Einträge von Emissionen, z.B. von Schwermetallen oder persistenten organischen Verbindungen in die natürlichen Umweltmedien (Luft, Boden, Wasser) und ihre Auswirkungen, dort oder eben die Einbringung von solchen problematischen Stoffen in die direkte Umgebung des Menschen (z.B. in Baustoffe; vgl. Baccini/Bader 1996). Stoffstromanalysen können abhängig von der Fragestellung eigenständige Untersuchungen oder Teil anderer Untersuchungsmethoden sein, wie z.B. Teil von Ökobilanzen (siehe oben) oder von systemanalytischen Untersuchungen mit erweiterten Untersuchungsgrößen (z.B. Berücksichtigung ökonomischer Aspekte).

3.2.3.5 Entscheidungsanalytische Aggregationsverfahren

Entscheidungen über technische Problemlösungen sind in der Regel von mehreren Kriterien abhängig. Diese Kriterien wie Risiko, Kosten oder Umweltaspekte sind in der Regel sehr heterogen, sie haben fallspezifisch verschiedene Gewichte in einer Gesamtbewertung und es können Konkurrenzbeziehungen untereinander bestehen. Eine besondere Herausforderung besteht also darin, die verschiedenen Bewertungen unter dem genannten Kriterienbereich zu einer Gesamtbewertung zusammenzuführen, die dann Grundlage einer Entscheidung sein kann. Hierzu sind eine Reihe von entscheidungsanalytischen Verfahren entwickelt worden, die sämtlich versuchen, den Aggregationsprozess möglichst rational und nachvollziehbar zu machen (vgl. Adam 1996, S. 412ff.; Bechmann 1978; Schneeweiß 1991; Zangemeister 1976).

Entscheidungsanalytische Verfahren beruhen auf der Bewertung von Optionen nach verschiedenen, zunächst getrennten Bewertungskriterien und deren anschließender Gewichtung und Aggregation zu einer Gesamtbewertung. Zunächst muss die Auswahl der (sozio-)technischen Optionen, die zur Bewertung anstehen, abgeschlossen sein. Sodann sind die Bewertungskriterien aufzustellen, unter denen die Optionen abgebildet und bewertet werden sollen. Weiterhin ist hinreichendes Wissen über die zu erwartenden Eigenschaften und Folgen der zu betrachtenden Optionen erforderlich. Hierzu gehören z.B. Risiken, Kosten, mögliche Nebenfolgen, aber auch die erwartbare Nutzenmehrung bzw. der Nutzenentzug. Diese „Folgendimensionen" müssen in Form von Nutzwerten für jede Option unter jedem Bewertungskriterium quantifiziert werden. Schließlich müssen für die ausgewählten Kriterien Gewichtungen vereinbart werden, damit die Aggregation der jeweiligen Nutzenwerte zu einem Gesamtnutzen für jede Dimension erfolgen kann.

Sofern alle Kriterien funktional voneinander unabhängig und nicht redundant sind, ist die optimale Option diejenige mit dem Maximum des Gesamtnutzens. Der Gesamtnutzen ergibt sich als Summe der Einzelnutzen, summiert über alle Kriterien. Die Einzelnutzen selbst stellen die Produkte der einzelnen Nutzwerte multipliziert mit der Gewichtung für das jeweilige Kriterium dar (durchgespielte Anwendungsfelder finden sich zu Entsorgungseinrichtungen in Schneeweiß 1990, S. 14 ff., und zu Transporteinrichtungen in Adam 1996, S. 414 ff.; letzteres auch in der Absicht, auf die Grenzen der Methodik und mögliche Fehler aufmerksam zu machen).

Im Rahmen dieser *Nutzwertanalyse* (oder *scoring method*) gibt es eine Reihe von unterschiedlichen Verfahren wie die *Multi-Kriterien-Analyse* oder die *multiattributive Entscheidungsanalyse* mit weiteren Verfeinerungen der Methodik, z. B. im Hinblick auf die Erfassung und Verarbeitung der Daten. Mit Mitteln der *Fuzzy-Logik* wird versucht, weiche und abgestufte Bewertungen zu ermöglichen (vgl. Adam 1996, S. 421 ff.). Weiterhin können Mindestbedingungen pro Bewertungskriterium eingebaut werden; das Verfehlen dieser Mindestbedingung wäre dann ein k. o.-Kriterium für die betreffende Option, auch wenn sie unter anderen Kriterien gut abschneidet. Auf diese Weise kann die gegenseitige Ersetzbarkeit guter und schlechter Teilbewertungen begrenzt werden. Durch *Sensitivitätsanalysen* kann der Einfluss der einzelnen Nutzenbeiträge und der Gewichtungen der Kriterien überprüft werden. Sie zwingen dazu, die jeweiligen Ausgangseingaben zu überprüfen und die Robustheit der Ergebnisse zu testen.

Bei der Anwendung dieser Methoden hängen die Ergebnisse stark von den Eingangsannahmen ab. Die üblicherweise in Lehrbüchern angegebenen Anwendungsvoraussetzungen wie „Der Erfolgsbeitrag einer Entscheidung muss sich richtig prognostizieren lassen“ (Adam 1996, S. 145) sind in praktischen Fragen in der Regel *gerade nicht* erfüllt. Unsicherheiten und Schätzwerte ersetzen zwangsläufig gesichertes Wissen. Auch von den Gewichtungen hängen die Ergebnisse stark ab: Durch Variation der Gewichte können die Ergebnisse hin und her geschoben werden. Schließlich ist angezweifelt worden, ob angesichts der Verschiedenartigkeit der einzelnen Messskalen die vorgeschlagenen Rechenoperationen methodisch überhaupt zulässig sind (siehe 4.2.3.1). Unter Beachtung dieser Grenzen ist die Nutzwertanalyse nicht so sehr ein Ansatz zur algorithmisierten Feststellung einer „optimalen“ Option der Problemlösung, sondern eher ein Hilfsmittel zur Erzeugung von Transparenz in komplexen Entscheidungssituationen. Sie gibt Hinweise, welche Folgen die Annahme welcher (positiver oder negativer) Nutzen und welcher Gewichtungen hat und hat damit sowohl aufklärenden als auch heuristischen Wert.

3.2.3.6 Gesellschaftliche Technikbewertung

In der Folge der gesellschaftlichen Diskussionen über Technikfolgen – insbesondere über großtechnische Unfallgefahren, über den lokalen und globalen Wandel der natürlichen Umwelt durch menschlichen Einfluss sowie über ethische Herausforderungen durch die biomedizinischen Techniken – wurde klar, dass technische Optionen einer über die klassische technikwissenschaftliche Sicht hinausgehenden Analyse und Bewertung bedürfen und dass die Verantwortung der Technikwissenschaften über die Sorge um das Funktionieren von Technik weit hinaus reicht (siehe 2.3.3.7). Konzepte der Technikbewertung (vgl. Ropohl 1996; VDI 1991) und der Technikfolgenabschätzung (vgl. Grunwald 2002b) haben diese Herausforderungen auf verschiedene Weise in wissenschaftliche und praktische Verfahren umgesetzt. Technikbewertung auf gesellschaftlicher Ebene zielt dabei auf die Beratung von Entscheidungsträgern in Bezug auf anstehende Entscheidungen über Technik selbst oder über die „soziale Seite" der Technik (z.B. Regulierungen wie Sicherheits- oder Umweltstandards). Adressaten können sein die Politik (vgl. Petermann 1991), die Wirtschaft (vgl. Malanowski/Krück/Zweck 2001) oder die allgemeine Öffentlichkeit.

Technikbewertung ist grundsätzlich inter- und häufig auch transdisziplinär auszulegen (siehe 4.1.1.2): Zusätzlich zu der unverzichtbaren technischen Expertise (etwa in Bezug auf Input-Output-Verhältnisse technischer Systeme) müssen die mit den gesellschaftlichen Dimensionen des Einsatzes der zu bewertenden Techniken befassten Disziplinen beteiligt werden. Dies sind vor allem die Wirtschafts-, Sozial- und Rechtswissenschaften bis hin zur Ethik. Unter Technikbewertung wird „das planmäßige, systematische, organisierte Vorgehen verstanden,

- das den Stand einer Technik und ihre Entwicklungsmöglichkeiten analysiert,
- unmittelbare und mittelbare technische, wirtschaftliche, gesundheitliche, ökologische, humane, soziale und andere Folgen dieser Technik und möglicher Alternativen abschätzt,
- aufgrund definierter Ziele und Werte diese Folgen beurteilt oder auch weitere wünschenswerte Entwicklungen fordert,
- Handlungs- und Gestaltungsmöglichkeiten daraus herleitet und ausarbeitet" (VDI 1991).

In diesen Prozessen der Technikfolgenabschätzung und Technikbewertung sind Experten aus den betroffenen wissenschaftlichen Disziplinen, aber vielfach auch aus der Praxis erforderlich. Häufig reichen Expertenrunden und entsprechende Projekte jedoch nicht aus, sondern es ist häufig sinnvoll oder notwendig – da in Bewertungen *gesellschaftliche* Werte einzubeziehen sind – betroffene Bürger, organisierte Interessengruppen (Stakeholder), politische Entscheidungsträger oder zivilgesellschaftliche Akteure zu beteiligen. *Partizipative Technikfolgenabschätzung* involviert die Beteiligten und Betroffenen in den Prozess (vgl. Renn/Webler 1998). Entsprechende Konzepte zielen vor allem auf die Durchführung organisierter „Diskurse" mit allen Betroffenen, in denen zunächst die Meinungsunterschiede thematisiert und ihre Gründe analysiert sowie ungleiche Informationsstände ausgeglichen werden. Durch verschiedene Formen von Moderation, Schlichtung oder Mediation wird sodann versucht, zu einem Kompromiss oder Konsens zu gelangen, der von allen Beteiligten akzeptiert wird. In diesen Verfahren spielen die Gestaltung des Prozesses und die Sicherstellung essentieller Merkmale wie Fairness, Ausgewogenheit, Repräsentativität der Teilnehmer sowie Heranziehung des relevanten Wissens eine entscheidende Rolle. Technikwissenschaftliche Expertise ist dabei in der Regel unverzichtbar.

Aufgrund der hohen Anforderungen an gesellschaftliche Technikbewertung wie Ausgewogenheit und Nachvollziehbarkeit und wegen der möglicherweise weit reichenden Folgen solcher Bewertungen für die weitere technische Entwicklung bedarf es ausgefeilter und zielführender Methoden, die auch – angesichts der normativen Sensibilität vieler Technikfolgenfragen – ein Höchstmaß an Transparenz erlauben müssen (vgl. Decker/Ladikas 2004). In der Technikbewertung werden häufig mehrere Methoden kombiniert und die Ergebnisse in Form von *Szenarien* gebündelt. Szenarien sind ein Instrument, um mit den Unsicherheiten zukünftiger Entwicklungen umgehen und Gestaltungsaspekte berücksichtigen zu können. Szenarien sind „mögliche Zukünfte": Ein Szenario ist ein Satz von Ausprägungen verschiedener Deskriptoren (Beschreibungsgrößen), der eine zukünftige Situation sowie die Ereignisse auf dem Weg dorthin und deren zeitlichen Ablauf beschreibt. Die Szenarienbildung geht üblicherweise vom gegenwärtigen Stand der Entwicklung aus und versucht, treibende Faktoren (*driving forces*) zu identifizieren, die die zukünftige Entwicklung beeinflussen könnten. Durch unterschiedliche Annahmen bezüglich der Richtung dieser treibenden Faktoren, und konsistente Kombination solcher Annahmen für verschiedene treibende Faktoren können dann unterschiedliche Szenarien entwickelt werden. Dies erfolgt unter der recht strengen, freilich nur schwer nachprüfbaren methodischen Restriktion von *Widerspruchsfreiheit und Konsistenz.* Der Einbau von Prognosewissen aus Trendextrapolationen oder Modellierungen ist dabei genauso möglich wie die Integration von Bewertungen und Relevanzentscheidungen, von Risikoanalysen (siehe oben) oder von technikwissenschaftlichen Einschätzungen der Machbarkeit bestimmter Optionen. „Weiche" Begründungen, z.B. durch organisatorisches Wissen zur Durchführung von Großprojekten, durch ingenieurwissenschaftliche Erfahrung über die zu erwartenden Realisierungszeiträume technischer Entwicklungen, durch Expertenaussagen zu Fragen der Realisierbarkeit oder durch betriebswirtschaftliche Erfahrung hinsichtlich der Kosten von Großprojekten, können ebenfalls berücksichtigt werden. Auch das Wissen um Rahmenbedingungen, Megatrends, bestimmte vorgegebene Fristen in Planfeststellungsverfahren oder andere Regulierungen technischer Entwicklungen kann in entsprechende Szenarien und damit in die betreffenden Entscheidungen und Pläne eingehen. Szenarien haben sich einerseits wegen dieser integrativen Möglichkeiten und andererseits wegen ihrer Konzeptualisierung einer offenen Zukunft zu einem wesentlichen Instrument der Technikbewertung entwickelt.

3.2.3.7 Methodische Querschnittsprobleme

In der Technikbewertung im Rahmen von Konstruktions-, Entwurfs- und Planungsprozessen treten eine Reihe von methodischen Problemen durchgängig auf, die umso schwerwiegender werden, je stärker nichttechnische Kriterien eine Rolle spielen. Hier sind insbesondere die folgenden zu nennen:

(1) *Systemabgrenzung*

Da es unmöglich ist, das Spektrum der Folgen und Implikationen einer technikbezogenen Entscheidung *vollständig* zu betrachten, so muss der Gegenstandsbereich für eine konkrete Auswahl oder Bewertungsaufgabe jeweils im Einzelnen festgelegt werden. Im Beispiel der Ökobilanz (siehe oben) kann schon bei einem einfachen technischen Produkt die Kette der Vorprodukte und -prozesse ganz erhebliche Ausmaße annehmen, viel mehr noch bei komplexeren Produkten wie etwa einer Waschmaschine oder eines Automobils. Angesichts der Begrenzungen der zeitlichen und finanziellen Ressourcen müssen Entscheidungen darüber getroffen werden, wie weit man das betrachtete Problem in inhaltlicher, zeitlicher und räumlicher Dimension einschränken will. Die Eingrenzung des betrachteten Systems ist unvermeidlich, aber riskant: Es besteht die Gefahr des Außer-Acht-Lassens relevanter Aspekte.

(2) *Probleme der Quantifizierung*

In allen quantitativen Verfahren stellt sich die Frage nach der Objektivität der Quantifizierung selbst. Beispiele für diese Problematik sind Fragen nach dem Geldwert einer seltenen Krötenart oder eines Singvogels im Vergleich zu dem erwarteten wirtschaftlichen Nutzen des Baus einer Straße durch ihren Lebensraum. Auch der Wert von subjektivem Wohlbefinden als Technikfolge über erhöhten Komfort oder eines Verlustes von ästhetisch ansprechender Landschaft durch Ansiedlung eines Gewerbegebietes lässt sich erkennbar kaum quantifizieren. Besonders drastisch wird dies, wenn z.B. in der ökonomischen Modellierung der Auswirkungen eines Klimawandels Menschenleben mit Geldeinheiten versehen werden, die Kalkulationen in der Versicherungswirtschaft entnommen sind. Die quantitative Bewertung von Menschenleben und Lebensqualität stößt auf erhebliche ethische Probleme. Sobald derartige Probleme in den Blick kommen, verlieren quantitative Verfahren ihren objektivierenden Charakter und können sogar die „eigentlichen" Bewertungsprobleme verschleiern.

(3) *Unsicherheiten des Zukunftswissens*

In allen Auswahlentscheidungen werden Annahmen über die Zukunft gemacht: über geschätzte Entwicklungs- und Produktionskosten, Nachfrage und Marktpotenziale, gesellschaftliche und politische Rahmenbedingungen, Konkurrenzsituationen, Verfügbarkeit von Ressourcen etc. Angesichts der Offenheit der Zukunft und der Begrenztheit des Wissens über die Zukunft (vgl. Grunwald 2002b, Kap. 8) gehen auf diese Weise zwangsläufig Unsicherheiten in die Entscheidungsprozesse ein.

(4) *Integration und Aggregation*

Technikentscheidungen erfolgen unter Berücksichtigung von Kriterien und Bewertungen aus ganz verschiedenen Bereichen, die teilweise nichts miteinander zu tun haben, die sich aber auch teilweise widersprechen können. Hier besteht ein Aggregations- und Integrationsproblem von erheblicher Komplexität, dessen Lösung in modernen Gesellschaften nur durch entsprechende Bewertungs*verfahren* möglich ist. Multikriterielle Verfahren versuchen, Probleme dieser Art durch Quantifizierungen, Rankings oder Fuzzy Logic in den Griff zu bekommen (siehe 3.2.3.5). Die Möglichkeiten einer wissenschaftlichen Lösung dieses Problems sind jedoch eher gering. Hierbei handelt es sich um ein Feld, in dem es keine abschließenden Lösungen gibt und wohl auch nicht geben kann, weil die Art und Weise, wie diese Integrationen vorgenommen werden, auch mit entsprechenden gesellschaftlichen und politischen Meinungsbildungs- und Entscheidungsprozessen verbunden sind, die zur Kultur und Tradition einer Gesellschaft gehören.

3.2.4 Computereinsatz bei Gestaltungsmethoden *Irene Krebs*

3.2.4.1 Problembeschreibung

In der aktuellen Diskussion um zukünftige Anforderungen einerseits sowohl an Produktionsunternehmen als auch an öffentliche Verwaltungen und Dienstleistungseinrichtungen und andererseits um Erfolgskriterien im globalen Wettbewerb werden immer wieder Organisationskonzepte entworfen, die in hohem Maße auf Möglichkeiten der Informationstechnologie aufbauen. Als ein Beispiel dafür kann das Konzept der virtuellen Organisation angeführt werden, das auch auf einer informationstechnischen Vernetzung beruht. Gleichermaßen werden aber auch Informationstechnologien als wettbewerbskritisch eingeschätzt, die ihrerseits wiederum neue Organisations- und Gestaltungsformen nach sich ziehen können. Beispielhaft wären hier die so genannten Workflowmanagement-Systeme zu nennen, die die Parallelisierung und örtliche Verteilung von administrativen Abläufen ermöglichen. Dabei wird allerdings eine neue Organisationsform durch die Technologie nicht erzwungen, sondern sie muss gestaltet werden. Die Notwendigkeit umfassender organisatorischer und gestalterischer Überlegungen und Anstrengungen bei der Einführung neuer Informationstechnologien ist damit essenziell gegeben. Aus einer Informationstechnologie alleine resultiert noch keine verbesserte Organisations- und Gestaltungsform. Das bedeutet, dass Unternehmen sich sowohl mit der Einführung neuer Informations- und Kommunikationstechnologien als auch neuer Organisations- und Gestaltungsformen befassen müssen (vgl. auch Wolf 2001, S. 17).

Projekte dieser Art beinhalten eine erhebliche Komplexität, die gerade auch durch die einzusetzenden Technologien bedingt ist. Um die Aufgaben der Analyse und Gestaltung besser zu beschreiben und zu lösen, werden häufig Modellierungsmethoden eingesetzt, die organisatorische Abläufe transparent werden lassen und die Konfiguration der Software, der Hardware und der Netzwerke ermöglichen. Von der Idee über den Entwurf bis hin zu einem Konzept begleiten den Menschen Methoden und Werkzeuge, die den Anschein erwecken, als wäre dieser Gestaltungsprozess trivial, da es ja eben „tools für alles“ zu geben scheint. Wo stecken die Probleme? Wo liegen entsprechende Ressourcen brach? Wie könnte ein Rahmenkonzept für eine Gestaltungsaufgabe, eine Modellierungsmethode und ein Gestaltungsergebnis aussehen? Bei der Beantwortung dieser Fragen soll der Fokus der Betrachtungen nicht auf den routinierten Abläufen liegen, die im eigentlichen Sinne kein Problem darstellen, sondern vielmehr die Ausnahmen beleuchtet werden, die wohl im Kreativen und/oder Intuitiven zu suchen sind.

3.2.4.2 Vom Modellieren zum Gestalten

In besonderem Maße trifft dies für die Informations- und Kommunikationstechnologie zu, die gezielt die Kooperation von Personen in arbeitsteilig bearbeiteten Aufgaben unterstützt. Modellierungsmethoden, die zur Einführung von so genannten CSCW (Computer Supported Cooperative Work)-Technologien in Unternehmen, Dienstleistungseinrichtungen oder Verwaltungen geeignet sind, sollten aus diesem Grund noch in stärkerem Maße Bedingungen und Mechanismen der Organisationsgestaltung erfüllen (vgl. auch Wolf 2001, S. 21).

Unterteilt man den Prozess vom Modellieren zum Gestalten in Phasen, so könnte folgende Gliederung dafür stehen, nachempfunden einem Softwareentwicklungsprozess:

- Problem- und Zielformulierung;

- Problemanalyse und Modellierung;
- Algorithmierung;
- Codierung und Implementation;
- Benutzungsphase.

Aus Sicht der Softwaretechnik sind neben dem Abbilden der Kundenanforderungen allgemeine Softwarequalitätskriterien, Eigenschaften der Softwarewerkzeuge und vor allem das Erfahrungswissen der in den Prozess involvierten Menschen zu berücksichtigen. Aus Sicht der Auftraggeber werden nicht (nur) vorhandene Tätigkeiten oder Arbeitsabläufe automatisiert; es werden Infrastrukturen geschaffen, die in vorhandene Abläufe eingreifen und diese ändern. Dies gilt zwar nicht für jegliche Projekte, jedoch für Software, die in einen Kontext eingebettet wird. Software als Mittel zu sehen, das an individuelle Situationen und wandelbare Zwecke angepasst ist oder sein sollte, liefert den Schlüssel zur Diskussion um die Auswirkungen der Informatik: Diese Sichtweise ist der Grund, weshalb Modellieren als Gestalten und nicht nur als Abbilden einer vorhandenen Realität thematisiert werden sollte (vgl. hierzu auch Schulte 2001). Wie kommt man nun zur Definition der Gestalt? Exemplarisch für eine Produktentwicklung im Maschinenbau sei auf das nachfolgende Bild 21 verwiesen, wobei der Grad der Innovation im Mittelpunkt der Betrachtungen steht.

Die Schlussfolgerungen aus den in der Abbildung dargestellten Dimensionen sind:

- Gestaltung erfolgt auch in nicht physikalisch erklärten Kontexten;
- Gestaltung erfolgt in komplexen Problemräumen;
- Gestaltung ist mehr als nur ein technisch zu erklärender Prozess;
- Gestaltung ist viel mehr als nur die Festlegung der Gestalt! (vgl. Lindemann 2004)

Das zentrale Problem der Gestaltung ist somit die Beherrschung der Komplexität, die durch mannigfache Wechselwirkungen zwischen zahlreichen Elementen verursacht wird (siehe 3.1). Anwender fordern aber zunehmend einfach zu bedienende Applikationen, die neben dem routinierten Arbeiten Raum für „das Nachdenken“ gewähren.

3.2.4.3 Produktentwicklung

Die Produktentwicklung kann als Prozess verstanden werden, der einen planerischen und einen organisatorischen Anteil beinhaltet (vgl. Spur/Krause 1997). Sie stellt einen entscheidenden Abschnitt im Produktlebenszyklus dar.

Bild 21: Gestaltung im Maschinenbau hat viele Dimensionen

hoch	Grad der Innovation	gering
junge Technologie	Wissen	alte Technologie
frühe Phase	Zeitpunkt	späte Phase
diskursiv	Methodik	intuitiv
alter Fuchs	Erfahrung	Novize
kaum möglich	Beschreibbarkeit	gut möglich
hoch	Komplexität	gering
hoch	Risiko	gering
hoch	Aufwand	gering
hoch	Zahl der Beteiligung	gering
hoch	Verteilungsgrad	gering
a	etc.	c

Quelle: Lindemann 2004

Die Produktentwicklung kann in die Einzelschritte Produktplanung, Produktkonstruktion, Produktvorbereitung und Produkterprobung eingeteilt werden.

In der *Produktplanung* wird der Gestaltungsrahmen für die Herstellung eines Produkts und die Organisation zur Abwicklung der Produktentwicklung festgelegt (vgl. Weis 1996). Es erfolgt eine Produktdefinition nach Funktionalität, verwendeten Werkstoffen, Fertigungsverfahren, Qualität und Kosten, basierend auf Marktanalysen unter Einschluss potenzieller Konkurrenzfabrikate. Diese Produktdaten werden ermittelt oder stehen aus alten Produktinformationen zur Verfügung. Neben den technischen und kostenorientierten Informationen ist in der Produktplanung verstärkt der zeitliche Rahmen von der Entwicklung bis zur Markteinführung von Relevanz, d.h. es werden zeitliche Vorgaben definiert und die Koordination und Überprüfung der Produktentwicklung abgegrenzt. „Die *Produktentwicklung* stellt eine zentrale Phase des Entwicklungsprozesses dar, da hier auf Grundlage des in der Planung festgelegten Anforderungsprofils das Produkt unter geometrischen, funktionalen, technologischen und strukturellen Randbedingungen gestaltet wird" (Deckert 2002, S. 14). Die Schwierigkeit in diesem Prozess besteht darin, eine optimale konstruktive Lösung zum Anforderungsprofil des Produktes zu ermitteln. Das Finden geeigneter Lösungen kann durch methodisches Vorgehen unterstützt werden. In der Literatur sind viele Ansätze zur Konstruktionsmethodik zu finden. Wichtig ist hierbei, dass der Konstrukteur im zunehmenden Maße eine differenzierte und wettbewerbsvergleichende Wissenszufuhr benötigt. Das Ziel besteht hier darin, ein ganzheitliches *Produktmodell* mit allen Produktdaten virtuell abzubilden (vgl. Spur/Krause 1997).

Die *Produkterprobung* schließt den Produktentwicklungsprozess ab. Es werden ein oder mehrere Prototypen gefertigt, wobei jeder alle Funktionen eines Produktes in sich vereinigen und dem neuen Produkt fast vollständig entsprechen soll. Eine größere Anzahl von Kunden kann neben der unternehmensinternen Beurteilung das Produkt selbst beurteilen. Dadurch können bessere und gesicherte Aussagen zur Produktqualität vorgenommen werden. In dieser späten Phase lassen sich Mängel erkennen, die auch in der Serienfertigung auftreten können und durch geprüfte Prototypen sichtbar werden. Die Erprobung ist immer noch notwendig; dennoch gibt es viele Möglichkeiten, das Produkt virtuell mit allen seinen Merkmalen darzustellen. Dies setzt aber voraus, dass alle Produktdaten vorhanden sind. Zur Beurteilung der „Gestalt" werden Digital Mock-Up-Verfahren (DMU) genutzt. So werden 3D-Modelle erzeugt, die dann bewertet werden können. Verfahren wie Rapid Prototyping (RP) bieten Möglichkeiten, zu einem möglichst frühen Zeitpunkt den Prototypen eines Produktes zu fertigen. Aus einem rechnerinternen Geometriemodell des Produktes wird z.B. ein physikalisches Modell erzeugt (vgl. Spur/Krause 1997).

Durch das ständige Anwachsen der informationstechnischen Strukturen in verschiedenen Bereichen eines Unternehmens werden Produktdaten oft auf unterschiedliche Art und Weise erfasst und gespeichert. So können z.B. Bezeichnungen für Produkte in der Konstruktion ganz andere sein als Bezeichnungen für dasselbe Produkt im Controlling oder in der Instandhaltung. Neben den Bezeichnungen können auch andere Eigenschaften wie Klassifikationen, Stücklisten, ID-Nummern von Produkten mehrfach existieren. Die Folge ist, dass unübersichtlich große Datenmengen vorhanden sind und eine schnelle Möglichkeit zur Aktualisierung oder Pflege solcher Daten kaum möglich bzw. dadurch sehr erschwert wird (vgl. Birke 2002).

Auch in diesem Zusammenhang ist die Rolle der *Computersimulation* als Methode der Generierung technischen Wissens zu diskutieren (siehe 4.2.4). Der Verein Deutscher Ingenieure (VDI) definiert in seiner Richtlinie 3633 eine Computersimulation wie folgt: „Simulation ist das Nachbilden eines Systems mit seinen dynamischen Prozessen in einem experimentierfähigen Modell, um zu Erkenntnissen zu gelangen, die auf die Wirklichkeit übertragbar sind“ (VDI 1993, Blatt 1). Das bedeutet, dass das Vorhandensein eines Modells (formal, mathematisch) eine zentrale Vorbedingung darstellt. Ein *Modell* repräsentiert nie das beschriebene Objekt in der Vielfalt seiner Eigenschaften, sondern stets nur diejenigen Aspekte, die für seine weitere Behandlung interessant sind. Die Entscheidung darüber beinhaltet jedoch schon eine Vielzahl von Vorannahmen über den eventuellen späteren Einsatz des Produktes. Der Prozess der Modellierung wird aus diesem Grund als eine Form der Anwendung und Generierung von Wissen aufgefasst, in der auf eine spezifische Weise materielle Komponenten und gesellschaftliche Strukturen miteinander verknüpft werden. Simulation verändert den Verlauf der Generierung und Anwendung von Wissen. Die entstehenden neuen Formen der Kopplung zwischen technischen und gesellschaftlichen Strukturen bieten Chancen für eine weitere, kreative Technikentwicklung (vgl. Berg 2005). Die Kommunikation zwischen den Bestandteilen des Systems wird nun einerseits durch die vorhandenen CAD-internen Methoden sowie andererseits durch zusätzlich programmierte Funktionen realisiert. Im Sinne einer optimalen und benutzergerechten Anwendung wird für das entwickelte System eine eigene, relevante Benutzeroberfläche konzipiert und implementiert (vgl. Lu 1999).

3.2.4.4 Veränderungen und Trends in der Benutzbarkeit von Softwarelösungen

Hinter dem Begriff *Usability* (Benutzbarkeit) verbirgt sich weit mehr als nur eine benutzerfreundliche Bedienoberfläche; der Begriff hat sich im Laufe der Zeit auch verändert. Stellte man früher im Paradigma der Qualitätssicherung am Ende des Entwicklungszyklus der Software fest, ob die Benutzeroberfläche gelungen war, so werden heute Benutzeroberflächen nach dem Prinzip des so genannten „User Centered Design“ entwickelt. Das Design wird dabei nicht mehr von den technischen Möglichkeiten der Software bestimmt, sondern von den Zielen, die ein möglicher Nutzer erreichen möchte, wenn er die Software benutzt (vgl. Vering 2005). Benutzerfreundliche Software lässt sich jedoch nur entwickeln, wenn man Kenntnis darüber besitzt, welche Aufgaben der Benutzer zu erledigen hat. Das bedeutet, dass Entwickler von Software in die Unternehmen gehen sollten, um sich ein Bild von den Zielen und Aufgaben der Benutzer zu erstellen. Hinzu kommt die so genannte Nutzerproduktivität (User Productivity). Die Software sollte so gestaltet sein, dass der Benutzer seine Ziele mit diesem Werkzeug möglichst schnell und effizient erreichen kann. Dabei findet man in der Literatur immer häufiger den Begriff „Triple-E-Software“: Software muss *e*ffektiv, *e*ffizient und *e*motional ansprechend sein. Effektivität bedeutet, der Nutzer kann das, was er benötigt, schnell finden. Effizienz heißt, wenn er das Benötigte gefunden hat, kann er schnell arbeiten. Emotionalität in der Software liegt dann vor, wenn die Arbeit mit der Benutzeroberfläche Spaß macht.

Wenn alle Entwickler von Software in den unterschiedlichen Lösungen nach den gleichen Konzepten arbeiten sollen, erfordert das klare und einheitliche Regeln sowie verlässliche, aktuelle Informationen. Dies wiederum erklärt das gegenwärtige Engagement vieler Softwareentwickler in das Knowledge Management, dass eine hervorragende Schnittstelle nach innen, in ein Unternehmen hinein, darstellen kann, als auch über die Unternehmensgrenze hinweg ein ausgezeichnetes Element ist, den Menschen in diese Prozesse zu integrieren.

So wie wir uns gegenwärtig in einer globalisierten Welt zurechtfinden müssen, muss sich der einzelne Fachbereichsmitarbeiter auf die Anforderungen fremder Fachbereiche einlassen und einstellen. Beharrungsvermögen und Abteilungsdenken werden damit zum Feind Nr. 1 jeder IT-gestützten größeren Integration. Somit ist der wichtigste Erfolgsfaktor bei einer Systemeinführung nicht die Ausprägung der Software, sondern der Anwender (vgl. Strickert 2005). Der Mitarbeiter hat ein Interesse daran, seine Prozesse zu optimieren, zu gestalten; er kann sie beeinflussen und am realisierten Erfolg teilhaben. Diese Ergebnisse motivieren ihn dazu, den nächsten Optimierungsschritt vorzunehmen. Datentechnische, unternehmensweite oder gar unternehmensübergreifende Integration ist für den einzelnen Menschen jedoch kaum begreifbar und aus seiner Sicht auch wenig beeinflussbar. Eine groß angelegte Integration, die vom „Großen zum Kleinen" realisiert wird, ist daher für den Menschen lernpsychologisch schwer nachvollziehbar. Unerheblich, wie gut ein Mitarbeiter seine Fachbereichsaufgabe ausübt, er lernt neue Dinge „vom Einfachen zum Schweren", selten aber umgekehrt. Dieser didaktische Grundsatz wird bei der Einführung neuer Software oder Organisationsabläufe mehrheitlich ignoriert. Man stellt dem Mitarbeiter Software in Form von höchst komplexem Ausmaß zur Verfügung, lässt ihn mit der Detailausbildung allein und erwartet obendrein, dass er die neue und mächtige Software erarbeitet, versteht und für die eigene Prozesse adaptiert. Darüber hinaus sollte er ebenso kreativ Funktionalitätsangebote der Software zum Nutzen des Unternehmens oder der Verwaltung einsetzen. Damit sind jedoch die meisten Menschen überfordert. Die Generativität des Handelns von Ingenieuren bedarf deshalb auch einer Betrachtung und Beschreibung aus mehreren Perspektiven. Verständnis und Nachbildung der Konstruktionsarbeit von Ingenieuren erfordern noch immer eine praxisnahe Vorstellung von den materialen Voraussetzungen der Entwurfs- und Arbeitsprozesse (vgl. Roßnagel/Rust/Manger 1999).

Der Mensch als die einzige kreative Produktivkraft ist Träger und Erzeuger von Wissen und darf daher nicht gefahrlos unberücksichtigt bleiben. Die Unterstützung einer sozialen Kommunikation durch Kommunikationswerkzeuge, die Bereitstellung von verfügbarem Wissen und Methoden zur Unterstützung der Wissenserzeugung sowie deren Integration in den Gestaltungsprozess von Softwaresystemen ermöglichen die sinnvolle Kombination von informationstechnischen Funktionssystemen und vom Menschen realisierten Aktionssystemen, d.h. die sinnvolle Kombination von syntaktischer (maschineller) und semantischer (menschlicher) Informationsverarbeitung (vgl. auch Fuchs-Kittowski/Vogel 2001). Ein weites Feld möglicher Forschungsfragen ergibt sich demzufolge gerade aus dem Wechselspiel zwischen Routine und dem „kreativen Nachdenken“ beim Einsatz und der Gestaltung von Informationssystemen.

4 Erkenntnis

Gestaltung und Erkenntnis sind in den Technikwissenschaften eng miteinander verflochten. Beiden je ein eigenes Kapitel zu widmen, dient lediglich der übersichtlichen Darstellung und besagt keineswegs, man könne das eine vom anderen säuberlich trennen. So treten Erkenntnisprobleme meist dann auf, wenn man bei der Lösung von Gestaltungsproblemen in Schwierigkeiten gerät. Das Besondere technikwissenschaftlicher Erkenntnis liegt darin, dass sie sich nicht auf eine einzelne Disziplin beschränken kann, sondern im Allgemeinen auf fachübergreifende Wissenssynthesen angewiesen ist (4.1.1). Dazu tragen sehr unterschiedliche Fächer bei, die in Bezug auf die Technikwissenschaften als „Hilfswissenschaften" zu betrachten sind: die Mathematik (4.1.2.1), die Naturwissenschaften (4.1.2.2), die Wirtschaftswissenschaften (4.1.2.3) und die Sozialwissenschaften (4.1.2.4). Aus den Besonderheiten technikwissenschaftlicher Erkenntnis folgt die Vielfalt der Methoden, die hier von Fall zu Fall eingesetzt werden. Anders als in manchen Einzeldisziplinen kommt den heuristischen Methoden erhebliche Bedeutung zu, Methoden also, die dazu anleiten, überhaupt erst einmal richtige Fragestellungen zu finden (4.2.1). Die theoretisch-deduktiven (4.2.2) und die empirisch-induktiven Methoden (4.2.3) haben viele Gemeinsamkeiten mit der allgemeinen Wissenschaftsmethodik, obwohl hier die Praxisnähe und meist höhere Komplexität der technikwissenschaftlichen Probleme zu berücksichtigen ist. Aus diesem Grund spielen Methoden der Modellbildung und Simulation eine wichtige Rolle (4.2.4). In solche Untersuchungen gehen meist derart viele Daten ein, dass sie nur mit Hilfe von Computern zu erfassen, zu verwalten und zu bearbeiten sind (4.2.5).

4.1 Probleme

4.1.1 Allgemeine Probleme technikwissenschaftlicher Erkenntnis

Eberhard Jobst

4.1.1.1 Technikwissenschaftliche Besonderheiten

Die Besonderheiten technikwissenschaftlicher Erkenntnisse basieren einerseits auf einem diffizilen Verhältnis von Theorie, erfahrungsbasiertem Ingenieurwissen und experimentell gestütztem empirischen Wissen. Andererseits betreffen sie aber auch spezifische Fragen der Formalisierung, der Vereinfachung und der rationellen Handhabung des in den Ingenieurwissenschaften erzeugten Wissens.

Die technikwissenschaftliche Erkenntnistätigkeit – und das ist der Kern ihrer Besonderheiten – ist sui generis der Praxis verpflichtet (siehe 2.4.1). Das verführt sie zuweilen zu einer zwar rationellen, oft aber auch recht eingleisigen Erzeugung separierten Wissens und zu einem verengten Technikverständnis (vgl. Ropohl 1991, S. 41). Zugleich ist es jedoch genau diese Pragmatik, welche die technikwissenschaftliche Erkenntnis dazu ausersehen hat, den Wissenschaftsbegriff immer wieder in seiner ganzen Vielfalt und Weiträumigkeit definieren zu helfen (vgl. Richter 1990, S. 16).

Die technikwissenschaftlichen Besonderheiten sind freilich nicht dergestalt, dass ausnahmslos jedes in der Folge erwähnte Charakteristikum einzig und allein dieser Disziplinengruppe zugerechnet werden kann. Teilmengen sind mutatis mutandis auch in anderen als den technikwissenschaftlichen Disziplinen zu finden. So prägnant, prototypisch, vielschichtig und verflochten, wie sie in den Technikwissenschaften auftreten, sind diese Spezifika der Erkenntnis anderswo jedoch nicht kennzeichnend.

Die grundlegende Funktion der technikwissenschaftlichen Erkenntnistätigkeit und des ihr zugehörigen technikwissenschaftlichen Wissens ist es bekanntlich, die Sachtechnik zu analysieren, adäquate und geordnete Mengen empirischer, theoretischer und methodischer Aussagen zu generieren und davon ausgehend menschlichen Zwecken dienende realtechnische Mittel, Mittelsysteme und Prozesse zu vervollkommnen, gedanklich vorwegzunehmen und zu entwerfen (siehe Kapitel 3). Ein elementares Kennzeichen der Erkenntnisprozesse in den Technikwissenschaften ist daher die Verwobenheit von Erfahrungswissen, Regelwissen und theoretischem Wissen. Auf der einen Seite wird mit eindeutigen Begriffen, geprüften Hypothesen, strukturiertem Wissen und symbolischen Verallgemeinerungen operiert. Andererseits beinhaltet die technikwissenschaftliche Erkenntnistätigkeit stets aber auch die operationale ingenieurpraktische

Handhabung von Wissen zur Hervorbringung, Vervollkommnung, Wartung und Betreibung von Technik. Dabei spielt oft das unscharfe, episodale, spontan gewachsene und ganzheitliche Erfahrungswissen eine erhebliche Rolle (vgl. Müller 1994, S. 248 f.).

Als eine weitere Besonderheit technikwissenschaftlicher Erkenntnis kann angesehen werden, dass der ingenieurpraktische Einsatz des Wissens stets dessen rationelle Handhabbarkeit und durchdachte Vereinfachung erfordert. Die Ingenieurtätigkeit „vor Ort“ zeichnet sich in der Regel durch eine breite Palette von strukturellen und funktionellen technischen Problemen aus, die in möglichst kurzer Frist gelöst werden müssen. Das wäre jedoch unmöglich, wenn jedes Mal das ganze Instrumentarium an empirischen und theoretischen Ableitungen aufgeboten werden müsste. Daher ist es ein sehr wichtiges Anliegen der Erkenntnis in den Technikwissenschaften, für die Entwicklung eines relativ einfachen und rationell handhabbaren Bestandes an Formeln, Diagrammen, Mess- und Rechenvorschriften usw. Sorge zu tragen. Dieses denkökonomische, zeitsparende und für hinreichende Genauigkeit bürgende Arsenal ist jedoch keineswegs auf simple Weise zu generieren. Im Einfachen müssen die wichtigsten empirischen und theoretischen Einsichten über technische Strukturen und Funktionen enthalten sein, die in den Erscheinungsformen zwar stark variieren, aber die gleiche Grundstruktur aufweisen.

Besonders charakteristisch für technikwissenschaftliche Erkenntnisprozesse ist die außerordentlich enge Verbindung der theoriegeleiteten Analyse und Antizipation technischer Mittel, Systeme und Prozesse mit dem empirischen Wissen sowie mit dem Erfahrungswissen der Ingenieure. Sowohl der gewollte Rückgriff auf ingenieurtypische Erfahrungswerte als auch die Ermittlung empirischer Koeffizienten aus Messdaten und Beobachtungen gehören zum Grundbestand technikwissenschaftlicher Erkenntnistätigkeit. Eigens entwickelte technische Experimente in Labors sowie unter produktionsnahen Bedingungen in Versuchsfeldern dienen der Gewinnung verallgemeinerungsfähigen empirischen Materials und der Überprüfung konstruktiver oder technologischer Entwürfe. Aber auch der Wissensgewinn aus der Industriepraxis ist unentbehrlich. Gezielte Beobachtungen und Messungen an technischen Mitteln und Prozessen, die sich im praktischen Einsatz bewähren müssen, liefern jenes Wissen, das deduktiv nicht oder noch nicht zu gewinnen ist, für technikwissenschaftliche Verallgemeinerungen und Theoriebildungen aber eine unabdingbare Voraussetzung bildet. Die Wechselbeziehungen von Empirischem und Theoretischem in der technikwissenschaftlichen Erkenntnis haben sich im Verlaufe der Geschichte bezüglich der Proportionen von empirischem und theoretischem Wissen sowie des Niveaus ihrer wechselseitigen Bedingtheit verändert (siehe 2.2). Das zunehmende Gewicht der theoretischen Erkenntnisse war jedoch zu keiner Zeit mit einem Bedeutungsverlust des Empirischen verbunden (vgl. Neufeldt 1984; Schild 1981).

In der ingenieurwissenschaftlichen Erkenntnistätigkeit geht es heute mehr denn je darum, real mögliche technische Systeme und Prozesse auf der Grundlage technikwissenschaftlicher Theorien und eines theoretisch unterlegten Erfahrungswissens zu entwerfen. Als eine weitere Besonderheit ist allerdings anzumerken, dass nach wie vor eine vollständige theoretische Vorwegnahme komplexer technischer Systeme nicht möglich ist, weil mit steigender Komplexität immer auch die Menge der wechselwirkenden Struktur- und Funktionselemente zunimmt. Das erhöht die Zahl der Einflussfaktoren, der erwünschten und unerwünschten, der notwendigen und zufälligen. Erneute empirische Untersuchungen sind daher ebenso unvermeidbar wie die Entwicklung verbesserter Mess- und Kontrollverfahren, mit denen die steigende Fülle empirischer Daten erfasst werden kann.

Technikwissenschaftliche Lösungen werden wahrscheinlich nie das Ziel verfolgen können, perfekt in dem Sinne zu sein, dass alle Phänomene, die prinzipiell theoretisch erklärbar wären, auch einer Erklärung zugeführt werden (siehe 2.4.2). Der Ingenieurwissenschaftler muss immer wieder erneut entscheiden, welche theoretischen Aussagen unabdingbar sind und welche eine Zeit lang bzw. auch prinzipiell vernachlässigbar sind. Die vor allem aus der Ingenieurpraxis resultierenden Forderungen nach einer rationellen Handhabung technikwissenschaftlichen Wissens gebieten „elegante“ Lösungen bei gleichzeitiger Begrenzung des theoretischen Aufwandes.

Neben dem empirischen und dem theoretischen Wissen, das auf die Ergründung der natürlichen Dimensionen der Technik und der darauf basierenden technischen Wirkprinzipe abhebt, muss aber auch jenes Wissen berücksichtigt werden, welches in den Berufserfahrungen der Technikwissenschaftler und Ingenieure „gespeichert“ ist. Vor allem, wenn es um die Machbarkeit, um Probleme der Dimensionierung, strukturellen Ordnung, Gestaltgebung und Erprobung technischer Mittel und Systeme geht, sind vielfach auch erfahrungsbasierte Wissensbestände aus der industriellen Praxis besonders gefragt. Ein derartiges Wissen liegt aber kaum in systematischer Form vor und kann meist nicht explizit abgearbeitet werden. Es ist genuin weitgehend an das Subjekt, an den Experten gebunden (vgl. Müller 1986d, S. 18f.).

Zum Grundbestand technikwissenschaftlicher Erkenntnistätigkeit gehört es, die Wahlmöglichkeiten bei der funktionsorientierten Dimensionierung und Anordnung von Strukturelementen bei faktischen oder virtuellen technischen Systemen zu ergründen. Im Bestand des vorhandenen theoretischen, empirischen und erfahrungsbasierten Wissens verbirgt sich gemeinhin ein beträchtliches Potenzial an Variabilität, das den Ingenieurwissenschaftlern Spielräume bei der Antizipation technischer Strukturen und Funktionen mit im Wesen gleicher Zweckbestimmung eröffnet. Damit im Zusammenhang steht, dass es wohl kein technisches System gibt, das uno actu in all seinen Struktur- und Funktionsvarianten antizipiert und generiert wird. Ein wichtiger Aspekt dieser technikwissenschaftlichen Variabilität besteht in der Möglichkeit, alternative technische Lösungen zu antizipieren. Allerdings ist alternativen Wunschträumen entgegenzuhalten, dass realisierbare Alternativen nicht außerhalb des Spektrums der technikwissenschaftlich ergründbaren Struktur- und Funktionsvarianten und in Abkehr von ihren sachtechnischen Gestaltungsmöglichkeiten hervorgebracht werden können.

Eine nicht zu unterschätzende Besonderheit der Erkenntnis in den Technikwissenschaften ist, dass kombinatives Wissen generiert wird. Eine elementare und stets auch komplizierte kognitive Aufgabe besteht darin, die technischen Mittel und Prozesse als eine Verknüpfung von stofflichen, energetischen, regelnden und steuernden Vorgängen zu antizipieren. Nur wenn es gelingt, die Grundparameter Stoff, Energie und Information sowie deren Dimensionierung in ihren Kombinationen zu beschreiben und zu erklären, sind technische Struktur- und Funktionsbeziehungen zu entwerfen, rational zu bewerten sowie bedachtsam und geordnet zu gestalten. Da nun aber in den unterschiedlichsten natur- und technikwissenschaftlichen Disziplinen über die Grundparameter reflektiert wird, ist die Integration differenziert generierten Wissens eine grundlegende Voraussetzung, um finalorientiertes und komplexes technikwissenschaftliches Wissen bereitzustellen (siehe 4.1.1.2).

Als Besonderheit kann auch angesehen werden, dass in technikwissenschaftlichen Erkenntnisprozessen multidimensionales Wissen erzeugt wird. Es zeichnet sich durch die Existenz sehr unterschiedlicher und doch im Wesentlichen kognitiv gleichwertiger Verallgemeinerungsebenen aus. Die „Bandbreite" reicht von Abstraktionen und Generalisierungen, die naturwissenschaftlichen Theorien nahe kommen, bis zu Aussagen, die theoretisch und/oder empirisch auf ein konkretes technisches System bzw. eines seiner Elemente gerichtet sind. Dabei gewinnt die Erzeugung theoretischen Wissens an Gewicht. Aber, wie oben bereits angedeutet wurde, sind nicht theoretische Verallgemeinerungen um jeden Preis gefragt, sondern solche, mit denen konkrete technische Lösungen prädiktabel werden. Die Erklärungsfunktion des technikwissenschaftlichen Wissens wird durch die Vorhersagefunktion geleitet, nicht jedoch begrenzt oder gar ersetzt.

In technikwissenschaftlichen Erkenntnisvorgängen, um eine weitere Besonderheit hervorzuheben, wird vorwiegend antizipatives Wissen generiert. Es dient dem gedanklichen Entwurf (der Modellierung) von real möglichen technischen Systemen. Nicht die zweckfreie Erkenntnis, sondern die ideelle Vorwegnahme effizienter technischer Strukturen und Funktionen ist der dominierende Impuls für dessen Erzeugung.

In den Technikwissenschaften ist kontextuelles Wissen typisch. Die singulären Aussagen erhalten ihr Gewicht vor allem durch ihre Einordnung in komplexe und damit so oder so auch komplizierte Aussagen- und Voraussagensysteme. Die Komplexität dieser Wissenssysteme ist vor allem deshalb so ausgeprägt, weil mit ihnen viele relational gekoppelte Elemente einer Menge von Wirkpaarungen abgebildet und antizipiert werden müssen. Hinzu kommt noch, dass als Ziel technikwissenschaftlicher Erkenntnis ganzheitliche technische Lösungen angestrebt werden, für deren Zustandekommen Wissen unterschiedlichster kognitiver Qualität und disziplinärer Herkunft miteinander zu verflechten ist. Jede Teilmenge des benötigten Wissens ist daher von vornherein unter dem Aspekt des zu modellierenden Gesamtsystems auszuwählen, zu spezifizieren und zu integrieren.

Als Besonderheit sei schließlich hervorgehoben, dass die Gewinnung polydeterminierten Wissens charakteristisch ist. Diese Polydeterminiertheit resultiert letztlich aus der Vielzahl technikinterner und auch technikexterner Elemente, die technische Systeme konstituieren. Nun ist es aber im Grunde nie möglich, vom verfügbaren Wissen einer technikwissenschaftlichen Disziplin oder Disziplinengruppe aus alle signifikanten Elemente und Elementverbindungen hinreichend genau zu analysieren. Dazu bedarf es stets des Erklärungspotenzials nichttechnischer bzw. anderer technikwissenschaftlicher Disziplinen. Die Polydeterminiertheit des technikwissenschaftlichen Wissens impliziert daher dessen multidisziplinäre Verwurzelung. Daraus erwächst aber zugleich das Erfordernis, externe Wissenselemente durch deren Integration zu assimilieren. Dies hat zur Folge, dass technikwissenschaftliches Wissen nahezu immer rekursiv ist. Es wird mit Bezug auf mathematisches, naturwissenschaftliches, teilweise auch sozialwissenschaftliches Wissen generiert (siehe 4.1.2). Hinzu kommt, dass natürlich auch wesentliche Bestandteile des Wissens aus verschiedenen technikwissenschaftlichen Disziplinen in einem Verhältnis der Rekursivität stehen.

4.1.1.2 Fachübergreifende Wissenssynthesen in den Technikwissenschaften

Komplexitäten, wie es sachtechnische Gebilde und Prozesse im allgemeinen sind, können im Grunde nur dann auf wissenschaftlicher Basis antizipiert, erschaffen und annähernd beherrscht werden, wenn Wissen unterschiedlichster disziplinärer Herkunft und Qualität fachübergreifend synthetisiert wird. Die zahlreichen disziplinären Partialbeiträge, die für die Erzeugung von Sachtechnik erforderlich sind, müssen stets um Wissensbestandteile ergänzt werden, welche in Wissenssynthesen zustande kommen. Technische Komplexitäten in ihren komplizierten Verflechtungen können nur dann tiefgründig analysiert werden, wenn zugleich Wissen disziplinüberschreitend synthetisiert wird. Es liegt daher von Anbeginn im vitalen Interesse der Technikwissenschaftler und Ingenieure, theoretische und methodische Instrumentarien zur Komplexitätsbewältigung in die Hand zu bekommen.

Die hohe Komplexität und große Vielfalt realtechnischer Systeme und Prozesse korreliert mit einer disziplinären Vielschichtigkeit der Technikwissenschaften. Ihre im Verlaufe der Geschichte gewordene Disziplinenstruktur ist sehr inhomogen (siehe 2.1; 2.2). Die disziplinären Wissenssysteme unterscheiden sich zum Teil beträchtlich in Bezug auf die Proportionen von Theoretischem und Empirischem, hinsichtlich des Niveaus der theoretischen Fundierung sowie bezüglich des Grades der Verallgemeinerung und der Dimensionen der Gültigkeit. Dies schließt ein, dass sich auch die disziplinübergreifenden Wissenssynthesen durch recht unterschiedliche Formen, Intentionen und Niveaustufen auszeichnen.

Als ein erster Bereich sei die Synthese von technik- und naturwissenschaftlichem Wissen hervorgehoben. Wie in historischen Untersuchungen sattsam nachgewiesen (siehe 2.1.2), wuchs vor allem mit der industriellen Entwicklung im 19. Jh. das im Grunde bis heute unveränderlich gebliebene technische Bedürfnis, praktische Erfahrungen, Geschick und Empirie durch die wissenschaftliche Untersuchung von Wirkungsweisen und Prinzipien der Maschinen nachhaltig zu ergänzen. Als externer Suchraum bietet sich das naturwissenschaftliche Wissen besonders an, weil es erwarten lässt, technische Phänomene in ihren naturgesetzlichen Zusammenhängen zu erklären und darauf fußend wissenschaftlich entwerfen und bewerten zu können (siehe 4.1.2.2). Dabei darf jedoch nicht von der Annahme ausgegangen werden, dass für alle technikwissenschaftlichen Probleme ein naturwissenschaftlicher Theorienvorrat vorliegt, den die Ingenieurwissenschaftler bloß abzurufen und anzuwenden brauchen. So einfach ist das nicht. Die Applikation von Naturwissenschaft ist ohne technikwissenschaftliche Bemühungen um übergreifende Wissenssynthesen nicht möglich. Das naturwissenschaftliche Wissen wird stets zweckdienlich mit technikwissenschaftlichem synthetisiert, und diese Wissenssynthesen bilden sich in einem Prozess der Wissensintegration heraus. In oftmals komplizierten und lang andauernden Vorgängen einer ingenieurwissenschaftlich bezweckten Auswahl, Anpassung und Umformung von Naturerkenntnissen entstehen Kombinationen beider Wissenstypen. Bereits im 19. Jh. wird dies zum Beispiel bei der Konstituierung der Technischen Mechanik, der Technischen Thermodynamik und der Theorie der Elektrotechnik deutlich sichtbar. Die Mathematik leistet bei all dem einen unverzichtbaren Beitrag, da sie den Ingenieuren den Umgang mit quantifizierten Parametern und metrischen Begriffen erlaubt und somit eine reproduzierbare Berechnung, Bemessung, Bewertung und Modellierung technischer Mittel und Prozesse ermöglichen hilft (siehe 4.1.2.1).

An dieser synthetisierenden Herangehensweise hat sich seit der Etablierung der Technikwissenschaften grundlegend nichts geändert. Allerdings sind heute sowohl die theoretischen Ausgangspositionen der Technikwissenschaften als auch die Reservoire an technikträchtigen naturwissenschaftlichen Theorien beträchtlich größer geworden. Auch scheint der zeitliche und „essenzielle“ Abstand zwischen vielen naturwissenschaftlichen Entdeckungen und darauf beruhenden technischen Erfindungen kleiner geworden zu sein. Schließlich sollte noch beachtet werden, dass es nicht mehr vorwiegend darum geht, einzelne technikwissenschaftliche Aussagen naturwissenschaftlich zu fundieren. In den Vordergrund rückt vielmehr das Anliegen, relativ geschlossene und komplexe naturwissenschaftliche Theorien in technikwissenschaftliche Aussagensysteme zu integrieren, dank derer ganze Klassen technischer Systeme entwickelt werden können, in denen neuartige Wirkprinzipe dominant sind. Die Laser- und Ionenstrahltechnik, die Kontinuumsmechanik, die Mikromechanik, die Halbleitertechnik und die Rheologie mögen als Beispiele hierfür stehen. Nach wie vor – und das sei nochmals unterstrichen – bleibt es in erster Linie den Technikwissenschaftlern vorbehalten, Wissenssynthesen in Gestalt erweiterter technikwissenschaftlicher Theorien zu generieren, um den Schritt von den naturwissenschaftlichen Entdeckungen zur praktisch-technischen Nutzung gehen zu können. Solch fachübergreifende Wissenssynthesen werden vor allem durch das Ingenieurdenken inspiriert. Hauptsächlich durch praktische Erfordernisse stimuliert, werden aus Erkenntnissen der Naturwissenschaft erweiterte und originäre technikwissenschaftliche Theorien entwickelt, welche die fachgerechte Herstellung, die zuverlässige Reproduktion, den effizienten technologischen Einsatz und eine Variantenvielfalt sachtechnischer Systeme gestatten.

Ein zweiter Bereich fachübergreifender Wissenssynthesen in den Technikwissenschaften hat sich gleichsam innerhalb des Systems der Technikwissenschaften herausgebildet. Einerseits, das bezeugen Geschichte und Gegenwart ingenieurwissenschaftlicher Tätigkeit, muss ein technikwissenschaftlicher Gegenstand segmentiert und aus disziplinärer Perspektive reflektiert werden. Andererseits ist dem systemischen Wesen der Technik Tribut zu zollen. Die disziplinären Detailuntersuchungen müssen also zugleich in komplexere technikwissenschaftliche Zusammenhänge eingeordnet werden. Zu diesem Zweck benötigt ein Ingenieurwissenschaftler Wissen aus vielen technikwissenschaftlichen Disziplinen, muss er Wissenssynthesen erzeugen können, die über seinen fachdisziplinären Horizont weit hinausreichen. So wird zum Beispiel ein Konstruktionswissenschaftler maschinenbautechnischer Disziplinen stets wenigstens Teilmengen des Wissens aus der Technischen Mechanik, aus produktionstechnischen Disziplinen, aus Disziplinen der Steuerungs- und Regelungstechnik, der Messtechnik, der Tribologie usw. eruieren und mit dem Fachwissen seiner Ausgangsdisziplin synthetisierend verbinden müssen.

Mit wachsender Komplexität technikwissenschaftlicher Antizipationen erweitern und vertiefen sich diese „endogenen“ Wissenssynthesen an den Schnittstellen und Überschneidungszonen technikwissenschaftlicher Disziplinen. Dies führt zu einer theoretischen Anreicherung der disziplinären Wissensbestände, ohne die tradierten disziplinären Strukturen grundsätzlich aufzuheben. Nichtsdestoweniger weisen diese disziplinübergreifenden Wissenssynthesen auf signifikante Veränderungen im gesamten System der Technikwissenschaften hin. Eine äußerst vielgestaltige und flexible Genesis solcher „endogenen“ Wissenssynthesen wird mehr und mehr von konstitutivem Rang für ein kognitives Niveau technikwissenschaftlicher Untersuchungen, welches die komplizierten technischen Struktur- und Funktionsbeziehungen theoretisch tiefgründig zu reflektieren, zu antizipieren und zu gestalten vermag. Die sehr variantenreiche wechselseitige Anreicherung disziplinärer Wissensreservoire auf der Grundlage von Wissenssynthesen ist in aller Regel mit einem Zuwachs an Theorie verbunden.

Als ein dritter Bereich fachübergreifender Wissenssynthesen seien die funktionsorientierten Technikwissenschaften (siehe 2.2.1) hervorgehoben, die auch als technikwissenschaftliche Querschnittsdisziplinen bezeichnet werden könnten. Für jeden Technikwissenschaftler ist es geradezu selbstverständlich, mit fachübergreifendem Wissen zu operieren. Auf Erkenntnisse der Messtechnik, Qualitätssicherung, Tribologie, Fügetechnik und Standardisierung wird er immer wieder zurückgreifen, gleich, ob die detaillierte fachliche Arbeit in Disziplinen des Maschinenbaus, der Verfahrenstechnik, der Informationstechnik oder der Elektrotechnik und Elektronik angesiedelt ist. Die kognitiven Inhalte der funktionsorientierten Technikwissenschaften sind gleichsam sui generis fachübergreifende Wissenssynthesen. Ihr Gegenstand ist die Analyse von Struktur- und Funktionsbeziehungen, welche in vielen oder auch allen technischen Mitteln, Systemen und Prozessen existent sein können. In diesen Disziplinen werden zum Beispiel Gruppen von Wirkprinzipien bzw. Wirkpaarungen analysiert und antizipiert, die universell realisierbar und in Bezug auf einzelne Artefaktsysteme weitgehend invariant sind (Prinzipe des Fügens, des Reibens und Verschleißens, des Messens, etc.). Gegenstand kann aber auch die systematische Ergründung von Prinzipen und Standards sein, die für die Herstellung, Gestaltung und Betreibung ganzer Klassen von Sachtechnik allgemeingültig sind (Standards der Erzeugnis- und Prozessqualität, Normenstandards, Konstruktionsprinzipe usw.). Die Erzeugung solch eines Wissens wird primär von dem Erkenntnisziel geleitet, wesensgleiche technikwissenschaftliche Probleme in unterschiedlichen technikwissenschaftlichen Disziplinen verallgemeinernd zu selektieren und dieses Wissen in Form eigenständiger und übergreifender Theorien zu synthetisieren. Diese Wissenssynthesen integrieren Elemente des Wissens aus all jenen technikwissenschaftlichen Disziplinen, für die sie schließlich disziplinübergreifende und quasi re-integrierbare Theorien und Methoden zur Verfügung stellen wollen. Zugleich rekrutieren diese querschnittswissenschaftlichen Synthesen immer wieder naturwissenschaftliches und mathematisches Wissen, weil ihre allgemeingültigen und übergreifenden Aussagen oftmals ein hohes Niveau der theoretischen Erklärung und der Formalisierung voraussetzen. So stellt beispielsweise die Querschnittsdisziplin Messtechnik Wissen für die Antizipation messtechnischer Systeme und Verfahren bereit, mit deren Hilfe die Messgenauigkeit erhöht, die Messdatenerfassung beschleunigt sowie die Messunsicherheiten und Störanfälligkeiten verringert werden können (siehe 4.2.3.1). Das setzt Synthesen von Wissen aus informationstechnischen, elektrotechnischen, werkstofftechnischen, physikalischen und mathematischen Disziplinen voraus, um die kombinierten Wirkprinzipien zu generieren, welche zeitgemäße messtechnische Lösungen auszeichnen.

Ein vierter Bereich, der durch ausgeprägt fachübergreifende Wissenssynthesen gekennzeichnet ist, manifestiert sich in Aussagensystemen, wie sie zum Beispiel mit der Systemtechnik (vgl. Ropohl 1979, 1998a), der Systematischen Heuristik (vgl. Müller 1990) und der Konstruktionswissenschaft (vgl. Pahl/Beitz 1993) gegeben sind. Diese Wissenssynthesen können wohl als eigenständige Disziplinen angesehen werden. Die Anfänge ihrer Ausdifferenzierung reichen bis ins 19. Jh. zurück. Namhafte Ingenieurwissenschaftler wie Sadi Carnot, Ferdinand Redtenbacher, Franz Reuleaux, Gustav Zeuner, Franz Grashof und Carl von Bach können mehr oder weniger zu ihren Stammvätern gerechnet werden. Die derzeitigen „Nachkommen" dieser Denkweisen kreieren Aussagensysteme, die über die Abstraktionsebene all jener technikwissenschaftlichen Fachdisziplinen hinausführen, die einen direkten Objektbezug haben bzw. einem konkreten Gegenstand verpflichtet sind. Es werden vielmehr strukturelle und funktionelle Beziehungen komplexer technischer Systeme in ihren allgemeinen und wesentlichen Merkmalen ergründet oder auch ingenieurspezifische Denk- und Handlungsweisen in ihren disziplinübergreifenden Invarianzen untersucht. Das Ziel sind Theorien respektive Methoden, mit denen konkrete Zusammenhänge der untersuchten technischen Objekt- oder technikwissenschaftlichen Gegenstandsbereiche abstrakt rekonstruiert werden können. Diese Abstraktionen sind jedoch nicht technikfern, sie verkörpern fachübergreifende Wissenssynthesen, die ihre hauptsächliche Induktionsbasis im theoretischen, empirischen und methodischen Wissen der technikwissenschaftlichen Fachdisziplinen finden. Die Verallgemeinerung disziplinär repräsentierten Wissens bestimmt wesentlich die kognitiven Inhalte dieser übergreifenden Wissenssynthesen. Sie ermöglichen eine „metadisziplinäre Zuwendung zum zu reflektierenden Objektbereich" (Zimmermann 1993, S. 74). Diese verallgemeinernden Wissenssynthesen sind jedoch zugleich von solcher Qualität, dass sie in das Wissen der einzelnen Fachdisziplinen re-integriert werden können. Sie erzielen eine technikgenerierende Wirkung, wenn das disziplinäre Wissen als Vermittlungsglied zwischen den ausgeprägten Abstraktionen dieser fachübergreifenden Wissenssynthesen und den konkreten technikwissenschaftlichen Aufgaben fungiert. Sie sind für das Ingenieurdenken besonders prädestiniert, weil in ihren Verallgemeinerungen der Bezug zum einzelwissenschaftlichen Wissen latent und eine Rückkehr zum Disziplinären jederzeit ermöglicht ist. Die fachübergreifenden Wissenssynthesen dieses Typs zeichnen sich also einerseits durch eine Verallgemeinerung von theoretischem und methodischem Wissen aus vielen technikwissenschaftlichen Einzeldisziplinen aus. Andererseits verkörpern sie eine auf Sachtechnik fixierte Integration naturwissenschaftlicher, mathematischer, kybernetischer und teilweise auch sozial- und geisteswissenschaftlicher Erkenntnisse. Stets jedoch weisen sie eine starke Affinität zum weitaus konkreteren fachdisziplinär strukturierten Wissen auf. Ob diese fachübergreifenden Wissenssynthesen als Grundlagen-, Querschnitts- oder Metadisziplinen bezeichnet werden sollten, kann und braucht wahrscheinlich nicht eindeutig beantwortet zu werden, da sie von jeder Klassifikationsmöglichkeit etwas repräsentieren.

Schließlich sei ein fünfter Bereich fachübergreifender Wissenssynthesen erwähnt: das Technology Assessment (vgl. z.B. Bröchler 1999; Grunwald 2002b; Ropohl 1996). Auch wenn – oder gerade weil – dieser Bereich im Vergleich mit den vier vorher dargestellten einige signifikante strukturelle und funktionelle Unterschiede aufweist, verdient er ob seiner Komplexität, Entwicklungsdynamik und technikwissenschaftlichen Relevanz eine gesonderte Betrachtung (siehe 3.2.3.6). Der Terminus „Technology Assessment" soll der Übersichtlichkeit halber als Sammelbegriff für die Prozesse der Technikfolgenabschätzung, Technikbewertung und Technikfolgenforschung stehen. Für die hier zur Debatte stehende Problematik reicht diese Grobbestimmung aus. Zunächst sollte davon ausgegangen werden, dass im Technology Assessment produziertes Wissen nicht mit jenem Wissen gleichgesetzt werden kann, welches in den vielfältigen Disziplinen der Technikwissenschaften generiert wird. Auch die fachübergreifenden Wissenssynthesen weisen daher im Technology Assessment einige Spezifika auf, die nicht den Technikwissenschaften zugeordnet werden können.

Im Technology Assessment wird Wissen über die internen und externen Beziehungen (komplexer) technischer Systeme angewendet und erzeugt, um vor allem wissenschaftlich fundierte Entscheidungen über eine sozial und ökologisch verantwortungsbewusste Realisierung artifizieller Lösungen vorzubereiten. Der Endzweck besteht also in fachübergreifenden Komplexitäts-, System- und Wechselwirkungsanalysen der Technik, die vor allem dazu dienen, auch und besonders nicht-technische Technikfolgen möglichst vorausschauend zu ergründen, komplexe technische Lösungen systematisch zu bewerten sowie realistische Varianten für eine politische und ethische Techniksteuerung vorzuschlagen. Im Wissen des Technology Assessment vereinigen sich also ganz unterschiedliche Rationalitäten. Die technikwissenschaftliche ist nur eine davon. Nichtsdestotrotz ist das technikwissenschaftliche Wissen der elementare Ausgangs- und Endpunkt für die Erzeugung von derartigem Wissen.

Wie bereits erwähnt, besteht das genuine Anliegen des Technology Assessment darin, definierte reale oder real mögliche technische Systeme in ihren wesentlichen und charakteristischen Wechselbeziehungen mit anderen Seinsbereichen ergründen zu können. Dies wiederum bedingt, dass das Wissen des Technology Assessment von vornherein darauf aus sein muss, Elemente des Wissens aus sehr ungleichen Disziplinengruppen fachübergreifend zu synthetisieren. Diese Synthesen scheinen allerdings vorwiegend singulär und themenbezogen zu sein. Eine umfassende und nachhaltige Integration von Wissen, wie sie bei den vorangehend beschriebenen Wissenssynthesen als typisch angesehen werden darf, braucht höchstwahrscheinlich nicht vollzogen zu werden. Daher scheint es auch nicht erforderlich zu sein, ein eigenständiges disziplinäres Wissen zu begründen.

Die artspezifischen Wissenssynthesen des Technology Assessment sind in aller Regel auch auf Komponenten sozial-, wirtschafts- und geisteswissenschaftlichen Wissens angewiesen, und zwar viel zwingender, als dies bei den Technikwissenschaften der Fall ist. Damit soll nicht gesagt werden, dass die Technikwissenschaften auf Dauer des sozio- und ökotechnischen Wissens entbehren könnten. Aber Wissenssynthesen mit dem Ziel, konkrete konstruktive oder technologische Lösungen generieren zu helfen, werden gewiss andere kognitive Qualitäten sowie semantische und syntaktische Modifikationen aufweisen als fachübergreifenden Synthesen des Technology Assessment, die für das ingenieurwissenschaftliche Handeln eine vorwiegend interpretative, wertorientierende und normative Funktion haben. Die fachübergreifenden Wissenssynthesen, wie sie das Technology Assessment generiert, sind zwar keine Modelle, welche so ohne weiteres auf die Technikwissenschaften projiziert werden können, als Anregung für komparative Untersuchungen sind sie aber durchaus interessant.

4.1.2 „Hilfswissenschaften" für die Technikwissenschaften

Lange Zeit hat man die Technik als angewandte Naturwissenschaft verstanden und dem entsprechend in den Naturwissenschaften die alleinige Grundlage der Technikwissenschaften gesehen. Das kann man noch heute am Aufbau technikwissenschaftlicher Studiengänge ablesen, die sich im ersten Studienabschnitt auf Fächer wie Mathematik, Mechanik, Thermodynamik, Chemie usw. konzentrieren. Nach neuerer Auffassung dagegen erweist sich die Technik zugleich als wirtschaftlich-gesellschaftliche Praxis, die wissenschaftlich nicht allein mit den Naturwissenschaften zu bewältigen ist. Aus der Komplexität der Technik folgt, dass die Technikwissenschaften als Interdisziplinwissenschaften anzulegen sind, die sich der verschiedensten Fächer als „Hilfswissenschaften" zu bedienen haben. In dieser Sicht werden im Folgenden nicht nur mathematische und naturwissenschaftliche, sondern auch wirtschafts- und sozialwissenschaftliche Aspekte als Erkenntnisprobleme der Technik besprochen.

Die Kernfrage im Verhältnis von Technik und Mathematik lässt sich auf die Kantsche Formel bringen „Wie ist angewandte Mathematik möglich?" bzw., stärker auf die Technik zentriert, „Wie ist Technomathematik möglich?".
Die Beantwortung dieser Frage zielt ab

- auf die Bedingungen der Möglichkeit angewandter Mathematik,
- auf die historisch sich entfaltenden Bedingungen der Wirklichkeit von Technomathematik,
- mithin auf die Ausprägung inner- wie außermathematischer Bedürfnisse nach einer Technomathematik sowie
- auf die Bereitstellung der inner- und außermathematischen Mittel der Entfaltung des Potenzials der Technomathematik.

Mathematik und Technik – Vorbemerkungen

Fasst man Mathematik als Wissenschaft von den (denk)möglichen, mit sprachlichen Mitteln weitgehend formalisierbaren Strukturen (objektiv) möglicher Zusammenhänge der Wirklichkeit, so lässt sich ihr Potenzial für Inventionen und Innovationen im Bereich des Technischen, ihr Potenzial für die Manifestierung des „nie Dagewesenen, aber latent Möglichen" – um mit Ernst Bloch zu reden (vgl. Münster 1977, S. 142 ff.) – erahnen, und es beginnt einzuleuchten, dass das Verhältnis der Mathematik zur Technikwissenschaft eigentlich nur unzureichend mit dem Begriff der „Hilfswissenschaft" erfasst werden kann. Neben der historisch veränderlichen multiplen Vagheit des Möglichen – denkmöglich, weitgehend formalisierbar, objektiv möglich –, aus der sich unterschiedliche Schichtungen der Mathematik-Relevanz für die Technik ergeben, verweist die obige Umschreibung der Mathematik mit dem Begriff der Struktur auf den Systembegriff und mit dem Begriff der Formalisierbarkeit auf den sprachlichen und ideell-technischen Charakter der Mathematik. Ist Mathematik so einerseits spezielle Sprache und liegt damit – als spezifische Form der Kultivierung des menschlichen Denkens an seinen sprachlichen Mitteln – im Zugriff der Semiotik, so ist sie andererseits – anknüpfend an Aleksandr Danilovič Aleksandrov – als ideelle Technik und ideelle Technikwissenschaft bestimmbar, die ideelle Apparate kreiert, die extern vorgegebenen Zielkriterien genügen müssen (vgl. Aleksandrov 1972).[33] Mit dieser Bestimmung von Mathematik rückt ihre Prä-

33 Im Folgenden wird sowohl der weite als auch der mittelweite Technikbegriff verwendet (siehe 2.3.1). Dem aufmerksamen Leser wird das jedoch keine Schwierigkeiten bereiten, da die jeweiligen Verwendungen eindeutig zuordenbar sind.

destiniertheit zur Modellierung in den Blickpunkt, die sie geeignet macht, Struktur, Funktion und Verhalten möglicher technischer System an ideellen, formalisierten Modellsystemen regelkonsistent durchzuspielen.

Mit der im Kontext der Grundlagenkrise gegen Ende des 19. Jh.s erfolgenden partiellen Einengung der Mathematik auf effektive Verfahren und konstruktive Mittel und der in den 40er Jahren des 20. Jh.s nachfolgenden Erfindung des Computers, die sich mit der Entdeckung paarte, dass dieser eine angenäherte Realisierung eines endlichen Automaten darstellt und damit geeignet ist, als universeller algorithmischer Problemlöser zu fungieren, erschloss sich die Mathematik das Medium der Simulation, der Prozessqualität formaler Strukturen. Über die Visualisierung mathematischer Strukturen und Prozesse mittels Computersimulation ergab sich eine Neubestimmung dessen, was eingangs als das „Denkmögliche" der Mathematik ausgewiesen wurde. Modellierung war nunmehr nicht mehr nur nach materialer Ähnlichkeit (Stichwort „Pilotanlage"), sondern nach formalen Strukturähnlichkeiten möglich und in virtueller Realität empirisch verfügbar. Gleichzeitig wurde die Relevanz dieser neuen Möglichkeiten für die Technikwissenschaft derart offensichtlich, dass die sich in den 80er Jahren des 20. Jh.s etablierende Technomathematik zuweilen mit Computer Science identifiziert wird.

Helmut Neunzert, Mitbegründer der Technomathematik in Kaiserslautern, bringt den uns interessierenden Prozess aus seiner Sicht prononciert auf den Punkt: „No doubt: Mathematics has become a technology in its own right, maybe even a key technology. Technology may be defined as the application of science to the problems of commerce and industry. And science? Science maybe defined as developing, testing and improving models for the prediction of system behavior; the language used to describe these models is mathematics and mathematics provides methods to evaluate these models. Here we are! Why has mathematics become a technology only recently? Since it got a tool, a tool to evaluate complex, 'near to reality' models: Computer! [...] Make the models as simple as possible, as complex as necessary – and then evaluate them with the help of efficient and reliable algorithms: These are genuine mathematical tasks" (Neunzert 2004).

Mathematik als Form des Wissens

Der Mathematik als „reiner" Strukturwissenschaft scheint das Historische und der Wirklichkeitsbezug völlig fremd zu sein. Gerade deshalb aber ist sie, neben der Logik, wohl die einzige Wissenschaft, deren Funktion und deren beispiellose Bedeutung im Gefüge der Wissenschaften *nur aus ihrer Geschichte* zu begreifen möglich ist.

Anfänge mathematischen Denkens sind nachweisbar seit dem Paläolithikum. Es ist in der Lebenspraxis wie im Mythos verwurzelt:

- In der Lebenspraxis führten der handgreifliche Umgang mit endlichen Mengen (Dingen) zur Zahl und die Meisterung der Lagebeziehungen fester Körper zur elementaren Geometrie;
- im Mythos bereitete die Ornamentik magisch/spielerisch die Geometrie vor, während der Zusammenhang kosmischer und menschlicher Rhythmen seinen Niederschlag fand in der Zahl als Kultursymbol (das teufelsbannende Pentagramm in Goethes Faust und die unheilsschwangere „Dreizehn" sind geläufige Relikte dieser Zeit).

„Mathematik" entstand dergestalt als *physikalische Technik* und als *kultureller Symbolismus*, als Technik und als Ideologie, als Ideologie einer Technik und als (ideelle) Technik einer Ideologie.

Die Zahl eröffnete dem archaischen Denken einen neuartigen Zugriff auf die Wirklichkeit, indem sie die kognitiven Strukturen veränderte. Über abstraktive Verdichtungen, multiple Merkmalsklassifizierungen und begriffliche Konstruktionen gewann die Wechselwirkung von Sprache und Denken nunmehr ihre „ideell-technischen" Potenzen, die sich seitdem unaufhörlich raffinieren (vgl. auch Klix 1980).

Obwohl sich die Seiten dieses sich doppelt kreuzenden Widerspruchs bis in die Gegenwart erhielten, prägten sie sich historisch sehr unterschiedlich aus: Zunächst entfaltete sich in Mesopotamien die Mathematik vorrangig als Technik, dann, in Griechenland, als Ideologie, sprich Wissenschaft. Die hiermit gesetzte *Polarität* von *Konstruktion* einerseits und *Deduktion* andererseits fand sich wieder in der ungleichen Präferenz gegenüber *diskreter* (Arithematik der ganzen Zahlen) und *Kontinuums*mathematik (beginnend mit der elementaren Geometrie). Die durch den Erfolg der griechischen Mathematik fast eineinhalb Jahrtausende in Vergessenheit geratene und nur in Keilschrifttexten überlieferte mesopotamische *Rechentechnik* ist mit ihrer quasialgorithmischen Herangehensweise und ihren approximativen Verfahren der Lösung von Praxisaufgaben der unmittelbar Vorgänger der modernen Techno- und Computermathematik.

Mit den Griechen aber kam, begleitet von einem Rückfall im „Rechentechnischen", ein neuer Aspekt hinzu: Die Frage nach dem „Warum?" und damit der Gedanke der „Beweisbarkeit". Sie entdeckten die logische Tiefenstruktur der Sprache und arbeiteten Invarianten menschlichen Denkens heraus. Damit konnte das „Funktionieren" ideeller Technik begründet werden. Der logische Beweis sicherte die Widerspruchsfreiheit ideeller Strukturen und garantierte das Funktionieren der in ihnen entwickelten ideellen Techniken. Zugleich wurde die Axiomatik möglich und damit die Loslösung von der Wirklichkeit vorbereitet, die sich in einem ersten Schock über die Beweisbarkeit der Irrationalität von Maßverhältnissen ankündigte. Mit der im 19. Jh. erfolgenden Kreierung einer Vielfalt widerspruchsfreier Geometrien, der Axiomatisierung der Arithmetik sowie der Begründung und Axiomatisierung der Mengenlehre war die Entbindung der Mathematik von objektiven Geltungsansprüchen nicht mehr aufzuhalten. Mathematik, lange Zeit prototypisches Ideal der Wissenschaft, wurde nunmehr zur einzigen Wissenschaft, in der es nicht um Wahrheit ging:

> „Insofern sich die Sätze der Mathematik auf die Wirklichkeit beziehen, sind sie nicht sicher, und insofern sie sicher sind, beziehen sie sich nicht auf die Wirklichkeit“ (Einstein 1921, S. 119).

Mathematik als Ideal positiver Wissenschaft erkauft also ihre Positivität durch den Verlust des Wirklichkeitsbezuges. Dieser Verlust aber ist jenes Positivum, das der Mathematik erlaubt, ihre nunmehr unanfechtbaren Ordnungsstrukturen als universelles Modellreservoir bereitzustellen. Die zentrale Abstraktion, die die Mathematik von anderen Wissenschaften unterscheidet, ist die Abstraktion von der „Übereinstimmung mit dem ‚realen' Gegenstand“ (vgl. auch Courant/Robbins 1992, S. XIXff.; Wenzel 2005, S. 59ff.) Damit geht sie eines außer ihr selbst liegenden (relationalen) Wahrheitskriteriums verlustig. Die Mathematik bleibt inhaltlich, aber ohne Wahrheit. Ohne Mathematikanwendung, die der Mathematik Probleme aufnötigt, die sie aus sich selbst nie erzeugt hätte und die sie zu Lösungen zwingt, die ihre zunehmende Anwendbarkeit befördert und damit ausschließt, dass sie zu einem reinen Spiel des Denkens wird, geht der Mathematik ihre Inhaltlichkeit verloren:

> „Erst die äußere Welt hat uns das Kontinuum aufgedrängt, das wir zwar erfunden haben, das sie uns aber zu erfinden gezwungen hat“ (Poincaré 1906, S. 114).

Mathematik entwickelt sich historisch, wie bereits einleitend betont, als Wissenschaft von (denk)möglichen, mit sprachlichen Mitteln weitgehend formalisierbaren Strukturen (objektiv) möglicher Zusammenhänge der Wirklichkeit, als Wissenschaft ihrer Analyse und Konstruktion unter dem formierenden Druck der Problemstellungen ihrer Anwendung. Sie besitzt eine Art „Wahrscheinlichkeitsempirismus“:

> „Ähnlich dem, wie die materielle Technik aus der Natur verschiedene Materialien herauszieht, abwandelt (umwandelt) und kombiniert, wodurch sie ein Mittel der Beherrschung der Natur in der praktischen Tätigkeit wird, so schöpft die Mathematik aus der Natur auf dem Wege der Abstraktion ihre Grundbegriffe (ursprüngliche Begriffe), wandelt sie um, kombiniert sie und schafft damit ein Mittel zur theoretischen Beherrschung der Natur. *Sie kann daher als ‚ideelle Technik' bestimmt werden*“ (Aleksandrov 1972, 1, S. 7).

Widerspruchsfreiheit sichert, dass der mathematische Apparat zuverlässig arbeitet. Strenge ist ein Gebot der Funktionsfähigkeit, eine Forderung des deterministischen Verhaltens der Mittel. Mathematik lässt sich damit nicht nur in ihren

„rechentechnischen“ Erscheinungsformen, sondern auch in ihrem Selbstverständnis als „reine Mathematik“ unter dem Begriff der Technik respektive Technikwissenschaft fassen.

Technikwissenschaftliche Bedarfe nach Mathematik

Mit der Etablierung der Technikwissenschaft als experimentelle Erfahrungswissenschaft zum Beginn des 20. Jh.s (siehe 2.1.2; 2.1.3) wurde auch eine Neupositionierung gegenüber der Mathematik eingeleitet.

Insofern technische Sachsysteme im Evolutionszusammenhang soziotechnischer Systeme eingebunden sind (siehe 2.3.2), setzt ihre wissenschaftlich fundierte Konstruktion, d.h. ihre praktische Synthese, die Kenntnis des Erzeugens ihrer möglichen Maße und Werte zur zielgerichteten Bewertung bezüglich ihrer jeweils bezweckten Funktionen voraus. Damit gehen in der Technikwissenschaft Beschreiben und Erklären eine Verbindung mit Wertung und Normierung ein. Technikwissenschaft setzt folglich zunehmende Ausnutzung von Natur- und Humanwissenschaft zwecks technologischer Synthese unter gegebenen Restriktionen und gemäß bezweckter Zielstellungen voraus. Wissenschaftliches Werten, Normieren und Synthetisieren – erst *ideell*, dann praktisch – setzt aber Kenntnis und Beherrschung der Maßverhältnisse wirklicher natur- und humanwissenschaftlicher und möglicher technischer Systeme voraus. Technikwissenschaft hat somit einen zunehmenden Bedarf nach einer Mathematik, die in der Lage ist, Verfahren zur Synthese von Systemen (interaktive Mensch-Maschine-Systeme), zur Bewertung, Normierung und Optimierung derartiger Systeme nach gegebenen Zielstellungen und unter vorauszusetzenden Restriktionen bereitzustellen, wobei in wachsendem Maße mathematisierte, d.h. axiomatisierte und über Messvorschriften inhaltlich interpretierte Natur- und Humanwissenschaften den Prozess der Techniksynthese und -bewertung unterstützen. Technikwissenschaft benötigt damit eine Mathematik, die zwischen Deskription und Konstruktion zu vermitteln vermag.

Den Schwerpunkt der Zusammenarbeit von Mathematikern und Technikern bildet hierbei

> „nicht die Axiomatik [...], sondern die Lösung der technischen Systemsynthese mit mathematischen Mitteln. Hierbei profitiert auch die Mathematik. Dies gilt besonders für die Systemsynthese, die Hauptaufgabe der Ingenieurwissenschaft! Sie spielt eine wichtige Rolle bei der Realisierung eines technischen Systems nach den Gesichtspunkten der Systemtheorie (‚Systemtechnik‘). [...] Die Synthese eines Systems ist erheblich schwieriger als die Analyse und führt mathematisch zu Umkehrproblemen“ (Lange 1976, S. 18).

Zusammenfassend lässt sich feststellen, dass mit der Produktion auf wissenschaftlicher Grundlage der Bedarf nach einer Mathematik entstand, die

- technische Systemsynthese, -bewertung und -optimierung unter komplexer Berücksichtigung der morphologischen, funktionellen und spezialwissenschaftlichen Charakteristik technischer Gebilde gestattet,
- damit die Funktionsweise technischer Sachsysteme als Elemente soziotechnischer Systeme zunehmend besser zu beherrschen erlaubt und
- menschliche Produktionstätigkeit zu modifizieren und technisch zu modellieren hilft.

Diese Mathematik musste es ermöglichen, Modelle und Berechnungsverfahren zu erstellen, die in praktisch hinreichender Weise den Grundprinzipien technischen Wissens gerecht werden.

Die Verselbstständigung der Technikwissenschaften im Kontext der beschleunigten Entwicklung der führenden Industrieländer erzeugte einen Bedarf nach einer Mathematik, die Denk- und Konstruktionsrahmen für technische Mittel und Technologien war, die mithin selbst als Einheit ideeller Technik und ideeller Technologie zu begreifen war.

Dieser Bedarf erzeugte aber nur zögernd ein hinreichend starkes Bedürfnis, welches wiederum nur sehr zögernd befriedigt wurde, wobei Vorleistungen wesentlich bei der praktischen Mathematik lagen, die sich mit Namen wir Archimedes, Ibn Musa Al-Khwarizmi, Chin Chiu-Shao, Al-Kashi, Johann Kepler, Isaac Newton, William George Horner, Joseph Louis Lagrange, Gaspard Monge, Carl Friedrich Gauß und insbesondere Pafnuti Lvovič Čebyšev verbindet. Gegen Ende des 19. Jh.s war das mathematische Niveau der technikwissenschaftlichen Ausbildung an den Hochschulen noch äußerst niedrig. Die starke Trennung von Mathematik und Technik führte dazu, dass die nützlichen mathematischen Hilfsmittel – Differential- und Integralrechnung, Methoden der Lösung von Differentialgleichungen, Sätze der Potenzialtheorie, Variationsrechnung, elliptische Funktionen usw. – in gewisser Weise erstarrt waren. Die mathematischen Lösungen lagen häufig nur für idealisierte Zustände vor, die von nur geringem Wert für die Praxis waren.

Auf dem ersten Internationalen Mathematikerkongress in Zürich 1897 umriss Aurel Stodola die Beziehung der Technik zur Mathematik folgendermaßen:

> „*Die Mathematik ist für die Techniker eine grundlegende Wissenschaft.* Eine tüchtige Schulung in reiner Mathematik ist notwendig, um dem Techniker die erforderliche Sicherheit zu verleihen“, denn „für die Technik handelt es sich überall um die Erkenntnis des Gesetzes nicht nur dem quale [sic!], sondern der Zahl und dem Masse nach“ (Stodola 1898, S. 264, 263).

Bei der Anwendung der Mathematik türmten sich jedoch zwei Schwierigkeiten auf:

> „Die erste bildet der Umstand, daß er (der Techniker – H.-J.P.) *nicht nur für den technischen, sondern auch für den kommerziellen Erfolg zu bürgen hat*, d. h. daß er so billig

wie möglich produzieren muss. […] Er nimmt mit Schrecken war, dass die Praxis ihm zu einer systematischen Untersuchung die Zeit zu gewähren durchaus nicht gewillt ist" (Stodola 1898, S. 266).

Die zweite Schwierigkeit sieht Stodola in der Unfähigkeit des Technikers, die von ihm aufgestellten mathematischen Gleichungen (in der Regel Differentialgleichungen), deren Lösung die verwickeltsten Komplikationen umfasst, zu berechnen:

> „Da, wo die technische Literatur ihre eigenen Pfade wandelt, hat sie sich denn auch ganz den synthetischen Methoden zugewendet. Beispiele hierfür bilden die graphischen Methoden in den Baukonstruktionsfächern, die Geschwindigkeitspläne des Turbinenbaus, die Schieberdiagramme für Dampfmaschinen und die sogenannten Vektordiagramme in der Elektrotechnik" (Stodola 1898, S. 267).

Der Bedarf der Technikwissenschaft nach konstruktiven, handhabbaren, bildanalogen und systemorientierten mathematischen Mitteln wurde durch die Mathematik nur sehr zögernd befriedigt. So wurden beispielsweise symbolische Methoden zur Berechnung von Wechselstromnetzen, der Vektorkalkül und die Operatorenrechnung zur Lösung von Differentialgleichungen von Technikern und Ingenieuren entwickelt und erst in späteren Jahren durch die Mathematik streng begründet.

Auf Betreiben Felix Kleins erhielt erst 1904 Carl David Tolmé Runge in Göttingen die erste ordentliche Professur für angewandte Mathematik an einer deutschen Universität. Von ihm wurden nunmehr auch moderne Methoden der „angewandten Mathematik" behandelt: streckenweise Integration von gewöhnlichen und streifenweise Integration von partiellen Differentialgleichungen, das Verfahren der sukzessiven Approximation, näherungsweise Lösung von Differenzengleichungen, direkte Methoden der Variationsrechnung u.a.

Während numerisches Rechnen in der ersten Hälfte des 19. Jh.s noch seinen festen Platz in der Mathematik hatte – erinnert sei an Gauß und Carl Gustav Jacob Jacobi –, wurde im Gefolge der zunehmenden Abstraktheit der Mathematik die „numerische Arbeit" den „Rechenbüros" überlassen. In den zwanziger und dreißiger Jahren des 19. Jh.s gab es in Deutschland nur das von Alwin Walther in Darmstadt geleitete Institut, das praktische Mathematiker ausbildete, die in der Lage waren, „Rechenprogramme" für „Rechenarbeiter" aufzustellen. Dass die Existenz dieser Form von mathematischer „Technologie" von der offiziellen Mathematik nicht zur Kenntnis genommen wurde, wirkte sich äußerst nachteilig bei der Entwicklung elektronischer Rechenautomaten – mit Ausnahme von Konrad Zuses Arbeiten – aus. Das Bonmot über August Leopold Crelles „Journal für reine und angewandte Mathematik" als „Journal für reine unangewandte Mathematik" wirft ein weiteres Schlaglicht auf die Entwicklungsrichtung der Mathematik jener Zeit.

Hinzu kommt, dass um die Wende zum 20. Jh. die Mathematik mit inneren Problemen beschäftigt war, die zunächst zu einer höheren Abstraktheit und einer Abwendung von technischen Problemstellungen führte. Ein beträchtlicher Teil der um diese Zeit geschaffenen bzw. vorbereiteten neuen mathematischen Theorien erwarb jedoch bald eine bedeutende Praxiswirksamkeit. So wurde die Funktionalanalysis, die wesentlich auf Ideen der Mengentheorie und der axiomatischen Methode aufbaut, in den 20er Jahren die mathematische Grundlage der Quantentheorie; sie wurde in den 30er Jahren für Leonid Vital'evič Kantorovič ein wesentlicher theoretischer Ausgangspunkt für die Entwicklung der Theorie der linearen Optimierung. Eine ähnliche Rolle spielten die Methoden der modernen Algebra und Topologie, die oftmals kaum von der Funktionalanalysis zu trennen sind. Die mathematische Logik wurde zu einer späten mathematischen Grundlage der Computerprogrammierung (im Verein mit der der Booleschen Algebra isomorphen Schaltalgebra). Der Intuitionismus wurde, in den verschieden Modifikationen des Konstruktivismus, Grundlage der Algorithmentheorie und wesentliches mathematisches Methodenarsenal zur Erstellung effektiver Berechnungsverfahren für praktische Anwendungen.

Die Haupttendenzen der Entwicklung der Mathematik beschreibt Sir Michael Francis Atiyah für die letzten 100 Jahre mit folgenden Schlagworten:

- vom Lokalen zum Globalen,
- Vergrößerung der Dimension,
- vom Kommutativen zum Nichtkommutativen,
- vom Linearen zum Nichtlinearen,
- Homologietheorie,
- K-Theorie,
- Lie-Gruppen,
- Einfluss der Physik (vgl. Atiyah 2003).

Diese Tendenzen zeugen von einer deutlich zunehmenden Ausrichtung der Mathematik auf die Beherrschung komplexer, dynamischer und ganzheitlicher Zusammenhänge einerseits wie auch auf die Ausweitung der traditionellen Prinzipien- und Modellkompetenz der Mathematik für die Spezialwissenschaften, allen voran die Physik.

Dergestalt lässt sich feststellen, dass die Mathematik durch Klärung akkumulierter innermathematischer Probleme (die wesentlich außermathematischen Ursprungs waren) an die zukünftigen Erfordernisse der Praxis präadaptiert wurde, wobei diese Präadaptation dort versagte, wo es um Probleme ging, die bisher nicht zum Bestand der Mathematik gehörten (z.B. Theorie linearer Ungleichungssysteme).

Die Mathematisierung technischer Disziplinen entfaltete sich dementsprechend in hinreichender Breite erst in den 20er bis 40er Jahren des vergangenen Jahrhunderts. Mit dem Entstehen systemtheoretischer Untersuchungsverfahren in mathematischer Form sowie dem Aufkommen der elektronischen Datenverarbeitung vollzog sich dann ein qualitativer Sprung in der Mathematisierung der Technikwissenschaften:

> „Auf die Frage, welches in der Mechanik der wichtigste Fortschritt der vergangenen drei Jahrzehnte war, gibt es unter den Experten keinen Streit: Es sind die Computermethoden" (Hennig 1984, S. 1).

Insofern mathematische Technologie zur Synthese und Optimierung von Sachsystemen mit deren jeweiliger Komplexität korrespondieren muss – was sich u. a. im Auftreten vieler Variablen, Restriktionen, Nichtlinearitäten, probabilistischem Verhalten usw. bemerkbar macht –, stößt mathematische Technologie auf Schranken menschlichen Denkvermögens und menschlicher Denkgeschwindigkeit. Mathematische Technologie ist daher in ihrer Realisierung (bei hinreichender Komplexität der zu erfassenden Phänomene) an materielle technische Systeme gebunden, die in der Lage sind, Denk- und damit Rechenprozesse zu imitieren. Die Möglichkeit hierfür wurde durch die Entwicklung der Elektrotechnik vorbereitet. Die Möglichkeit der Fortentwicklung dieser materiell-technischen Mittel (Computerhardware) wurde durch die Revolution in den Naturwissenschaften zu Beginn des 20. Jh.s (Quantenphysik der Festkörper etc.) und durch den technologischen Einsatz von mathematischer Technologie für den Computerbau („Selbstbeschleunigung der Computerentwicklung") gewährleistet. Die konkrete Entwicklungsrichtung dieses Prozesses war nicht vorhersagbar.

Mathematik und Technikwissenschaft: Im Spannungsfeld von Erkennen und Gestalten

Geht man davon aus, dass der Geltungsgrund von Natur- und Technikwissenschaften identisch ist, so ergibt sich aus der Verschiedenheit der Zielsysteme beider Wissenschaften – hier Erkennen, dort Gestalten (siehe 2.4; 4.1.2.2) – auch eine unterschiedliche Ausrichtung der sie mitkonstituierenden mathematischen Strukturen und Methoden. Mathematik als Erkenntnis- und Mathematik als Gestaltungsmittel sind dementsprechend die beiden Modi des Mathematischen, die mit dem Einfließen naturwissenschaftlichen Wissens in die Technikwissenschaften letztlich stets nur in einer engen inneren Verwobenheit anzutreffen sind.

Die Rolle der Mathematik für die Technik unter dem Aspekt des Erkennens

Hier können mindestens vier Aspekte hervorgehoben werden, die sich schlaglichtartig wie folgt fassen lassen:

(1) Mathematik als Hilfswissenschaft;
(2) Mathematik als Integrationswissenschaft;
(3) Mathematik als Initiativwissenschaft;
(4) Mathematik als Restrukturierungswissenschaft.

(1) Die Rolle der Mathematik für die Technikwissenschaften kann *zunächst* als die einer *Hilfswissenschaft* bestimmt werden, insofern sie adäquateres Denken durch problemadäquate Sprachen über einen gegebenen Gegenstand ermöglicht. In einem historischen Selektionsprozess bildeten sich sprachliche Mittel heraus, die sowohl der Komplexität der ideellen Objekte als auch der kognitiven Beherrschbarkeit dieser Objekte durch das Subjekt optimal angepasst wurden. Im (letztlich unauflöslichen) Kontext mit der natürlichen Sprache entwickelten sich dabei problemadäquate Sprachen für Klassen ideeller Objekte, die im Desabstraktionsprozess der Anwendung auf die Natur- und Technikwissenschaften vielfältige Vorzüge offenbaren:
- Zwischen der Struktur der Bezeichnung (Symbole, Zeichen, Worte und dergleichen) und dem Bezeichneten hat sich im Laufe der Entwicklung der Mathematik eine Korrelation herausgebildet, was besagen will, dass die Struktur des Zeichens eine optimale Information über das Bezeichnete enthält. Die Sprache der Mathematik fördert damit (auch über suggestive Symbolgestaltung) die Trennung von Wesentlichem und Unwesentlichem, Notwendigem und Zufälligem (man vergleiche etwa das Rechnen mit römischen und arabischen Zahlen oder den Differentialkalkül in der Newtonschen und der Leibnizschen Fassung).
- Problemadäquate mathematische Sprachen verfügen meist über einen stark eingeschränkten aktuellen Wort- und Begriffsbestand, der, ziel- und zweckgerichtet entwickelt, eine differenziertere Problembearbeitung ermöglicht. Auf diese Weise ist es möglich, an den entscheidenden Punkten der Problemlösungsprozesse eine größere Konkretheit der Aussagen zu erzielen.
- Durch die mit der Einführung der mathematischen Symbolik sich vertiefende Formalisierung bildet sich eine eigene Syntax der entsprechenden Sprache heraus (deren Semantik zunehmend kontextunabhängiger wird), die dazu beiträgt, der entsprechenden Theorie eine einheitliche Struktur zu geben und damit ermöglicht, tiefer in die fundamentalen Prinzipien der Natur- und Technikwissenschaften einzudringen.
- Die Mathematik entwickelt flächennutzende sprachliche Mittel (Tabellen, Matrizen, Graphen mit Netzwerk- und Baumstrukturen), die ermöglichen, den „Zeilenzwang" der Umgangssprache zu durchbrechen und durch bildanaloge Konfigurationen komplexe räumliche und zeitliche

Strukturen adäquater (informationsaggregierter) und handhabbarer (kognitiv beherrschbarer) widerzuspiegeln (vgl. Peschel 1978, S. 16).

- Problemadäquate mathematische Sprachen verfügen über Operationseigenschaften, die es gestatten, für Problemklassen „schematische Verfahren“ (Algorithmen) anzugeben, die mit Texten endlicher Länge beschreibbar sind und nach endlich vielen Schritten zu einer konstruktiven Problemlösung führen (vgl. Kaiser 1977, S. 16ff.). Damit reduziert sich der kognitive Aufwand im spezialwissenschaftlichen Forschungsprozess (beim Vorhandensein entsprechender Algorithmen) auf die Erkennung eines Problems als zu einer algorithmisch-lösbaren Problemklasse zugehörig und auf den effektiven schematischen (und damit prinzipiell automatisierbaren) Vollzug der algorithmischen Problemlösung (heute zumeist in Form eines Computerprogramms).

(2) Mathematik kann in ihrer Funktion gegenüber den Technikwissenschaften als eine *Integrationswissenschaft* begriffen werden, indem sie hilft, in unterschiedlichen Wissensbereichen gleiche mathematische Strukturen aufzudecken. Dadurch erweitern sich die Möglichkeiten interdisziplinärer Zusammenarbeit sowie eines Methodentransfers zwischen den unterschiedlichen Natur- und Technikwissenschaften (vermittels mathematischer Strukturäquivalenzen), welche der Tendenz der Differenzierung der Wissenschaften entgegenwirken. Repräsentativ für diese Entwicklung sind die Systemtheorie, die Informationstheorie und die Kybernetik. Die mathematische Sprache wird neben der natürlichen Sprache zu einem wesentlichen Kommunikationsmittel zwischen den an technischen Entwicklungen beteiligten Wissenschaften. Schließlich haben sich im Prozess der Differenzierung mathematischer Theorien innermathematische Integrationstendenzen vollzogen, die ihrerseits wiederum in der Mathematikanwendung eine integrierende Wirkung haben. Hierbei handelt es sich um

- Symmetrie,
- Wahrscheinlichkeit,
- Qualitative Klassifikation und
- Algorithmen (vgl. Atiyah 1974).

(3) Die Mathematik kann als *Initiativwissenschaft* begriffen werden, insofern sie im technikwissenschaftlichen Erkenntnisprozess eine heuristische Funktion ausübt. Die Mathematik hat aus ihrer relativen Eigenständigkeit heraus Methoden und Verfahren entwickelt, die (oft später) in irgendeiner Wissenschaft neue Betrachtungsweisen anregten, ohne dass in der Entwicklung der Mathematik an derartige Interpretationen (bzw. Applikationen) gedacht

worden war. Beispielsweise findet die von Evariste Galois und Niels Henrik Abel begründete Gruppentheorie in der Elementarteilchenphysik fundamentale Anwendung. Das Erfülltsein gewisser Gruppensymmetrien (z.B. SU 3) fungiert als ein wissenschaftliches heuristisches Prinzip bei der Vorhersage neuer, experimentell noch nicht nachgewiesener Elementarteilchen, ja hat fundamentalen Charakter, wenn man an die quarks-Hypothese denkt. Weiterhin wären zu erwähnen die Markhoffschen und die Postschen Algorithmen, die zur Grundlage der modernen Rechentechnik wurden, oder die Theorie der zellulären Felder von John v. Neumann, die die Voraussetzung für eine neue Generation von Rechnern schuf. Mathematik entwickelt dergestalt Methoden für die Zukunft der Technikwissenschaften und weist neue Wege der Wissenschaftsentwicklung (vgl. Soboljew 1972, S. 319ff.). Hierbei verfügen insbesondere auch die mathematische Grundlagenforschung und die abstraktesten Zweige der theoretischen Mathematik über ein außerordentliches Triebkraftpotenzial für die Entwicklung der Spezialwissenschaften, indem

- sich durch die Entwicklung neuer mathematischer Theorie die Integration der Mathematik vertieft und eine Vielzahl von Beweisen und Schlussverfahren einfacher wird, wodurch oft effektiv handhabbare Methoden für die Lösung von Problemen aus der Praxis „abfallen“; so finden die funktionalanalytischen Untersuchungen (in der modernen Sprache der Topologie) von Luitzen Egbertus Jan Brouwer und Stefan Banach zu Fixpunktsätzen heute Anwendung in der Biologie, der Hydrodynamik, der Wirtschaftwissenschaft u.a. – zudem sind sie von grundlegender Bedeutung für die mathematische Nutzung der modernen Rechentechnik (vgl. Kaiser 1977, 1980);
- sich die Effektivität der mathematischen Forschung durch innere Integration erhöht und damit ihre Leistungsfähigkeit im gesamtgesellschaftlichen Rahmen wächst;
- sich durch die Aufdeckung neuer grundlegender mathematischer Strukturen und Meta-Ebenen neue Anwendungsbereiche erschließen;
- sich die am weitesten entwickelten, abstraktesten mathematischen Theorien in ihrer Anwendung am ergiebigsten erweisen, da sich die Klasse der erfassbaren Objekte und Beziehungen mit zunehmender Verallgemeinerungs- und Abstraktionsstufe vergrößert und die Wissenschaft dadurch in die Lage versetzt wird, einen größeren Teil von Erscheinungen vorhersagen zu können (prognostischer Aspekt) (vgl. Poincaré 1906, S. 109f.);
- die Gleichheit des mathematischen Apparates verschiedener physikalischer Theorien gestattet es, die Erscheinungen und Prozesse in der einen Theorie zur Modellierung der Erscheinungen und Prozesse in der anderen

Theorie zu nutzen. Dies ist von außerordentlicher Bedeutung, z.B. bei der Betrachtung von Pilotanlagen großer Produktionsabläufe, die selbst nur schwer mathematisch berechenbar sind.

(4) Schließlich fungiert die Mathematik gegenüber der Technikwissenschaft auch als eine *Restrukturierungswissenschaft*. Sie ermöglicht durch ihre übersichtlichen Strukturen, die Zugriffsgeschwindigkeiten zu verschiedenen Informationen über die Objekte der Theorie zu erhöhen und wirkt damit als retardierendes Moment bei der sich vergrößernden Informationsflut der Wissenschaften. Jurij Vladimirovič Sačkov begreift Mathematisierung in diesem Sinne als einen Umcodierungsprozess, als einen Übergang zu einer höheren Ebene der Informationskodierung:

> „Der Mathematisierungsprozeß des Wissens in bestimmten Bereichen der Wirklichkeit [bedeutet], daß die entsprechenden Erkenntnisse ein so hohes Entwicklungsniveau erreicht haben, daß für ihre innere Organisation die Notwendigkeit besteht, aus den vorhandenen Information einen höheren Code abzuleiten. Die höheren Codes stellen als abstraktere und allgemeinere Codes die Mathematik dar“ (Sačkov 1978, S. 71).

Vollständigkeit der Information über das Verhalten eines realen Objektes wird dabei nur in dem Fall erzielt, „wenn bei der theoretischen Reproduktion des Objektes alle Kodes, eingeschlossen die niederen, benutzt werden“ (Sačkov 1978, S. 71). Totalität von Objektverhalten wird damit gedanklich zugänglich über eine begreifbare Hierarchie von Kodierungsebenen und Kodierungsregeln, welche die Struktur des Objektverhaltens abbilden. Der Mathematisierungs*prozess* als Prozess der Informationsaggregation, als Prozess der Synthese formaler und nichtformaler Untersuchungsmethoden, als Prozess der Schaffung eines zusammenhängenden Systems von Modellbeschreibungen über einen Gegenstandsbereich potenziert menschliche Erkenntnistätigkeit und -fähigkeit durch einfachste und aktual wie prognostisch effektivste Erfassung der Wirklichkeit.

Letztlich sei an dieser Stelle betont, dass es nie um eine absolute Mathematisierung der Technikwissenschaft geht, sondern stets nur um eine Teilmathematisierung, deren Grenze aber stets historisch und verschieblich ist.

Die Rolle der Mathematik für die Technik unter dem Aspekt des Gestaltens: Mathematikanwendung und mathematische Modellierung

Zunächst ist zu verzeichnen, dass seitens der reinen Mathematik ihre angewandte „Schwester“ bisweilen etwas hochmütig belächelt wird als praktizistische Handwerkelei mit reduziertem Theorieanspruch: als Machwerk eben. Ferner herrscht auch bei angewandten Mathematikern bis heute keine Einigkeit darüber, was angewandte Mathematik sei und worin ihr spezifischer Gegenstand bestehe (vgl. Paul/Ruzavin 1986, S. 130ff.). Dies gilt auch für ihren noch jungen Abkömmling, die Technomathematik. Die Beziehung der Mathematik zu ihrer Anwendung wird unter Mathematikern durch unterschiedliche korrelative Begriffe erfasst. So spricht man von „reiner" und „angewandter" Mathematik, von „theoretischer" und „angewandter" Mathematik, von „theoretischer" Mathematik und Mathematikanwendung, von „abstrakter" und „konkreter" Mathematik, von „theoretischer" und „experimenteller" Mathematik (vgl. Moiseev 1979), ja von „moderner" Mathematik und „quasi-Mathematik". Strittig ist ferner, ob angewandte Mathematik ein Teil der Mathematik oder „mehr" als Mathematik sei, ob sie einen eigenen Gegenstand habe oder nur die funktionalistische Ausrichtung des traditionellen Gegenstandes ist. Aus dieser Problemlage ergeben sich unmittelbar zwei Fragen:

- Welche Mathematik wird angewendet?
- Gehört die Anwendung der Mathematik zur Mathematik?

Wenden wir uns zunächst der ersten Frage zu: Zu einem historisch bestimmten Zeitpunkt kann unter pragmatischem Aspekt das Insgesamt der gegenständlich interpretierten Mathematik, der gegenständlichen Modelle und Modellsysteme als unmittelbar anwendbare Mathematik bezeichnet werden. Hierzu gehören die Gleichungen und Modellsysteme der mathematischen Physik, die Vielzahl der modernen „-probleme" (Transportprobleme, Warteschlangenprobleme, Mischungsprobleme, Zuschnittprobleme, Optimierungsprobleme etc.), der größte Teil der numerischen Mathematik u.a. Diese Teile der Mathematik fungieren als heuristische und algorithmische Muster der mathematischen Lösung von Praxisproblemen. Die Nichtstandardanwendungen der Mathematik auf Praxisprobleme, in denen sich die Kreativität des angewandten Mathematikers – im Gegensatz zu der des Technikers und Ingenieurs – zu bewähren hat und in denen neue anwendbare Mathematik produziert wird, lässt sich jedoch mit dem Terminus „unmittelbar anwendbare Mathematik" nicht erfassen. Mathematikanwendung basiert letztlich auf dem Insgesamt der Mathematik, und jeder Äußerung, die eine prinzipielle Unmöglichkeit der gegenständlichen Interpretation gewisser mathematischer Strukturen behauptet, ist mit Skepsis zu begegnen:

> „Was gestern abstrakt war, gilt heute als konkret (z.B. Matrizenrechnung). Was gestern Reine Mathematik war, ist heute Angewandte Mathematik (z.B. Funktionalanalysis). Was gestern suspekt war, ist heute respektabel (z.B. die Wahrscheinlichkeitstheorie)" (Behnke/Bertram/Callatz 1968, Vorwort).

Geht man, um die zweite Frage zu beantworten, davon aus, dass die Mathematik denkmögliche Strukturen objektiv möglicher Strukturen der Wirklichkeit kreiert und erforscht, so ist darin eingeschlossen, dass die Gewinnung ideeller Objekte aus idealen Objekten der Spezialwissenschaften (einschließlich Technikwissenschaften) zum Wesen der Mathematik gehört, dass gleichzeitig die Sicherung der Inhaltlichkeit der Mathematik erfordert, in einem entsprechenden Desabstraktionsprozess auch den Übergang von den ideellen zurück zu den idealen Objekten der Spezialwissenschaften zu vollziehen. D.h., Mathematik-Anwendung ist einerseits Existenzbedingung und Wesensmerkmal der Mathematik als Wissenschaft, sofern sich in ihr ein inhaltlich gerichteter mathematischer Struktur- und Theoriebildungsprozess vollzieht, sie ist andererseits – als gegenständlich interpretierte Mathematik – spezifische Erscheinungsform und konstituierendes Moment der Spezialwissenschaft. *Die mathematische Modellierung ist der Mittler zwischen Mathematik und Anwendung.* In ihr gibt das mathematische Denken seine „Selbstgenügsamkeit“ auf und wird ein „Unselbstständiges“, dessen Wert nunmehr in seiner praktischen Effizienz liegt. Mathematikanwendung umfasst somit – als Bestandteil von Mathematik – den Aufbau und das Studium mathematischer Modelle objektiver Zusammenhänge. Sie schließt die mathematische Modellierung wie auch die Untersuchung des mathematischen Modells selbst ein.

Die spezifischen Restriktionen, denen der Desabstraktionsprozess der Mathematik in den Anwendungs-Modellen beim Übergang von ideellen zu idealen und realen Strukturen unterworfen ist, machen die Spezifik der angewandten Mathematik aus. Sie initiiert damit zugleich auch einen Strukturwandel in der reinen Mathematik, der in die gleiche Richtung weist wie die Eroberung des neuen prozessualen Ausdrucksmittels „Computer“ in der reinen Mathematik selbst (vgl. auch Pesch 2002, S. 131 ff.). Hauptziele mathematischer Modellierung sind nach Hans Kaiser folgende (vgl. Kaiser 1977, S. 16 f.):

(1) Analyseproblem: Das *Verhalten* eines materiellen Systems mit einer bestimmten (meist nur implizit oder unscharf bekannten) materiellen Struktur ist unter bestimmten (ebenfalls meist unscharf gegebenen) Bedingungen mit mathematischen Mitteln zu bestimmen.

(2) Syntheseproblem: Aus einer (meist unscharf) bestimmten Menge objektiv möglicher Systeme bestimmter Art ist ein solches durch Einsatz von Mathematik zu ermitteln, das ein (meist unscharf) *vorgegebenes Verhalten* möglichst gut (unter zumeist unscharfen Kriterien) realisiert.

(3) Erkennungsproblem: Aus dem durch strukturierte Datenmengen *signalisierten Verhalten* eines materiellen Systems ist im Rahmen einer Erkennungshypothese über die Zugehörigkeit dieses Systems zu einer bestimmten Menge objektiv möglicher Systeme bestimmter Art die konkrete Struktur dieses Systems im Rahmen gegebener Anforderungen möglichst genau zu bestimmen.

Wie sich zeigen lässt, haben das Synthese- und das Erkennungsproblem die gleiche mathematische Struktur. Die mathematische Modellierung von Erkennungs- und Syntheseproblemen ist somit im Wesentlichen identisch. Erkennen und Gestalten, Wissenschaft und „Machenschaft" fallen in der Struktur mathematischer Modelle wesentlich zusammen!

Unter einem mathematischen Modell verstehen wir hierbei eine

> „möglichst relations- und operationsgetreue Abbildung einer meist nur implizit gegebenen oder unscharf abgegrenzten empirischen Struktur durch eine nach Möglichkeit einfache mathematische Struktur, [... die] den Zweck verfolgt, im Hinblick auf gewisse Fragestellungen in einem beschränkten und nicht immer klar umrissenen Gültigkeitsbereich die Originalstruktur auf dem Umweg über die Bildstruktur erkennen, analysieren, beschreiben, beeinflussen und prognostizieren zu können" (Jaeger/Wenke 1969, S. 125).

Die Unschärfe, die in dieser Formulierung steckt, ist kaum zu überbieten! Kosten- und Zeitrestriktionen, Verfügbarkeit von Ressourcen und effiziente Reproduzierbarkeit sind noch nicht einmal erwähnt, geschweige denn politische, ökologische und humane Imperative.

Die Forderung nach Optimalität und Handhabbarkeit des mathematischen Modells führt in der Technikwissenschaft häufig zum Auftreten von Alogismen im Prozess der mathematischen Modellierung. Hierzu gehören

- Analogieschlüsse und Überschreitung ursprünglicher Geltungsbereiche;
- „Beweise" allgemeiner Zusammenhänge an Sonderfällen;
- Anwendung von Aufgabenlösungen in Fällen, bei denen die entsprechenden Theoreme über Existenz und Unität noch nicht bewiesen sind;
- nichtlokale Nutzung von Resultaten lokaler Untersuchung;
- Anwendung numerischer Verfahren, deren Konvergenz nicht gesichert ist;
- Nutzung von Resultaten einer Näherungsrechnung bei Fehlen einer befriedigenden Fehlerabschätzung (vgl. Blechman/Myschkis/Panovko 1984).

Andererseits gelingt es der Technomathematik, immer leistungsfähigere Verfahren der Modellierung hochkomplexer Zusammenhänge zu entwickeln. Hierbei stehen vor allem die Wavelet-Analysis, die Bearbeitung inverser Probleme, die adaptiven Finite-Elemente-Methoden und die Modellierung dynamischer Systeme im Vordergrund (vgl. u. a. Projekte 2004).

In der Mathematikanwendung betätigt sich der angewandte Mathematiker als experimenteller Mathematiker: Er experimentiert mit Strukturen ideeller Objekte (im Gedankenexperiment oder im mathematischen Modellexperiment auf dem Computer), er experimentiert mit Alternativmodellen etc. und schafft sich dadurch die Möglichkeit, den Informationsreichtum der theoretischen Mathematik für den gegebenen Fall zu erweitern. Er gewinnt damit zugleich die Möglichkeit der Konstruktion neuer mathematischer Theorien. Wenn Henri Poincaré vermerkt „Der Mathematiker muß als Künstler arbeiten" (Poincaré 1906, S. 109) – man könnte ergänzen, das heißt auch als Techniker! –, so wird zudem deutlich, dass Modellierung ein synthetischer Prozess ist, dessen kombinatorische Mächtigkeit letztlich nicht mit deskriptivem Allgemeinheitswissen zu bewältigen ist, sondern Phantasie, Intuition und Zufall notwendig einschließen muss.

4.1.2.2 Naturwissenschaften *Armin Grunwald*

Im Selbstverständnis von Natur- und Technikwissenschaften und in ihren methodischen und konzeptionellen Grundlagen bestehen erhebliche Unterschiede. Technikwissenschaften greifen einerseits in vielfacher Weise auf naturwissenschaftliches Wissen zurück und sind in ihrem eigenen Fortschritt häufig auf naturwissenschaftliche Erkenntnisse angewiesen. Andererseits gilt dies auch umgekehrt: Moderne Naturwissenschaft ist in hohem Maße auf technische Problemlösungen angewiesen, im Labor, im Anlagenbau und in komplexer Datenverarbeitung. Teils ist Technik sogar konstitutiv für naturwissenschaftliche Erkenntnis. Technik- und Naturwissenschaften stehen daher in einem gegenseitigen Wechselverhältnis des Gebens und Nehmens – ein Beziehungsgeflecht, das in den letzten Jahrzehnten durch die „Technisierung der Wissenschaften" und die „Verwissenschaftlichung der Technik" noch enger geworden ist.

Zum Verhältnis von Natur- und Technikwissenschaften

Die Technikwissenschaften haben eine eigenständige Geschichte und sind institutionell nicht aus den Naturwissenschaften hervorgegangen. Während letztere noch zur Philosophischen Fakultät gehörten, erfolgte die Institutionalisierung der Technikwissenschaften an eigenständigen technischen Hochschulen (siehe dazu 2.1). Zwischen Technik- und Naturwissenschaften existieren offensichtlich große Unterschiede, die sich im Habitus ihrer Vertreter, in ihrer unterschiedlichen gesellschaftlichen Wahrnehmung sowie in getrennten wissenschaftlichen Gemeinschaften und Institutionen (Publikationsorgane, Fachgesellschaften etc.) niederschlagen.

Häufig wird versucht, Natur- und Technikwissenschaften über ihre Untersuchungsgegenstände zu unterscheiden: Die Naturwissenschaften befassen sich danach mit der unmittelbar vorfindlichen Natur, die Technikwissenschaften hingegen mit dem künstlich Hergestellten, mit artefakthafter Technik. Diese Unterscheidung trifft jedoch bestenfalls die Differenz zwischen einem kontemplativen Naturbetrachter (etwa der Pflanzenwelt) und einem Maschinenbauer. Generell ist sie keineswegs haltbar, weil (moderne) Naturwissenschaftler sich gerade nicht mit der unmittelbar vorfindlichen Natur befassen, sondern mit einer in bestimmten Hinsichten und unter Erkenntniszwecken *präparierten* Natur (vgl. Rapp 1996, S. 425). Der Physiker, der eine experimentelle Anordnung im Labor betreibt, der Chemiker, der Stoffe und ihre Eigenschaften untersucht bzw. Stoffe synthetisiert, oder der Biologe, der Zellen, subzellulare Einheiten oder organische Moleküle untersucht, sie alle widmen sich nicht „der Natur", sondern bestimmten Effekten, zu deren Analyse eine „künstliche" Umgebung in Form eines Labors mit technischen Geräten und kontrollierbaren Umgebungsparametern erforderlich ist. In diesem Sinne hat das Bonmot seine Berechtigung, dass der Physiker nicht die Natur, sondern sein Labor untersuche: Er interessiert sich dafür, was in einem bestimmten experimentellen Arrangement reproduzierbar möglich ist und von welchen Bedingungen dies abhängt. Dieses – sicher hier sehr abstrakt dargestellte – experimentelle Vorgehen und die Orientierung an der Reproduzierbarkeit von Effekten haben Naturwissenschaftler und Technikwissenschaftler gemeinsam und lassen sich hierdurch eben nicht unterscheiden.

Ein anderer möglicher Ansatz wäre, Natur- und Technikwissenschaften über die verwendeten Methodensätze zu unterscheiden. Allerdings gibt es erhebliche Überschneidungen in den verwendeten experimentellen Verfahren. So werden viele basale Messgeräte und auch Messverfahren sowohl von Naturwissenschaften (z.B. der Physik) als auch den Technikwissenschaften verwendet. Unterschiede gibt es sicher dahingehend, dass nicht alle Methoden in beiden Wissenschaftstypen Verwendung finden. Testverfahren zur Prüfung der Stabilität von Flugzeugflügeln etwa dürften keine naturwissenschaftliche Entsprechung haben. In theoretischen Verfahren ist das Verhältnis von Überschneidungen und Unterschieden ähnlich. Sicher kann man sagen, dass die in der Theoretischen Physik üblichen hoch mathematisierten Verfahren in den Technikwissenschaften eine nur geringe oder teils auch keine Rolle spielen und dass in den Technikwissenschaften *andere*, aber ebenfalls hoch mathematisierte Verfahren zur Problemlösung herangezogen werden. Daraus lässt sich jedoch kein prinzipielles Argument gewinnen. Da die Methodenwahl grundsätzlich vom verfolgten Zielsystem abhängt, kann generell die Unterscheidung nicht an den Methoden ansetzen, sondern muss anhand der Verschiedenheit der von Natur- und Technikwissenschaften verfolgten Zielsysteme vorgenommen werden.

Entscheidend für die weiteren Überlegungen ist die Zweiheit von *Gestalten und Erkennen* als ein wesentliches Spezifikum des Zielsystems der Technikwissenschaften (siehe 2.4) im Vergleich zu den Naturwissenschaften, insbesondere der Physik, denen – jedenfalls in ihrem Selbstverständnis – das Element des Gestaltens fehlt. Dabei ist die Behauptung, dass es in der Naturwissenschaft um Erkenntnisgewinn durch Hypothesenprüfung, in der Technik um die Herstellung nützlicher Objekte gehe (vgl. Rapp 1996), erheblich zu vereinfachend. Technikwissenschaftliche Forschung zielt auch auf Erkenntnisgewinn und keineswegs immer direkt auf das Herstellen nützlicher Objekte. Und auch für die Technikwissenschaften haben Experimente eine instrumentelle Funktion, indem sie z.B. Hypothesen über Materialeigenschaften prüfen helfen. Hier ist ein genauerer Blick erforderlich.

Dabei steht allerdings, und dies vergrößert die Differenz zur Physik, die Zweiheit von Gestalten und Erkennen in den Technikwissenschaften unter dem *Primat des Gestaltens.* Technikwissenschaften stellen – wenn auch teils in vermittelter Form – Wissen für die Anforderungen einer außerwissenschaftlichen und durch technische Problemlösungen gestaltenden Praxis bereit. Die Art und Weise des von den Technikwissenschaften bereitgestellten Wissens und Könnens richtet sich nach den Anforderungen eben dieser Praxis. Anforderungen aus der Praxis bilden ein wesentliches Moment (*driving force*) der Entwicklung der Technikwissenschaften – was zumindest die Physiker für ihr Fach nicht akzeptieren würden. Es gibt genügend Beispiele, wo aus dem Bedarf der Praxis heraus Forschungsrichtungen begründet und z.B. Lehrstühle eingerichtet wurden (vgl. z.B. König 1995 für die Elektrotechnik), und wo es nach dem Ende dieses Bedarfs auch wieder zu einem Einstellen oder einer Verkleinerung der entsprechenden Aktivitäten kam (vgl. die Kerntechnik nach dem Atomenergieausstieg als aktuelles Beispiel). Den Technikwissenschaften eignet damit grundsätzlich das Moment des Konkreten, denn eine Problemlösung ist immer eine Problemlösung in einem ganz konkreten Kontext, räumlich, zeitlich und personengruppenbezogen.

Demgegenüber verfolgen die Naturwissenschaften (hier wieder insbesondere die Physik) – über das Auffinden reproduzierbarer Effekte im Labor hinaus – weitergehende Ziele, die genau in die entgegen gesetzte Richtung führen, nämlich in die Abstraktion hinein. Dafür gibt ein konkretes Beispiel einen Hinweis. Der moderne Ottomotor wird nach bekannten technischen Regeln konstruiert, die sich im Laufe von über 100 Jahren der Erfahrung zu einem hoch entwickelten und sehr belastbaren Wissen aggregiert haben. Das Interesse der Technikwissenschaften ist es, diese Regeln zu systematisieren und unter gewissen Kriterien weiter zu verbessern, etwa um den Wirkungsgrad, die Zuverlässigkeit oder die Lebensdauer zu erhöhen. Hierdurch werden konkrete Problemlösungen für technische Produkte erzeugt. Technikwissenschaften fungieren damit als *direkte* wissenschaftliche Stütze der technischen Praxis (im Sinne von Janich 1995). Den Zielen der Naturwissenschaften würde es – obwohl das Wissen über Funktionsweise und Konstruktion des Ottomotors „gehärtet" ist durch einen ungeheuren Erfahrungshintergrund – nicht entsprechen zu sagen, dass der Ottomotor nach einem „Otto-Gesetz" funktioniert und dass dieses „Otto-Gesetz" aufgrund der vielen dahinter stehenden Erfahrung in physikalische Lehrbücher Eingang finden solle. Stattdessen verfolgen Naturwissenschaften über die „Härtung" von Wissen durch empirische Erfahrung hinaus *nichttechnische Ziele.* Hierzu gehören z.B. die *Vereinheitlichung* von Phänomenen unter einem begrifflichen und mathematischen Dach oder die *Sparsamkeit* hinsichtlich einzuführender Variablen bis hin zu ästhetischen Kriterien der „Schönheit" von z. B. Symmetrieeigenschaften theoretischer Aussagen. Während Technikwissenschaften auf die Konkretion zielen (und Abstraktion dabei gelegentlich als Mittel einsetzen, z. B. zur Systematisierung und Erleichterung der Übertragbarkeit des Wissens in andere Bereiche hinein), führen Naturwissenschaften in die Abstraktion (und verwenden die Konkretionen, z. B. Experimente, in instrumenteller Hinsicht, z. B. zur Hypothesenprüfung). Dabei ist der *Geltungsgrund* der Natur- und Technikwissenschaften identisch. Er liegt letztlich darin, reproduzierbare Effekte technisch zu realisieren und dafür eine entsprechende Mess- und Prüftechnik einzusetzen (vgl. Grunwald 1996). Von diesem gemeinsamen Geltungsgrund aus werden die Regelmäßigkeiten, die dort empirisch aufgefunden werden, jedoch aufgrund der verschiedenen Zielsysteme in ganz verschiedene Richtungen weiterentwickelt, und zwar

- als *Abstraktion* reproduzierbarer Effekte im Hinblick auf die als Ideal verfolgte Einheit der Physik mit allen daraus resultierenden Teilzielen, die über Systematisierungsaspekte hinaus teils metaphysischer – die Suche nach „Wahrheit" über „die Natur" oder nach der „Weltformel" – oder ästhetischer Art (vgl. Heisenberg 1973) sein können, einerseits und
- als *Konkretion* reproduzierbarer Effekte für wissenschaftsexterne technische Problemlösungen andererseits (die sicher häufig auch Gebrauch von theoretischem Wissen macht, das theoretische Wissen aber nicht zum Ziel hat).

Diese Divergenz der Ziele führt dazu, dass im Fall des Ingenieurs von technischen (oder technologischen; vgl. Kornwachs 1996) *Regeln* gesprochen wird, im Falle des experimentierenden Physikers aber von *Naturgesetzen.* Naturgesetze werden unter nichttechnischen Zielsetzungen aus den technischen Regeln, die Ergebnisse von Experimenten sind, durch einen Abstraktionsprozess gewonnen. Während damit die naturwissenschaftliche Erkenntnis aus der „Realwelt" hinausführt in mehr oder weniger abstrakte Modellwelten hinein, zielt technikwissenschaftliche Anstrengung hingegen gerade auf Gestaltungsvorhaben in der konkreten „Realwelt".

Hier zeigt sich deutlich die Grundverschiedenheit zwischen Natur- und Technikwissenschaften: Während es für ein naturwissenschaftliches Experiment reicht, „im Prinzip" einen Effekt reproduzierbar nachzuweisen, reicht dieses „im Prinzip" bei den Technikwissenschaften nicht aus. Der Ottomotor muss nicht „im Prinzip" funktionieren, sondern zuverlässig in einem Pkw mehrere Hunderttausend Kilometer bewältigen können. Eine Brücke muss nicht „im Prinzip" halten, sondern real. Das „im Prinzip" reicht als Basis abstrahierender Überlegungen, nicht aber als Beitrag zu einer technischen Problemlösung. Technikwissenschaftliche Erkenntnis besteht einerseits – und diesen Teil hat sie mit den experimentellen Naturwissenschaften erkenntnistheoretisch gemeinsam – in dem Wissen über technisch reproduzierbare Effekte als Ergebnis der Laborforschung; zum anderen ist aber darüber hinaus wesentlicher Teil technikwissenschaftlicher Erkenntnis das Wissen darüber, wie man aus „im Prinzip"-Effekten technische Problemlösungen erarbeitet, die sicher, verlässlich, wirtschaftlich etc. unter teils unkontrollierbaren und wechselnden Umgebungsbedingungen in der „chaotischen" Realwelt funktionieren. Diese Grundverschiedenheit in der Ausrichtung von Natur- und Technikwissenschaften – bei aller Gemeinsamkeit an der Quelle des Wissens im Experiment – ist es letztlich, die einer Reduktion der einen auf die andere entgegensteht – die aber Basis für fruchtbare Kooperation in beide Richtungen ist (siehe unten).

Naturwissenschaftliches Wissen in der Technik

An den Technischen Hochschulen finden sich von Beginn an auch die naturwissenschaftlichen Disziplinen als Basis- und Hilfswissenschaften in Forschung und Lehre. Klassische Mechanik, Strömungsmechanik, Elektrodynamik, Thermodynamik und Statik – bis auf die Quantenmechanik alle großen Grundlagenfächer eines Physikstudiums – sind Bestandteil auch der meisten technikwissenschaftlichen Studiengänge. Auch Kenntnisse in Chemie und – abhängig von Studiengang und Berufsbild – Biologie und Ökologie werden in den Technikwissenschaften benötigt. Es lassen sich drei Weisen der Heranziehung naturwissenschaftlichen Wissens in den Technikwissenschaften unterscheiden, die im Folgenden erläutert werden:

(1) Verwendung anerkannten theoretischen Wissens („Gesetze") in technischen Problemlösungen;
(2) Verwendung einzelner Effekte und partieller Wissensbestandteile;
(3) Verwendung von „Ideen" oder Prinzipien.

(1) Naturwissenschaftliches Wissen in Form von anerkanntem Gesetzeswissen ist eine wesentliche Voraussetzung vieler technischer Problemlösungen. Das z.B. in den naturwissenschaftlichen Bestandteilen eines Ingenieurstudiums in diesem Sinne vermittelte Wissen reicht von sehr grundlegenden Fragen etwa der Klassischen Mechanik mit ihren mathematischen Formalismen oder der Elektrodynamik (z.B. Maxwell-Gleichungen und ihre Anwendungen, z.B. in der Telegraphengleichung) bis beispielsweise zum Gesetzeswissen aus der Kernphysik, welches in kerntechnischen Studiengängen benötigt wird. Technikwissenschaften sind in hohem Maße auf das in Jahrhunderten gewonnene naturwissenschaftliche Wissen und die entsprechenden mathematischen Formalisierungen und Vereinheitlichungen ange-

wiesen. In diesem Sinne sind die Naturwissenschaften *Hilfsdisziplinen* der Technikwissenschaften, zunächst in der Ausbildung, dann auch bei konkreten Problemlösungen, in denen von diesen Wissensbeständen Gebrauch gemacht wird. Diese Funktion wird deutlich im Bestehen einer Reihe von Vermittlungsdisziplinen wie Technische Chemie, Technische Physik oder Technische Thermodynamik, in denen die naturwissenschaftlichen Prinzipien auf technisch zu lösende Probleme bezogen werden.

Charakteristisch ist dabei, dass ein Abstraktionsgefälle besteht. Ist das verwendete naturwissenschaftliche Wissen in der Regel in analytisch geschlossener Form verfügbar, z.B. als Theorie (etwa in der Optik) oder als Differentialgleichung (etwa Navier-Stokes), so ist dieses hoch verallgemeinerte Wissen „konstruktiv" in Beziehung zu setzen zu den technischen Problemen. Hier muss ein Konkretisierungsprozess erfolgen, der auf die spezifischen Anforderungen (Lastenheft, Randbedingungen) eingeht. Technische Problemlösungen bestehen in dieser Hinsicht darin, generalisiertes (Gesetzes)Wissen in Kontakt mit den spezifischen Erfordernissen der jeweiligen singulären Kontexte zu bringen. Es ist in diesen Fällen von Gesetzeswissen auf ein spezifisch in Anschlag zu bringendes Regelwissen überzugehen (vgl. Bunge 1983; Kornwachs 1996). Diese Wissenstransformation ist keine bloße Anwendung eines bestehenden Wissensbestandes, sondern selbst mit der Erzeugung eigenständigen Wissens konfrontiert. Rein logisch folgt aus einem naturwissenschaftlichen Gesetz nicht, wie eine Maschine zu konstruieren ist. Hier greift zunächst der Prozess des Entwerfens und Konstruierens (siehe 3.1.4) mit seinen Entscheidungsmöglichkeiten, in dem die Technikwissenschaften eigenständige Ansätze verfolgen.

Eine zweite eigenständige Arbeit erbringen Technikwissenschaften darin, das transformierte und in einen Entwurf eingebrachte Wissen in einer „Realwelt" so zu nutzen, dass die mit der technischen Problemlösung verbundenen Ziele erreicht werden. Naturwissenschaftliches Wissen bezieht sich in der Regel auf selbst hergestellte Artefakte, auf bestimmte und modellhafte Erkenntnisbedingungen, deren Geltung im Labor erwiesen werden kann, unter kontrollierbaren Umgebungsbedingungen und klarer steuerbarer Parameter. Dagegen kommen in den Technikwissenschaften ganz andere Anforderungen auf die Nutzung naturwissenschaftlichen Wissens zu, nämlich die Implementation einer technischen Regel in einem „unsauberen" und chaotischen Umfeld, Stabilitätsanforderungen trotz nicht kontrollierbarer Umgebungsbedingungen und damit erhebliche Anforderungen an die Robustheit der Lösungen. Die Verwendung naturwissenschaftlichen und daher generalisierten Wissens für technikwissenschaftliche Problemlösungen als „bloße Anwendung" (siehe unten) zu bezeichnen, greift daher bereits aus diesem Grund erheblich zu kurz.

(2) Neben dem generalisierten (Gesetzes)Wissen werden in den Technikwissenschaften auch einzelne, teils isolierte Wissensbestandteile aus den Naturwissenschaften aufgenommen. Dies kann das Wissen über reproduzierbare einzelne Effekte sein, so z.B. über bestimmte Materialeigenschaften (die Materialwissenschaften stellen in gewisser Hinsicht ein Verbindungsstück zwischen Chemie und den eigentlichen Technikwissenschaften dar). Dafür, dass z.B. die Photovoltaik auf dem physikalischen Photo-Effekt beruht, ist kein besonderes theoretisches Hintergrundwissen oder eine Einbettung in eine generalisierte Theorie erforderlich. Hier reichen die Tatsache der Reproduzierbarkeit des Effekts und die Kenntnis der Bedingungen, unter denen er beobachtet werden kann, als Ausgangspunkt für technikwissenschaftliche konstruktive Überlegungen und für die technikwissenschaftliche Gewinnung empirischer Erkenntnisse für seine technische Nutzung. Theoretisches Wissen kann in diesem Fall den Technikwissenschaften die Arbeit erleichtern, wäre aber nicht prinzipiell erforderlich. Ein anderes Beispiel stellt der Quantenhalleffekt dar (vgl. Janssen et al. 1999), der eine sehr genaue Messung der Planckschen Konstante h erlaubt. Unabhängig davon, ob es gelingt, diesen Effekt theoretisch zu verstehen, wurde er bereits technikwissenschaftlich zur Verbesserung der Präzision bestimmter Messinstrumente genutzt.

(3) Über diese beiden Möglichkeiten des Wissenstransfers aus den Naturwissenschaften in die Technikwissenschaften hinaus ist zu fragen, ob und inwieweit der aktuell ablaufende naturwissenschaftliche Fortschritt Ideengeber und Wissenslieferant für technikwissenschaftliche Problemlösungen ist. Am Beispiel der Bionik lässt sich dies illustrieren. Bionik steht für eine spezifische, naturbezogene Herangehensweise an Forschung und Entwicklung. Die Vielfalt biologischer Lösungsmöglichkeiten wird dabei als Vorbild genommen etwa für Konstruktionsentwürfe im Leichtbau, die Signalverstärkung in der Sensorik, die Reibungs- und Verschleißminderung von Oberflächen etc. Voraussetzung für alle praktischen Anwendungen ist das Detailverständnis biologischer Strukturen und Mechanismen. Als bekanntes Beispiel der letzten Jahre ist hier der Lotuseffekt zu nennen, der das Abperlen von Wassertropfen an Lotusblüten bezeichnet. Ausgehend von biologischer Grundlagenforschung zur Struktur der Oberfläche von Lotusblüten konnte schließlich dieser Effekt mit nanotechnologischen Mitteln gezielt nachgebaut werden, um dann für technische Problemlösungen genutzt zu werden (so gibt es heute auf dem Markt Fassadenfarbe, die auf diesem Effekt beruht). Dieses Beispiel zeigt, dass naturwissenschaftliche Grundlagenforschung nicht nur Wissens-, sondern auch Ideenlieferant technischer Problemlösungen sein kann. Allerdings kann dies über eine Heuristik nicht

hinausgehen – ob die übertragenen Ideen auch technikwissenschaftlich tragen, muss eigens geprüft werden.

Generell ist zu sagen, dass „naturwissenschaftliche Effekte“ in technikwissenschaftlichen Lösungen gelegentlich den erkenntnistheoretischen Kern bilden (vgl. das Beispiel vom Photo-Effekt) – aber eben nur den Kern. Ob aus diesem Kern dann eine technische Problemlösung wird, hängt von vielen ganz anderen Dingen ab (Effizienz, Robustheit, Verlässlichkeit, Stabilität, Kosten etc.). Technische Problemlösungen sind Ergebnis eines komplexen und multikriteriellen Entscheidungs- und Optimierungsproblems (siehe 3.2.3), in dem letztlich der naturwissenschaftliche Kernbestand nur noch eine Rolle unter vielen anderen spielt. Den Wirkungsgrad eines ausgereiften Antriebsaggregats um zehn Prozent zu steigern, mag naturwissenschaftlich häufig ohne Belang sein (insofern man bei den gleichen Grundprinzipien bleibt), könnte aber technisch eine extreme Herausforderung darstellen.

Für die Technikwissenschaften stellt sich durch diese Situation die Aufgabe, den naturwissenschaftlichen Fortschritt sorgfältig zu verfolgen, um einschätzen zu können, welche neuen Effekte sich lohnen, aufgegriffen zu werden. Diese Einschätzung ist von besonderer Bedeutung gerade angesichts der genannten Probleme, dass über die technischen Problemlösepotenziale in der Regel nicht die naturwissenschaftlichen Effekte selbst, sondern ihre technikwissenschaftliche Einbettung in Lösungsangebote hinreichender Qualität entscheidet.

Das Wechselverhältnis von Technik und Naturwissenschaft

Nicht nur sind naturwissenschaftliche Erkenntnisse für die Technikwissenschaft wichtig und unverzichtbar, sondern dies gilt auch umgekehrt. Die Naturwissenschaften sind keine kontemplative Versenkung in die Natur (vgl. Rapp 1996, S. 425), sondern bestehen aus experimentellem, intervenierendem und manipulierendem Handeln, das ohne Technik nicht denkbar ist (vgl. Janich 1978). Technik wird (1) einerseits in Form von Messverfahren und -apparaten benötigt, andererseits (2) als teils komplexe hochtechnische Arrangements für experimentelle Zwecke.

(1) Alle Naturwissenschaften ruhen auf dem Fundament einer beobachtenden und experimentellen Praxis. Nur die wiederholte und wiederholbare Messung unter vergleichbaren und kontrollierbaren Bedingungen garantiert letztlich die Geltung der naturwissenschaftlichen Resultate und ist der Prüfstein aller theoretischen Überlegungen. Dieses Wissen über reproduzierbare Effekte überdauert auch wissenschaftliche Paradigmenwechsel (vgl. Janich 1998). Der argumentative Aufbau der Naturwissenschaften – in der Frage nach der Geltung ihrer Resultate, nicht unbedingt nach der Art und Weise ihrer Ent-

stehung – beginnt nicht mit Naturgesetzen, sondern mit technischen Vorkehrungen im Labor. Durch Anwendung von Messverfahren wird darauf die Kunst des Experimentierens begründet (vgl. Lange 1996), worauf sich wiederum die theoretischen Überlegungen stützen. Messtheorie, Messapparate und eine entsprechende technische Praxis sind als Stütze der naturwissenschaftlichen Verallgemeinerungen unentbehrlich. Präzisionsmessungen erfordern entsprechende technisch präzise hergestellte Apparate, etwa im optischen Bereich in Teleskopie und Mikroskopie. Grundlegende Anforderungen an Messinstrumente müssen technisch realisiert werden: Jede konkrete Ausprägung in einem Messinstrument bedarf entsprechenden technischen Wissens und Könnens über Materialien, Verfahren, mögliche Störungen und ihre Vermeidung oder Kompensation etc., um die Funktionsnorm möglichst gut umzusetzen. Ob Messgeräte funktionieren oder nicht, liegt nicht an Naturgesetzen, sondern daran, ob sie die Normen hinreichend gut erfüllen. Naturwissenschaftliche Erkenntnis basiert, verfolgt man die Begründungskette rückwärts bis in die zugrunde liegende Praxis hinein, damit auf der technischen Präzision und Verlässlichkeit von Messverfahren und Messgeräten (dies gilt übrigens für technikwissenschaftliche Erkenntnis in gleicher Weise; vgl. Grunwald 1996) und hat damit ein „technisches Fundament".

(2) Die Größe und Komplexität naturwissenschaftlicher Experimente hat in den letzten Jahrzehnten in vielen Bereichen stark zugenommen. Nahe liegende Beispiele sind Elementarteilchenphysik und Astrophysik, wo die Verfügbarkeit und die technische Beherrschung von „Apparaten" einer erheblichen Größenordnung und Komplexität erforderlich ist, um weitere Erkenntnisfortschritte zu ermöglichen. Teleskope verschiedener Art und auf verschiedenen Teilen des elektromagnetischen Spektrums – deren bekanntestes zurzeit das Hubble-Teleskop im Weltraum sein dürfte – oder Beschleunigerringe zur Erzeugung hochenergetischer Teilchen (wie am CERN in Genf oder am DESY in Hamburg) sind entsprechende Beispiele. Hier ist evident, dass naturwissenschaftlicher Fortschritt ohne technische und technikwissenschaftliche Anstrengungen oft nicht möglich ist, sondern dass es hier eine enge Kooperation zwischen Natur- und Technikwissenschaft geben muss.

Technik ist damit in einer doppelten Weise *konstitutiv* für naturwissenschaftliche Erkenntnis. Zum einen gilt dies ganz prinzipiell, weil jedes naturwissenschaftliche Experiment eine messtechnische Basis schon voraussetzt. Zum anderen ist Technik in vielen Einzelfällen eine *conditio sine qua non* für naturwissenschaftlichen Fortschritt, indem weiterführende Experimente häufig eine neue oder verbesserte technische Basis voraussetzen.

Das Verhältnis von Naturwissenschaft und Technik ist daher keine Einbahnstraße, sondern ein Wechselspiel. Die vielfach geäußerte These, Technik sei angewandte Naturwissenschaft, ist nicht haltbar (vgl. auch Rapp 1996). Technik ist zwar einerseits Anwendung von naturwissenschaftlich gewonnenem Wissen, andererseits aber auch konstitutiv für naturwissenschaftliche Erkenntnis. Dieses Wechselverhältnis zeigt sich z.B. in dem aktuellen Feld der Nanotechnologie (vgl. Paschen et al. 2004). Nanotechnologie ist entstanden durch die Konvergenz von traditionell getrennten wissenschaftlichen Disziplinen und Technikfeldern, deren zentrale Entwicklungsrichtungen beim Übergang in den Nanometerbereich zu überlappen und zu verschmelzen beginnen: Das Neue an der Nanotechnologie entsteht durch die Kooperation von Physik und Chemie auf der einen und der Technikwissenschaften auf der anderen Seite. Ermöglicht wurde die technische „Eroberung" des Nanokosmos vor allem durch neuartige Analyse- und Manipulationstechniken wie die Rastersonden- und Rasterkraftmikroskopie. Ohne diese Mess- und Manipulationsverfahren mit ihrer technischen Basis wäre der Nanometer-Bereich gezieltem Zugriff nicht zugänglich – und stünde damit weder der naturwissenschaftlichen Erkenntnis noch dem technikwissenschaftlichen Eingriff offen. Am methodischen Anfang der Nanotechnologie steht Technik (Mess- und Manipulationstechnik) – allerdings, und dies macht das Wechselverhältnis deutlich, nicht in Form einer theoriefreien, gleichsam vorwissenschaftlichen Technik, sondern als in hohem Maße theoriegeleitete Technik, da Verfahren wie Rastersonden- und Rasterkraftmikroskopie auf einer Fülle physikalischen Grundlagenwissens aufbauen. Auf dieser Weise zeigt sich in der Nanotechnologie besonders deutlich die gegenseitige Abhängigkeit und Befruchtung von Natur- und Technikwissenschaften.

4.1.2.3 Wirtschaftswissenschaften *Hariolf Grupp*

Technik und Wirtschaft hängen auf das Engste miteinander zusammen. Einerseits haben wirtschaftliche Bedingungen maßgeblichen Einfluss auf die Produktentwicklung und Produktionsgestaltung, und andererseits bilden technische Neuerungen einen wesentlichen Faktor des wirtschaftlichen Wachstums. Ergebnisse der Betriebswirtschaftslehre werden schon seit Langem in den Technikwissenschaften und in der Ingenieurpraxis berücksichtigt, zum Teil sogar im Studienmodell und Berufsbild des Wirtschaftsingenieurs systematisch behandelt und angewandt. Wichtige Themen sind insbesondere (siehe 3.2.3.3)

- die Grundsätze der Kostenrechnung, mit deren Hilfe der sparsame Mitteleinsatz in Produktgestaltung und Produktion gewährleistet werden soll;

- die vorausschauende Wirtschaftlichkeitsrechnung, die den Investitionsentscheidungen z.B. bei geplanten Automatisierungsprojekten zu Grunde gelegt wird;
- die Verfahren leistungsgerechter Lohnbestimmung in der Personalwirtschaft.

Inzwischen haben aber auch volkswirtschaftliche Untersuchungen der technischen Entwicklung an Bedeutung gewonnen; das soll im Folgenden ausführlicher besprochen werden.

Das Interesse der Wirtschaftswissenschaften an heutiger und auch zukünftiger Technik ist zurzeit sehr groß. Die anhaltend hohe Arbeitslosigkeit, der Jahrtausendwechsel, die Strukturprobleme der Vereinigung Deutschlands, Globalisierungseffekte der Wirtschaft und damit die Frage nach dem Überleben nationalstaatlicher Innovationssysteme sowie anderes nähren die Hoffnung auf *Innovationsvorgänge* als vielseitige *Problemlöser*. In der wirtschafts*politischen* Debatte geschieht es leicht, dass der Begriff „Innovation" zu einem Modewort ohne Inhalt verkommt und letztlich als Chiffre für Moderne steht. Diese terminologische Unschärfe wird erleichtert dadurch, dass die heutige Innovationsforschung auf ihrem Gebiet ältere sowie auch die neuesten theoretischen Konstrukte nicht eindeutig definieren kann. Es existieren nach wie vor konkurrierende Innovationstheorien in mehreren Disziplinen, die nicht auf einen Nenner gebracht sind.

Verbreitet sind weiterhin lineare Denkmodelle, die ein sequenzielles Aufeinanderfolgen von innovationsorientierten Phasen unterstellen und meist bei einer unvorhersehbaren „glücklichen Entdeckung" (*serendipity*) in der Grundlagenforschung oder einem exogen gesetzten technischen Fortschritt ihren Ausgang nehmen, der quasi wie Mannah vom Himmel fällt. Es haben sich orthodoxe Denkschulen gebildet, die alternative Modellansätze zu subordinieren oder zu marginalisieren versuchen, um sich dann vermeintlich mit ihrer Theorieschule der „Wahrheit" zu nähern. Aus empirischer Sicht sind solche Versuche skeptisch zu beurteilen; bei der Messung von Innovationsprozessen ist man daher besser beraten, von einem heterogenen Theorie- und Begriffsstand auszugehen, um zu tragfähigen Innovationsindikatoren zu kommen. Die empirische Operationalisierung von theoretisch heterogen geprägten Konstrukten hat zwar die jeweiligen Kontexte zu berücksichtigen, muss aber letztlich zu „adäquaten" Begriffen führen, wobei die empirische Adäquation häufig unvollständig gelingt und doch möglichst wenig Diskrepanzen hinterlassen sollte.

Im Standardlehrbuch für „Geschäftsmänner und Studierende" von Wilhelm Roscher (vgl. Roscher 1886), das bis zur zweiten Hälfte der 1880er Jahre etwa zwanzig Auflagen erlebte und auch Joseph Alois Schumpeters Theorie der wirtschaftlichen Entwicklung prägte (vgl. Schumpeter 1964), wurden bereits vor über 100 Jahren sechs verschiedene Wirtschaftstätigkeiten unterschieden, deren erste (sic!) das *Erfinden* und *Entdecken* ist (vor Bergbau, Landwirtschaft, Verarbeitendem Gewerbe und Warendistribution) und deren letzte Handel und Dienstleistung darstellten. Darauf aufbauend setzt die ergebnisorientierte Begriffsbildung durch Schumpeter Maßstäbe (vgl. Schumpeter 1975, S. 136 ff.), nach der alles Innovation ist, was einem Unternehmer Gewinne aus Vorsprüngen bringt (so genannte *Quasi-Renten* oder *Innovationsrenten*). Quasi-Renten der Innovation sind Faktorrenten,[34] welche die Tendenz haben, sich im Zeitablauf auf Grund des Wirkens von Konkurrenzprozessen wieder aufzuheben. Innovationen können in der Form neuer Konsumgüter (Produktinnovation), neuer Produktions- oder Transportmethoden (Prozessinnovation), neuer Märkte oder neuer Organisationsformen auftreten.

Innovation bezieht sich als Substantiv auf eine realisierte Menge von Ideen. In diesem Sinne wird Innovation als diskretes Ereignis verstanden. *Innovieren* bezeichnet als Verb den dazugehörigen Entwicklungsprozess (*innovationsgerichteter Prozess*). Man kann darunter auch alle politischen, kulturellen und sozialen Ausprägungen von Innovationen fassen (weite Definition). Das Ergebnis eines Innovationsprozesses, das neue Produkt oder der neue Prozess (im engeren Verständnis) wird ebenfalls als Innovation bezeichnet (vgl. Grupp 1997, S. 15).

Die Vorstellung eines spezifischen Forschungsprozesses, der zu einer Innovation führt, den man messen kann und für den finanzielle und personelle Aufwendungen notwendig sind, geht nach heutiger Auffassung auf John Desmond Bernals Arbeiten zurück (vgl. Bernal 1993). Christopher Freeman berichtet, dass die durch Bernals Vorlesungen an der London School of Economics geprägten Begriffe von ihm selbst und von anderen unmittelbar in internationale wirtschaftspolitische Gremien eingebracht wurden, die sich in den 1960er Jahren mit einer weiteren Standardisierung der Begriffe beschäftigten (vg. Freemann 1992, S. 3). Dies schlug sich schließlich in einem ersten Papier über eine Konvention zur Messung des Outputs von *Forschung und Entwicklung* nieder (vgl. Freeman 1969), die in den Ländern der OECD (Organisation for Economic Co-operation and Development) heute noch in modernisierter Form angewendet wird, so auch in Deutschland.

In den Wirtschaftswissenschaften wird der Innovationsprozess heute überwiegend *funktional* verstanden. Die funktionalen Innovationsmodelle wollen vor allem herausarbeiten, dass die verschiedenen innovationsgerichteten Vorgänge von allen Typen der Forschung und Entwicklung (FuE) beeinflusst werden können (siehe Bild 22). Eine einfache Zuordnung der Grundlagenforschung zur Theoriebildung oder der experimentellen Entwicklung zur wirtschaftlich realisierten Innovation ist zumindest im Zeitalter der wissenschaftsgebundenen Technologie nicht immer hinreichend. Im funktionsorientierten Modell wird

34 Die wesentlichen Einsatzfaktoren sind Kapital, Arbeit, Boden und eben Technologie.

FuE als eine bestimmte Form der *Problemlösung* gesehen, die zu jedem Zeitpunkt in den ökonomischen Innovationsprozess eingebracht werden kann. Wenn zum Beispiel am vermeintlichen „Ende“ eines Innovationsprojektes der Preiseinstand zu dem zu substituierenden Produkt verfehlt wird, ist es häufig der Fall, dass durch Rückgriff auf Forschungsarbeiten nach neuer Technik gesucht wird, die das Produkt billiger machen kann. Viele Fragen an die Technik werden erst aus der Nutzung neuer Produkte transparent (Umwelt- und insbesondere Entsorgungsproblematik; ein herausragendes Beispiel stellt der Elektronikschrott dar) und werfen somit erst im Diffusionsprozess weitere, zum Teil grundlegende technische Probleme auf.

Bild 22: Denkbare funktionelle Zusammenhänge im Innovationsprozess

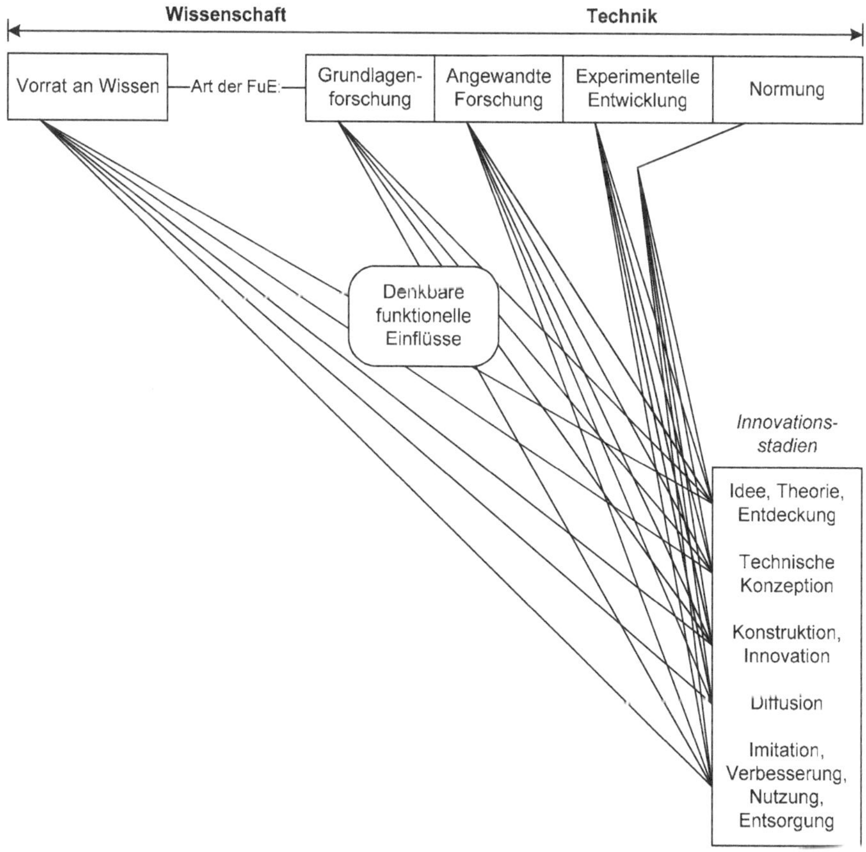

Quelle: Grupp/Dominguez-Lacasa/Friedrich-Nishio 2002, S. 9

Wenn technische Aktivitäten als Begleiter von Innovationsprozessen verstanden werden und die funktionalen Beziehungen letztlich die Interaktion von Wirtschaftssubjekten repräsentieren, lässt sich das Entstehen innovativer Märkte erklären. Verschiedene Disziplinen (z.B. Marketing, Techniksoziologie) schätzen zusammengefasst die Entwicklung so ein, dass sie in zwei wesentlichen Wellen verläuft. Zusammen mit grundsätzlichen Entdeckungen folgen Aktivitäten, die das Problemlösungspotenzial der Technik demonstrieren. Es treten vielfältige Probleme auf, und der technische Fortschritt kann sich sogar verlangsamen. Nach Umorientierungen und unter Einbezug neuer wissenschaftlicher Lösungen beschleunigt sich die Entwicklung wieder, und auf niedrigem Niveau beginnt die kommerzielle Produktion. Nach einer Lernkurve gerät die Technik in ihre Sättigung auf hohem Niveau. Die zweite Welle beginnt typisch 30 Jahre nach der ursprünglichen Entdeckung, die Sättigung tritt nach typisch 50 Jahren ein (siehe hierzu Bild 23).

In der ersten Phase werden die neuesten wissenschaftlichen Erkenntnisse versuchsweise technisch realisiert („science push“ bzw. „Angebotsdruck“). Ob eine individuelle oder kollektive Bedarfslage oder konkrete Nachfrage nach Innovationen hierfür bereits gegeben ist, spielt in dieser Phase keine große Rolle und wird selten zur Begründung der technischen Aktivitäten herangezogen. Die Nachfragepräferenzen formen aus der Vielfalt technisch denkbarer (und im Sinne des technologischen Paradigmas realisierter) Lösungen erst im Laufe der Zeit diejenigen heraus, die nach Preis- und Qualitätsgesichtspunkten konkurrenzfähig sind. Wie schwierig diese Formung des „Nachfragesogs“ (*demand pull*) ist, wird in Rosenberg 1994 beschrieben. Die neuen Anwendungen greifen nicht notwendigerweise auf alle Vorleistungen der Angebotsphase zurück, sondern gehen Hand in Hand mit *neuen* wissenschaftlichen und technischen Erkenntnissen.

Es ist offensichtlich, dass bei den funktionalen Modellen *evolutorische Vorstellungen* Pate gestanden haben: Mutation (zufällige wissenschaftliche Entdeckungen erzeugen technischen Angebotsdruck) und Selektion (Preis- und Qualitätsauslese erzeugen diskriminierenden Nachfragesog) stellen die Vokabeln zur Analogiebildung dar.

Eine andere, wettbewerbstheoretische Konzeption geht auf Friedrich August von Hayek zurück (vgl. Hayek 1978). Von Hayek untersucht die Bedeutung des Wissens in der Ökonomie. Er bezieht sich auf die Kapazität von Unternehmen, durch die Marktmechanismen informiert zu sein, welche Güter oder Dienstleistungen nachgefragt werden. Wettbewerb sei in diesem Sinne ein Entdeckungsverfahren, in dem innovationsbereite Unternehmen in einem „Explorationsprozess“ nach bisher noch ungenutzten Möglichkeiten suchen, was für den Fortschritt des technischen Wissens eine unbezweifelbare Rolle spiele.

In Fortführung der neoklassischen Ansätze zur Innovationstheorie bildeten sich *entscheidungstheoretische Überlegungen* heraus, welche die für das Innovationsgeschehen typischen Phänomene wie Unsicherheit, Dynamik, Externalität und anderes berücksichtigen (vgl. Schwitalla 1993, S. 24). Einen weiteren wesentlichen Beitrag zur Innovationstheorie, der im Rahmen dieses knappen Überblicks erwähnt werden kann, steuert die *Spieltheorie* bei. Die spieltheoretischen Ansätze können als Fortführung der entscheidungstheoretischen angesehen werden, wobei es nun möglich wird, einige Wechselwirkungen zwischen technischen Entscheidungen der Unternehmen einzubeziehen. So wurden beispielsweise Modelle entworfen, bei denen die Marktteilnehmer die Entwicklungsdauer von Innovationen unter Berücksichtigung der Reaktionen ihrer Wettbewerber optimieren.

Bild 23: Stilisierte Innovationsdynamik mit Angebotsdruck und Nachfragesog (geteilt in acht Phasen)

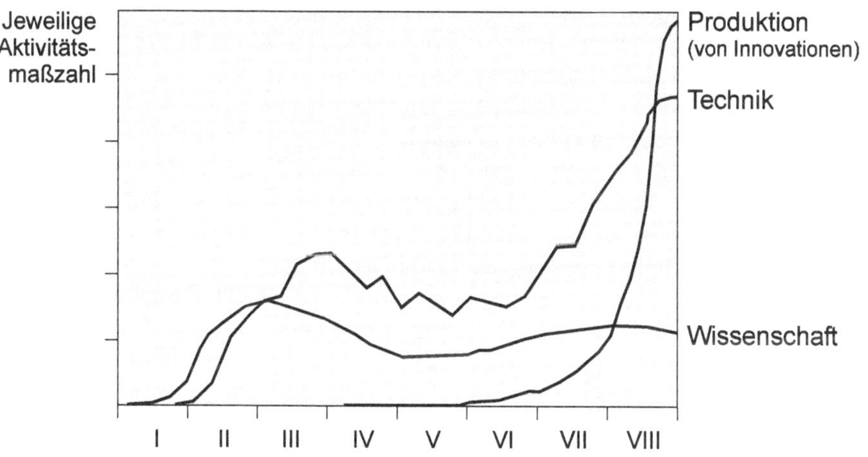

Quelle: Grupp 1997, S. 34

In der *neoklassischen Wachstumstheorie* liegt der Schwerpunkt der Argumentation auf den Wirkungen des technischen Wandels, nicht so sehr auf seinem Entstehungszusammenhang. Wie der technische Fortschritt letztlich produziert wird und auf Grund welcher unternehmerischer Motivation bzw. Kalküle er entsteht, bleibt offen. Der technische Fortschritt ist gratis, tritt instantan ein und bewirkt einen „Sprung“ in der Produktionsfunktion, der Arbeit oder Kapital einspart. Verhalten sich viele mikroökonomische Einheiten so, entsteht makroökonomisch Wachstum.

In den 1970er Jahren entstanden darauf aufbauend Theorien rationaler Erwartungen, die davon ausgehen, dass die Wirtschaftssubjekte bei der Bildung ihrer Erwartungen an die zukünftige Entwicklung verschiedener ökonomischer Variablen alle verfügbaren Informationen zu Grunde legen und dabei systematische Fehler ausschließen. Die Wirtschaftseinheiten stellen nun auch an den technischen Fortschritt Erwartungen. Konsequenterweise mündete die Theorie rationaler Erwartungen in einer neuen Wachstumstheorie, die eine Endogenisierung des technischen Fortschritts vollzog. Das bedeutet, dass das neue technische Wissen vom entsprechend ausgebildeten Personal der Unternehmen teilweise innerhalb des Unternehmens erzeugt wird und dabei über eine mögliche Steigerung der Produktivität des Humankapitals mit überdurchschnittlichen Wachstumsraten wachsen kann. Die technischen Kenntnisse werden also nicht mehr als öffentliches Gut angesehen, das allen Unternehmen gleichermaßen zur Verfügung steht, sondern als ein privates Gut, für welches das Unternehmen eigene Mittel aufwenden muss.

Wieder anders gehen die *Institutionalisten* und *Wirtschaftshistoriker* vor, wenn sie die Innovationsforschung zwischen Ökonometrie und institutionenökonomischer Theorie fortentwickeln. Diese Schule entnimmt aus der alltäglichen Anschauung des realen technologischen Wandels Typologien und Klassifikationen, bezieht die technik- und die sozioökonomische Strukturentwicklung aus einem historischen Blickwinkel heraus ein und leitet daraus und aus statistischem Datenmaterial Hypothesen über technisch-wirtschaftliche Zusammenhänge ab, die qualitativer oder ökonometrischer Art sind.

Giovanni Dosi fügt die verschiedenen Arbeiten der institutionen-historischen Schule zu einer mikroökonomisch formulierten Plattform zusammen, knüpft an die wissenschaftssoziologische Auffassung des Paradigmas an und führt in Analogie in die Institutionenökonomik den Begriff des *technologischen Paradigmas* ein (vgl. Dosi 1988). Er fasst Innovationen als paradigmen-gebundene Problemlösungsprozesse auf, die im Wesentlichen von zwei Faktoren beeinflusst werden: den *technologischen Chancen* und den *Aneignungsmöglichkeiten* der Innovationsrenten durch die Institution der Unternehmen. Das technologische Paradigma umfasst also nicht nur ein naturwissenschaftliches Prinzip oder eine Schlüsseltechnologie, sondern auch ein bestimmtes Muster von Such- und Lösungsmethoden sowie die Definition der wirtschaftlich relevanten Probleme. Der tatsächliche technische Wandel verläuft wie auf einer technologischen Bahn (Trajektorie) entlang den ökonomischen und technischen Zielkonflikten innerhalb des Paradigmas. Da das technische Wissen nicht nur – aber auch – aus frei verfügbarer Wissenschaft besteht, sondern auch firmenspezifischen und kumulativen Charakter hat, sehen sich die Institutionen, die Unternehmen wie die Branchen, unterschiedlichen technologischen Chancen ausgesetzt.

Bild 24: Intersektorale und intrasektorale Bestimmungsgrößen der Innovation

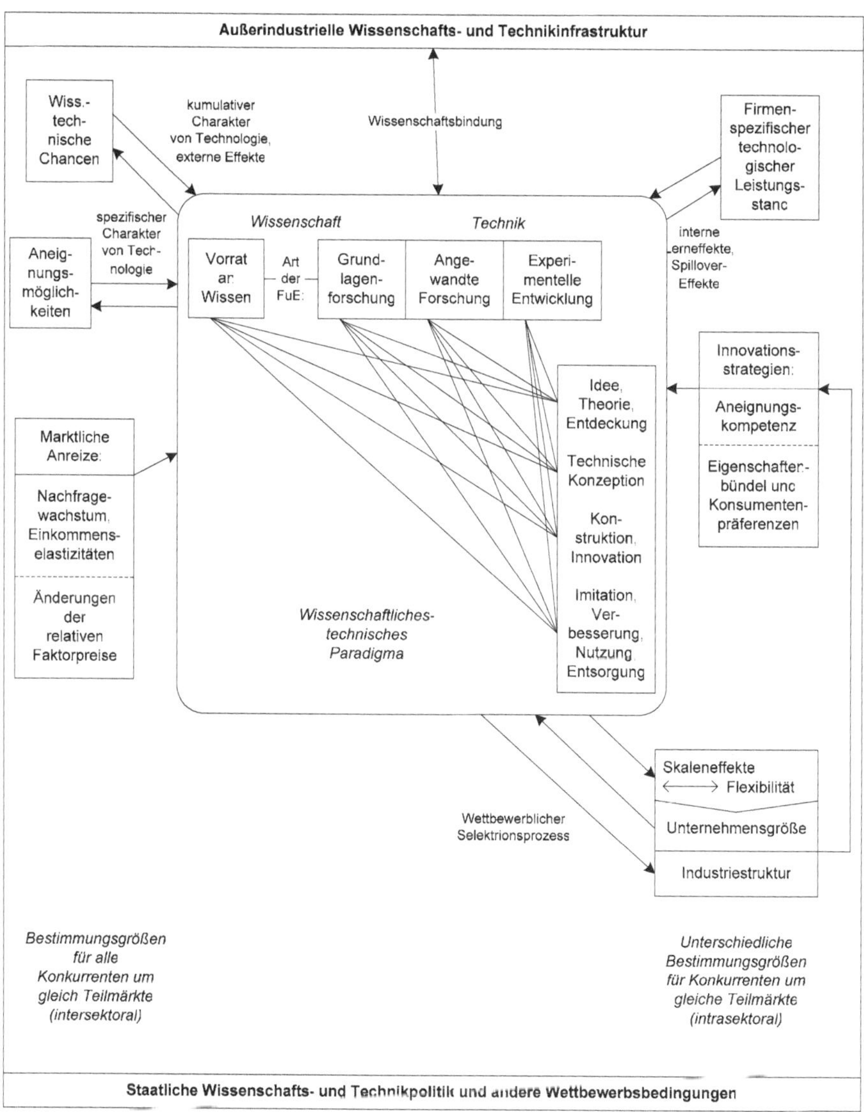

Quelle: Schwitala 1993, S. 65

Damit zerfällt diese Innovationstheorie in zwei wesentliche Betrachtungsebenen, die *intersektorale* und die *intrasektorale* (siehe Bild 24). Die technologischen

Chancen und die Aneignungsmöglichkeiten sind im Hinblick auf Patentschutz, Geheimhaltung, technische Eignung, Unterstützung durch das öffentliche Forschungssystem, politische Rahmenbedingungen usw. *je nach Technik* und damit Wirtschaftszweig sehr unterschiedlich. Die marktgerichteten Anreizmechanismen, wie z.B. das Nachfragewachstum, rechtliche Rahmenbedingungen, die Einkommenselastizitäten oder preisliche Aspekte führen ebenfalls zu differentiellem Branchenverhalten in Bezug auf die Innovation.

Innerhalb einer Branche verbleibt neben dem branchentypischen Innovationsmuster noch ein großer unerklärter Rest institutionenspezifischen Innovationsverhaltens, das aus den vom Branchentypus abweichenden Unternehmensstrukturen, Größenverhältnissen und Innovationsstrategien erklärt wird. Vor allem unterscheiden sich die Unternehmen einer Branche durch den bereits erreichten wissenschaftlich-technischen Kenntnisstand. Zu den Innovationsstrategien des individuellen Unternehmens gehören wesentlich seine Lernfähigkeiten in Bezug auf den individuell erreichbaren zukünftigen Kenntnisstand, wie auch das Aktivieren und Umsetzen der bisher akkumulierten technischen Kenntnisse.

Der Zweck jeden Wirtschaftens ist es, die privaten Haushalte mit Verbrauchsgütern und dauerhaften Konsumgütern zu versorgen, um gemäß dem Nutzen dieser Güter ihre Bedürfnisse zu befriedigen. Die Nachfrage nach einem Gut regelt sich aus seinem Preis im Vergleich zu anderen Gütern sowie dem verfügbaren Einkommen. Meist wird die Haushaltsnachfrage oder die Endnachfrage der Konsumenten so verstanden, dass sie auf Produkte gerichtet ist.[35] Im Zusammenhang mit dem Innovationsthema ist daher unter *nachfragetheoretischen* Aspekten die *Produktinnovation* im Zentrum des Interesses. Betrachtet man hingegen die Nachfrage der Unternehmen nach Gütern, dann ist es gebräuchlich, von Investitionsgütern zu sprechen, also Produkten, mit denen man andere Güter herstellen kann. Es finden sich ebenfalls die Bezeichnungen Vor- oder Zwischenprodukte oder Kapitalgüter. Führt ein Unternehmen innovative Investitionsgüter in seinen Produktionsprozess ein, so ist hierfür die Bezeichnung der *Prozessinnovation* üblich.

Zurückkommend auf die Unterscheidung zwischen der intersektoralen und der intrasektoralen Betrachtungsweise, erhebt sich die Frage, ob die Definition der Prozess- versus der Produktinnovation invariant gegenüber den Sektoren ist (wie auch immer sie geschnitten sein mögen). Ein Beispiel: Eine in der Literatur prominent behandelte Prozessinnovation in der Automobilbranche ist die Einführung von Robotern. Nehmen wir einmal an, die Verwendung von Industrierobotern sei rein faktorsparend und würde das Produkt, das Automobil, in keiner Weise verändern. Stellt der Automobilhersteller die für die Prozessinnovation

35 Zum Beispiel auf Thermostate oder Isolierglasfenster, nicht auf Prozesse wie etwa auf Energieeinsparung in der eigenen Wohnung.

neu installierten Industrieroboter nicht selbst her, sondern bezieht sie von anderen Unternehmen, tritt das Problem uneindeutiger Bezeichnungen auf. Der neue (schnellere, flexiblere etc.) Roboter wird für den Roboterhersteller eine Produktinnovation sein, für den Anwender im Automobilbau eine Prozessinnovation. Setzt gar der Roboterhersteller für die Produktion seiner Geräte wiederum selbst Roboter ein, die er auch selbst herstellt, verschmelzen die Begriffe in eins.

Gemäß gängiger Auffassung besteht hingegen ein fundamentaler Unterschied zwischen Prozess- und Produktinnovationen, der letztlich an den *Eigenschaften* des hergestellten Produkts festgemacht wird. Sofern der private oder industrielle Nachfrager zwischen einem konventionellen Produkt, das prozessinnovationsbedingt preisgünstiger angeboten wird, weil der günstigere Herstellungspreis teilweise an die Nachfrager weitergegeben wird, und einem technisch anspruchsvolleren Produkt wählen kann, wird der fortschrittsbedingt günstigere Anbieterpreis zu *einer* Produktvariablen unter allen denkbaren Produkteigenschaften. Insofern kann man eine reine Prozessinnovation auch als Spezialfall einer Produktinnovation verstehen, wobei das Produkt sich in seinen technischen Eigenschaften vom substituierten Produkt in *nichts, aber dem Preis* unterscheidet. Alle übrigen Produktinnovationen sind mit Prozessinnovationen verbunden, die sowohl den Herstellungspreis als auch die Produkteigenschaften betreffen können.

Diese Überlegungen führen zu einem hohen Stellenwert der *Produkteigenschaften* bei der Fortschrittsmessung und ihrem Zusammenhang mit Präferenzen und somit der Nachfrage. Gemäß der Konsumtheorie nach Kelvin J. Lancaster werden Güter als *Eigenschaftenbündel* definiert (vgl. Lancaster 1971), was voraussetzt, dass alle Güter objektive Eigenschaften besitzen. Die Eigenschaften sind im Wesentlichen *technisch* bedingt. Die Beziehungen zwischen Gütern und Eigenschaften sind objektiver Natur und gelten gleichermaßen für alle Individuen. Die Nachfrage nach Produkten im üblichen Sinne kann dann aus der Nachfrage nach gewissen technischen Eigenschaften abgeleitet werden.

Die Gesamtheit der Produkteigenschaften, also nicht nur von Mengen oder Preisen, wird üblicherweise unter dem Schlagwort der *Produktqualität* zusammengefasst. Seit der Phase der ölpreisbedingten Wachstumskrisen hat der Begriff Qualität eine neue Dimension erhalten („qualitatives Wachstum"). Reichte es früher, von guter oder schlechter Qualität als Eigenschaft eines Guts zu sprechen, so existiert inzwischen für die Warenproduktion in der Bundesrepublik eine genormte Definition. Demnach ist die Qualität die Gesamtheit von (technischen) Eigenschaften und Merkmalen eines Produkts, die sich auf dessen Eignung zur Erfüllung angegebener Erfordernisse („Dienstleistungscharakteristik"; vgl. Grupp 1997, S. 127) bezieht. Helge Majer geht soweit, den Begriff des technischen Fortschritts mit dem der *Qualitätsveränderung* zu identifizieren, denn könnten sowohl die quantitativen als auch die qualitativen Veränderungen der Produktionsfaktoren, des Produktionsverfahrens und der Produkte einbezogen werden, so wäre jegliche Erklärungslücke in den ökonomischen Formalmodellen des technischen Fortschritts verschwunden (vgl. Majer 1989). An dieser Stelle eröffnen sich jedoch große Defizite bei der Messung von Produkteigenschaften und persönlichen Präferenzen, womöglich noch Wertewandel antizipierenden. Daher wird die angedeutete grandiose Vereinigung der Nachfragetheorien mit den Innovationstheorien evolutorischer und neoklassischer Ausprägung noch lange auf der Forschungsagenda der Wirtschaftswissenschaften stehen bleiben.

4.1.2.4 Sozialwissenschaften[36] *Günter Ropohl*

Während Mathematik und Naturwissenschaften seit eh und je ihren Platz in den Technikwissenschaften haben und auch die Wirtschaftswissenschaften inzwischen eine gewisse Berücksichtigung finden, genießen die Sozialwissenschaften – selbst mit den Teilgebieten der Arbeitspsychologie und -soziologie – wenig Beachtung und Anerkennung. Als Sozialwissenschaften (bzw. Gesellschaftswissenschaften) bezeichnet man die Gesamtheit der Wissenschaften, die das Verhältnis von Mensch und Gesellschaft zum Gegenstand ihrer theoretischen und praktischen Untersuchung haben. Die Zurechnung einzelner Fächer – gelegentlich werden, anders als hier, auch die Wirtschaftswissenschaften dazu gezählt – und die Abgrenzung zwischen ihnen ist nicht immer einheitlich, doch einen Schwerpunkt bilden auf jeden Fall die Psychologie, die Soziologie und die Politikwissenschaft. Nachdem die Sozialwissenschaften Jahrzehnte lang die Technik nur am Rande zur Kenntnis genommen hatten, entwickelte sich seit den 1970er Jahren als relativ eigenständige Unterdisziplin die Techniksoziologie (vgl. z.B. Degele 2002; Joerges 1996; Schäfers 1993). Die Bedeutung der Sozialwissenschaften für das Verständnis der Technik ergibt sich aus einer durchgängigen Entwicklungstendenz, die man als fortschreitende *Vergesellschaftung der Technik* und *Technisierung der Gesellschaft* kennzeichnen kann. Diese allgemeinen Beschreibungen sollen im Folgenden mit knappen Strichen konkretisiert werden, damit deutlich wird, welche sozialwissenschaftlichen Erkenntnisse in den Technikwissenschaften von Belang sind.

Der mittelweite Technikbegriff, der in 2.3 eingeführt wurde, rechnet zur Technik nicht nur die künstlich gemachten Gegenstände bzw. Sachsysteme, sondern auch die menschlichen Arbeitshandlungen, mit denen Sachsysteme hervorgebracht und verwendet werden. So erweist sich das technische Produkt zu-

---

36 Dieses Kapitel lehnt sich teilweise an Ropohl 1999b an; ausführliche Analysen in Ropohl 1999a.

gleich als Ergebnis wie auch als Mittel der Arbeit, und Arbeit verrichten die Menschen, um ihre Bedürfnisse zu befriedigen. Wie schon Georg Wilhelm Friedrich Hegel und Karl Marx in den sozialphilosophischen Teilen ihrer Werke gesehen haben, kristallisieren sich in der Technik die Wechselbeziehungen zwischen Bedürfnis und Arbeit. So lange der einzelne Mensch, wie in jener berühmten Geschichte von Robinson Crusoe, für seine eigenen Bedürfnisse selber arbeitet, haftet den technischen Arbeitsmitteln und Arbeitsergebnissen noch kaum etwas Gesellschaftliches an. Das ändert sich aber in der wirklichen Menschengeschichte sehr schnell, wenn die Menschen die Arbeiten unter einander aufteilen. Dann arbeitet ein jeder nicht nur für eigene, sondern auch für fremde Bedürfnisse. Arbeit und Bedürfnis treten auseinander, bleiben aber im technischen Gegenstand aufeinander bezogen. So stellt der Schmied Gerätschaften her, die der Bauer für den Landbau braucht, und die Automobilfabrik produziert Fahrzeuge, die von anderen Menschen für bequeme Fortbewegung benötigt werden. Die Pflugschar, das Auto und die Unmenge anderer technischer Erzeugnisse sind also keine toten menschenfremden Dinge, sondern vergegenständlichte gesellschaftliche Beziehungen, die Hersteller und Verwender miteinander eingehen; bei Markenfabrikaten wird das in der Kundendienstbindung besonders augenfällig. Die Arbeitsteilung zwischen Herstellung und Verwendung der Sachsysteme ist das erste und grundlegende Argument für die Gesellschaftlichkeit der Technik, aus der vielfältige Verflechtungen folgen. Dem soll zunächst aus der Perspektive der Technikverwendung und dann aus der Perspektive der Technikherstellung nachgegangen werden; diese Unterscheidung dient allerdings nur dazu, die Darstellung übersichtlich zu halten, denn in Wirklichkeit gibt es zwischen den beiden Perspektiven immer wieder Überschneidungen.

Aus der Perspektive der Technikverwendung ist zunächst festzustellen, dass technische Innovationen nicht nur auf bekannte Bedürfnisse reagieren, sondern oft auch *neue Bedürfnisse* wecken. Ob nun – das bekannte technikgeschichtliche Beispiel – die gesteigerte Leistung der Spinnmaschine das Bedürfnis nach einer leistungsfähigeren Webmaschine hervorruft, ob die Gewöhnung an Telefon und Kopiergerät das Bedürfnis nach dem Fernkopieren („Telefax“) aufkommen lässt, oder ob demnächst das passagierfreundliche Raumschiff das Bedürfnis nach kosmonautischem Tourismus stimulieren wird: immer wieder erzeugen neue Produkte auch neue Bedürfnisse. Und da auf diese Weise einzelne Hersteller auf eine Vielzahl möglicher Verwender einwirken, ist dies ein gesellschaftlicher Vorgang, der auch in der Planungs- und Konstruktionswissenschaft zu berücksichtigen ist. Regelmäßig ist zu prüfen, ob ein neues Bedürfnis und das dafür zu schaffende Produkt die Qualität menschlichen Lebens wirklich steigert. Freilich kommt in vielen neuen Bedürfnissen und ihren technischen Erfüllungsformen die kulturelle Entfaltung der Menschen zum Ausdruck.

Nun erzeugen neue Produkte nicht nur neue Bedürfnisse, sondern auch neue Handlungsmuster: Technische Sachsysteme wirken wie gesellschaftliche Institutionen, die menschliches Handeln in bestimmte Bahnen lenken. Technische Artefakte vergegenständlichen eine bestimmte Handlungs- oder Arbeitsfunktion, indem sie diese zunächst aus dem menschlichen Handlungskontext, dem menschlichen Handlungssystem (siehe Bild 12 in 3.1.2), herauslösen oder, wie Soziologen sagen, „dekontextualisieren". Sie verkörpern aber zugleich ein bestimmtes Verwendungsprogramm, das bei ihrer Integration, der so genannten „Rekontextualisierung", im nunmehr soziotechnischen System wirksam wird. Bei massenhafter Verwendung setzt sich dann dieses Programm als gesellschaftliches Handlungsmuster durch. Das Fließband zerstückelt die Produktionsarbeit, das Fernsehen überformt den Familienalltag, das Mobiltelefon prägt neue Kommunikationsrituale, und der Computer wird möglicherweise den menschlichen Denkstil beeinflussen. Weil derartige Folgen durch die besondere Art der Technikgestaltung in dieser oder jener Richtung beeinflusst werden können, sind sie bereits bei der Produktentwicklung zu berücksichtigen, indem technik- und sozialwissenschaftliches Wissen auf einander bezogen werden.

Solche Folgen der Technisierung als „Sachzwang" zu deuten ist wohl eine technikkritische Übertreibung, doch üben die technischen Produkte häufig einen Einfluss aus, den man durchaus als „Sachdominanz" bezeichnen kann (vgl. Linde 1972). Zwar variiert die *soziotechnische Handlungsprägung* mit dem Spezialisierungsgrad der Sachsysteme und lässt vor allem bei weniger spezialisierten Sachsystemen organisatorische Gestaltungsspielräume offen, die auch technikwissenschaftlich bedacht werden sollten. So gehen sozialwissenschaftlich belehrte Arbeitswissenschaftler inzwischen davon aus, dass die Arbeitsgestaltung vom Technikeinsatz nicht unbedingt determiniert wird, sondern immer auch für Organisationsvarianten offen ist, die den arbeitenden Menschen größere Entfaltungschancen bieten. Außerhalb der Berufswelt kommt überdies die Handlungsprägung ja nur mit dem zumindest stillschweigenden Einverständnis des Verwenders zustande, sich auf das betreffende Produkt einzulassen. Aber wie man von nicht-technischen Institutionen weiß, halten sich die Abwehrkräfte der Individuen gegen soziale Standardisierung in engen Grenzen. Es wäre also naiv, die soziotechnische Handlungsprägung dadurch zu bagatellisieren, dass man dagegen die individuelle Souveränität der Einzelnen ins Feld führt. Sachsysteme sind Medien soziotechnischer Sozialisation. Wer neue technische Produkte einführt, muss sich des Umstandes bewusst sein, dass er damit auch neue Formen des menschlichen Handelns beeinflusst.

Wenn Sachsysteme Quasi-Institutionen darstellen, dann ist in ihnen ursprünglich individuelles Können, Wissen und Wollen überindividuell geronnen und beeinflusst in vergegenständlichter Form die Nutzer. Das führt zu *ambivalenten Qualifikationseffekten*: Einerseits werden die Verwender von Anforderungen entlastet, die nun vom vergegenständlichten Können und Wissen in den Produkten erfüllt werden, wenngleich die notwendige Bedienungskompetenz auch wieder neue Anforderungen stellt. Doch andererseits läuft die Entlastung auch auf eine Entwertung von Qualifikationen hinaus, die daran geknüpfte gesellschaftliche Rollen zerstört und kulturelle Errungenschaften annulliert; man denke nur an den Bedeutungsverlust des lebendigen, meist älteren Erzählers oder an den Schwund mentaler Fertigkeiten wie des Memorierens und des Kopfrechnens aufgrund informationstechnischer Substitution. Indem sich die Technikverwender, und dies in immer schnellerem Wandel, auf das fremde Können, Wissen und Wollen in den Sachsystemen einlassen müssen, unterliegen sie einer Entfremdung im strikten Sinn des Wortes, und diese Erfahrung liegt wohl auch jenem Unbehagen zu Grunde, das in den aktuellen Technikdebatten unüberhörbar ist und in gewissem Umfang sozialpsychologisch erklärt werden kann. Hier könnten die Produktentwickler von psychologischen Erkenntnissen lernen, wie sie die Nutzer mit technischen Neuerungen besser vertraut machen.

Die genannten Qualifikationseffekte führen natürlich zu *markanten Veränderungen der Berufswelt.* Traditionelle Berufe sterben aus und neue Berufe treten in Erscheinung; kaum ein Berufsbild bleibt angesichts fortschreitender Technisierung unverändert. Zwar wird über Art und Ausmaß der quantitativen und qualitativen Beschäftigungseffekte und deren Zukunftstendenzen nach wie vor kontrovers diskutiert, doch sind erhebliche Verschiebungen vom Produktions- zum Dienstleistungssektor und deutliche Zuwächse der von Erwerbsarbeit freien Zeit längst auch statistisch belegt. Die Automatisierung der Produktion und zunehmend auch vieler Dienstleistungstätigkeiten hat zunächst fast immer die Freisetzung von Arbeitskräften zur Folge, und es gibt keine Garantie dafür, dass diese Arbeitskräfte über kurz oder lang eine neue Erwerbsbeschäftigung finden; besondere Schwierigkeiten haben dabei gering qualifizierte und ältere Menschen. Die gesellschaftliche Organisation der Arbeit wird jedenfalls so zu gestalten sein, dass hohe Arbeitslosenzahlen keine Dauererscheinung bleiben werden (vgl. Krömmelbein/Schmid 2004).

Mit dem Wandel in der Arbeitswelt gehen *Veränderungen im Bildungssystem* einher. Berufsbezogene Ausbildung muss sich auf die neuen Berufe und die gewandelten Qualifikationsprofile in den herkömmlichen Berufen einstellen. Darüber hinausgehende Allgemeinbildung muss manche traditionellen Inhalte revidieren, technologische Aufklärung in sich aufnehmen und Kompetenzen für die biographische Vermittlung von Arbeit und Leben erzeugen (siehe 6.3; vgl. Ropohl 2004). Auch die *Umweltveränderungen*, die mit der Technisierung Hand in Hand gehen, haben eine gesellschaftliche Dimension. Das beginnt mit der Konzentration der Siedlungsformen durch Industrialisierung und großtechnische Verkehrssysteme, der so oft konstatierten und zwiespältig beurteilten Verstädterung, und reicht bis zum Wandel einer soziokulturell vermittelten Naturerfahrung und der naturbezogenen Wertorientierungen. Schließlich sind die vielfältigen Einflüsse auf das gesellschaftliche und politische *Institutionengefüge* zu erwähnen, die hier nicht alle aufgezählt werden können. Vor allem ist der Zuwachs an staatlichen Organen und gesellschaftlichen Organisationen zu beachten, die fördernd, steuernd und überwachend die Technisierung mit ihren Bedingungen und Folgen begleiten und dafür eine Vielzahl von Gesetzen und Verordnungen geschaffen haben, die im Grunde bereits ein eigenes *Technikrecht* bilden. Darum tun die Technikwissenschaften gut daran, den rechtlichen und politischen Möglichkeiten und Einschränkungen Beachtung zu schenken; für die technische Gestaltungspraxis bilden derartige Rahmenbedingungen in zahlreichen Technikfeldern längst selbstverständliche, wenn auch nicht immer beliebte Handlungsorientierungen.

Mit einem Satz: *Jede Invention ist eine Intervention*, eine Intervention in Natur und Gesellschaft. Oder, wie es Marx einmal bildhaft ausgedrückt hat: „Dampf, Elektrizität und Spinnmaschine waren Revolutionäre von viel gefährlicherem Charakter als selbst die Bürger Barbès, Raspail und Blanqui“ (Marx 1974, S. 3).[37] Tatsächlich ist die Technik ein dominierender Faktor der Natur- und Gesellschaftsveränderung und mithin ein Politikum. Aber wie entsteht sie ihrerseits? Erwächst sie wirklich nur aus den Köpfen einsamer Erfinder und aus der Tatkraft risikofreudiger Unternehmer, die dann die prospektiven Verwender mit der Qualität ihrer Angebote überzeugen? Und wenn es so wäre – oder zum Teil wirklich noch so ist –, darf dann die gewaltige politische Macht der Technik wirklich allein den privaten Entscheidungen der Erfinder, der Unternehmer und der einzelnen Verbraucher überlassen bleiben?

Wenn es auch immer noch keine umfassende Theorie der technischen Entwicklung gibt, hat sich doch inzwischen die Vorstellung als plausibel erwiesen, dass die technische Entwicklung nicht allein mit den Erkenntniszuwächsen der Naturwissenschaftler und mit der erfinderischen Kreativität der Ingenieure zu erklären, sondern auch als sozialer Prozess zu verstehen ist. Wenn nun eine Reihe möglicher gesellschaftlicher Faktoren der Technikentstehung aufzuzählen sind, soll damit natürlich nicht behauptet werden, das wäre allein eine sozialwissenschaftliche Frage. „Sozialkonstruktivistische“ Strömungen, die in der Techniksoziologie in Mode sind und die Technisierung allein auf gesellschaftliche Einflüsse zurückführen wollen, übersehen, dass auch die natürlichen und finanziellen Ressourcen sowie wissenschafts- und technikinterne Faktoren ihre Rolle spielen. Die Schwierigkeit der zu schaffenden Theorie besteht gerade darin, das vielfältige Geflecht heterogener, aber wechselseitig aufeinander einwirkender

---

37 Armand Barbès, François Vincent Raspail und Louis-Auguste Blanqui waren Aktivisten in den französischen Revolutionen von 1830 und 1848.

Bedingungsfaktoren möglichst vollständig zu erfassen und mit einem angemessenen Modell transparent zu machen.

Soweit es freilich um die Gesellschaftlichkeit der Technik geht, muss man die *soziokulturelle Überformung technikinterner Leitbilder* in Betracht ziehen. Strukturerfindungen, die für eine definierte Nutzungsfunktion eine neuartige technische Lösung angeben, übernehmen eine gesellschaftlich bereits etablierte Konzeption des Technikeinsatzes. Funktionserfindungen, die mit der technischen Lösung zugleich eine neue Nutzungsfunktion kreieren, orientieren sich häufig ebenfalls an impliziten gesellschaftlichen Erwartungen. Nichts belegt die Bedeutung eines geeigneten soziokulturellen Klimas eindrucksvoller als die Häufigkeit der so genannten Mehrfacherfindungen, gleichartiger Erfindungen, die zur selben Zeit von mehreren Urhebern unabhängig voneinander gemacht wurden (siehe 3.1.2). Ferner gibt es Anhaltspunkte dafür, dass auch die konkrete Gestaltung technischer Lösungen manchmal bestimmten Mustern folgt, die man als Moden oder Stile ansehen könnte; allerdings bedarf es noch gründlicher Klärung, ob derartige Muster in Traditionen der technischen Kultur wurzeln oder eher aus ökonomischen und politischen Rahmenbedingungen zu verstehen sind. Angesichts der technisch-wirtschaftlichen Globalisierung ist zu fragen, ob kulturspezifische Besonderheiten zu bewahren und zu entfalten sind oder sich die Tendenzen zu einer weltweiten Uniformisierung der Technik verstärken werden. Solche Fragen berühren natürlich auch die technikwissenschaftliche Reflexion der Produkt- und Produktionsgestaltung, wenn sie für andere Regionen bestimmt ist als das Ursprungsland.

Des Weiteren vollziehen sich Planung, Entwicklung, Konstruktion und Produktion technischer Sachsysteme mehr und mehr in *arbeitsteiliger Kooperation*. Neue Produkte sind kaum noch die individuelle Leistung einzelner, sondern das Resultat gesellschaftlich organisierter Arbeit. Für die Organisationsformen im Innovations- und Wissensmanagement gibt es die verschiedensten Gestaltungsmöglichkeiten, und wann welches Organisationsmodell besonders effektiv ist, hängt stark von den jeweiligen psychosozialen Voraussetzungen ab. Unter den Organisationsbedingungen der Kooperation spielt selbstverständlich die *Verfügung über die Produktionsmittel* eine wichtige Rolle. Die Verfügung über die Produktionsmittel impliziert ja nicht nur die Verfügung über die Arbeitenden, die dafür Produkte entwickeln und damit Produkte herstellen; sie impliziert vor allem auch die Entscheidungsgewalt darüber, welche Art von Technik überhaupt entwickelt und produziert wird. Zwar wird diese Entscheidungsgewalt durch die Nachfragereaktionen der Verwender relativiert, doch wirkt dieser Einfluss, wenn überhaupt, eben nur reaktiv und nicht aktiv.

Diese Hinweise lenken die Aufmerksamkeit auf den *gesellschaftlichen Ursprung der Entscheidungskriterien*, nach denen Produkte und Produktionsverfahren bewertet und ausgewählt werden. Dass dabei Kriterien der technischen Perfektion den Vorrang hätten, ist eine verständliche, aber unrealistische Wunschvorstellung von Ingenieuren, die leider manche technikfernen Beobachter für bare Münze genommen haben; daraus erklärt sich die Legende von der „Eigengesetzlichkeit“ der Technik. In Wirklichkeit ist unter den Bedingungen einer arbeitsteiligen Wirtschaftsgesellschaft technisches Handeln fast immer auch wirtschaftliches Handeln, und darin ist es begründet, dass in Entscheidungen über technische Entwicklungen meist die ökonomischen Kriterien dominieren. Welche der verschiedenen ökonomischen Kriterien das im Einzelfall sind, hängt von der jeweiligen Theorie und Praxis der gesellschaftlichen Produktionsverhältnisse ab. War die Vorstellung von den autonomen Erfinder- und Unternehmerpersönlichkeiten schon in traditionellen Industriestrukturen nicht immer zutreffend, so sind spätestens seit der Mitte des 20. Jh.s *interkorporative Vergesellschaftungsstendenzen* hinzugetreten. Mit dem Aufbau großer Forschungs- und Entwicklungskapazitäten in nationalen und multinationalen Konzernen und mit wachsender Größenordnung der Entwicklungsprojekte nahm nicht nur die Kollektivierung der Entwicklungsarbeit zu, sondern es bildeten sich auch vielfache Vernetzungen zwischen industriellen und wissenschaftlichen Einrichtungen, zwischen Herstellern und industriellen Anwendern, zwischen kleinen und großen Unternehmen, zwischen Zulieferern und Projektführern. So sind Innovationen der letzten Jahrzehnte bei genauerer Betrachtung häufig kaum mehr einem bestimmten Unternehmen allein zuzurechnen, da sie zahlreiche technische und organisatorische Leistungen anderer Unternehmen und Institutionen zur Voraussetzung haben. Unübersehbar ist schließlich die wachsende *Rolle des Staates*, der nicht nur eine umfangreiche wissenschaftliche Infrastruktur aufgebaut hat und finanziert, sondern sich auch mit gezielter Förderungspolitik selber an der Entwicklung technischer Großprojekte beteiligt. So wären die Atomkernenergietechnik und die Weltraumtechnik überhaupt nicht denkbar, wenn nicht in diesen Entwicklungen zunächst der Staat als der dominante Akteur aufgetreten wäre.

Diese Übersicht über gesellschaftliche Momente der Technisierung ist gewiss noch nicht vollständig. Die meisten Details, die genannt wurden, sind inzwischen halbwegs bekannt, aber man muss sich alle diese Momente in ihrem wechselseitigen Zusammenhang vergegenwärtigen, um ein angemessenes Verständnis für die Gesellschaftlichkeit der Technik zu gewinnen. Die technische Entwicklung ist tatsächlich ein sozialer Prozess, und ihre Auswirkungen laufen auf eine fortgesetzte Umwälzung der Gesellschaft hinaus. Aber die resultierende Folgenmenge der Technisierung ist von einer Beschaffenheit, die kein einzelner der beteiligten Akteure so hat voraussehen können und die auch keiner so beabsichtigt hat. Damit ist die Technisierung geradezu ein Lehrstück für die paradoxen Effekte sozialen Handelns, die eben darin bestehen, dass die kumulierten Folgen der individuellen Handlungen von keinem der beteiligten Individuen beabsichtigt sind oder dass sie gar den Absichten einiger oder aller zuwiderlaufen.

Im letzteren Fall gelten solche paradoxen Effekte als negativ, aber es gibt auch positive Effekte. Geläufig ist das liberalistische Vertrauen auf den positiven Effekt der „unsichtbaren Hand“ des Marktes, die, Adam Smith zufolge, den Wohlstand der Nation erzeugt, auch wenn die Individuen lediglich ihrem Eigeninteresse folgen, ein Effekt, der sich im fortgesetzten Wirtschaftswachstum marktwirtschaftlich verfasster Industriegesellschaften ja tatsächlich gezeigt hat. Aber ebenso geläufig ist inzwischen die negative Technisierungserfahrung der jüngeren Vergangenheit, dass die gleiche „unsichtbare Hand“ auch die Schäden in der natürlichen Umwelt und die Risiken für die soziokulturelle Lebensqualität herbeigeführt hat.

Die Technik erweist sich in ihren Folgen als gesellschaftliche Macht, und in ihren Bedingungen enthüllen sich ebenfalls unübersehbare gesellschaftliche Momente. Diese sozialwissenschaftlichen Einsichten müssen auch die Technikwissenschaften in Rechnung stellen. Auf der Ebene des individuellen Ingenieurhandelns werden sie praktisch nur in engen Grenzen zu berücksichtigen sein, wenngleich sie das Bewusstsein der einzelnen Technikwissenschaftler von der Bedeutung ihrer Arbeit stärken werden. Aber grundsätzlich ist die gesellschaftliche Verantwortung der einzelnen Ingenieure begrenzt und wird vor Allem darin zum Ausdruck kommen, dass sie sich, wo immer sie arbeiten, an fachübergreifenden Gesprächen beteiligen, die in den Unternehmen, in den Fachverbänden und in der Politik die Leitlinien einer menschengerechten Technikgestaltung präzisieren und geltend machen. Dass freilich die Technisierung auch Folgen haben kann, die keiner der Akteure in dieser Form wollte, verweist darauf, dass das Niveau der staatlichen Technikpolitik hinter der faktischen Gesellschaftlichkeit des Technisierungsprozesses zurückgeblieben ist. Negative paradoxe Effekte – besonders Gefahren für die menschliche Gesundheit, die natürliche Umwelt und die psychosozialen Lebensbedingungen – lassen sich nur durch gesellschaftliche Übereinkünfte und Regelungen vermeiden. Aus dieser Einsicht wurde das Programm der Technikfolgen-Abschätzung und Technikbewertung geboren (siehe 3.2.3). Technikbewertung will jenen Grundwiderspruch überwinden, der zwischen dem gesellschaftlichen Charakter der Technik und der privaten Verfügung über Art und Richtung der Technisierungsprozesse bislang besteht. Die Technik ist längst zu einer gesellschaftspolitischen Macht geworden, und in einem demokratischen Rechts- und Sozialstaat bedarf diese Macht einer technikpolitischen Gestaltung, die sich gleichermaßen an technikwissenschaftlichen Optionen wie an gesellschaftlichen Bedürfnissen orientiert. Um für eine solche Kooperation gerüstet zu sein, müssen die Technikwissenschaften ein angemessenes sozialwissenschaftliches Wissen in sich aufnehmen.

Erkenntnis in den Technikwissenschaften ist eng mit dem Lösen von *Problemen* und *Aufgaben* verbunden. Unter einem (wissenschaftlichen) Problem wird ein System von Aussagen und Aufforderungen verstanden, das erstens ein Ziel wissenschaftlich-„theoretischer“ (d.h. Erkenntnis) oder wissenschaftlich-„praktischer“ (d.h. Gestaltung) Arbeit zum Ausdruck bringt, zweitens Bedingungen der Zielerreichung bestimmt und drittens dadurch gekennzeichnet ist, dass kein Algorithmus vorhanden ist, mit dessen Hilfe das angestrebte Ziel in endlich vielen Schritten zu erreichen ist. *Aufgaben* liegen dann vor, wenn die Methoden und Verfahren zur Erreichung des gesetzten Ziels eindeutig verfügbar sind, vor allem, wenn solch ein Algorithmus vorhanden ist (vgl. näher dazu Parthey 1978). Mit anderen Worten: Von *Problemen* spricht man dann, wenn das (technische) Wissen nicht ausreicht, nicht „vollständig“ ist, um das gesetzte Ziel unter den gegebenen Bedingungen zu erreichen (mithin ein Wissens-Defizit besteht) – siehe Bild 25.

Bild 25: Unterscheidung von Aufgabe und Problem

Vollständigkeitsgrad (V)	$V = 0$ Ziel ohne Problem	$0 < V < 1$ Problem	$V = 1$ Aufgabe

Damit ergibt sich folgende Frage: Auf welche Weise kann das Wissensdefizit verringert bzw. beseitigt werden? Generell lässt sich antworten, dass das im Bereich der Wissenschaft vorrangig in einem methodischen Vorgehen erfolgt, in dem unterschiedliche praktische und geistige Aktivitäten verbunden sind.

Die beim Problemlösen und -bearbeiten ablaufenden gedanklichen Prozesse sind sinnvoller Weise dergestalt zu differenzieren, wie es Bild 26 zeigt, in der nach stereotypen, (streng) algorithmischen, unscharfen (heuristischen) und intuitiven gedanklichen Prozessen (Operationsklassen) unterschieden wird (nach Müller 1986a, S. 82):

Bild 26: Übersicht über beim Problemlösen und -bearbeiten ablaufende gedankliche Prozesse

Operations-klassen	Stereotyp, Routine	Planbare/geplante Operationsfolgen		Intuition
Grad der Planbarkeit	Nicht sinnvoll zu untersetzen	Logisch-mathematisch planbar	Heuristisch planbar	Nicht planbar

Beim Erkennen handelt es sich um ein bewusstes, zur Zielerreichung notwendiges „Überschreiten" des Vorhandenen (des „Wissensmäßigen") in Form eines (planmäßigen, intuitiven, methodenbasierten, heuristischen, ...) „Suchprozesses",[38] für den es kein logisch begründbares (Schluss-)Verfahren gibt, d.h., aus den vorgegebenen Prämissen (vor allem hinsichtlich des zu erreichenden Ziels, des verfügbaren bzw. zu generierenden Wissens, des Bereichs möglicher Lösungen usw.) ist ein Ergebnis nicht eineindeutig herleitbar. Eingesetzt werden für diesen Suchprozess heuristische (siehe 4.2.1), theoretisch-deduktive (siehe 4.2.2) und empirisch-induktive (siehe 4.2.3; 4.2.4) Methoden.

4.2.1 Heuristische Methoden

Gerhard Banse

Als Heuristik(en) bezeichnet man „Anweisungen" (d.h. Grundsätze, Prinzipien und Verfahren), mit deren Hilfe Neues gefunden werden kann, methodische Regeln, um aus vorhandenem Wissen neue Erkenntnisse „herleiten" zu können. Dafür gelten folgende Einsichten (vgl. dazu auch Kötter 1986; Mainzer 1986; Rapp 1986):

- Heuristisch ist ein Argument, eine Regel, eine Methode usw. dann, wenn damit in Situationen, in denen kein Vorgehen zwingend ist, eine Entscheidung für den nächsten Schritt erlaubt bzw. ermöglicht wird.
- Ein Heurismus kann dann angegeben werden, wenn der erforderliche Vorgang infolge vorgängiger Erfahrungen nicht mehr völlig unsicher ist.
- Heuristiken ermöglichen, ex ante Strategien zum Entwurf von Lösungswegen bzw. von Lösungswegen selbst zu entwickeln bzw. Bewertungen von alternativen denkbaren Lösungswegen mittels nicht-quantitativer Präferenzregeln vorzunehmen.
- Darin eingeschlossen sind Formen von Analogieschlüssen und die Bildung von Korrelationen, die nicht quantitativ-statistisch, sondern rein qualitativ abgestützt werden.
- Mittels heuristischer Verfahren ist es möglich, einen komplexen Zusammenhang von Alternativen durch deren Gewichtung zu reduzieren, d.h., bestimmten Aussagen, Vorschriften oder Möglichkeiten wird relativ zu alternativen Behauptungen eine höhere oder niedrigere Glaubwürdigkeit (Plausibilität) verliehen.

Fasst man diese Einsichten zusammen, so lässt sich zusammenfassend formulieren, dass mittels Heuristik(en) dort sinnvoll gearbeitet werden kann, wo (noch?)

---

38 Dieses Vorgehen, das stets iterativ erfolgt, kann – in einer jeweils anderen Perspektive – auch als Entscheidungs- oder als Lernprozess charakterisiert werden.

keine streng deduktiven Begründungs- und Entscheidungsverfahren bekannt sind oder vorliegen bzw. wo diese aus „in der Sache selbst liegenden“ Gründen nicht genutzt werden können (z.B. infolge „unscharfer“ Problemstellungen, „unvollständiger“ Information oder irreduzibler lebensweltlicher Komplexität). Heuristiken ermöglichen im Erkenntnisprozess

- eine (begründete) Suchraumerweiterung;
- eine (begründete) Suchraumstrukturierung;
- einen (begründeten) Standpunkt- bzw. Perspektivenwechsel.

Damit werden im Gegensatz zu einer kombinatorischen Strategie (d.h. dem Überprüfen *aller* möglichen Lösungen) bestimmte Lösungsmöglichkeiten bzw. -felder bewusst (d.h. begründet) bevorzugt.

Welche Bedeutung lässt sich dem allgemein zur Heuristik Dargestellten nun für Erkenntnisprozesse beimessen? Als Ausgangspunkt sei die Unterscheidung von Erkenntnismethoden in den Technikwissenschaften danach gewählt, mit welcher Glaubwürdigkeit zum Zeitpunkt t_0 vorausgesagt werden kann, ob das angestrebte Ergebnis (das angestrebte Ziel, der angestrebte Zweck) eintreten wird. Auf diese Weise kann man sinnvoll zwischen *Algorithmus* (algorithmische Methode) und *Heurismus* (heuristische Methode) differenzieren. Als Algorithmus bezeichnet man ein eindeutiges gedankliches Verfahren zur Transformation einer gegebenen Größe in eine gesuchte bzw. angestrebte Größe: Ein angestrebtes und gewolltes Ergebnis wird von gegebenen Anfangsbedingungen her in „normierter“ Weise – und vorhersagbar – in einer endlichen Anzahl von Schritten erreicht. Ein Heurismus unterscheidet sich vom Algorithmus dadurch, dass ihm die *Garantie* für das Lösen bzw. Finden der Lösung einer gegebenen Aufgabenstellung fehlt. Er ist eine endliche, geordnete Menge von Vorschriften, die, adäquat angewendet, das anzustrebende Ergebnis zwar nicht sicher erreichen lässt, aber doch bewirkt, dass der Suchprozess zielstrebiger, sicherer bzw. effektiver verläuft. Beispiele sind etwa der „morphologische Kasten“ von Fritz Zwicky (vgl. z.B. Zwicky 1966, 1989) oder der „Algorithmus des Erfindens“ von Gennadi S. Altshuller (vgl. z.B. Altschuller 1986), aber auch „das bekannte Prinzip vor „Versuch und Irrtum“. Hier sei nur kurz auf Zwicky verwiesen.

„Das Wesentliche an der morphologischen Methodik liegt in der Entwicklung von analytischen und synthetischen Methoden zur Herleitung der Totalität aller möglichen Lösungen von genügend bestimmt vorgegebenen Problemen. Diese Methodik weist weiter den Weg zur Realisierung der nach gewissen Bewertungsprinzipien aus der Gesamtheit aller Lösungen ausgewählten speziellen Lösungen“ (Zwicky 1989, S. 13). Ziel ist somit eine systematische Problemfeldüberdeckung, indem problemrelevante, voneinander unabhängige Komponenten, Parameter usw. in Matrixform zusammengestellt werden. Die Lösungsfindung kann durch die „Abarbeitung“ folgender Schrittfolge ermöglicht werden (vgl. Müller 2001, S. 130):

- Beschreibung und Verallgemeinerung des Problems;
- Identifikation aller problemlösungsrelevanten Parameter;
- Aufstellung des morphologischen Schemas aller Lösungen;
- Bewertung;
- Wahl der optimalen Lösung.

Heuristisch (d.h. Erkennen und Gestalten fördernd bzw. die Suche unterstützend) ist an dieser Vorgehensweise u.a. die Sicherheit, nichts vergessen zu haben, die Systematisierung der Lösungsmöglichkeiten sowie die Schaffung einer einheitlichen Verständigungsbasis bei Teamarbeit.

Das heuristische Vorgehen stellt den Versuch dar, Probleme in der technischen Entwicklungsarbeit methodenbewusst auch dort zu lösen, wo ein strikt algorithmisches Vorgehen nicht mehr (oder noch nicht?) möglich ist. Dazu schreibt Johannes Müller:

> „Heuristische Methoden sind – wie alle Methoden – Mengen (Folgen bzw. Netze) von Vorschriften (Soll- bzw. Aufforderungesätze), die eine für die Lösung einer Klasse von Aufgabenstellungen invariant zweckmäßige Menge sequentiell, parallel und/oder vernetzt abzuarbeitender intelligenter und/oder manueller Operationen anweisen, nahelegen bzw. zusammenstellen“ (Müller 1986b, S. 85).

Dabei muss man sich folgender Spezifika bewusst sein (vgl. Müller 1986b, S. 85 f.):

- Heuristische Methoden werden im Allgemeinen nicht in allen Teilen explizit, sondern auf nichtelementarer Ebene formuliert, d.h. es wird nicht immer bis auf elementare Operationen aufgegliedert und es wird nicht durchgängig lückenlos vorgeschrieben. (Aus diesem Grunde kann – wie bereits erwähnt – über eintretende Ereignisse nicht mit Sicherheit, sondern nur mit einer Glaubwürdigkeit vorausgesagt werden, die kleiner als 1 ist.)
- In heuristischen Methoden werden auch unsicher und nicht eindeutig ausführbare Operationen vorgeschrieben. Das ist erforderlich, weil nur auf diese Weise die anzugehenden Probleme zu lösen sind (reduktive Schlüsse, Extrapolationen, Polyoptimierung, Variantenbildung und Operationen unter unvollständiger Information sind objektiv notwendig) und weil nur so eine effektive Vorgehensweise bei derart hoher Komplexität gefördert werden kann. (Das bedingt wiederum, dass beim Zeitpunkt t_0 nur mit einer Wahrscheinlichkeit kleiner als 1 darüber ausgesagt werden kann, ob das angestrebte Ereignis auch eintritt. Eine heuristische Methode – das sei nochmals wiederholt – erhöht die Übergangswahrscheinlichkeit eines zielstrebigen Prozesses, sie macht ihn jedoch nicht sicher.)

- Durch heuristische Methoden wird während des ablaufenden Prozesses gleitend geplant. Eventuell über mehrere Hierarchieebenen wird im ganzen Arbeitsintervall von globaler (strategischer) zu lokaler (detaillierter) methodischer Vorgabe fortgeschritten. Sonst kann die erforderliche Unbestimmtheit, Mehrdeutigkeit bzw. Unschärfe der Vorgehensweise nicht gewährleistet werden. (Eine heuristisch geplante Vorgehensweise kann demnach erst dann voll bewusst sein, wenn die Lösung erreicht oder der Prozess abgebrochen worden ist.)

Im Bereich der Erkenntnisprozesse in den Technikwissenschaften können sich Heurismen neben der generellen Zielstellung des Wissens- bzw. Erkenntnisgewinns beziehen auf

- das Suchen sinnvoller Aufgabenstellungen;
- die Auswahl Erfolg versprechender Aufgabenstellungen;
- das Planen der Vorgehensweise;
- das Suchen und Einordnen von (Teil-)Lösungen;
- die Bestimmung des Informationsbedarfs;
- das Auswerten, Fixieren und Überführen der Ergebnisse;
- das Auswerten und Speichern der methodischen Erfahrungen (vgl. auch Müller 1986b).

Bedeutsam ist dabei zweierlei: Einerseits werden Heuristiken selten einzeln benutzt, sondern zumeist zu heuristischen Strategien zusammengefasst. Andererseits gibt es Heuristiken auf unterschiedlichen Ebenen, d.h. sie bilden eine Hierarchie.

Da Heuristiken dort zur Anwendung gelangen, wo das problembearbeitende bzw. -lösende Vorgehen nicht „zwingend“, „deterministisch“ oder „vorgegeben“, wo es nicht bereits im Voraus festgelegt ist (bzw. festgelegt werden kann), fällt es dem „Bearbeiter“ zu, die möglichen und notwendigen Heurismen selbst zu wählen – mithin ist dieser Auswahl- und Entscheidungsprozess individuell beeinflusst. Er wird stark geprägt von der (durch Ausbildung, praktische Erfahrung usw.) je individuell „geformten“ *heuristischen Kompetenz*. Darunter wird die Fähigkeit verstanden,

> „das Handeln den Bedingungen jeweils anzupassen. Erkennen von Wichtigkeit, Erfolgswahrscheinlichkeit und Dringlichkeit sowie Prozeßkontrolle und Kontrolle des Anspruchsniveaus sind dabei wichtige Komponenten“ (Pahl 1994b, S. 15).

Diese heuristische Kompetenz ist stark „personalisiert“ und damit oftmals nur sehr schwer erlernbar als auch schwer lehrbar (im Sinne eines Transfers von einer Person zu einer anderen). Die Anwendung von Heurismen ist – wie gerade verdeutlicht wurde – einerseits stark nutzer- bzw. anwenderabhängig (über Wissen, Erfahrungen, Phantasie und Intuition); andererseits beeinflussen die Aufgabenstellungen, die technischen und technikwissenschaftlichen Kontexte sowie der konkrete „Suchraum“ das heuristische Vorgehen, das zumeist mit Phasen „exakt“ planbaren bzw. geplanten Handelns wechselt, wobei man sich dem Ziel in Form von Iterationsschleifen unter Einschluss von Test- und Überprüfungsphasen nähert.

Im Anschluss an Johannes Müller sei exemplarisch auf die heuristische System- bzw. Prozessanalyse eingegangen (vgl. Müller 1986b, S. 87 ff.). Das erfolgt mit dem Ziel, um in unscharfer Weise, klassifikatorisch benennend, komplexe Sachverhalte so weit zu zerlegen, dass sie durchschaubar und damit intellektuell beherrschbar werden. Dabei sind folgende Schritte sinnvoll:

- Analytische Beschreibung des Verfahrens, welches die geforderte Ausgangsgröße erreichen lässt. Im Ergebnis solcher Dekomposition erhält man eine recht brauchbare Darstellung des Netzes der Teilfunktionen des Verfahrens, und man kann dazu übergehen, die einzelnen Funktionen zu analysieren, ohne das Systemganze in seiner Struktur aus dem Auge zu verlieren.
- Analyse der einzelnen (Teil-)Funktionen unter Beachtung der relevant erscheinenden Faktoren. Die vorher als Blackbox behandelte Funktion wird auf diese Weise aufgehellt. Im Ergebnis erhält man eine über die gesamte Struktur integrierte Liste der Einflussfaktoren und Zustandsgrößen.
- Ordnen der zusammengetragenen Fakten als Einflussfaktoren und Zustandsgrößen in einer Matrix und Bewertung des Erkenntnisstandes. Dabei hat sich bewährt, wie folgt zu klassifizieren: (1) berechenbar, weil die mathematische Beziehung bekannt ist; (2) herleitbar, weil Entscheidungstabellen, Diagramme, Nomogramme, Richtlinien bzw. Festsetzungen bekannt sind; (3) voraussetzbar, weil zwar unvollständige und nicht verallgemeinerbare Feststellungen vorliegen, aber sicher ist, dass ein Zusammenhang wenigstens in gewissen Grenzen besteht; (4) annehmbar bzw. vorstellbar, weil beim gegenwärtigen Stand wissenschaftlicher Erkenntnis ein Zusammenhang nicht auszuschließen ist bzw. vermutet werden kann, Feststellungen aber noch nicht vorliegen; trifft keiner der genannten Fälle zu, bleibt das entsprechende Feld leer. (Eine derart markierte Matrix stellt ein mehr-dimensionales semantisches Netz dar – siehe Bild 27.)

Die Ergebnisse derartiger Analysen sind in unterschiedlicher Hinsicht bedeutsam:

- Man erhält Hinweise darüber, was man wissen muss, um ein Wirkprinzip beurteilen bzw. die Grenzen seiner Funktionsfähigkeit abstecken zu können, aber auch dazu, was noch zu berücksichtigen ist, um eine technische Anordnung zur vollständigen Lösung anzupassen.

- Die Matrix lässt, vor allem durch Erkenntnis relevanter Nester, die Messwerte festlegen, die mathematische Steuermodelle ermöglichen. Man ersieht auch, welche Abhängigkeiten zu untersuchen sind, denen diese Messwerte unterliegen.
- Mit Hilfe solcher Matrizen wird die durch Bearbeitung eines Forschungsthemas erzeugte Information objektiviert bewertbar. Die markierte Matrix gestattet es, den Informationswert eines Vorhabens bereits im Voraus fundiert abzuschätzen.
- Derartige Matrizen erlauben ferner, Versuche besser zu planen, weil unmittelbar ablesbar ist, wodurch ein Beobachtungswert experimenteller Untersuchung primär, sekundär, tertiär usw. beeinflusst wird, was also zu isolieren, zu normalisieren oder zu variieren ist und wie so etwas möglich wird.
- Schließlich ermöglichen die erwähnten Matrizen den direkten Zugriff auf die für eine umfangreiche Klasse von Problemen relevanten Fakten in beliebiger Reihenfolge.

Bild 27: Ordnungsmatrix in allgemeiner Form

Zustandsgrößen, die sich einstellen / *Einflussfaktoren, die bedingen*		*Merkmale bzw. Eigenschaften der Verbindung*				*Prozessgrößen*					
		Gefüge	Chemische Zusammensetzung	Ertragbare Belastung	Fehler	am Werkzeug	der Energie	am Werkstück	am Zusatzstoff	Aktivierungszone	Nebenwirkungen
Gegebenheiten	Werkstoff		1	2				3			
	Wirkstelle	2	4	4	4		3				3
	• • •										
Rückwirkungen	Aktivierungszone		3								
	• • •										
	Störgrößen	3			3						

Quelle: Müller 1986b, S. 91

4.2.2 Theoretisch-deduktive Methoden

Klaus Kornwachs

4.2.2.1 Mathematisierung in den Technikwissenschaften

Zur Nutzung und Gestaltung von Technik erweisen sich die mathematischen Methoden als unabdingbar: Jede Vorausberechnung von gewünschten Eigenschaften eines Artefakts benutzt mathematisch formulierte Annahmen oder Gesetzmäßigkeiten, die aus den Gegenstandsbereichen, die für das Artefakt relevant sind, entnommen werden (sie auch 4.1.2.1). Zu unterscheiden hiervon sind die mathematischen Theorien, die für die Darstellung des Problems verwendet werden (z. B. Analysis, Algebra, Logikkalküle, Numerik, Geometrie, Topologie, Wahrscheinlichkeitsrechnung etc.), und die Methoden des Schließens selbst (Berechnungsverfahren, Folgerung und Ableitung, geometrische Konstruktion, Beweisverfahren, Simulation, direkt deduktive oder auch induktive Verfahren).

Die Rechtfertigung der mathematischen Methoden liegt in der Annahme, dass die Beschreibung der Funktion und Struktur der Artefakte in Analogie zur Beschreibung naturwissenschaftlicher Systeme geschehen kann, weil kein funktionierendes technisches System entgegen naturwissenschaftlicher Gesetze konstruiert und gebaut werden kann. Die Annahme, dass man bei der Beschreibung naturwissenschaftlicher Gesetzmäßigkeiten Mathematik erfolgreich verwenden kann, ist durch den ungeheueren Erfolg dieses Vorgehens unumstritten, umstritten ist jedoch die Begründung, weshalb dieses Vorgehen so erfolgreich ist.

Das generelle Vorgehen zeigt Bild 28: Sätze über technische Gegebenheiten werden formalisiert (auf verschiedenen Ebenen, siehe nächster Abschnitt, in verschiedenen Kategorialen Systeme wie z. B. Logik, Grammatik, Analysis und unter Verwendung unterschiedlicher mathematischer Theorien). Diese formal ausgedrückten Sätze werden dann als wahre Sätze im Rahmen des Kalküls (mathematischen Apparats) angesehen. Aufgrund des Kalküls können aus diesen Sätzen andere wahre Sätze formuliert werden. Dies entspricht der Erzeugung einer Menge von Konsequenzsätzen. Diese Konsequenzsätze werden umformuliert und ausgangssprachlich als Sätze über den Gegenstandbereich gedeutet. Jede Schlussfolgerung und Prognose oder Berechnung von Materialeigenschaften geht so vor.

Interpretieren wir das Ergebnis als einen gültigen Ausdruck und interpretieren wir weiterhin den so gewonnenen Ausdruck material, d. h. empirisch, setzen wir also in die Variablen eines solchen Ausdruckes wiederum die empirische Bedeutung ein, die wir ursprünglich bei der Formalisierung des Ausgangsausdrucks gekannt haben, dann bekommen wir wieder einen empirischen Satz, also einen Satz, der etwas über Tatsachen, über Erfahrungen, über technische Gegebenheiten oder etwas über die Welt aussagt. Diesen Satz aber können wir nun danach prüfen, ob er entweder empirisch wahr ist oder ob er sich mit der Theorie verträgt, aus deren Gegenstandsbereich er stammt.

Bild 28: *Modus operandi* der formalen Verfahren

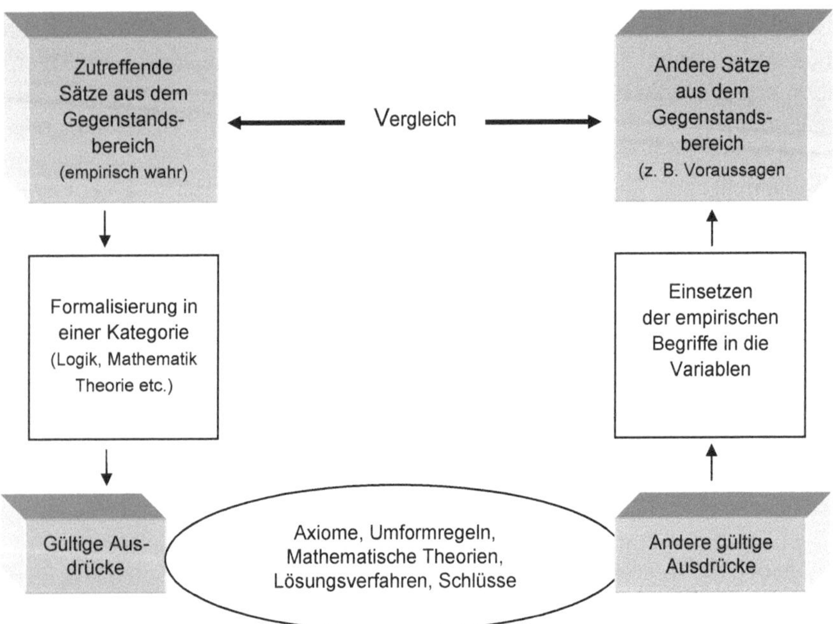

Wenn der Kalkül richtig verwendet worden ist, und die Interpretationen der Ausgangssätze richtig und ihre Formalisierung korrekt ist, dann ist der Satz, den man aufgrund eines formalen Schlusses erhält, auch empirisch oder testtheoretisch wahr, das heißt, dass sich in der Erfahrungswelt oder im Gegenstandsbereich der so formulierten Theorie ein sinnvolles Korrelat zu ihm wiederfinden muss. Dieses „Dogma" ist die Grundlage dafür, dass wir Logik und Mathematik auch auf die Wirklichkeit, und damit auch auf die gemachte Wirklichkeit, also Technik, anzuwenden versuchen, dass wir Logik und Mathematik als ein normatives Gerüst unserer Argumentation akzeptieren, und dass wir Mathematik offensichtlich erfolgreich bei unserem Umgehen mit Welt verwenden können (siehe auch 4.1.2.1).[39]

39 Über den erstaunlichen „Erfolg" der Mathematik vgl. verschiedene Ansätze in Barrow 1993, insbesondere Kap. 5; Einstein 1983; Hedrich 1993.

4.2.2.2 Schlussverfahren bei Experiment und Test

Im Gegensatz zur Naturwissenschaft, die als Standardverfahren des deduktiven Schließens die deduktiv-nomologische Erklärung benutzt, finden wir in der Technik andere Schlussverfahren, die zwar ebenfalls deduktiv aufgebaut sind und die wir als technisches Schließen bezeichnen. Anhand dieser Schließweisen lassen sich auch die Unterschiede zwischen einem Experiment und einem technischen Test deutlich machen.

Technisches Wissen enthält für den Test als empirische Basis des Erkenntnisgewinns faktuales Wissen über die Welt. Es wird erzeugt durch experimentelle und operative Erfahrung. Experimentelle Erfahrung kann im Rahmen einer Theorie beschrieben werden, die Hypothesen in Form von Allsätzen (universale Urteile) beinhaltet. Dies gilt *mutatis mutandis* auch schon für den Idealfall der eingriffslosen wechselwirkungsfreien bloßen Beobachtung. Die Argumentationskette

$$[\forall x \{M(x) \rightarrow S(x)\} \wedge M(a)] \rightarrow S(a),$$

(Alle Metalle (M) leiten Strom (S) und a ist ein Metall; daraus folgt, dass a Strom leitet) ist nur unter kausalen Bedingungen explanativ, denn die Form des *modus ponens* zeigt ja lediglich, dass der Einzelfall sich als ableitbar erweist, d. h. man kann zeigen, dass er aus dem Gesetz und der Existenz eines geeigneten Objekts folgt. Ist das Gesetz kausaler Art mit den entsprechenden Eigenschaften (zeitliches Hintereinander scheidet Ursache und Wirkung), könnte man dies als kausale „Erklärung" des Einzelfalls oder Einzelereignisses aus einem kausalen Zusammenhang akzeptieren.

Im Experiment werden die Anfangs- und Randbedingungen eines Prozesses präpariert, also ins Werk gesetzt – dazu kann gegebenenfalls sehr viel Technik erforderlich sein, um diese Bedingungen konstant zu halten (siehe 4.1.2.2) – und der Ablauf des Prozesses wird dann beobachtet. Die Beobachtung wird dann mit der Prognose verglichen, die aufgrund der Kenntnis der Rand- und Anfangsbedingungen und dem Gesetz (meist in Form einer Differentialgleichung oder ihren als Kurvenscharen dargestellten Lösungsmannigfaltigkeiten) „errechnet" werden kann. Den Rand- und Anfangsbedingungen für die Lösung der Differentialgleichung durch einen Kalkül entsprechen dann die Präparationsbedingungen im Experiment. Empirie kann damit Allsätze, also gesetzesartige Aussagen, falsifizieren durch den Aufweis eines Gegenbeispiels bzw. des Auseinanderfallens von Beobachtung und Prognose.[40]

40 Das Gesetz $\forall x\ (P(x) \rightarrow Q(x))$ wird durch die konjunktive Hinzufügung der Existenz eines Gegenbeispiels a mit $\exists a\ (P(a) \wedge \neg(Q(a))$ zu einem falsifizierbaren, also nicht immer wahren Ausdruck (vgl. Popper 1973).

Es ist spätestens seit Thomas S. Kuhn und Imre Lakatos klar geworden, dass diese Form der Falsifikation (als Gegenstück die Verifikation von Existenzsätzen, also Protokollsätzen über Einzelereignisse und –eigenschaften) nicht die diachronische Entstehung neuen Wissens beschreibt – Falisfizierungsversuche müssen schon sehr hartnäckig sein, bevor der Kern einer Theorie angegriffen werden kann (vgl. Kuhn 1967; Lakatos 1974). Auch kann ein einmaliges Ereignis keine Verifikation einer Existenzbehauptung darstellen, wie Existenzbehauptungen in der Wissenschaft sowieso recht fragwürdig sind. Es gibt deshalb auch kein *experimentum crucis* für eine Hypothese. Soweit zur Wissenschaftstheorie der empirischen Wissenschaften im Sinne von Naturwissenschaften und den Disziplinen, die sich – ausgesprochen oder uneingestanden wie Psychologie und Soziologie an dieses Ideal anlehnen.

Im Falle eines Tests, den wir vom Experiment sorgfältig unterscheiden müssen, wird eine Regel B durch A (zusammengesetzt oder atomar) unter der Bedingung der vollständigen Präparation der Rand- und Anfangsbedingungen (einschließlich Reihenfolge der notwendigen Handlungen am Artefakt – sprich Bedienung (*simple or multiple use*) – als effektiv bezeichnet, wenn die gewünschte Funktion eintritt. Es genügt also nicht, dass nur der Verlauf eines Prozesses vorhergesagt werden kann. Dies gilt auch für ein singuläres Ereignis, obwohl die soziale Konstruktion von Technik die Replikation von Funktionen (Zuverlässigkeit) erfordert. Erweist sich eine Regel als effektiv, kann man sie effizient anwenden, wenn sie sich als zuverlässig effektiv erweist, also häufig und wiederholbar. Keine Regel ist hundertprozentig effektiv im Sinne ihrer sukzessiven Anwendung. Deshalb zeigt ein erfolgreicher Test die Effektivität, nicht aber die Effizienz. Umgekehrt zeigt ein fehlgeschlagener Test noch nicht, dass eine Regel nicht effektiv sei. Das bedeutet, dass auch die logische Basis der Empirie beim technischen Wissen eine andere ist.[41] Der Prognose im Experiment entspricht beim Test die Funktionsvermutung, die in der tentativen Form des „try“ bei Bunges pragmatischem Syllogismus:

wenn (A→B), versuche B durch A

zum Ausdruck kommt.

Technisches Wissen hat oftmals die Form faktualen Wissens, das, sofern ihm keine Bestandteile gesetzesartigen Wissens beigemengt sind, den Einzelfall oder das Einzelereignis repräsentiert. Der Einzelfall oder das Einzelereignis ist zum einen die Voraussetzung zur Gewinnung gesetzesartiger Aussagen (explanatives Wissen kausaler wie praktischer Art) durch induktive Schlüsse, zum andern aber

41 Vgl. die Überlegungen zur Durchführungslogik in Harz 2005; Kornwachs 2006.

auch Ausgangspunkt und entscheidendes Kriterien für das Handeln. Aussagen, die aufgrund von Tests gemacht werden können, sind Aussagen über Einzelfälle.

Dabei spielt die Abduktion, wie sie ausführlich untersucht worden ist,[42] eine eminent praktische, wenngleich theoretisch verheerende Rolle. Aus dem Wissen über die Welt, das sich in gesetzesartigen, explanatorischen wie faktualen Aussagen strukturieren lässt, gewinnen wir anhand faktualer Aussagen über die momentane Situiertheit die Entscheidungskriterien und auslösenden Momente für unser Handeln. Während experimentelles Handeln in der Wissenschaft davon ausgeht, dass man gesetzesartige Aussagen (z.B. physikalische Gesetze in Form von Differentialgleichungen) mit faktualen Aussagen (z.B. Rand- und Anfangsbedingungen der dynamischen Variablen zu zeitlich und räumlich ausgezeichneten Punkten) zusammen benutzt, um prognostisches oder explanatorisches Wissen zu erzeugen, reicht es im handwerklichen wie technischen Alltags oftmals aus, eine Kombination von faktualen Aussagen zum Ausgangspunkt von Test und erfolgreichem Handeln zu machen. Als Beispiel diene der Servicetechniker oder der Operator in einer großen Leitstelle. Es müssen bestimmte Bedingungen von endlicher Anzahl gegeben sein (Messwerte, Signallampen etc.), um bestimmte Handlungen „auszulösen".

Technisches und wissenschaftliches Wissen unterscheidet sich auf dieser Ebene bereits in der Rolle der Einzelaussage. Das Einzelereignis spielt in der Wissenschaft außer im Falle der Präparierung der Anfangs- und Randbedingungen keine Rolle, in Technik und Alltag ist dieses so beschreibbare Einzelereignis aber konstituierender Teil des für Handeln kritikalen Wissens.

Die Schlussweise der so genannten Abduktion

$$[\forall x \{M(x) \rightarrow S(x)\} \wedge S(a)] \rightarrow M(a)$$

(a leitet Strom und da alle Metalle Strom leiten, ist a ein Metall) ist physikalisch leicht zu widerlegen, da es auch Stoffe gibt, die leitend sind, ohne Metalle zu sein, technisch ist sie durchaus, wie Gallee in seinen Analysen gezeigt hat (vgl. Gallee 2002; Hubig 2004),[43] zielführend für eine weiterer Suchstrategie, also von heuristischem Wert (Rückwärtsinferenz). Die Abduktion ist kein zugelassener Schluss in der formalen Logik, aber die Entwicklung der Expertensysteme hat beispielsweise gezeigt, dass man mit rein deduktiven Schlüssen bei großen Wissensbasen nicht weit kommt und deshalb in Kauf nimmt, auch Schlussfigu-

42 Vgl. Christoph Hubigs Behandlung des Mittelbegriffs (vgl. Hubig 2002), siehe auch Gallee 2003, insbes. S. 280ff.

43 Für die Verwendung der Abduktion in der Künstlichen Intelligenz (KI) vgl. auch Fujara/Puppe/Wachsmuth 1995, inbesondere S. 733ff. Abduktion wird dort verwendet für die Problemklasse der Klassifikation resp. Diagnose: Wenn eine Ursache U ein Symptom S verursacht und das Symptom S wird beobachtet, dann ist U eine mögliche Erklärung für S.

ren zu verwenden, die zwar logisch nicht exakt sind, aber doch eine gewisse Plausibilität oder ein Zutreffen zu einem bestimmten Grade haben. Dass dies nicht ganz unberechtigt ist, zeigt sich daran, dass in der Fuzzy Logik die Abduktion durchaus zugelassen ist, allerdings nicht zum Grade 1, sondern darunter.[44]

4.2.2.3 Mathematische Darstellungsebenen von funktionalen Zusammenhängen

Auch hier benutzen wir wieder ein Ergebnis der Wissenschaftstheorie der Naturwissenschaften, um entsprechende Analogien in der technologischen Theorie aufzugreifen. Eine technologische Theorie stellt das herkömmliche Wissen eines Gebiets oder einer Technologie in kohärenter Form durch miteinander verknüpfte technische Regeln dar. Die Naturgesetze werden, je nach Ausprägungsgrad einer Theorie, auf unterschiedlichem mathematischen Niveau repräsentiert. Entsprechende Niveaus sollen nun auch für die technologische Theorie gefunden werden.

- Das erste Niveau ist durch die Darstellungsart funktionaler Zusammenhänge durch Kurvenscharen gegeben: Bei dem und dem Druck erhält man die und die Temperatur. Man kann die Werte notfalls auch aus einer Tabelle ablesen. Solche Kurvenscharen können auch durch Polynome angefittet werden, was aber kein Resultat eines Verstehens des der Tabelle zugrunde liegenden Prozesses ist, sondern lediglich eine datentechnische Behandlung darstellt. Auf dieser sehr einfachen Ebene kann man Zusammenhänge erkennen, für die noch kein analytisch geschlossenes mathematisch formuliertes Gesetz existiert.
- Das zweite Niveau stellt die Formulierung einer Gleichung dar, z. B. Druck p • Volumen V/Temperatur T = c (konstant). Hier werden extensive Größen miteinander verknüpft, die Lösung einer solchen Gleichung kann als Funktion z. B. p = c • T/V dargestellt werden, ihre numerische Darstellung entspricht wieder dem ersten Niveau der Kurvenscharen. In vielen Fällen handelt es sich um Differentialgleichungen mit zeitlicher Ableitung, sodass die Lösungen einen Verlauf der interessierenden Variablen in der Zeit beschreibt – die Dynamik (Verhalten) eines Systems. Alle Grundgleichungen der Physik sind als Differentialgleichungen formulierbar.
- Das dritte Niveau wird durch algebraische Gruppen präsentiert. Hier werden bestimmte Lösungsklassen im Besonderen von Differentialgleichungen

44 Vgl. Lehrbücher der Fuzzy Logik, z. B. Kaufmann 1975.

und deren Invarianzeigenschaften bezüglich bestimmter Transformationen untersucht.

- Im vierten Niveau werden Symmetrieeigenschaften von Naturprozessen dargestellt, die sich zum einen als Erhaltungseigenschaften (Energie, Drehimpuls, etc) zeigen, zum andern auch als Invarianz gegenüber bestimmten Gruppen von Symmetrieoperationen formulieren lassen.[45]

Wir sagten, dass die technologische Theorie im Kern aus Handlungsregeln, die miteinander verknüpft werden können, besteht. Das Begründungswissen für Regeln, sofern es zur Verfügung steht, stammt aus den Mutterwissenschaften, in unserem Betrachtungsfalle nehmen wir wieder die Physik. Den unterschiedlichen Präsentationsniveaus des gesetzesartigen Wissens in der Naturwissenschaft als Begründungswissen für Regeln einer technologischen Theorie müssten dann auch bestimmte Niveaus der Darstellung solcher Regeln entsprechen

Auf dem ersten Niveau der Kurvenscharen sehen wir den Servicetechniker, der nach der Tabelle zum Einstellen von Geräten vorgeht. Die Wenn-dann-Beziehung aus der Kurvenschar wird zur einfachsten Regel des instrumentelles Handelns: „Wenn man y haben will, muss man x wählen".

Auf dem zweiten Niveau der Gleichung wird der Lösungswert y für einen bestimmten Wert der unabhängigen Variablen x gesucht: wenn x dann y = f(x). Dies entspricht der Regel: Wenn y gewünscht wird, nehme die technische Funktion f(x) und präpariere x. Dies erfordert ein Handeln im Kontext, weil eine bestimmte Lösung auf der Ebene der Gleichung nur durch die Festlegung von bestimmten Rand- und Anfangsbedingen (*constraints*) bestimmt werden kann. Das Anwenden eines Geräts setzt die Möglichkeit voraus, diese Rand- und Anfangsbedingungen praktisch überhaupt präparieren zu können.

Auf dem dritten Niveau der mathematischen Gruppe geht es um Eigenschaften von Lösungsklassen, die bestimmte Invarianzen aufweisen, z.B. gegenüber der Vertauschung von Reihenfolgen von Operationen oder der Erhöhung der Intensität einer Größe. Beispielsweise ist die Mustererkennungsfunktion in weiten Bereichen unabhängig von der Variation der Intensität des entsprechenden Trägersignals. Dies definiert in gewisser Weise auch die Klasse von realisierbaren Funktionen und – vielleicht als Spekulation hinzugefügt – die Klasse möglicher Geräte, die eine technologische Funktion realisieren. Salopp formuliert: Wenn man ein Gerät haben möchte, welches das und das können soll, muss man die und die Bedingungen schaffen, welche einer bestimmten Funktionsklasse entsprechen. Der Gruppe, die eine gewisse Äquifunktionalität

---

45 Dass beide Formulierungen äquivalent sind, ist durch den Noetherschen Satz gezeigt worden – jeder Invarianzeigenschaft entspricht ein Erhaltungssatz und umgekehrt; vgl. Noether 1918.

auszeichnet, würde eine bestimmte Gruppe auf der Seite der mathematisch ausdrückbaren Lösungsmannigfaltigkeit entsprechen. Die Gruppe entspricht dem Gerät, das entwickelt wird. Es ist wohl müßig zu betonen, dass wir von der Formulierung von solchen technologischen „(Funktions-)Gruppen" in der Wissenschaftstheorie der Technik noch weit entfernt sind.

Auf dem vierten Niveau der Symmetrie ist der Invarianzgedanke entscheidend: Technologische Funktion sollen unter unterschiedlichen Bedingungen Zuverlässigkeit, Sicherheit, Robustheit etc. zeigen. Diese unterschiedlichen Bedingungen beziehen sich nicht nur auf eine gewisse Funktionstoleranz bei einer begrenzten Varianz der Rand- und Anfangsbedingungen wie der Eingangsgrößen x_i (im Sinne einer Fehlerfreundlichkeit), sondern müssten sich, wenn man die Mutterwissenschaft Physik ernst nehmen will, auch auf fundamentale Invarianzen der technologischen Funktion beziehen. Die Funktion einer Schaltung ist theoretisch unabhängig davon, ob das Gerät gedreht oder verschoben wird, aber nicht davon, ob die Schaltung gespiegelt wird, wenn die Anschlüsse, also das Ko-System, nicht ebenfalls gespiegelt werden. Physikalisch geht zwar keine Energie verloren, da der Erhaltungssatz gilt, aber hinsichtlich der Funktionalität ist die Dissipation doch gegeben, weil technisch ein physikalisch abgeschlossenes System nicht herstellbar ist.

Diese Überlegung zeigt zweierlei: Die ideale Situation, welche die Formulierung von Symmetrie- und Erhaltungsgesetzen in der Naturwissenschaft erlaubt, ist durch den herausgreifenden, also isolierenden Charakter des technischen Präparierens und Herstellens verletzt. Anders ausgedrückt: die fundamentalen Gesetzmäßigkeiten der Physik können als Begründungswissen für die entsprechenden Regeln gar nicht herangezogen werden. Und in der Tat stellt man fest, dass lediglich die Gesetze auf der phänomenlogischen Ebene[46] als Begründungswissen fungieren können.

4.2.3 Empirisch-induktive Methoden *Gerhard Banse*

Empirisch-induktive (im Unterschied zu theoretisch-deduktiven) Methoden sind jene Methoden des Erkenntnisgewinns, mit denen auf der Grundlage bestimmter Erkenntnisse, Vorüberlegungen, Aufgabenstellungen usw. systematisch und kontrolliert Daten bzw. Informationen an technischen Sachsystemen gesammelt bzw. generiert werden, um gezielt Wissensdefizite bzw. -unsicherheiten reduzie-

46 In der Unterscheidung, wie sie Kuhn in seinem Modell von Kern und Peripherie einer wissenschaftlichen Theorie eingeführt hat; vgl. Kuhn 1979.

ren zu können. Dazu gehören neben der Beobachtung vor allem die Mess- und experimentellen Verfahren.

Die Beobachtung ist eine bestimmte Art des aktiven, durch die praktische Tätigkeit vermittelten, zweckbewussten Verhaltens des Menschen zu seiner Umwelt. Sie ist kein passives Wahrnehmen der Umwelt, sondern die bewusste und zielgerichtete Erfassung des lebensweltlichen Gegenstandes, auf den die theoretisch-erkennende oder praktisch-gegenständlich-verändernde Tätigkeit des Menschen gerichtet ist. Eine Beobachtung schließt die bewusste Verfolgung eines Ziels oder Zwecks, den Einsatz der menschlichen Sinnesorgane sowie (zumeist) den Gebrauch technischer Mittel ein. Als wissenschaftliche Methode setzt die Beobachtung ein gewisses theoretisches Wissen voraus, um die Ziel-, Objekt- und Mittelwahl für die Beobachtung jener Parameter des Objekts zu ermöglichen, auf die das theoretische und praktische Interesse gerichtet ist (Merkmal der Gerichtetheit und des Systematisch-Planvollen). Zu beachten sind die „Theoriegeladenheit" der Beobachtung, der selektive Charakter der Beobachtung, die Interpretation von Beobachtungsergebnissen und mögliche Beobachtungsfehler.

4.2.3.1 Funktion und Struktur technischer Messverfahren[47]

Die praktisch-messende Ermittlung von Maßbestimmungen und -verhältnissen technikwissenschaftlicher Erkenntnisobjekte ist eine Voraussetzung erfolgreicher technikwissenschaftlicher Arbeit. Insofern ist das Messen im Methodengefüge der Technikwissenschaften als notwendiges Bindeglied zwischen den mathematischen Methoden und der noch zu behandelnden experimentellen Methode, teilweise auch der Modellmethode zu verstehen. Messen ist eine Erkenntnismethode, bei der eine interessierende Größe mit einer anderen Größe (verwendet als Maßeinheit) verglichen (genauer: bei der das Verhältnis zwischen beiden bestimmt) wird, vor allem in sachlicher, zeitlicher oder normativer Hinsicht.

Heute kann zweifellos von einer Allgegenwärtigkeit technischer Messverfahren im technikwissenschaftlichen Erkenntnisprozess gesprochen werden. Dabei wachsen die Anforderungen an diese Verfahren (an die Erhöhung der Messgenauigkeit, die Verringerung von Messunsicherheiten, die schnellere Messdatenerfassung, die höhere Messgrößenempfindlichkeit, die geringere Störanfälligkeit und größere Zuverlässigkeit, das schnellere Verarbeiten von immer mehr Messdaten u.a.) ständig. Aus der Vielfalt der Zwecksetzungen seien folgende genannt, die mit dem Erkenntnisinteresse der Technikwissenschaften zusammenhängen:

---

47 Dieses Kapitel basiert auf Kliemt 1986.

- Gewinnung von Regeln oder Hypothesen,
- Hypothesenüberprüfung,
- Überprüfung (d.h. Anpassung, genauere Bestimmung des Geltungsbereiches, Feststellung technischer Realisierungsmöglichkeiten) von Gesetzesaussagen, Modellen, technischen Entwürfen bzw. Strategien.

Der „Messzweck" ist deutlich von der „Übergangsfunktion" eines Messverfahrens zu unterscheiden. Darunter versteht man die Eigenschaft eines Systems, unter gegebenen Umständen bestimmte Eingangsgrößen mit bestimmten Ausgangsgrößen zu koppeln. Die allgemeine Übergangsfunktion technischer Messverfahren besteht darin, quantitative Ausprägungen von Eigenschaften bzw. Relationen technischer Sachsysteme (Messgrößen) in ein Ausgangssignal zu transformieren, dessen Informationsparameter den numerischen Wert der jeweiligen Messgröße in Bezug auf die Maßeinheit abbildet – und zwar in einer für den Menschen erkennbaren, identifizierbaren, speicherbaren oder auch technisch verarbeitbaren, wenn notwendig, einem Regler oder Rechner unmittelbar zuführbaren Form.

Die Realisierung dieser Abbildungsfunktion technischer Messverfahren ist an eine Reihe theoretischer sowie praktischer bzw. materiell-technischer Voraussetzungen gebunden. Der Vergleichbarkeit und der Skalierung kommt dabei eine entscheidende Bedeutung zu. Vergleichbarkeit bedeutet, beide Größen auf die gleiche (Mess- oder Maß-)Einheit zu „reduzieren", denn nur als Ausdruck derselben Einheit ergeben sich gleichnamige und vergleichbare, d.h. kommensurable Größen. Quantitativ-numerisch vergleichbar sind stets nur qualitativ gleichartige Eigenschaften oder Relationen von technischen Sachsystemen. Skalierung ist auf einer Nominal-, einer Ordinal- oder einer Kardinal- bzw. Maßskala möglich. Bei einer *Nominalskala* wird die interessierende Größe genau zu definierenden, sich gegenseitig ausschließenden Kategorien bzw. Klassen zugeordnet (z.B. „elektrischer „Leiter", „Halbleiter" oder „Nichtleiter"; „bruchsicher" oder „nicht bruchsicher"); es ist nur eine Bestimmung von Häufigkeiten pro Kategorie oder Klasse möglich. Mittels einer *Ordinalskala* werden alle Elemente innerhalb einer Kategorie oder Klasse auf Intensitätsunterschiede hin untersucht und in einer relationalen Beziehung geordnet („größer – kleiner", „besser – schlechter", „früher – später", „länger – kürzer", „wichtiger – unwichtiger"). Durch eine *Kardinal- oder Maßskala* werden die Elemente nicht nur nach Unterschieden geordnet, sondern es wird zusätzlich die Größe ihrer Differenz mit Hilfe einer Intervall- oder Einheitsskala bestimmt („echte" Quantifizierung). Erst so werden arithmetische Operationen mit den vergleichsrelevanten Größen ermöglicht.

Allein aus dem Verständnis des Messens als Methode des Ermittelns von Messbestimmungen bzw. -verhältnissen erklärt sich auch, dass im Zusammenhang mit der fortschreitenden Mathematisierung auch der Technikwissenschaften zunehmend Messaussagen zur empirischen Fundierung und Belegung technikwissenschaftlichen theoretischen Wissens benötigt werden und zugleich entscheidend zur Erkenntnis technischer Zusammenhänge beizutragen vermögen.

Bei technischen Sachsystemen handelt es sich um qualitativ bestimmte bzw. zu bestimmende Gebilde, die durch konkrete Bemessung, Gestalt, Form usw. gekennzeichnet sind bzw. werden. Sie haben qualitativ bestimmte Funktionen unter Einhaltung bestimmter Funktions*größen* zu realisieren. Gegenstand des Messens in der technikwissenschaftlichen Forschungs- und Entwicklungsarbeit sind deshalb notwendig immer qualitativ bestimmte Quantitäten. Messbarkeit hat damit unter anderem das Erkennen des Identischen im Verschiedenen und seine begriffliche Erfassung, eine komparative Ordnung über der jeweiligen Größenart, die Auswahl einer Einheit und die Fähigkeit des Zählens sowie die Einführung einer Skala durch Unterteilung der Einheit zur Voraussetzung. Messungen beruhen unter anderem darauf, dass einer Menge gleichartiger Messgrößen eine Zahlenmenge so zugeordnet wird, dass bestimmte strukturelle Beziehungen zwischen den Zahlen zur „Abbildung" struktureller Eigenschaften der betreffenden Messgrößenart benutzt werden (z.B. Ordnungs- und Abstandsrelation, Assoziativität, Kommutativität, Transitivität). Die durch einen messenden Vergleich zu ermittelnden Messwerte bzw. -ergebnisse sind dann das jeweilige Produkt aus Zahlenwert und Einheit; sie werden gewissermaßen durch vergleichendes Zählen der in der jeweiligen Messgröße enthaltenen Anzahl von Maßeinheiten gewonnen.

Messverfahren haben folgende Komponenten:

- das Objekt der Messung, d.h. eine zu messende Größe;
- die Maßeinheit, d.h. diejenige Größe, mit welcher die zu messende Größe verglichen wird;
- das Subjekt der Messung, d.h. der Beobachter bzw. Experimentator, der die Messung durchführt, einschließlich der von ihm benutzten Messgeräte;
- die Messmethode, d.h. das operationelle Regelsystem, das auf dem jeweiligen theoretischen Wissen und gewonnenen praktischen Erfahrungen aufbaut;
- das Resultat der Messung, gewöhnlich in der Form des Vielfachen der zugrunde gelegten Maßeinheit.

Die Messwertgewinnung erfolgt mittes eines mehr oder weniger komplizierten Prozesses der Transformation einer Beobachtungsgröße in ein quantitativ-numerisches „Abbild" dieser Größe (da nur Längen – und die auch nur mechanisch – in dem Sinne direkt vergleichbar sind, dass die zu vergleichenden Größen innerhalb eines Zeitintervalls, für das sie als konstant gelten können, positioniert und verglichen werden, ohne im Messprozess eine nennenswerte Veränderung zu erfahren). Im „Normalfall" schließt die Realisierung der Übergangsfunktion eines Messverfahrens eine Reihe materiell-technisch (z.B. Signalgewinnung, -wandlung, -verstärkung, -anzeige, -registrierung), vielfach aber auch gedanklich zu realisierender Teilfunktionen ein (z.B. Wahrnehmung, Identifizierung, Messwertkorrektur bzw. statistische Sicherung des Messergebnisses). Hinzu kommen logisch-mathematische Verarbeitungsschritte, wenn die Werte der interessierenden Messgröße aus Messinformationen über andere Größen abzuleiten sind (einfaches Beispiel: Ermittlung der Geschwindigkeit eines sich bewegenden makrophysikalischen Objektes als Quotient von Weg und Zeit).

Technische Messverfahren transformieren Messgrößen in Ausgangssignale. Dabei ist dieser Prozess so zu „gestalten", dass (in einem reduktiven Schluss!) von seiner Ausgangsgröße weitestgehend zuverlässig auf seine Eingangsgröße (Messgröße) geschlossen werden kann. Das wird durch eine Menge geordneter, miteinander verbundener Operationen gewährleistet, die die Struktur des Messverfahrens ausmachen und die die von der Signalgewinnung bzw. -aufnahme bis zum Ausgangssignal zu erfüllenden Teilfunktionen realisieren – mit Hilfe eines geeigneten Messprinzips und dazu erforderlicher Messmittel (siehe Bild 29).

Bild 29: Struktur eines Messverfahrens

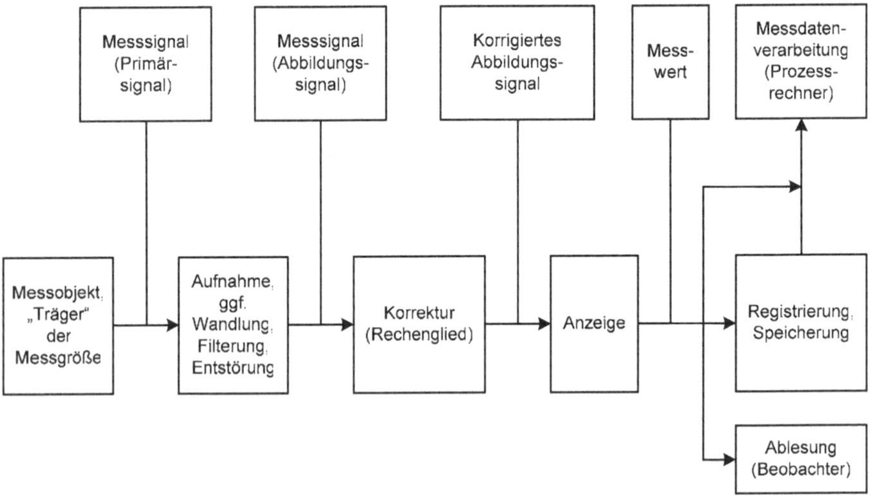

Quelle: Kliemt 1986, S. 126

Zwischen Struktur und Funktion von Messverfahren gibt es keine eindeutige Abhängigkeit bzw. Bestimmtheit. Die Tatsache, dass selbst Längen mittels verschiedenartigster Verfahren unter Nutzung z.B. mechanischer (etwa Parallelendmaße), optischer (etwa Messmikroskop), pneumatischer (etwa Druckmessverfahren), elektrischer (etwa induktive Wegmessungen) oder akustischer (etwa Laufzeitmessung) Prinzipien gemessen werden, verdeutlicht das. Nicht anders verhält es sich mit dem Einsatz wesensgleicher Messverfahren zur Messung verschiedenartigster Größen. Folglich ist jeweils unter Berücksichtigung ökonomischer und wissenschaftlich-technischer Aspekte (Wirtschaftlichkeit der Anwendung, erforderliche Messgenauigkeit bzw. zulässige Fehler, notwendige Messgrößenempfindlichkeit usw.) das für die Lösung eines Messproblems günstigste Verfahren anzuwenden.

Zu beachten ist, dass das Abbild der Messgröße (notwendig) fehlerbehaftet ist. Das ergibt sich daraus, dass infolge lebensweltlicher Komplexität jeder Messprozess unter Umständen verläuft, die nicht vollständig überschaubar und damit beherrschbar sind. So steht das technische Meßsystem stets in vielfältigen Wechselbeziehungen mit seiner Umwelt, zu der der Messgegenstand, unter Umständen eine technische Informationsverarbeitungseinrichtung, die räumliche, klimatische usw. Umgebung, gegebenenfalls erforderliche Energiequellen u.a. gehören. Dazu kommen Unvollkommenheiten der Elemente des Meßsystems selbst, z.B. immer existierende Abweichungen von einem im mathematischen, physikalischen usw. Sinn idealen technischen Gebilde, das sich zudem selbst wie alles Existierende verändert (Alterungs-, Verschleißerscheinungen). Folglich ist auch jedes Messverfahren selbst unvollkommen, indem es z.B. auf den bezweckten Prozess störend zurückwirkende Nebenwirkungen erzeugt.
Die immer nur begrenzt erfassbaren und damit beherrschbaren inneren und äußeren, als Störgrößen auftretenden Einflüsse sowie unerwünschten Nebenwirkungen, die die eigentlich bezweckten Prozesse als Rückwirkungen beeinflussen oder die Prozessbedingungen verändern, bewirken systematische *und* zufällige Fehler. Deshalb sollten Messergebnisse auch stets mit Fehlerangaben verbunden sein. Es gibt eben keine absolute Isolierung der Messgröße aus der außerordentlichen Vielfalt ihrer Beziehungen, keine absolut konstant zu haltenden Messbedingungen, kurz gesagt kein absolut abgeschlossenes reales System. Deshalb ist jede Messung notwendig mit Fehlern behaftet. Da neben erfassbaren und beherrschbaren Störgrößen immer auch im Einzelnen nicht-erfassbare und nicht-beherrschbare mit zufälligem Charakter existieren, ist faktisch jedes Messergebnis in gewissen Grenzen *unsicher*. Deshalb gibt es auch keine absolute Messfehlerangabe, sondern Fehler werden entweder als Fehler- bzw. Unsicherheits*grenze* oder als *wahrscheinlicher* bzw. *mittlerer* Fehler ausgewiesen.

Wie verhält es sich dann aber mit der Erfüllung der Übergangsfunktion technischer Messverfahren, da doch diese Übergangs- als „Abbildungs"funktion, die Ausgangsgröße des Verfahrens als „Abbildungs"größe beschrieben wurden? Die Praxis hat gezeigt, dass z.B. Bauteile oder -gruppen ihre Funktion auch dann einwandfrei erfüllen, wenn sie von den „idealen" Abmessungen, Formen usw. im Rahmen bestimmter Grenzen abweichen. Die messtechnisch zu prüfende zulässige Abweichung bzw. Toleranz lässt dann aber auch einen, wenn auch enger begrenzten Messfehler zu. Das gilt unter dem Gesichtspunkt des jeweiligen Verwendungszwecks mehr oder weniger für jegliche Messergebnisse. Unter ökonomischen Gesichtspunkten gilt ohnehin seit eh und je: Nicht so genau wie *möglich*, sondern so genau wie *nötig*! Es geht also einerseits um zweckadäquates Messen, das möglichst geringe Messunsicherheit nicht um jeden Preis, schon gar nicht um den eines unnötigen Aufwandes erkauft. Andererseits hebt dieser Hinweis nicht die dem technischen Wandel und der technikwissenschaftlichen Entwicklung immanente Tendenz auf, dass immer genauer, schneller, zuverlässiger usw. gemessen werden muss.

4.2.3.2 Funktion und Struktur der experimentellen Methode[48]

Ein Großteil der Arbeitskapazität des Technikwissenschaftlers wird verwendet, um Experimente vorzubereiten, durchzuführen und auszuwerten. Trotz wachsender Möglichkeiten, die gedanklichen Prozesse bei der Lösung technischer Probleme rationeller und zielstrebiger zu gestalten, ist die Notwendigkeit, in bestimmten Phasen die gedankliche Ebene zu verlassen und auf die (materielle) *praktische* Ebene umzusteigen, prinzipieller Natur. Man experimentiert nicht nur, weil man damit verschiedentlich rationeller zum Erfolg kommt, sondern weil das Experiment letztlich unentbehrlich ist. Natürlich bedeutet das „Umsteigen" auf die praktische Ebene nicht die Loslösung von der gedanklichen Arbeit; gerade das Zusammenspiel von gedanklicher und sinnlich-gegenständlicher Tätigkeit und in gewissem Sinne von theoretischer und empirischer Erkenntnistätigkeit zu beachten, gehört zu den Grundsätzen der Analyse der experimentellen Methode.

Um *Abstände* (z.B. zwischen Vorhandenem und zu Erreichendem) festzustellen und um sie zu verringern, ist eine *geplante* und kontrollierte *Konfrontation* zwischen geistigem Produkt und Wirklichkeit erforderlich. Damit wird das Experiment, das diese Funktion erfüllen kann, zu einem notwendigen Bestandteil technikwissenschaftlicher Forschung. Ein *Experiment* ist eine geplante und kontrollierte *„praktische" Einwirkung* auf einen (Erkenntnis-)Gegenstand, um in der materiellen Ebene eine *Konfrontation* geistiger Produkte (Hypothesen, Entwürfe, Strategien u.a.) mit technischen Sachverhalten herbeizuführen und durch das Studium des *Verhaltens* des (Erkenntnis-)Gegenstands einen Informationsmangel beim Bearbeiter zu reduzieren, wobei der Abstand zum (Informations-)Stand, zum (Erkenntnis-)Ziel oder zum (handlungsleitenden) Paradigma *bestimmt*

48 Dieses Kapitel basiert auf Müller 1986c; vgl. auch Müller 1990, S. 183ff.

und/oder *verändert* werden soll. Damit ist das Experiment von folgenden, auf Erkenntnisgewinn gerichteten Operationen unterschieden:

- dem reinen Beobachten;
- dem Messen;
- dem Berechnen, Überlegen oder anderen Formen reiner gedanklicher Manipulationen.[49]

Allerdings sind diese Tätigkeiten charakteristische Teiloperationen in experimentellen Prozessen.

Experimente im definierten Sinne werden erforderlich, wenn der Informationsmangel in rein gedanklichem oder auch rechnersimuliertem bzw. rechnergestütztem Vorgehen nicht zu beseitigen ist, d. h., wenn

- verwendbare Informationen nicht anders zu beschaffen sind;
- Informationsverarbeitung infolge der genutzten Verfahren nicht zu zuverlässigen Ergebnissen führen kann (z. B. Reduktion);
- die Zuverlässigkeit gedanklicher Ergebnisse gesondert bestimmt werden muss;
- für neuartige Wirkpaarungen funktionserfüllende technische Anordnungen gefunden werden sollen;
- der vorliegende theoretisch gesicherte Erkenntnisstand überschritten werden muss und/oder
- es ökonomisch ungünstig wäre, rein gedanklich zu arbeiten.

Wenn auch nicht jede Frage experimenteller Natur ist, so beginnt die planmäßige Vorbereitung jedes Experiments mit der Herleitung einer im Experiment zu beantwortenden Frage, die letztlich auf die Behebung eines bestehenden Informationsmangels zielt. Die Herleitung der Fragen geht vom bestehenden System theoretischen Wissens und/oder praktischer Erfahrungen aus; nur wenn die Beantwortung der Frage aus diesem System heraus nicht möglich ist und auch auf keinem anderen intellektuellen Weg die notwendigen Informationen beschafft werden können, handelt es sich um eine Frage experimenteller Natur.

Der Typ dieser Fragen ist keinesfalls uniform. Die Art des Informationsmangels bestimmt den Typ der Frage, die im Experiment beantwortet werden soll, und entsprechend diesem Typ lassen sich Klassen und Gruppen von Experimenten unterscheiden. Auf die Tatsache, dass die experimentelle Methode beispielsweise nicht nur der Hypothesenüberprüfung dient, sondern verschiedene

---

49 Damit ist auch das „Gedankenexperiment“ per definitionem als Spezialform des Experiments ausgeschlossen. Es handelt sich vielmehr um einen speziellen Anwendungsfall der Modellmethode (siehe 4.2.4).

Bild 30: Funktionalklassifizierung der Experimente in den Technikwissenschaften

	Gegeben (ideell)	*Informationsmangel liegt vor in Bezug auf …*	*Funktion des Experiments*	*Aus der Funktion explizierte Zielfrage*
Gruppe A Bestimmung des Abstandes („Bewerten")[50]	Hypothese – neu erarbeitete Vermutung – Extrapolation einer schon verifizierten Hypothese – konkurrierende Hypothesen – Wertabschätzung (Annahme)	1.1 Wahrheitswert der Hypothese (Glaubwürdigkeit) 1.2 Gültigkeitsbereich der Hypothese bzw. einer „Regel" 1.3 Objektivität einer Wertabschätzung	Hypothesenüberprüfung	Ist die Hypothese wahr? In welchem Grad ist sie glaubwürdig? Im Rahmen welcher Bedingungen ist die Hypothese allgemeingültig? Ist die Wertabschätzung objektiv, ist sie zutreffend?
	Entwurf/antizipierte Strategie – aus Erfahrung und Vermutungen gewonnen (unsichere Bestimmungen) – aus Theorie hergeleitet (unsichere Bestimmungen) – vorhandener Entwurf/Strategie in neuen Kontext übertragen – Rücknahme von Abstraktionen im Entwurf/in der Strategie	2.1 Erfüllbarkeit des Entwurfs/der Strategie 2.2 Optimalität des Entwurfs/der Strategie im gegebenen Kontext von Bedingungen und Forderungen 2.3 Fortschritt in Bezug auf bisherigen Stand technischer Lösungen, auf ein angestrebtes Ziel bzw. auf ein Paradigma	Entwurfs- bzw. Strategieüberprüfung	Geht es so? Ist der Entwurf/die Handlungsvorschrift erfüllbar? Ist der Entwurf/die Handlungsvorschrift zweckmäßig in Bezug auf den Kontext gegebener Bedingungen und gestellter Forderungen Wie groß ist der Fortschritt gegenüber dem bisherigen Stand der Technik? Wird das angestrebte Ziel erreicht? (Bleibt Abstand?) Wie groß bleibt der Abstand zum entsprechenden Paradigma?

Funktionen erfüllen kann, weisen bereits einige unterschiedliche, in diesem Zusammenhang übliche fach- bzw. auch umgangssprachliche Bezeichnungen hin: Erkundungsexperiment, Test, Probieren, experimenteller Variantenvergleich, großtechnischer Versuch, Trial-and-error-Experimente u. a.

50 Im Vergleich zur Gruppe B technischer Experimente wäre es auch hier völlig gerechtfertigt, davon zu sprechen, dass generell ein Bewertungsproblem vorliegt, das mittels des Experiments zu lösen ist. (Das gilt auch für Bewertungsaussagen selbst, wenn sie in Form einer Annahme getroffen werden. Es geht dann eben um die „Bewertung" von Bewertungsaussagen.)

Bild 30: (Fortsetzung)

Gruppe B	Fixiertes Erklärungsproblem	1.1 Eine brauchbare Hypothese 1.2 Eine hinreichend gesicherte Hypothese	Zur Klärung von – Zusammenhängen, Einflüssen, Auswirkungen – Existenz von Grenzen – Werten und Wertverläufen	Hypothesenfindung Hypothesenpräzisierung	Warum existiert das Phänomen? Warum gerade so? Wie muss die Hypothese präzisiert werden, um die Erklärung gegebener Phänomene exakter vornehmen zu können?
	Fixiertes Entwurfsproblem[51] – Strukturen und Anordnungen sind zu synthetisieren – zielbestimmte Handlungsvorschriften sind zu entwickeln – Dimensionierung und Gestaltung sind durchzuführen – Dimensionierung, Gestaltung und Steuerung sind zu optimieren	2.1 Einen erfüllbaren Entwurf/erfüllbare Strategie 2.2 Einen in Bezug auf den Kontext gegebener Bedingungen und gestellter Forderungen optimalen Entwurf/Strategie		Finden eines geeigneten Prinzips (Strategiefindung) Anpassung und Optimierung des Entwurfs bzw. der Strategie in Bezug auf den Kontext gegebener Bedingungen und gestellter Forderungen	Wie kann ich das praktische Problem lösen? Was muss ich tun? Wie muss ich meine Entwurf/Strategie abändern, um das Ziel optimal zu erreichen?

Quelle: Müller 1986c, S. 132 f.

Auch wenn die experimentelle Methode in allen Wissenschaften gemeinsame Anwendungsprinzipien hat, weil sie stets auf den Zuwachs wissenschaftlicher Erkenntnis gerichtet ist, müssen jedoch jene Besonderheiten beachtet werden, die die spezifischen Anwendungsfelder und die spezifische Ausprägung der experimentellen Methode in den Technikwissenschaften bedingen:

(1) Die Polydeterminiertheit technischer Theorien bedingt eine größere Vielfalt und Komplexität gegebenenfalls experimentell zu überprüfender Fragestellungen.

---

51 In diesem Zusammenhang muss darauf hingewiesen werden, dass solche Entwurfsprobleme nicht nur die Lösung technischer Probleme für die Praxis der Industrie betreffen müssen, sondern auch auf die Gestaltung des Erkenntnisprozesses selbst bezogen werden können. So liegt beispielsweise dem Entwurf für eine experimentelle Anordnung und dem Plan zur Durchführung eines Experiments bzw. dem Entwurf für ein Modell und dem Plan zur Manipulierung am Modell selbst ein solches Entwurfsproblem zugrunde, sodass im Grenzfall die experimentelle Methode auch auf sich selbst anwendbar ist.

(2) Die Konkretheit antizipierter Entwürfe und Strategien und deren im Zuge nachfolgender Realisierung immer zu beachtende Einbindung in einen sozialen Kontext erfordert vom Experimentator Sorgfalt und Akribie in besonders hohem Maße. Vom Ergebnis können ökonomische und andere soziale Folgen (positive, aber auch negative) *unmittelbar* beeinflusst werden.

In Bild 30 (siehe oben) wird eine *mögliche* Funktionsklassifizierung der Experimente in den Technikwissenschaften vorgeschlagen (die jedoch nicht nur den Erkenntnisaspekt in den Technikwissenschaften betrifft). Nach dieser Funktionsklassifikation ergeben sich zehn unterschiedliche Gruppen des Experiments.

Obwohl natürlich die Struktur der Handlungsabläufe der experimentellen Methode sowohl in den genannten Funktionsklassen differenziert wie auch durch den Forschungsgegenstand konkretisiert wird, ist es doch möglich, eine allgemeingültige, invariante Operationsfolge anzugeben. Diese Operationsfolge hat folgende Struktur:

(1) *Herleitung* der im Experiment zu beantwortenden *Frage*. Sie folgt aus dem bestehenden Informationsmangel und der gegebenen Situation.

(2) *Präzisierung* der aus der Frage erwachsenden experimentellen *Aufgabenstellung.*

(3) Festlegung des *experimentellen Verfahrens* (d.h. der methodischen Vorgehensweise).

Es empfiehlt sich, bei technischen Experimenten folgende Faktorenliste prüfend zu durchlaufen:
- zu realisierende Übertragungsfunktion;
- geeignete Effekte;
- erforderliche Wirkpaarungen und deren Anordnung (Struktur);
- zu beachtende Umstände (Störgrößen);
- Maßnahmen zur Isolation;
- zu variierende Größen (Intervalle) und mögliche Stellmaßnahmen;
- konstant zu haltende Größen und mögliche Maßnahmen zur Konstanthaltung;
- zu erwartende Rückwirkungen;
- Beobachtungsgrößen;
- Beobachtungsverfahren;
- Iteration bzw. Adaption (Schleifen).

(4) *Gedanklicher Entwurf* der *experimentellen Anordnung*, die geeignet erscheint, das Verfahren zu realisieren (Versuchsstand); eventuell Rückkopplung in (3).

(5) *Realisierung* des Entwurfs der *experimentellen Anordnung* (Bau, Test, Einmessen usw.).

(6) *Durchführung* des Experiment:
   - Abarbeiten des Versuchsprogramms (einschließlich der notwendigen Rückkopplungen und Schleifen);
   - Beobachten der Reaktionen und Verhaltensweisen;
   - Registrieren (Klassifizieren oder Messen) der unter (3) festgelegten Zustandsgrößen (Eigenschaften, Relationen, Verhalten, Wechselwirkungen, Nebenwirkungen).

(7) *Ordnen, Zusammenstellen, Darstellen, Verdichten, „Kritisieren"* der gewonnenen Informationen.

(8) *Auswertung der experimentellen Daten* hinsichtlich der experimentellen Fragestellung aus (1), von der ausgegangen wurde.

Damit ist auch die erkenntnistheoretische Funktion der experimentellen Methode nochmals aus einem anderen Blickwinkel plastisch gemacht. Es zeigt sich, dass die experimentelle Methode in hohem Grade (und in großer Vielfalt) eine wichtige Basis für den Erkenntnisfortschritt auch der Technikwissenschaften ist.

4.2.4 Modellbildung und Simulation *Gerhard Banse*

Die Modellmethode – gegenwärtig zunehmend in Form der technischen Simulation – ist eine aus dem Bestand der Erkenntnismethoden auch der Technikwissenschaften nicht mehr weg zu denkende Methode. Die Generierung zahlreicher bedeutsamer Erkenntnisse für die Gestaltung (vor allem Strukturierung, Bemessung und Dimensionierung) und die Nutzung unterschiedlichster technischer Sachsysteme wären ohne Rückgriff auf Modellbildung und Simulation nicht möglich. Das wird auch aus den vielfältigen Funktionen der Modellmethode und den Aufgaben von Modellen und Simulationen im technikwissenschaftlichen Erkenntnisprozess deutlich (vgl. Banse 1986). Die wichtigsten sind:

- Objektivierung von Wegen, Bedingungen und Zielen menschlichen Handelns;
- Unterstützung von Entscheidungsfindungen;
- Überprüfung von Hypothesen, Theorien, Strategien u. a.;
- Bildung und Interpretation von Theorien;
- Überführung theoretischer Erkenntnisse in die Praxis (z. B. über Prototypen oder Pilotanlagen);
- Erklärung beobachteter Erscheinungen;

- Variation von Parametern;
- Optimierung bekannter Strukturen, Prinzipien u. ä.;
- Anwendung bei bestimmten ökonomischen und ethisch-moralischen Restriktionen (Experimente am Original zu teuer oder unmöglich; Verbot bestimmter Experimente am Menschen u. ä.).

Unter der *Modellmethode* (Modellierung) versteht man die Bildung und Nutzung von materiellen oder ideellen Abbildern durch das (Erkenntnis-)Subjekt im wissenschaftlichen Erkenntnisprozess (i. w. S.) zum Zwecke der tieferen Erkenntnis eines materiellen oder ideellen Originals unter Nutzung von (strukturellen, funktionellen, formalen, ...) Analogien und Ähnlichkeiten im weitesten Sinne (vgl. auch Stachowiak 1973; Štoff 1969). Ein Modell ist somit eine „Abbildung" von Beziehungen, Strukturen und Funktionen eines Originals mittels eine „Stellvertreters" in zielgerichteter, reduzierter und handhabbarer Form.[52] Mit Modellen wird experimentell oder theoretisch gearbeitet, um solche Erkenntnisse über Strukturen, Funktionen, Veränderungen oder Entwicklungen technischer Systeme zu gewinnen, die für das Verständnis des interessierenden Objekts von Bedeutung sind.

Modelle müssen nicht unbedingt in materieller Form vorliegen. Neben materiellen Modellen (Realmodellen) gibt es (zunehmend!) zahlreiche ideelle Modelle in Form von Zeichen, Abbildungen, Skizzen usw. Zwei besondere Gruppen der ideellen Modelle sind einerseits die mathematischen oder mathematisierten Modelle, d. h. Modelle, die in Form von Gleichungen oder Gleichungssystemen vorliegen (einschließlich der Methoden des operations research), und andererseits die visualisierten Modelle auf der Grundlage entsprechender Rechner-Software (z. B. 3D-Modelle, virtual reality). Materielle Modelle, die entweder (technisch) geschaffen oder (natürlich) gegeben (vorgefunden) sind, dienen als Repräsentanten von aus unterschiedlichen Gründen nicht zugänglichen oder verwendbaren bzw. (noch) nicht vorhandenen Objekten oder Prozessen. Ideelle Modelle (die als gedankliche, als Modellvorstellung auch jedem materiellen Modell vorausgehen!) sind eine Form und ein Mittel zur theoretischen Erfassung der Wirklichkeit, Moment der Erkenntnis lebensweltlicher Beziehungen und Erscheinungen.

Unter einer Simulation (im weiteren Sinne) versteht man eine Problemlösungsmethode unter Verwendung von Modellexperimenten; im engeren Sinne eine Problemlösungsmethode, bei der moderne Rechentechnik (PC) auf der Basis eines mathematischen Modells oder mehrerer mathematischer Teilmodelle –

52 Dieses auf die Modellmethode bezogene Modell-Verständnis kann man als „enges" bezeichnen. Davon zu unterscheiden ist ein „weite(re)s", wonach „Modelle" lediglich Repräsentanten oder Beispiele „für etwa" sind.

mit zumeist speziell darauf abgestimmter Software – sowohl als (eigenständiges) Modell als auch zur Unterstützung des Experimentierens (computergestützte experimentelle Problemlösung) zunehmend interaktiv bzw. im Dialog genutzt wird. Hierzu zählen etwa systemtheoretische Produkt- und Produktionsmodelle, Computer Aided Design (CAD), Rapid Prototyping und Rapid Product Development (siehe auch 4.2.5).

Modelle sind durch folgende Merkmale charakterisiert:

a) Zwischen dem Modell M und dem Original O besteht eine genau formulierbare bzw. deutlich sichtbare Ähnlichkeit oder Analogie (*Bedingung der Abbildung*).
b) Die zwischen M und O bestehende Ähnlichkeit oder Analogie ist eine vom (Erkenntnis-)Subjekt festgestellte, ausgewählte oder festgelegte Ähnlichkeit oder Analogie (*Bedingung der Subjektivität*).
(c) Dabei werden nur bestimmte (die „interessierenden") Beziehungen, Strukturen und Funktionen berücksichtigt (*Bedingung der Verkürzung*).
(d) Auf bestimmten Stufen des Erkenntnisprozesses kann O durch M ersetzt bzw. repräsentiert werden (*Bedingung der Repräsentation*).
(e) Im Prozess seiner Untersuchung vermittelt M (mögliche) neue Informationen über O (*Bedingung der Extrapolation*).[53]

Ein Modell erfüllt eine „Stellvertreter"-Funktion für bestimmte – erkennende – Akteure, deshalb ist es durch seine Beziehung zu dem, *wovon* es Modell ist, und dem, *wofür* es Modell ist, bestimmt. Bei der Modellierung werden die entsprechend der Ziel- und Zwecksetzung wichtigen („interessierenden") Beziehungen, Strukturen und Funktionen des Originals *herausgehoben*, von anderen wird bewusst *abgesehen*. Im Prozess der Arbeit mit dem Modell werden neue Informationen gewonnen, deren Übertragbarkeit auf das Original nur mit einer gewissen *Wahrscheinlichkeit* möglich ist.

Daraus ergeben sich folgende Konsequenzen:

- Modelle setzen zu ihrer Bildung und Nutzung stets gewisse praktische und/oder theoretische Erkenntnisse voraus. An Modellen können experimentelle Untersuchungen vorgenommen werden (bei materiellen Modellen), sie werden Gedankenexperimenten unterworfen (bei ideellen Modellen) oder zur Simulierung bestimmter Vorgänge genutzt (speziell bei ma-

53 Für Herbert Stachowiak sind Modelle – analog dem Genannten – durch das „Abbildungs-", das „Verkürzungs-" und das „pragmatische Merkmal" charakterisiert (vgl. Stachowiak 1973, S. 131ff.).

thematischen Modellen). Stets ist jedoch die Modellbildung und die Arbeit mit Modellen ein schöpferischer Prozess, in dem durch die Nutzung vorhandener Erkenntnisse, ihre Kombination und Selektion neue Beziehungen entworfen oder überprüft werden, die (noch) keine direkte lebensweltliche Entsprechung haben, mit dem Ziel, die Wirklichkeit besser zu erfassen.

- Ein Modell ist kein Modell „an sich", sondern es ist stets durch seine Beziehungen zu dem, wovon es Modell ist, und dem, wofür es Modell im menschlichen Erkenntnisprozess ist, bestimmt. Die Modellrelation umfasst somit die Beziehungen zwischen dem Erkenntnissubjekt (Mensch), dem Original (der Modellierung) und dem Modell (des Erkenntnisobjekts). Aus der Forschungssituation kann sich z.B. infolge mangelnder Informationen der Subjekte über das zu erklärende Objekt die Notwendigkeit ergeben, dieses weiter zu untersuchen. Wenn das – wie in den meisten Fällen – auf direktem Wege nicht möglich ist, wird auf der Grundlage von Analogie- und Ähnlichkeitsbeziehungen ein Modell gebildet (konstruiert, entwickelt, ausgewählt), mit dem die erforderlichen Untersuchungen oder Überlegungen günstiger angestellt werden können.
- Bei materiellen und vor allem bei ideellen Modellen geht es um die relativ adäquate Darstellung („Widerspiegelung") bestimmter wesentlicher Eigenschaften, Beziehungen, Strukturen und/oder Funktionen des Untersuchungsobjekts mittels des Modelle, was durch den Zweck der jeweiligen Modellierung mitbestimmt wird, bzw. um die materielle oder ideelle Vorwegnahme angestrebter Strukturen, Funktionen, Prinzipien usw. im Sinne einer Zieladäquatheit. Deshalb besteht zwischen Objekt und Modell eine Ähnlichkeit nur bezüglich einer vorgegebenen Zielmenge. Die Analogien und Ähnlichkeiten zwischen Modell und Original können sich dabei auf die Struktur, die Funktion, das Verhalten, das Resultat oder auf mehrere dieser Seiten beziehen. Auf der Basis dieser Analogien wird ein Zusammenhang zwischen Objekt und Modell hergestellt bzw. festgestellt. Hervorzuheben sind hier die in verschiedenen technikwissenschaftlichen Bereichen vorteilhaften Ähnlichkeitsbetrachtungen auf der Grundlage dimensionsloser Kennzahlen, speziell bei der Maßstabsübertragung (z.B. in der chemischen Technik). Dabei ist diese Maßstabsübertragung auf der Grundlage physikalischer Modellierung (Hervorhebung physikalischer Beziehungen) weder einfach noch problemlos, da sich wichtige Kenngrößen in unterschiedlicher Weise in ihrer Abhängigkeit von anderen Kenngrößen ändern (so gelten z.B. die Beziehungen Volumen $V \sim R^3$, Oberfläche $O \sim R^2$, mit R = Gefäßradius). Auch die Berücksichtigung der dimensionslosen Kennzahlen für die chemische Ähnlichkeit (Damköhler-, Kontakt- und Gleichgewichtskennzahl) und für die physikalische Ähnlichkeit (z.B. Reynolds-Kennzahl) ist nicht gleichzeitig möglich, da sie teilweise untereinander nicht vereinbar sind

(infolge unterschiedlicher Abhängigkeiten von der linearen Strömungsgeschwindigkeit, der Länge usw.). Das führt zu der Situation, dass von vereinfachenden Annahmen und idealisierenden Bedingungen auszugehen ist, die unmittelbar mit dem Erfahrungsschatz des Wissenschaftlers zusammenhängen (siehe 2.3.3).

- Diese Zieladäquatheit bedeutet nun aber keine immer größere „Annäherung" des Modells an das modellierte Objekt und damit keine „Kopierung" des Originals. In diesem Falle wäre kaum Erkenntniszuwachs möglich. Modellieren bedeutet gerade das Absehen von bestimmten Strukturen, Funktionen usw. des interessierenden Objekts, bedeutet das Absehen von im konkreten Zusammenhang unwesentlichen Seiten. (Wobei sich allerdings erst im Verlaufe der Modellierung bzw. der Arbeit mit und am Modell herausstellen kann, was wesentlich und was unwesentlich im Sinne der verfolgten Fragestellung ist!) In diesem Sinn wird beim Übergang vom Objekt zum Modell unter bestimmten Zielaspekten abstrahiert. Es geht z.B. um die Möglichkeit von Vereinfachungen und die Reduktion von Parametern, wenn eine Vielzahl von Einflussgrößen eine direkte Lösung der Aufgabenstellung am Original erschwert oder verhindert. Wesentlich ist auch die Einbeziehung von experimentell ermittelten Werten für Größen, die theoretisch kaum oder nicht zugänglich sind. Zwei Sachverhalte sind in diesem Zusammenhang herauszuheben. Erstens geht es bei der Modellierung nicht darum, einen vollständigen Ersatz für das Original zu schaffen, modelliertes Objekt und Modell völlig identisch zu gestalten (was sicherlich auch kaum möglich wäre). Das Wichtige bei der Modellierung besteht gerade darin, mit dem Modell die im betreffenden Zusammenhang wesentlichen Seiten herauszuheben und sie der weiteren Untersuchung zugänglich zu machen. Die Qualität eines Modells besteht gerade darin, wie es ihm gelingt, die interessierenden objektiven Beziehungen zu repräsentieren. Dazu sind zweitens Vereinfachungen, Idealisierungen und Reduktionen vorzunehmen, jedoch nur so weit, dass die erhaltenen Ergebnisse in ihrer Bedeutung, Aussagekraft usw. weder beeinträchtigt noch verfälscht werden. Zu wenig modellierte Beziehungen führen ebenso wenig zu neuen Einsichten wie Modelle, die sich nicht auf wesentliche Aspekte beschränken. Idealisierungen, Vereinfachungen und Reduktionen sind somit nur innerhalb gewisser Grenzen sinnvoll und möglich, wobei die Festlegung der Grenzen selbst eine wissenschaftliche Aufgabe ist.
- Im Prozess der Untersuchung des Modells oder der Arbeit mit ihm vermittelt das Modell neue Informationen über das modellierte Objekt, die Wahrscheinlichkeitscharakter tragen. In diesem Sinne besitzt das Modell eine bestimmte Extrapolationsfähigkeit bezüglich bestimmter Zielstellungen. Es ist somit auf jeden Fall der Wahrscheinlichkeitscharakter von Analogieschlüs-

sen (und um solche handelt es sich zumeist) zu berücksichtigen und zu beachten, dass die Übertragung von am Modell gewonnenen Erkenntnissen auf das Original mit bestimmten Unsicherheiten verbunden ist. Die Feststellung des Wahrheitsgehalts muss durch weitergehende Untersuchungen erfolgen, die möglichst auch bestimmte Seiten des Originals mit einbeziehen, z.B. durch selektive Tests u.ä., aber auch durch eine „Validierung" des Modells durch einen Abgleich mit experimentellen Ergebnissen oder Erfahrungswerten (etwa im Bereich der Simulation von Crash-Tests). Die am Modell gewonnenen Erkenntnisse sind in ihrer Gültigkeit zunächst nur auf dieses Modell beschränkt. Die Berechtigung ihrer Übertragbarkeit auf das modellierte Objekt ergibt sich aus dem Vorliegen von Ähnlichkeiten und Analogien. Führt die Überprüfung der gewonnenen Informationen am Original zur Bestätigung, so wurde nicht nur die gestellte Aufgabe erfüllt, sondern auch die Adäquatheit und Brauchbarkeit des Modells nachgewiesen.

Je nach der Funktion der Modelle und dem mit der Modellierung oder Simulation beabsichtigten Zweck ist die Struktur der Modellmethode unterschiedlich. Es lassen sich aber folgende allgemeine Stufen herausheben, zwischen denen es jedoch zahlreiche Übergänge und Vermittlungen gibt (siehe auch Bild 31):

(1) Die heuristische Stufe umfasst die Suche und die Ausarbeitung von Modellen entsprechend Zweck und Ziel der Modellierung. Dazu wird auf bereits vorliegenden Erkenntnissen aufgebaut bzw. von vorliegenden und bewährten Modellen ausgegangen. In dieser Phase sind u.a. folgende Fragen zu beantworten:
   - Beschreibt das Modell die Fragestellung sinnvoll? (d.h., ist es der Modellvorstellung adäquat?)
   - Sind die vorgenommenen Vereinfachungen, Idealisierungen und Reduktionen korrekt, berechtigt und wissenschaftlich zulässig?
   - Gestattet das Modell die Ableitung von Schlussfolgerungen bzw. Extrapolationen im Sinne der gegebenen Zielstellung?

(2) Die kognitive Stufe umfasst die Untersuchung des Modells bzw. die Arbeit mit dem Modell in Abhängigkeit von der wissenschaftlichen Fragestellung bzw. Zielsetzung; sie dient letztlich der Erkenntnis der Modellbeziehungen. Das geschieht je nach Charakter des Modells (materielles oder ideelles Modell, mathematisches Modell) in Modellexperimenten, Computersimulationen, Gedankenexperimenten bzw. in der Testung von Konsequenzen bestimmter Modelle. Auf dieser Stufe geht es in erster Linie um die experimentelle oder theoretische Analyse des Modells und um die Synthese der dabei gewonnenen Erkenntnisse. Die kognitive Stufe endet mit dem Gewinn von Informationen, Daten usw., die sich auf das Modell beziehen.

Bild 31: Schematische Darstellung der Struktur der Modellmethode

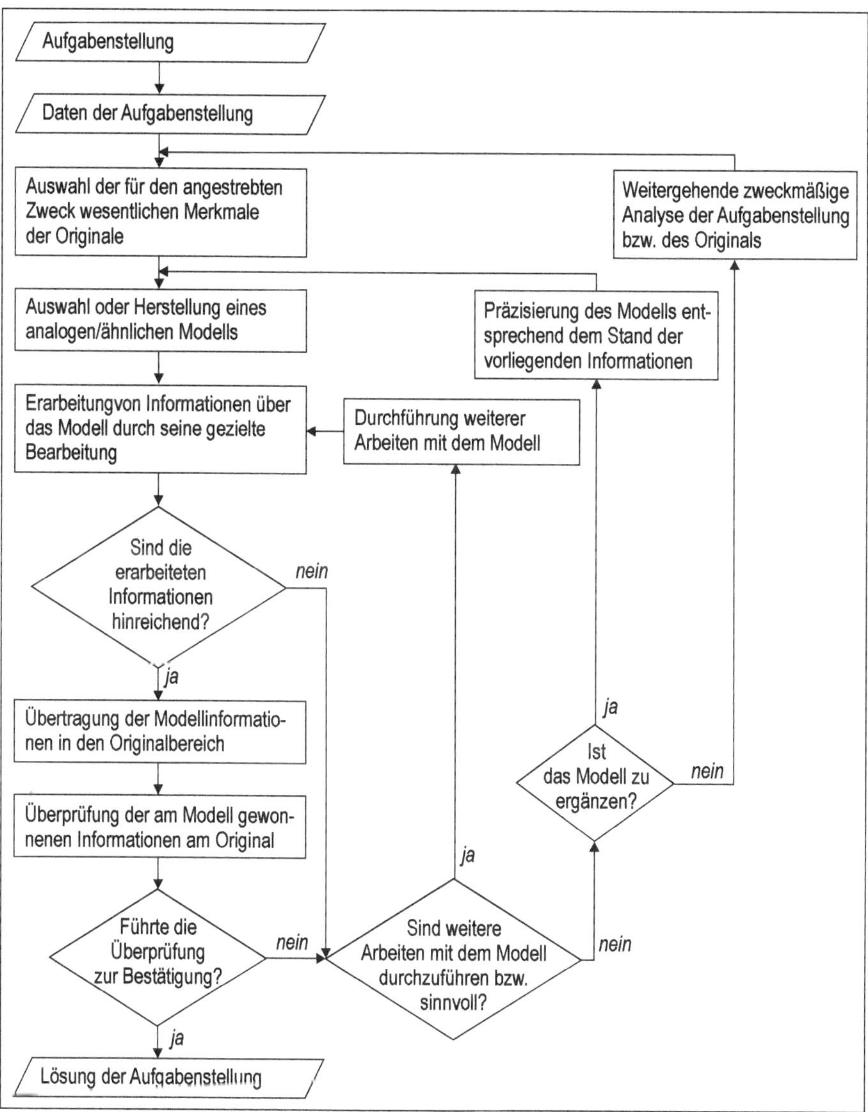

Quelle: Banse 1986, S. 146

(3) Die pragmatische Stufe umfasst den Prozess der Übertragung der am Modell gewonnenen Erkenntnisse auf das Original (modelliertes Objekt) einschließlich der Prüfung ihres Wahrheitsgehalts hinsichtlich der Extrapolationsfähigkeit und -möglichkeit. Während der Arbeit auf dieser Stufe ist auch zu überprüfen, inwieweit das Modell der Fragestellung bzw. Zielstellung gerecht wurde, um evtl. in einer erneuten heuristischen Stufe ein verbessertes Modell zu entwickeln (iteratives Vorgehen). Eingeschlossen ist hier auch die Einführung von Erkenntnissen in die Produktion auf der Grundlage von an Modellen gewonnenen Informationen.

(4) Die erklärende Stufe umfasst den Prozess der Verarbeitung der neuen Erkenntnisse zu weiterführenden theoretischen Überlegungen (Einordnung in vorhandene Theorien; Weiterentwicklung oder Präzisierung theoretischer Überlegungen, Aufstellung neuer theoretischer Ansätze).

4.2.5 Computereinsatz bei Erkenntnismethoden *Uwe Meinberg*

Die Beurteilung der Frage, ob ein Computer bei der Lösung einer Aufgabe sinnvoll eingesetzt werden kann, bedingt, dass die Aufgabe präzise formuliert und ein möglicher Lösungsweg beschrieben werden kann. Erkenntnisse kommen auf unterschiedlichem Wege zustande, einerseits können sie durch Sinneseindrücke, andererseits durch das Nachdenken über Erkenntnisse selbst, die bereits im (menschlichen) Gedächtnis abgelegt sind, entstehen. Die Klammersetzung soll bereits einen Hinweis darauf geben, dass der Speicher, in dem Erkenntnisse abgelegt sind, nicht zwingend das menschliche Gehirn sein muss. Andere Speicher, wie beispielsweise Schrift, Bilder oder auch die Speicher von Computern können genutzt werden: Die Erkenntnisse müssen im Zuge des Nachdenkens lediglich verfügbar sein.

Computer werden allgemein als elektronische Geräte beschrieben, die Dateneingaben von außen annehmen, diese Daten gemäß vorgegebenen, in Programmen enthaltenen Anweisungen mathematisch und/oder logisch bearbeiten, die Resultate der Bearbeitung als Datenausgabe zur Verfügung stellen und in der Lage sind, Daten (dauerhaft) zu speichern. Im Grunde genommen handelt es sich somit um eine Maschine, die vom Menschen vorgegebene Instruktionen abarbeitet. Diese Instruktionen werden aufgrund der Architektur der Computer im Wesentlichen sequentiell abgearbeitet, aber mit einer extrem hohen Verarbeitungsgeschwindigkeit – hier ist der Computer dem Menschen überlegen.

Die zur Nutzung von Erkenntnismethoden relevanten Eigenschaften und Fähigkeiten des Menschen führen zur Frage, ob neuere Entwicklungen in der Computertechnik respektive in der Informatik dazu geeignet scheinen, den Computer so zu ertüchtigen, dass er sich „intelligent" verhalten kann. Die Sprache ist hier von der so genannten „Künstlichen Intelligenz", einem bedeutenden Forschungszweig der Informatik. Diese von Alan M. Turing initiierte Richtung der Informatik geht davon aus, dass mit entsprechender Algorithmik und vor dem Hintergrund der im Vergleich zum menschlichen Gehirn extrem hohen Verarbeitungsgeschwindigkeit die Simulation von Intelligenz möglich ist (vgl. Taschenbuch 2001).

Seit den achtziger Jahren des letzten Jh.s hat sich die Forschung mehr den technischen neuronalen Netzen zugewandt, und zwar vor dem Hintergrund der Erkenntnis (!), dass unser Gehirn vollkommen anders arbeitet als Computer dies tun: Ein Computer ist zwar in der Lage, sehr viele Berechnungen in sehr kurzer Zeit durchzuführen. Das schnelle Erkennen komplexer großer Muster (hier im Sinne von Zusammenhängen) ist allerdings weiterhin eine Domäne des menschlichen Gehirns – hier ist der Mensch dem Computer überlegen.

Neuronale Netze, die die Funktions- und Wirkungsweise des menschlichen Gehirns zumindest im Bereich des Lernens nachbilden können, könnten hier die Entwicklung in Richtung intelligenter Computer voranbringen. Allerdings: auch neuronale Netze werden auf Computern mit klassischer Architektur, also auf sequentiell arbeitenden Maschinen, simuliert; erst wenn neue Architekturen, möglicherweise erst dann, wenn neue Technologien (Beispiel: Biocomputing) zur Verfügung stehen, werden feststellbare Entwicklungsergebnisse in Richtung intelligenter Computer möglich werden.

Dies setzt allerdings auch voraus, dass in anderen Wissenschaften, wie beispielsweise der Hirnforschung, weiterführende Erkenntnisse gewonnen werden. Solange wir nicht wissen, was Intelligenz genau ist und wie sie entsteht und verankert ist, solange können wir auch nicht ernsthaft daran arbeiten, sie Maschinen einzuprägen.

Technischer Fortschritt ist nur in seltenen Fällen durch einfaches Kopieren der Natur entstanden, sondern eher dadurch, dass Erkenntnisse hinsichtlich der den natürlichen Gegebenheiten zugrunde liegenden Gesetzmäßigkeiten entstanden sind und diese wiederum in die Entwicklung von beispielsweise Materialien oder Maschinen eingeflossen sind (vgl. Vollmer 2003). Ein bekannter Effekt aus der Oberflächengestaltung von Werkstoffen, der so genannte Lotos-Effekt, bietet ein gutes Beispiel für diese Feststellung. Die Interpretation des Wahrgenommenen, das Vergleichen mit bereits bekannten Effekten und/oder Ursachen für gleiche und ähnliche Wirkungen, das Problematisieren zur Lösungsfindung und schließlich das Reflektieren über Lösungsvarianten und ihre Validität sind die Schritte, die schließlich zu Oberflächenstrukturen verschiedener Materialien geführt haben, die nunmehr ähnliche Wasser und Schmutz abweisende Eigenschaften wie eben die Lotosblüte aufweisen. Sehr häufig ist in diesem Zusammenhang die Bildung und Nutzung von Modellen ein notwendiger Schritt, um Gesetzmäßigkeiten erkennen oder die erkannten verifizieren zu können.

Der Gewinn von Erkenntnis setzt die Definition einer Arbeitshypothese als Ausgangspunkt des Erkenntnisprozesses voraus. Ihr folgt die Ableitung zweckmäßig erscheinender Experimente, die Beobachtung der Versuchsabläufe und die Schlussfolgerung aus den Versuchsergebnissen. Der Modellbildung kommt in diesem Ablauf eine zentrale Rolle zu. Den Erkenntnisprozess schließt die Formulierung eines allgemeingültigen Satzes und die Überprüfung seiner Allgemeingültigkeit durch erneute Experimente ab. In der Literatur finden sich verschiedene Abhandlungen über Erkenntnismethoden im Allgemeinen und unter besonderer Berücksichtigung fachspezifischer Eigenarten. Die folgende Zusammenstellung liefert einen guten Überblick gerade in Bezug auf die Diskussion, ob und wo der Computer sinnvoll in Erkenntnismethoden eingebracht werden kann.

Vom Problemerkennen zum Fragen

Am Anfang eines Erkenntnisprozesses steht oft ein spezifischer unbekannter Sachverhalt oder ein „Problem“; dieses ist zunächst unbestimmt und wenig differenziert; es existieren Ungereimtheiten, Widersprüche und Unklarheiten. Um sich einer Problemlösung zu nähern, muss festgestellt werden, was an dem vorliegenden Sachverhalt oder Problem ungeklärt ist. Das Aufstellen gezielter Fragen trägt hier zu einer Präzisierung und Eingrenzung bei. Der Computer kann zunächst einmal genutzt werden, um bereits aus der Vergangenheit bekannte Antworten zu verwalten und diese hinsichtlich ihrer Problemrelevanz zu wichten sowie um im Vorfeld des Fragens zu recherchieren, ob für den Fragenden Ungeklärtes auch allgemein ungeklärt ist.

Sind der Sachverhalt oder das Problem gänzlich unbekannt, so kann der Computer nur bedingt Unterstützung leisten; die Erfassung des Problems und die dezidierte Formulierung zielgerichteter, d. h. lösungsorientierter Fragen bleibt dem Menschen vorbehalten. Ist hingegen der Problemraum als solcher bekannt, womit der vorliegende Sachverhalt in diesen Raum eingeordnet werden muss, so kann der Computer mittels moderner Softwaretechnologien wie beispielsweise der Künstlichen Intelligenz sehr gute Unterstützung leisten und selbstständig eine Eingrenzung innerhalb des Lösungsraumes vornehmen. Diagnosesysteme in der Medizin oder auch im technischen Kontext leisten hier beispielsweise bereits gute Dienste.

Vom Hörensagen zum Nachforschen und zum Interpretieren

Wenn Kenntnisse aus Texten, Bildern, Symbolen oder anderen Quellen beschafft werden, um ein Problem zu klären, müssen sie zunächst einmal verstanden werden. In der Folge muss ihre Authentizität und Gültigkeit bzw. ihre Verbindlichkeit geprüft werden. Der Mensch nutzt in dieser Phase verschiedene Methoden, um diese Prüfung durchzuführen: Er kann sich unter Nutzung bereits vorhandener Erfahrungen in die Aussage einer anderen Person im Sinne eines Nacherlebens einfühlen, er kann eine Aussage oder einen Text interpretieren oder aber eine Klärung durch Hinterfragen herbeiführen. Erkenntnis wird durch Verstehen von Sachverhalten, durch klärende Rücksprache und durch zielgerichtete Interpretation gewonnen.

In dieser Phase kann der Computer lediglich als Hilfsmittel für das Zusammenstellen von potenziell wichtigen Quellen genutzt werden. Die Recherche ist dabei eine der Domänen des Rechnereinsatzes. Einfühlen, Interpretieren und Hinterfragen gehören nicht zu den Fähigkeiten, über die ein Computer tatsächlich verfügt.

Vom Suchen über das Sammeln und Ordnen zum Entdecken

Nicht immer reicht das Verstandene und Interpretierte aus, um eine Frage abschließend zu klären. Dann entsteht die Notwendigkeit, weitere Erfahrungen zu sammeln und gezielt nach neuen Daten oder zusätzlichen Hinweisen zu suchen. Es gilt hier, genau zu beobachten, wie sich etwas verhält, und Zusammenhänge zwischen einzelnen Beobachtungen herzustellen. Zusätzlich muss selbstverständlich das Gefundene in bekannte Zusammenhänge eingeordnet werden. Der Zugewinn an Erkenntnis bedeutet hier also das Erkennen empirischer Gegebenheiten.

Neben der Fähigkeit, Recherchen zu unterstützen, kann der Computer hier höchst effizient eingesetzt werden: Das Sammeln von Daten und der Aufbau einer strukturierten Ordnung ist ein Feld, das typisch von Computern in effizienter Weise unterstützt wird. Selbst in der Phase des Entdeckens kann der Computer eingesetzt werden. Das Erkennen von Mustern in Daten, das Auffinden von Zusammenhängen kann – sofern algorithmisch beschreibbar – an Computer delegiert werden. Die hohe Leistungsfähigkeit des Computers kann somit entscheidend zum Entdecken beitragen. Auch das Einordnen des Entdeckten in bereits bekannte Zusammenhänge lässt sich hervorragend unterstützen. Von einfachen Datenbanken bis hin zu data warehouses mit umfangreichen Recherche- und Analysefunktionen ist das Feld der verfügbaren Hilfsmittel in diesem Kontext sehr gut bestellt. Business Intelligence ist das Schlagwort, das besonders im betriebswirtschaftlichen Zusammenhang die derzeitige Spitze der in Anwendung befindlichen Entwicklungen umschreibt.

Vom Probieren und „Spekulieren" zum Untersuchen …

Gibt es zu einer Frage bereits eine erste Antwort oder eine vermutete Lösung, die noch der „Spekulation" unterliegt, dann sind Validierungsschritte notwendig um festzustellen, ob die Antwort oder die Vermutung zutrifft. Erkenntnis wird durch die Überprüfung einer Vermutung gewonnen. In dieser Phase des Erkenntnisprozesses werden also die beobachteten Sachverhalte daraufhin untersucht, in wie weit sie den aufgestellten Vermutungen entsprechen. Das Untersuchen bildet die Vorstufe zum systematischen Experimentieren.

Das Aufstellen der Vermutung bleibt dem Menschen vorbehalten; der Computer kann ihn im Rahmen der Recherche dabei unterstützen, eine möglichst große Zahl von Beobachtungen auch Dritter zusammenzutragen, die zur Stützung der Vermutung herangezogen werden können. Ist das Probieren algorithmisch beschreibbar oder stützt es sich auf Zufallsereignisse, so kann der Einsatzbereich des Computers in dieser Phase weiter ausgedehnt werden.

… und zum Experimentieren

Während in der vorangegangenen Phase auf vorhandene Beobachtungen zurückgegriffen wurde, um abgeleitete Annahmen zu belegen, wird im Rahmen von Experimenten gezielt und systematisch auf die Gewinnung von Beobachtungen hingearbeitet (siehe 4.2.3.2). Im Vorfeld der Durchführung eines Experimentes ist eine Arbeitshypothese aufzustellen, an der sich das Experiment mit seinen Rahmen- und Randbedingungen ausrichtet. Die Arbeitshypothese resultiert aus der Überprüfung einer Vermutung und hat einen daraus abgeleiteten theoretischen Zusammenhang zum Ziel. Das Experiment selbst besteht darin, durch systematische Variation herauszufinden, unter welchen Bedingungen die angenommene Hypothese zutrifft. Erkenntnis wird über diesen Schritt durch die Bestätigung von Hypothesen verallgemeinert. Experimente können physisch anhand von Versuchsaufbauten oder virtuell ausschließlich im Computer mit Hilfe der Simulation vorgenommen werden.

Werden die Experimente unter Nutzung physisch existenter Versuchsaufbauten durchgeführt, so übernehmen Computer die Steuerung der Apparaturen, die exakte Erfassung von Ergebnissen (z.B. Messergebnisse) und die Verwaltung der verschiedenen notwendigen Experimentreihen. Dies gilt sowohl für Natur- als auch für Ingenieurwissenschaften. Werden die Experimente vollständig im Computer durchgeführt, nimmt die Simulation in diesem Zusammenhang eine entscheidende Rolle ein. In nahezu jeder naturwissenschaftlichen und ingenieurwissenschaftlichen Disziplin werden modellgestützte Computerexperimente zur Validierung von Hypothesen genutzt. Die Qualität der experimentell ermittelten Ergebnisse ist allerdings erst in zweiter Linie vom Computer und seinen Fähigkeiten abhängig: Im ersten Fall sind der Versuchsaufbau und die eingestellten Umgebungsbedingungen entscheidend für das Versuchsergebnis; im zweiten Fall entscheidet die Güte des implementierten Modells über die Brauchbarkeit der Validierung.

Vom Zählen und Messen zum Berechnen

Liegen validierte Erkenntnisse vor und sind theoretische Zusammenhänge aufgestellt und erhärtet worden, schließt sich die Phase des Prognostizierens an. Das Erkennen des Möglichen steht jetzt im Vordergrund. Aus der Fragestellung „Wie viel ist es?“ wird die Frage „Wohin kann es sich verändern?“ abgeleitet und auf der Grundlage mathematischer Beschreibungen beantwortet. In dieser Phase des Berechnens wird somit vom Qualitativen auf das Quantitative geschlossen.

Prognoseberechnungen stellen eine zweite Domäne des Computers bei Erkenntnismethoden dar. Beispiele aus der Biologie, der Pharmazie oder den Materialwissenschaften genauso wie aus dem Bereich der Wirtschaftswissenschaften oder der Meteorologie belegen, dass heute ohne den intensiven Computereinsatz bei weitem nicht so große Fortschritte (in so kurzer Zeit) erzielt worden wären. Der Computer ist auch in dieser Phase lediglich Mittel zum Zweck. Seine hohe Rechenleistung ist hier in besonderem Maße gefragt. Gerade komplexe mathematische Modelle können ohne seine Unterstützung nicht mehr in endlicher Zeit berechnet werden. Im Umkehrschluss erlaubt allerdings die Leistungsfähigkeit des Computers die Aufstellung immer detaillierterer Modelle, die zu besseren, d. h. genaueren Prognoseergebnissen führen. Insofern ist in diesem Zusammenhang eine gewisse Wechselwirkung zwischen Erkenntnismethode und Computereinsatz festzuhalten.

Vom Mitteilen und Informieren zum Diskutieren

Ergebnisse aus Untersuchungen oder eigene Erkenntnisse lassen sich anderen mitteilen, ohne dass ein feedback erfolgen soll. In diesem Fall findet (nur) ein einfacher Informationsprozess statt. Die Beantwortung der Frage „Ist meine Hypothese oder meine Erkenntnis auch für andere verständlich und wird sie geteilt?“ erfordert hingegen eine Diskussion. Die Ermittlung gemeinsamer oder unterschiedlicher Standpunkte führt hier zu Erkenntnissen, die auch eine Änderung oder Weiterentwicklung der eigenen Position zum Ergebnis haben können.

Hier versagt der Computer seine inhaltliche Unterstützung nahezu gänzlich. Der wissenschaftliche Disput als solcher ist durch den Computereinsatz nicht zu ersetzen. Allerdings ist der Computer in seiner Rolle als „Rückgrat“ von Kommunikationsplattformen heute unabdingbares Hilfsmittel in dieser Phase von Erkenntnisprozessen. Der weltweite Austausch von Daten und Informationen in höchster Geschwindigkeit ist eine Grundlage für den Erkenntnisgewinn, der die rasante Entwicklung unserer Gesellschaften erst möglich gemacht hat und auch weiterhin stärken wird.

Selbstverständlich ist der Einsatz von Computern bei Erkenntnismethoden möglich und an vielen Stellen auch sinnvoll. Es lassen sich sogar bestimmt Phasen identifizieren, die heute ohne den Einsatz von Computern wirtschaftlich, zeitlich oder qualitativ nicht mehr beherrschbar wären (siehe auch Bild 32).

Gleichwohl kann (und muss) aber auch festgehalten werden: Der wesentliche Treiber der Erkenntnisprozesse ist und bleibt der Mensch mit seiner Intelligenz. Der Computer wird auf lange Sicht Hilfsmittel bleiben. Auch wenn technologische und technische Entwicklungen ihn immer „intelligenter" erscheinen lassen, wird er doch letztendlich auf lange Sicht eine Maschine ohne inneren Antrieb, ohne „Wissensdurst" bleiben. Der Wunsch nach Erkenntnis bleibt damit (noch) dem Menschen vorbehalten …

Bild 32: Nutzen des Rechnereinsatzes

Rechnereinsatz	*stark*	*schwach*	*nicht*
Informieren-Diskutieren		•	
Messen-Berechnen	•		
Experimentieren	•		
Probieren		•	
Ordnen	•		
Hörensagen			•
Problemerkennung	•		

5 Ausgewählte Fallbeispiele

Nach dem systematischen Durchgang durch die Felder, deren Behandlung von einer Theorie der Technikwissenschaften erwartet werden kann – Geschichte, Technikbegriff, Ziele, Probleme, Methoden und Wissensbestände – steht nun an, dies alles mit der *Praxis* der Technikwissenschaften zu verzahnen. Dies kann selbstverständlich nur exemplarisch erfolgen. In den folgenden Abschnitten werden Beispiele aus ganz verschiedenen Bereichen präsentiert und diskutiert: das Bauingenieurwesen und seine Verbindung zur Bauwissenschaft (5.1), Produktentwicklung und Konstruktionsprozess (5.2), Produktionstechnik am Beispiel des Greifens von Textilien (5.3), Membranfiltration bei der Aufbereitung von Oberflächenwasser als Beispiel aus der Umweltverfahrenstechnik (5.4) sowie die Grüne Gentechnik als Teil der Biotechnologie (5.5). In diesen Feldern zeigt sich deutlich die Verschränkung von Gestaltung und Erkenntnis: zur Realisierung der jeweiligen Anforderungen müssen Wissen und Können zusammen kommen. Vielfach liegen Wissensdefizite vor, die zunächst durch technikwissenschaftliche Forschung behoben werden müssen, bevor an eine erfolgreiche Problemlösung gedacht werden kann. Weiterhin wird deutlich, dass in allen Feldern technische und technikwissenschaftliche Aspekte auf gesellschaftliche Erwartungen und Fragen bis hin zur Ethik stoßen. Technikwissenschaften führen Wissen und Können aus verschiedenen Bereichen zusammen und setzen es dann in einem konkreten gesellschaftlichen Umfeld zur Problemlösung ein.

5.1 BAUWESEN Praxis und Wissenschaft des Bauingenieurwesens

Jan-Peter Pahl

5.1.1 Baupraxis

5.1.1.1 Bauaufgaben

Das Bauingenieurwesen befasst sich in der Baupraxis im Auftrag eines Bauherrn mit der Planung, Ausführung und Nutzung von Bauwerken und ihrer Umgebung. Planungsbüros und Bauunternehmen bereiten die Bauvorhaben vor und führen sie nach Genehmigung durch den Staat aus. Die Organisationsformen, Aufgabenstellungen und Prozessabläufe der Baupraxis sind vielfältigem und schnellem Wandel unterworfen. Sie erfordern eine intensive Zusammenarbeit von Bauingenieuren mit anderen Berufen sowie mit vielen Bereichen der Gesellschaft, der Wirtschaft und des Staates.

5.1.1.2 Bauvorhaben

Die Baupraxis ist in Bauvorhaben gegliedert. Die zur Planung und Ausführung von Bauvorhaben erforderlichen Kapazitäten werden von Planungsbüros und Bauunternehmen vorgehalten, die sich in der Regel gleichzeitig mit mehreren Bauvorhaben befassen. An den meisten Bauvorhaben sind mehrere Planer und ausführende Unternehmen beteiligt. Dies kann zu technisch, organisatorisch und wirtschaftlich komplexen Situationen führen.

An der Spitze des Bauvorhabens steht der Bauherr, in der Regel der Eigentümer des Bauwerks, der vom Staat die Genehmigung für das Bauvorhaben erhält und dem Staat gegenüber für das Bauvorhaben verantwortlich ist. Er kann diese Verantwortung durch ordnungsgemäße Beauftragung an Unternehmen und Planer weitergeben. Planer sind nur handlungsfähig, wenn sie das volle Vertrauen des Bauherrn besitzen. Die Zielsetzungen der Bauherren sind vielfältig. Sie erstrecken sich von der sicheren und gewinnbringenden Investition von Kapital über die Bereitstellung von Nutzbauten für bestimmte Funktionen bis zu Repräsentationsbauten.

Jedes Bauvorhaben erfordert ein eigenes Grundstück. Die meisten Grundstücke unterscheiden sich signifikant in ihrer Lage, ihrer Umgebung, ihrer Anbindung an die Versorgungseinrichtungen, ihrer Topologie und ihrem Untergrund. Wegen der Abhängigkeit von dem Grundstück, gepaart mit den spezifischen

Wünschen des Bauherrn, wird nahezu jedes Bauwerk als Unikat gestaltet. Viele Versuche weltweit, das Bauen zu industrialisieren und durch die Vorfertigung ganzer Bauwerke wirtschaftlichen Nutzen zu schaffen, sind gescheitert. Sie haben zu einer vielfältigen und breit eingesetzten Palette industrialisierter Bauteile und Baukomponenten geführt, die aber das im Wesentlichen auf der Baustelle hergestellte Unikat nicht verdrängt haben.

Die Wirtschaftlichkeit eines Bauvorhabens wird nicht nur durch den Entwurf, die Gestaltung und den Bauablauf, sondern in erheblichem Maße auch durch die Art seiner Finanzierung bestimmt. In engem Zusammenhang mit der Finanzierung steht die Dauer der Planung und Ausführung, da in diesem Zeitraum Kapital ohne Ertrag gebunden ist. Während in einigen Wirtschaftssystemen die Neubaukosten optimiert werden, wird heute in vielen Teilen der Welt die Wirtschaftlichkeit über den gesamten Lebenszyklus des Bauwerks betrachtet. Beispielsweise werden höhere Neubaukosten zugunsten niedrigerer Betriebskosten in Kauf genommen. Das Bewusstsein für den Lebenszyklus von Bauwerken hat zu einer Verschiebung der profitablen Tätigkeitsfelder großer Bauunternehmen in Richtung des Facility Managements geführt.

Bauwerke können der Gesellschaft nutzen, sie aber auch gefährden. Dieses Risiko wird durch staatliche Prüf- und Genehmigungsverfahren reduziert. Beschwerden über die Dauer dieser Verfahren sind häufig und werden hinsichtlich der Ursachen der Verzögerungen kontrovers diskutiert. Das Ausmaß der Eigenverantwortung, die den Bauherren und ihren Beauftragten zugestanden werden soll, ist Gegenstand aktueller politischer Diskussion.

5.1.1.3 Bauplanung

Die Bauplanung ist in Phasen gegliedert. In den frühen Phasen werden die Zielsetzungen und Vorstellungen des Bauherrn konkretisiert und Fachleute beauftragt. Typische frühe Phasen sind Projektfindung, Projektspezifikation und Projektorganisation. In der Vorplanung werden Entwurfsalternativen aufgestellt, bewertet und mit dem Finanzierungskonzept abgestimmt. In einem iterativen Prozess unter Beteiligung von Fachleuten verschiedener Disziplinen folgen Entwurf, Berechnung, Konstruktion und Ausschreibung des Vorhabens.

Nach der Vergabe der Bauausführung an ein Bauunternehmen, für die es viele Formen mit unterschiedlicher Verteilung der Verantwortung und des wirtschaftlichen Risikos zwischen dem Bauherrn und dem Unternehmen gibt, wird die Bauausführung in den Einzelheiten geplant. Die Anpassung des Bauwerks an die Erfahrung, die Ausstattung und die Arbeitsweise des Unternehmens kann in dieser Phase eine Umplanung des Bauwerks erfordern, die eine Kostenreduzierung für den Bauherrn mit sich bringt.

Die Bauplanung basiert vorwiegend auf Berichten, Berechnungen, Zeichnungen und Verträgen. Experimentelle Untersuchungen im Rahmen der Planung sind auf wenige komplizierte Sonderbauwerke begrenzt. Eine Erprobung von Prototypen ist nicht üblich. Die abstrakte Vorgehensweise bei der Bauplanung stellt hohe Anforderungen an die Zuverlässigkeit der Entwurfs- und Berechnungsverfahren, die Prüfung der Unterlagen und das der Planung zugrunde liegende Sicherheitskonzept. Planungsfehler, die zu Bauschäden oder Unglücken führen, haben weit reichende juristische und wirtschaftliche Folgen.

5.1.1.4 Bauausführung

Den Kern eines Bauvorhabens bildet die Bauausführung. Die Verantwortung, Rechte und Pflichten der Beteiligten sind teilweise in Gesetzen und Verordnungen und teilweise in einem umfassenden Vertragswerk geregelt. Ihr Zusammenwirken wird durch die Einrichtung und Organisation der Baustelle und ihrer Verbindungen mit dem Bauhof des Unternehmens, den technischen Büros sowie den Subunternehmern und den Lieferanten gesteuert. In verkehrsreichen Städten mit kleinen Lagerflächen an den Baustellen sind die Logistik der Versorgung der Baustelle mit Baustoffen und Bauteilen sowie die Entsorgung des Bauschutts wichtig.

Es ist eine Aufgabe des Baubetriebs, in jeder Phase der Bauausführung den Einsatz der Personen, Geräte und Baustoffe auf der Baustelle systematisch für die einzelnen Bauteile und Bauvorgänge zu organisieren und mit geeigneten Informationen zu steuern. Die Leistungen von Subunternehmern müssen im Bautakt auf der Baustelle verfügbar sein. Der Baufortschritt, die Bauqualität und die Kostenentwicklung sind fortlaufend zu überwachen und aufeinander abzustimmen. Dies kann Umplanungen erfordern. Baumängel sind durch technische Überwachung frühzeitig zu erkennen und umgehend zu beseitigen. Die Bauarbeiter sind durch Sicherheitsmaßnahmen zu schützen. Hierfür ist der oberste Bauleiter persönlich haftbar.

5.1.1.5 Nutzung des Bauwerks

Die Nutzung und Instandhaltung größerer Bauwerke wie Fabriken, Krankenhäuser, Schulen, Kraftwerke und Büroanlagen wird systematisch geplant, überwacht und gesteuert. Diese Aufgabe wird als Facility Management bezeichnet und umfasst alle Aspekte der Nutzung und des Zustandes von Bauwerken, die ortsbezogen sind. Das Facility Management gliedert sich in zwei Bereiche: Dokumentation und Steuerung.

Zur Dokumentation und Steuerung der Nutzung werden das Bauwerk mit seiner Ausstattung sowie sein Zustand im Computer abgebildet. Beispielsweise werden Informationen über die Belegung von Räumen sowie ihre Zuordnung an Organisationseinheiten, Reinigungsmaßnahmen, periodisch erforderliche Instandhaltungsmaßnahmen und ihre Ausführung sowie erkannte Bauschäden und ihre Beseitigung registriert. Als Entscheidungsgrundlage für den Manager der Anlage werden zusammenfassende Berichte und Statistiken erstellt. Der Manager wird durch eine leistungsfähige Anwenderoberfläche am Computer unterstützt.

Das Facility Management wird auch zur Steuerung der im Gebäude ablaufenden technischen Prozesse, beispielsweise in den Telefonanlagen, den Klima-, Heizungs- und Lüftungsanlagen, der Wasserversorgung, der Beleuchtung und den Aufzüge eingesetzt. Ziele sind die Organisation und Überwachung der Prozesse sowie die Optimierung ihrer Kosten. Finden in einem Gebäude komplizierte Nutzungsabläufe statt, die durch die räumliche Verteilung von Menschen und Gegenständen beeinflusst werden, so werden diese ebenfalls in der Steuerungskomponente erfasst. Ein Beispiel solcher Gebäude sind Krankenhäuser.

5.1.2 Bauingenieurwesen

5.1.2.1 Merkmale

Das Bauingenieurwesen wird durch seine Bedeutung für den Alltag der Menschen, die Komplexität der Bauvorhaben und den Einfluss der verfügbaren Technologie auf den Entwurf und die Gestaltung der Bauwerke geprägt. Der Mensch verbringt einen wesentlichen Teil seines Lebens in Gebäuden. Die architektonische und bauphysikalische Gestaltung der Bauwerke beeinflusst daher die Lebensqualität. Die Mobilität der Menschen und ihre Versorgung erfordern zahlreiche Bauwerke, beispielsweise die Verkehrswege und die unterirdischen Anlagen für Wasser, Energie und Kommunikation. Natursysteme werden durch Bauwerke verändert, und damit auch die Umwelt der Menschen. Wegen dieses Einflusses des Bauens auf den Alltag wird das Bauingenieurwesen als zielgerichtetes Handeln im Dienste der Menschen verstanden.

Das Bauingenieurwesen ist nicht auf das Herstellen von Objekten beschränkt. Die finanziellen, wirtschaftlichen, sozialen, ethischen und juristischen Aspekte des Bauens sind wichtig. Die Abhängigkeit zwischen dem Bauingenieur und vielen anderen Berufen sowie die meist große Anzahl der beteiligten Organisationen und Institutionen komplizieren die Bauvorhaben. Bauprojekte umfassen Millionen von Objekten, die auf mehreren tausend Zeichnungen dargestellt werden und deren Herstellung durch mehrere hundert Verträge geregelt ist. Die moderne Informations- und Kommunikationstechnik erlaubt die verteilte Bearbeitung dieser Unterlagen zu verschiedenen Tageszeiten an vielen Orten durch Menschen mit verschiedenem technischem und kulturellem Hintergrund. Die Beherrschung der Komplexität, die so durch vielfältige Wechselwirkungen zwischen zahlreichen Elementen verursacht wird, ist das zentrale Problem des heutigen Bauens.

Bauingenieure kooperieren eng mit Architekten. Beide Berufe befassen sich mit der Schaffung von Objekten und Umgebungen für Menschen. Ein wichtiger Unterschied zwischen den beiden Berufen ist der Focus der Architekten auf die Optik der Räume und Flächen, im Gegensatz zum Focus der Ingenieure auf das stoffliche Verhalten von Bauteilen und Natursystemen. Architekten betonen Ästhetik und Funktionalität, Ingenieure konzentrieren sich auf Sicherheit und Brauchbarkeit. Architekten verlassen sich auf die menschlichen Sinne und Gefühle, Ingenieure bevorzugen Regeln. Architekten sind Integratoren, Ingenieure hingegen Analysten. Ausnahmen bestätigen die Regel.

Die Bautechnologien bestimmen das Machbare und Wirtschaftliche des Entwurfs und der Gestaltung von Bauwerken. Die Geschichte des Bauingenieurwesens ist die Geschichte von Technologien, welche die Entwicklung bestimmter Tragwerkstypen ermöglicht haben: Lehmbau, Steinbau, Holzbau, Mauerwerksbau, Stahlbau, Stahlbetonbau und Glasbau. Heute besteht die Herausforderung beim Entwurf in der zweckmäßigen Kombination dieser Technologien.

Voraussetzung für das Entstehen einer neuen Bautechnologie sind die Verfügbarkeit ausreichender Rohstoffe mit den erforderlichen Eigenschaften sowie des für ihre Erschließung erforderlichen Kapitals. Die Veredelung des Rohstoffs erfordert eine wissenschaftliche Grundlage sowie die Entwicklung geeigneter Werkzeuge und Arbeitsprozesse. Voraussetzungen für die Vermarktung der Technologie sind der Aufbau einer logistischen Infrastruktur im Marktbereich sowie die Ausbildung von Fachleuten für das Planen und Ausführen von Bauvorhaben mit der neuen Technologie.

Die beschriebenen Merkmale des Bauingenieurwesens erfordern die Nutzung von Wissenschaft, Kunst, Empirie, Heuristik und Ethik bei der Lösung von Bauaufgaben (siehe auch 3.2.1; 3.2.3; 4.2.1). Diese werden in den folgenden Abschnitten behandelt.

5.1.2.2 Bauwissenschaft

Die Bauwissenschaft beruht auf der Beobachtung, dass für Teilbereiche des Bauwesens Regeln aufgestellt werden können, die Vorhersagen zum Verhalten von Bauwerken und Bauteilen sowie zum Ablauf von Bauprozessen ermöglichen. Bedingung ist, dass der Gültigkeitsbereich der Regeln nicht verlassen wird.

Ein prägnantes Beispiel für einen mit Regeln beschreibbaren Teilbereich des Bauwesens ist der Talsperrenbau mit Bogenstaumauern aus Beton. Diese Sperren werden zur Speicherung von Wasser errichtet, um so Fluten zu kontrollieren und kontinuierlich Trinkwasser sowie Wasser für den Landbau und die Energiegewinnung zur Verfügung zu stellen. Der Bau einer Talsperre ist ein wesentlicher Eingriff in die Natur. Die wirtschaftlichen und sozialen Folgen des Talsperrenbaus sind erheblich.

Das Sperrwerk besteht aus der Mauer mit den Überlaufeinrichtungen, dem Felsuntergrund (Widerlager), einem Dichtungsschleier im Untergrund und dem Reservoir mit variablem Wasserspiegel. Das Verhalten der Talsperre wird durch die Eigenlast von Mauer, Widerlager und Wasser, den hydraulischen Druck auf die Mauer, die Sickerströmung im Untergrund sowie die seismische Beanspruchung von Mauer, Untergrund und Wasser bestimmt. Die Brauchbarkeit und Sicherheit der Sperre unter den auftretenden Lastkombinationen ist für das Leben der Anwohner und der Nutzer des Wassers von großer Bedeutung.

Jede Sperrstelle hat eine spezifische Talform, einen bestimmten Untergrund und eigene hydrologische Bedingungen. Dementsprechend unterscheiden sich die Entwürfe und das Verhalten der Talsperren. Eine Talsperre kann daher nicht in Analogie zu Prototypen gestaltet werden. Dennoch ist es im Verlauf des letzten Jahrhunderts gelungen, eine allgemeine wissenschaftliche Grundlage für die Berechnung und Konstruktion von Bogenstaumauern sowie ein Sicherheitskonzept für die Wechselwirkung von Mauer, Untergrund und Wasser zu entwickeln. Die Analyse erfolgt mit der Finite-Elemente-Methode an Gesamtmodellen, in denen die Mauer, der Untergrund, der Schleier und das gestaute Wasser erfasst sind. Diese Analysen erlauben eine umfassende Prognose des Verhaltens der Anlage unter den verschiedenen Kombinationen der Belastungen. Grundlagen der Analyse sind die dreidimensionalen Theorien der Elastizität, der Sickerströmung und der Dynamik bei Erdbeben.

Die letzten Jahrzehnte haben gezeigt, dass die wissenschaftliche Behandlung von Bauingenieuraufgaben nicht auf das physikalische Verhalten von Bauwerken und Natursystemen beschränkt ist. Mit dem rechnergestützten Einsatz der Strukturmathematik (insbesondere der Graphentheorie) für logische Aufgaben, die bei der Planung, der Organisation und dem Management von Bauvorhaben sowie der Nutzung von Bauwerken auftreten, wurde ein wichtiges neues Gebiet erschlossen, das die Forschung und die Praxis über einen langen Zeitraum beschäftigen und das Gesicht des Bauingenieurwesens verändern wird.

5.1.2.3 Baukunst

Die Begrenzung der Gültigkeit einer Regel der Bauwissenschaft auf einen wohldefinierten Erfahrungsbereich (spezifiziert durch die Voraussetzungen der Theorie) ist von grundlegender Bedeutung für das Entwerfen und Konstruieren. Der Bauingenieur ist nämlich in seinem Handeln nicht auf Lösungen für Bauaufgaben begrenzt, die durch vorhandene Erfahrungen wissenschaftlich abgesichert sind. Hervorragende Bauwerke zeichnen sich häufig durch eine Formgebung, ein physikalisches Verhalten oder einen Konstruktionsprozess aus, die neuartig und ohne Vorbild sind. Solche Lösungen können nicht durch die logische Anwendung eines Regelwerkes gefunden werden, da sie außerhalb des Gültigkeitsbereichs der Regeln liegen. Sie sind vielmehr das Ergebnis angewandter Baukunst.

Die Baukunst beruht auf den persönlichen Fähigkeiten des entwerfenden Bauingenieurs. Diese Fähigkeiten entstehen durch Begabung, Ausbildung und Erfahrung. Hervorragende Aufgabe der Baukunst ist das Erfinden von Alternativen zur geometrischen Gestaltung und zur stofflichen Konstruktion von Bauwerken. Dieses Erfinden ist ein intuitiver und spielerischer Prozess, also keine rationale Anwendung von bestehenden Regeln. Die Baukunst besteht in der günstigen Beeinflussung des Verhaltens des Stoffes im Inneren von Objekten durch die Wahl ihrer geometrischen Form sowie der Nutzung spezifischer Baustoffe und Bauverfahren. In der Befassung mit dem Unsichtbaren unterscheidet sich die Baukunst von anderen bildenden Künsten, beispielsweise der Malerei und der Bildhauerei, die sich mit der Wirkung menschlich wahrnehmbarer Oberflächen befassen.

Zwischen der Baukunst und der Bauwissenschaft besteht ein enger Zusammenhang. Beide beeinflussen das Handeln des Ingenieurs. Am Beispiel der Talsperren ist ihre Wechselwirkung gut erkennbar. Bei der Formgebung der Sperranlage für ein gegebenes Tal sind so viele Varianten der Anordnung der Sperre im Grundriss und ihrer Schalenform möglich, dass ein automatisches Aufstellen und Untersuchen dieser Varianten nicht möglich ist. Vielmehr nutzt der erfahrene Ingenieur sein Gefühl für den Zusammenhang zwischen Mauerform und Tragverhalten, um die Varianten für den weiteren Entwurfsprozess zu erfinden. Die Analyse des Tragverhaltens der Anlage, also die Berechnung und Bewertung ihrer Verschiebungen und Spannungen, ist eine Anwendung der Bauwissenschaft und führt entweder zu dem Nachweis, dass die zulässigen Werte der Verhaltensvariablen nicht überschritten sind und der Entwurf somit zulässig ist, oder zu einem weiteren Zyklus im Entwurfsprozess, wenn zulässige Werte überschritten werden.

5.1.2.4 Empirie und Heuristik

Zwischen der Bauwissenschaft und der Baukunst steht die Empirie. Sie kommt zum Einsatz, wenn die Baukunst zu einem Entwurf führt, der mit den Mitteln der Bauwissenschaft nicht abschließend beurteilt werden kann. Ein Beispiel hierfür sind die Spannungen in der Aufstandsfläche zwischen Mauer und Widerlager. Wegen zeitabhängiger und stofflich nichtlinearer Einflüsse auf die Anlage sind die Spannungen in dieser Fläche nicht exakt zu berechnen. Die Komplexität des physikalischen Verhaltens bei mehrfachen Stauzyklen des Reservoirs sowie die Ungewissheit über den (nicht einsehbaren) Untergrund machen eine direkte Beurteilung aller möglichen Fälle unmöglich. Diese Stochastik erzwingt eine empirische Vorgehensweise, die auf einem durch Konsens der Fachleute getragenen Sicherheitskonzept beruht und durch Sicherheitsbeiwerte einen ausreichenden Abstand aller zu erwartenden Zustände der Anlage von den für die Brauchbarkeit oder die Sicherheit kritischen Zuständen gewährleistet.

Sind, im Gegensatz zu den Verhaltensvariablen, die bei Entwurf und der Gestaltung einzusetzenden Methoden, Modelle und Prozesse nicht logisch begründbar und eindeutig festgelegt, so kann eine heuristische Vorgehensweise vorteilhaft sein. Da beispielsweise die Eigenschaften des Untergrundes einer Talsperre erst im Verlauf des Entwurfsprozesses durch Aufschlüsse und Untersuchungen bekannt werden, ändern sich die Zielvorgaben für die Gestaltung der Bogenmauer mit der Zeit. Auch der Umfang der erforderlichen Analysen der Talsperre wird heuristisch unter Berücksichtigung der jeweils erreichten Einsicht in das Verhalten des Sperrwerks festgelegt. Die Vorgehensweise ist heuristisch, da sie rational den Änderungen des Wissensstandes der Beteiligten angepasst wird.

5.1.2.5 Ethik

Kunst, Wissenschaft, Empirie und Heuristik sind als Grundlage für die Entscheidungen und das Handeln des Bauingenieurs nicht ausreichend. Es ist nicht möglich, Bauwerke ausschließlich auf der Grundlage dieser Ansätze des Bauingenieurwesens zu entwerfen und zu gestalten. Ein weiterer Ansatz, der das Entwerfen und Gestalten zwangsläufig beeinflusst, ist die Ingenieurethik (siehe 2.3.3.7). Häufig wird der Eindruck erweckt, als seien das Aufstellen und Einhalten ethischer Maßstäbe Ergänzungen der Hauptansätze des Bauingenieurwesens, die im Sinne eines Wohlverhaltens und gesellschaftlicher Aufgeschlossenheit praktiziert werden. Dem ist nicht so. Ethische Maßstäbe sind integraler Bestandteil jeder Entwurfsentscheidung im Bauwesen.

Die Zwangsläufigkeit der Beachtung ethischer Maßstäbe in den Entscheidungen des Bauwesens erkennt man sofort an der Tatsache, dass es keine absolut sicheren Bauwerke gibt. So wird beispielsweise ein Landschaft veränderndes Erdbeben wie in Anchorage auch Talsperren, Krankenhäuser und Kraftwerke zerstören, die erdbebenresistent entworfen sind. Solche Bauwerke werden je nach ihrer Bedeutung für die Rettungsdienste oder ihrem Schadenspotenzial für Erdbeben ausgelegt, die vermutlich einmal in 5.000, 10.000 oder 100.000 Jahren auftreten. Diese Zeiträume liegen außerhalb des durch Erfahrung überprüften Wissens. Ihre Festlegung beeinflusst die Machbarkeit und die Wirtschaftlichkeit der Bauwerke. Ob es für eine Gesellschaft akzeptabel ist, dass in einem Land mit 100 großen Talsperren bei einer Auslegung auf das 10.000-jährige Erdbeben einmal in 100 Jahren eine Talsperre durch Erdbeben zerstört wird, ist in Anbetracht des damit verbundenen Verlusts an Menschenleben eine ethische Entscheidung. Eine höhere Sicherheit ist gegen die dafür erforderlichen Mittel abzuwägen, die an anderer Stelle dann nicht mehr zur Verfügung stehen.

Auch bei Bauwerken mit geringerer Bedeutung als den Talsperren erfordert das Abwägen zwischen Sicherheit und Wirtschaftlichkeit die Anwendung ethischer Maßstäbe beim Entwerfen und Gestalten. Hohe Sicherheit und gute Gebrauchsfähigkeit beruhen auf dem Können der Ingenieure, sie sind jedoch ohne den Einsatz der erforderlichen technischen und der damit verbundenen finanziellen Mittel nicht erreichbar. Kapital, das zur Erhöhung der Sicherheit eines Bauwerks eingesetzt wird, steht für ein anderes, möglicherweise aus sozialen Erwägungen dringend benötigtes Bauwerk nicht zur Verfügung. Der Abgleich zwischen den technischen, finanziellen, wirtschaftlichen, sozialen und kulturellen Folgen des Entwerfens und Konstruierens von Bauwerken ist keine ausschließlich wissenschaftliche, künstlerische, empirische oder heuristische Aufgabe, vielmehr muss das gesamte Wertesystem der betroffenen Menschen berücksichtigt werden (siehe 2.3.3.7; 3.2.3).

5.1.3 Bauwissenschaft

5.1.3.1 Bauforschung

Grundlage der Bauwissenschaft ist die Bauforschung. Diese umfasst die theoretische Forschung, die experimentelle Forschung im Labor und in der Natur sowie Versuche an ausgeführten Bauwerken. Diese Forschungsarten ergänzen sich gegenseitig. Die Forschungstätigkeit des Bauwesens ist in die Anwendungsgebiete Grundbau und Bodenmechanik, Wasserbau und Wasserwirtschaft, Konstruktiver Ingenieurbau und Verkehrswesen sowie die allgemeinen Grundlagengebiete Baustatik und Baudynamik, Baustoffkunde, Bauinformatik und Bauphysik gegliedert. Diese Gebiete verfügen über ein in Zeiträumen von Jahrhunderten gesammeltes, systematisiertes und stetig weiterentwickeltes Wissen.

Eine vollständige Darstellung der Bauwissenschaft in ihren zahlreichen Facetten ist hier nicht möglich. Daher werden drei Schwerpunkte herausgegriffen, die in allen Gebieten des Bauingenieurwesens bedeutsam sind und Anwendung finden: die wissenschaftlichen Methoden, die Modelle der Bauwerke und Natursysteme sowie die Prozesse der Planung, Ausführung und Nutzung von Bauwerken.

5.1.3.2 Wissenschaftliche Methoden

Die Urelemente der Bauwissenschaft sind die Objekte und die Ereignisse. Ein Objekt ist ein in Gedanken abtrennbarer und identifizierbarer Teil der Welt, dessen Zustand mit Attributen beschrieben ist. Ein Ereignis ist der Übergang von einem Zustand eines Objektes zu seinem nächsten Zustand. Für Ereignisse, die in einer gegebenen Objektmenge stattfinden, gibt es Regeln, die von der Art der betrachteten Objekte und Ereignisse abhängen. Diese Regeln werden mathematisch als Relationen dargestellt. Eine Menge von Objektklassen mit den darauf definierten Relationen heißt eine wissenschaftliche Methode. Beispiele für Methoden des Bauwesens sind:

- Geometrische Methoden: Beschreibung und Darstellung von Bauwerken; Präsentation des Verhaltens von Bauwerken;
- Algebraische Methoden: Randwert-, Eigenwert-, Anfangswertaufgaben; Wegalgebren und Workflowanalysis;
- Numerische Methoden: Interpolation, Differentiation, Integration; Finite-Elemente-Methode
- Transaktionsmethoden: Gestaltung von Anwenderoberflächen; Steuerung des Informationsflusses.

5.1.3.3 Modelle von Bauwerken und Natursystemen

Die Zustände von Bauwerken und Natursystemen werden in Modellen abgebildet (siehe 4.2.4). Dazu werden die Objekte der Bauwerke und Natursysteme definiert und zu zweckmäßigen Mengen und Relationen aggregiert. Die zur Definition, Visualisierung und Dokumentation von Eigenschaften des Modells erforderlichen Methoden werden in das Modell integriert. Es gibt persistente Kernmodelle für die von der Darstellung unabhängigen Daten eines Bauwerks, persistente Präsentationsmodelle für verschiedene Arten der Darstellung des Bauwerks (Text, Zeichnung, Tabelle, Diagramm, ...), transiente Bildmodelle für die Darstellung von Präsentationsmodellen auf Geräten und Kommunikationsmodelle für die Informationsübertragung. Die traditionelle, nach Dokumenten geordnete Beschreibung von Bauwerken in Berichten, Berechnungen und Zeichnungen wird zunehmend durch rechnergestützte Modelle abgelöst, die nach Bedarf auf Präsentationsmodelle und Bildmodelle abgebildet werden. Beispiele für Modelle des Bauwesens sind:

- Dokumentationsmodelle: für Projekte und Unternehmen;
- Geo-Informationsmodelle: für Regionen und Kommunen;
- CAD-Modelle: für Bauwerke und Installationen;
- Tragwerksmodelle: für Berechnung und Bemessung;
- Geotechnische Modelle: für Gründungen und Grundwasser;
- Simulationsmodelle: für den Verkehr;
- Organisationsmodelle: für Bauprojekte, Baustellen und Bauunternehmen;
- Facility Management Modelle: für Bauwerke, Anlagen und Kommunen.

5.1.3.4 Prozesse des Bauwesens

Ein Prozess ist eine Menge von Ereignissen, die zu Änderungen des Zustandes eines Modells führen. Die Abbildung beruht auf einer Zusammenstellung der möglichen Ereignisse, der Spezifikation der Theorien für diese Ereignisse sowie der Spezifikation der Reihenfolge und der Abhängigkeiten der Ereignisse. Die zur Beschreibung des Bauwerks erforderlichen Modelle und die zur Definition, Visualisierung und Dokumentation der Ereignisse sowie zur Berechnung des neuen Modellzustandes erforderlichen Methoden werden in den Prozess integriert. Beispiele wissenschaftlicher Methoden für die Analyse von Prozessen sind Petri-Netze, Workflow-Graphen und Wegalgebren. Beispiele für Prozesse des Bauwesens sind:

- Planungsprozesse: für Bauwerke (Entwurf, Genehmigung, Ausführung);
- Organisationsprozesse: für Bauunternehmen (Baustelle, Bauhof, Lieferanten);
- Berechnungsprozesse: für Baukonstruktionen und Bauabläufe;
- Entwurfsprozesse: für Konstruktionen (Stahl, Beton, Holz, Glas);
- Bauprozesse: für Bauwerke (Bauablauf, Logistik, Information);
- Managementprozesse: für Bauwerke (technisch, ökonomisch, sozial);
- Controllingprozesse: für Bauwerke (Qualität, Sicherheit, Kosten);
- Betriebsprozesse: für Verkehrswege (Belegung, Zeitplan, Kontrollen).

5.1.4 Zusammenfassung

Das Bauingenieurwesen benutzt für seine Aufgaben künstlerische, wissenschaftliche, empirische, heuristische und ethische Lösungsansätze. Die Bauwissenschaft befasst sich mit der Prognose und Bestimmung der Eigenschaften von Objekten und des Ablaufs von Prozessen. Das Bauwesen ist nicht auf das Entwerfen, Gestalten und Herstellen von Objekten begrenzt, sondern enthält wesentliche finanzielle, wirtschaftliche, soziale und juristische Aspekte. Zentrales Problem des Bauens ist die Beherrschung der Komplexität, die durch vielfältige Wechselwirkungen zwischen zahlreichen Elementen verursacht wird.

5.2 PRODUKTENTWICKLUNG Konstruieren aus der Sicht eines Konstruktionswissenschaftlers*

W. Ernst Eder

5.2.1 Einleitung

Vorerst erscheint es notwendig, einige Begriffe näher zu unterscheiden. Wir wollen Konstruieren, das Zeitwort, als Prozess verstehen. Daraus folgt, dass Konstruieren einerseits als Tätigkeit der Menschen und deren Werkzeuge zu verstehen ist. Andererseits ist Konstruieren auch als (relativ kurzzeitige) Entwicklung des zu konstruierenden Objektes, von einer Ausgangssituation der gegebenen Anforderungen bis zur vollen und herstellungsreifen Beschreibung, zu verstehen. Die Tätigkeiten (als Prozesse) sollen die Entwicklung des Objektes vorantreiben. Es ist demnach sowohl Wissen über das zu konstruierende Objekt als auch über den Prozess des Konstruierens notwendig – beide Arten dieses Wissen können in „äußerlichen" Aufzeichnungen zur Verfügung stehen oder im Gedächtnis unterbewusst oder bewusst abrufbar vorhanden sein. Dagegen kann „Konstruktion", das Hauptwort, direkt als die Erscheinung des bereits konstruierten (und normalerweise hergestellten) Objektes verstanden werden. Letzteres ist aber viel weniger interessant für die zu führende Diskussion, obwohl auch diese Erscheinungen (Objekte neuerer Herkunft) mit der Zeit eine Entwicklung durchlaufen [...].

---

* Anmerkung der Herausgeber: Das Fallbeispiel, das hier vorgestellt wird, ist dem wesentlich umfangreicheren gleichnamigen Aufsatz Eder 2000 entnommen. Dort werden auch theoretische Prinzipien der Konstruktionswissenschaft besprochen, die im vorliegenden Buch in Kapitel 3 behandelt werden. Auslassungen sind durch [...] gekennzeichnet.

Das zu konstruierende Objekt [...] soll für einen bestimmten Zweck, für den Einsatz zur Durchführung einer bestimmten Transformation, mit dazu geeigneten Fähigkeiten konstruiert werden, soll also ein *technisches System* sein. [...] Demnach können jene technischen Systeme, die für den alltäglichen Gebrauch im normalen Leben gedacht sind, künstlich in zwei Teilgebiete zerlegt werden: einerseits eine Designaufgabe, das äußere Ansehen, das eher mit dem künstlerischen verwandt ist, und andererseits eine technische Aufgabe, das Funktionieren und die technischen Wirkweisen und Belange, die den eigentlichen Gegenstand dieser Diskussion bildet. Dass diese beiden Teilgebiete in Wirklichkeit nicht so leicht auseinander zu halten sind, liegt auf der Hand.

5.2.2 Vorgehen und Handlungsweisen

Ein Vergleich zwischen einem wissenschaftsbasierten und dem „normalen" Vorgehen in Industriebetrieben würde schwierig sein. Das Vorgehen beim Konstruieren hängt von vielen Faktoren ab. Unter anderen sind dies: Produktarten, Neuheit (Grad der Übernahme von bestehenden Prinzipien und Ausführungen), Bauweisen, Risikobeschränkung, Kunden (ob das System für den allgemeinen Markt oder für einen besonderen Kundenauftrag konstruiert werden soll), Zusammensetzung und Erfahrung (auch Stand der Ausbildung, Alter usw.) des Konstruktionspersonals, Unterstützung oder Anforderung für Erneuerung (Innovation) von der obersten Betriebsleitung usw. Gewiss ist, dass formal-systematische Vorgangsweisen, wie etwa nach VDI 2221 (vgl. VDI 1977) oder nach konstruktionswissenschaftlichen Grundsätzen (vgl. Hubka 1976, 1980, 1984; Hubka/Andreasen/Eder 1988; Hubka/Eder 1988, 1992), wie im folgenden beschrieben, heute noch eher selten anzutreffen sind. Es dauert immer eine geraume Zeitspanne, schätzungsweise mindestens dreißig Jahre, bis neue Erkenntnisse allgemein angenommen werden (vgl. Kuhn 1962, 1977). Ältere (und daher normalerweise erfahrenere) Menschen ändern ihre Ansichten und Vorgehensweisen nur sehr schwer, ein Umschwung findet nur allmählich statt, indem ein Absterben der alten Erfahrung (und der sie tragenden Menschen) einsetzt. Für die Erfahrenen, die meist auch in diesen Tätigkeiten leitend wirken, besteht eine gewisse Abneigung, sogar eine Akzeptanzbarriere (vgl. Müller 1991) gegen die Konstruktionsmethodiken.

Die neueren systematischen Konstruktionsmethodiken sind erst seit Mitte der 1960er Jahre entstanden (vgl. Koller 1976, 1985; Pahl/Beitz 1993; Roth 1982). Einschlägige VDI-Richtlinien (vgl. VDI 1977, 1980, 1985) wurden kurz danach erstellt. Der Anfang der formalen Lehre der systematischen Vorgehensweisen an einigen Technischen Hochschulen (bzw. Universitäten) stammt erst aus dieser

Zeit. Die Absolventen, die solche Methodiken in die Praxis einzuführen ausgebildet sind, nehmen jetzt erst führende Stellen ein. Neuere Untersuchungen haben ergeben, dass die noch relativ unausgereiften Methodiken, die damals gelehrt wurden, jetzt (erst) mit sichtlichem Vorteil in einigen Industrieunternehmen eingesetzt werden. Jede Ausreifung braucht Zeit, bis sie in die Praxis eindringt.

Einsatz einer Konstruktionsmethodik bedeutet aber nicht, dass die herkömmlichen intuitiven Arbeitsweisen abgelöst sind. Im Gegenteil, Menschen neigen dazu, ihre Arbeit so energiearm wie möglich zu gestalten, also mit Erfahrung und Intuition vorzugehen. Dies ist besonders der Fall für Routineaufgaben. Erst wenn die Aufgabe oder Teilaufgabe ungewöhnlich schwierig und/oder radikal neu ist, kommt die Notwendigkeit der Anwendung konstruktionsmethodischer Vorgehensweisen – falls der Praktiker sie schon kennt, denn ein neues Lernen der Methoden unter dem Stress der Aufgabe und dem Druck der Zeit ist bestimmt nicht motivationsfördernd und daher weniger nützlich. Ebenfalls stößt ein Versuch, Methodiken im Ganzen (mit einem Schritt) einzuführen, auf motivationsmindernde Schwierigkeiten. Methoden sollten allmählich erlernt und aufgenommen werden, denn Erfolg mit Teilen der Methodik bringt Motivation zur Erweiterung.

Methodisches Vorgehen, also Verfolgung von Anweisungen, braucht mehr Energie, aber kann ein um vieles erweitertes Lösungsfeld decken. Durch solche systematische Vorgehensweise kommen (und der Nachweis ist schon an einigen Stellen erbracht worden) auch sehr innovative und kreative Lösungsvorschläge zustande. Methodik wirkt nicht hemmend auf die Kreativität, nur negative menschliche Einstellungen zur Methodik (oder Furcht des Versagens) können die Kreativität dieser Menschen negativ beeinflussen.

Indirekter Einsatz einer Konstruktionsmethodik kann sich als nützlich erweisen, wenn die intuitiv gewonnenen Resultate in die systematischen Vorgehensweisen und Modelle nachträglich eingebaut werden. Dieses im Nachhinein rationalisierende Vorgehen kann als Kontrolle, Überprüfung, Fehleraufdeckung und Stütze zur Komplettheit wirken. Die daraus entstehenden Aufzeichnungen der alternativen Lösungsvorschläge (verschiedener Abstraktion) und Entscheidungen sind greifbar, zugänglich und aufrufbar, zum Unterschied von den Gedanken und Überlegungen im Kopf der Konstrukteure. Falls die Konstrukteure einer unüberwindlichen Barriere begegnen, etwa, dass eine vorgeschlagene und vorgezogene Lösung als unzweckmäßig erkannt wird, kann auf die Vorarbeit zurückgegriffen werden. Falls zu einem gebauten System eine Beanstandung kommt, etwa eine Haftpflichtklage, sind die systematischen Belege zur Verteidigung unentbehrlich. Die Führung solcher systematischen Belege durch die Konstrukteure ist aber nur möglich und wird erst dann durchgeführt, wenn es die oberste Betriebsleitung als Pflicht verlangt – was andeutet, dass auch Betriebsleiter etwas von der Konstruktionswissenschaft und Konstruktionsmethodik wissen müssten. Wie das zustande gebracht werden kann, ist allerdings noch unklar.

Die Konstruktionswissenschaft hat dabei den einen Vorteil – auch gegenüber den anderen Konstruktionsmethodiken – dass die Methoden und Modellierungsarten technischer Systeme durch eine einsehbare Logik und Theorie unterbaut sind. Auch alle Einflüsse (kulturell, sozial, rechtlich, ökonomisch, finanziell, betriebswirtschaftlich, bezüglich Herstellungsverfahren und Vertrieb usw.) auf das Konstruieren sind in Zusammenhang gebracht. [...]

5.2.3 Eine Konstruktionsaufgabe

Die folgende Beschreibung einer Aufgabe und deren Durcharbeitung sind als Muster einer systematischen Konstruktionsarbeit dargestellt. Genau so formal hat sich die Sache nicht abgespielt, es war ein Zufallselement in der Reihenfolge vorhanden, das ich im Nachhinein bereinigt habe. Insbesondere sind einige der Bilder bereinigt worden, um die Modellierung zu erläutern. Einige der Iterationsschleifen sind nicht wiedergegeben. [...]

5.2.3.1 Aufgabenstellung und -klärung

Vor kurzem wurde bei mir die Konstruktion eines Turngerätes auf informale Weise „bestellt“. Die Vorführungsmannschaft („Display Team“) der Kadetten des Royal Military College (R.M.C.) wollte eine statische (ohne Schwingung) Übung an drei Trapezgehängen (nebeneinander) mit sechs Turnern vorführen. Bisher benutzten sie ein Gerät, das in einigen bestehenden Gebäuden in den Turnhallen leicht angebracht werden kann. Die Vorführung sollte aber auch am Paradeplatz, also im Freien, möglich werden.

Dazu sollte ein Gerät neu konstruiert und gebaut werden. Es sollte innerhalb von zehn Minuten von zehn Personen auf- oder abgebaut und leicht am Boden und in einem Lastwagen transportiert werden können. Als Größen- und Gewichtsbeschränkung wurde vorgeschrieben, dass kein Bestandteil mehr als etwa 50 kg wiegen und länger als 5,4 m sein sollte, und alles musste in einem Lastfahrzeug bestimmter Größe Platz finden. Jedes der drei Trapeze soll 0,6 m lang sein (waagerecht), und zwischen je zwei Trapezen sollte ein Seil zum Aufstieg angebracht werden, mittels Karabiner vorgeschriebener Größe. Die Trapeze sollten 2,5 m vom Balken herabhängen, mit 4,5 m Freiraum darunter zu einer Sicherheitsmatte von 0,6 m Dicke. Die Gesamthöhe von Mattenauflage bis Unterseite des Balkens beträgt demnach 7,6 m. Einfache, vereinheitlichte und schnell herzustellende und zu lösende Verbindungen zwischen den Bestandteilen des Gerätes sollten verwendet werden. Auf Schönheit war zu achten, aber besonders auch auf Sicherheit, Dauerhaftigkeit usw.

In mindestens solchem Detail sollte jede Aufgabestellung erarbeitet und in eine Anforderungsliste umgewandelt werden. Alle Angaben sollten über Leistungen und Fähigkeiten aussagen, aber möglichst nichts über die Ausführung der Gerätschaft selbst. Im Beispiel waren die Karabiner, Seile, Trapeze und Matten vorgegeben, also als Geräte gefordert. Richtlinien für die Erstellung dieser Anforderungslisten waren vorhanden. Sie umfassten z.B. ein Merkblatt über die Klassen der Eigenschaften technischer Systeme (vgl. Hubka/Eder 1996, S. 112f.) und eine Matrix zwischen dem Lebenslauf des technischen Systems und den Operatoren der Teilprozesse des Lebenslaufs [...].

Am Markt angeboten hat die Mannschaft Gestänge für je ein Trapez (eigentlich für Turnringe) vorgefunden. [...] Diese jedoch brauchen zusätzlich ein Ballastgewicht von je etwa 200 kg an der Basis. Sowohl die Kosten als auch der Ballastbedarf waren Nachteile dieser vorhandenen Lösung, die aber in anderer Sicht einige Vorteile hätte.

Im Laufe der folgenden möglichst systematisch abgearbeiteten Konstruktionsschritte wurden weitere Diskussionen mit den Auftraggebern durchgeführt, weil durch die teilweise entwickelten Lösungen einige neue Fragen geklärt und die Aufgabenstellung und Anforderungsliste ergänzt werden mussten.

5.2.3.2 Konzipieren

Prinzipiell sollen die Trapeze und Kletterseile frei an einem horizontalen Teil (normal als Balken bezeichnet) hängen, der mit zwei vertikalen Stützteilen (Ständern) in richtiger Höhe gehalten wird. Es leuchtet ein, dass eine lösbare Verbindung zwischen dem Balken und den Ständern vorgesehen wird. Die Ständer müssen auch unterteilt werden. Der Vorgang (der Transformationsprozess) und die Technologien der schnellen Errichtung, Anwendung (Turnen) und Abtragung sowie der Vorbereitung zum Transport dieses Gerätes sind für die Lösung der Aufgabe ausschlaggebend. Für die Errichtung könnte der Vorgang auf mindestens zwei Weisen geschehen: (a) Alles flach am Boden zusammenfügen und dann aufrichten, oder (b) nur die Ständer zusammenfügen und aufrichten und dann den Balken (samt Trapeze und Kletterseile) hinaufheben und einsetzen. Die vertikale Stellung des Gerätes kann u.a. durch Ballastgewicht, Abspannung mit Seilen oder genügend breiter Auflage am Boden erreicht und gesichert werden. Die letztere Lösung scheint vorteilhaft, bringt aber auch andere Möglichkeiten: Einsatz eines genügend breiten Bodenbalkens mit biegesteifer Befestigung der Ständer oder Aufbau der Ständer als dreibeinige Gestelle mit genügender Bodenbreite in zwei Richtungen – längs der Balkenrichtung und quer dazu als rechtwinkeliges (45°) Dreieck. Ein dreibeiniges Gestell als Ständer kann flach am Boden zusammengebaut werden und dann entweder über die lange oder eine der kurzen Basisseiten aufgerichtet werde. Ein Hubseil muss über die Spitze laufen, damit der Balken hochgehoben werden kann. Es kann auch voraussichtlich zum Aufrichten des Ständers benutzt werden (so wurde es vorgesehen), aber dies wurde nicht in Anspruch genommen.

Mit solchen Überlegungen über Transformationsprozess und Technologie habe ich das Gerät soweit konzipiert, dass der nächste Schritt eingeleitet werden konnte. Die Funktionen für das technische System, wie „Bestandteile verbinden", „Seile befestigen und -führen" usw. wurden aus den bisherigen Überlegungen abgeleitet. Sie mussten im Prinzip durch besondere Organe gelöst werden. So kann etwa eine herstell- und lösbare Verbindung der Bestandteile, die schneller als Verschraubung vollzogen werden kann, u.a. durch „bajonettartige Steck-Drehverbindung" oder „Stecker mit Querstift" stattfinden. Letztere Ausführung wurde gewählt, die geeigneten Querstifte sind im Handel erhältlich. Auch die Funktion des Balkens kann abstrakt untersucht werden: Es müssen die vertikalen Kräfte von den Trapezen auf die Ständer übertragen (geleitet) werden. Obwohl eine hohe Abstraktion das Bild einer Biegeübertragung darstellt, kann das Prinzip der „reinen" Biegung in einem einheitlichen Balken oder das der Auflösung in ein Fachwerk aus Zug- und Druckstäben angewendet werden. Letzteres liefert kleineres Gewicht, aber wahrscheinlich höhere Kosten. Beide Prinzipien erlauben vielfache Ausführungen, z.B. in der Anlage der Stäbe, der Geradheit oder Gekrümmtheit der beiden Gurte usw. Die Überlegungen bis zu diesem Punkt waren ziemlich ausführlich, haben fast keine Geldausgaben verursacht, aber das Lösungsfeld ziemlich gut erforscht. Die daraus resultierenden Entscheidungen haben viele der Kosten für Material und Herstellung in ihren Größenordnungen vorausbestimmt. Eine Änderung in diesem Zeitpunkt wäre ohne größere Unkosten leicht möglich. Im Entwerfen, Ausarbeiten, Herstellungsplanen usw. steigt die Kostenlast, die eine eventuelle Änderung nach sich ziehen würde. Vorsichtiges Konzipieren, womöglich systematisch durchgearbeitet, ergibt die Möglichkeit, eine optimale Lösung mit geringsten Kosten zu erreichen.

5.2.3.3 Entwerfen

Grobentwürfe für wichtige Partien des Gerätes wurden in Skizzenform festgehalten (siehe Bild 33). Daraus entstand mit den richtigen Größen nach Aufgabestellung der Hauptentwurf (siehe Bild 34), der eine vorläufige Anordnung der Fachwerkstäbe im Balken zeigt. Berechnungen auf Festigkeit und Durchbiegung des Balkens sowie auf Festigkeit und Knickwiderstand der Ständerbeine (mit Hilfe einiger Rechnerprogramme) haben Abänderungen in Anordnung und Größe zur Folge gehabt, z. B die innere Anordnung des Balkens, wie der Hauptentwurf in Bild 35 zeigt. Weitere Einzelheiten kamen zur Untersuchung. Es lag z. B. nahe, die Ständer an den Zwischenrahmen zu unterteilen und die Zwischenrahmen selbst so anzufertigen, dass sie sich möglichst klein zusammenfalten lassen – die zwei kürzeren Seiten sollen mit Scharnieren (und eine Steckverbindung) an die längere Seite zum Transport angelegt werden.

Bild 33: Grobentwürfe des Trapezgerätes

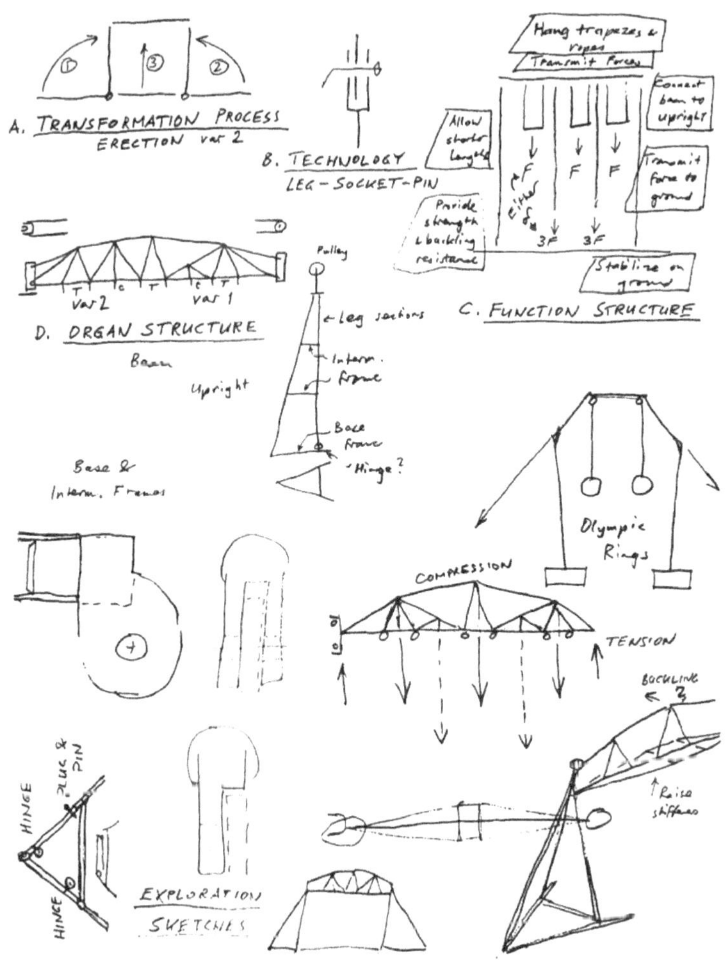

Bild 34: Hauptentwurf des Trapezgerätes

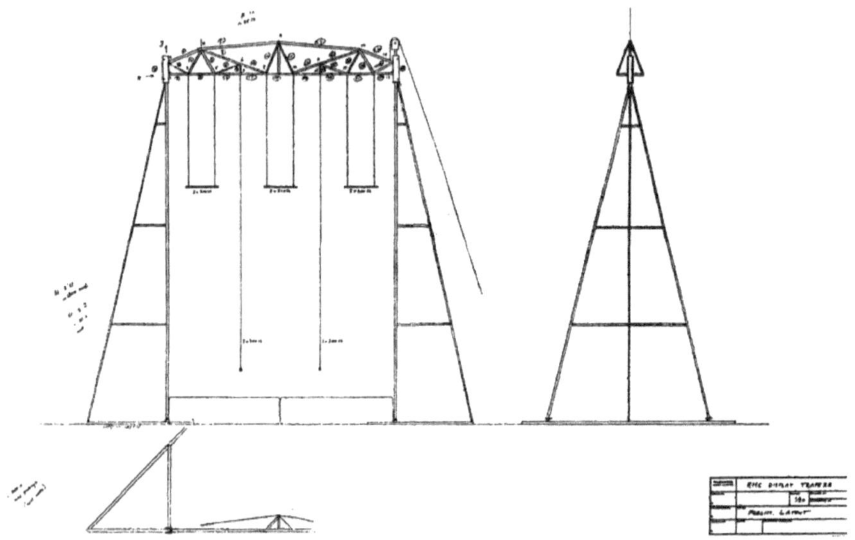

Bild 35: Hauptentwurf des Balkens, als Zusammenstellungszeichnung fertig gestellt

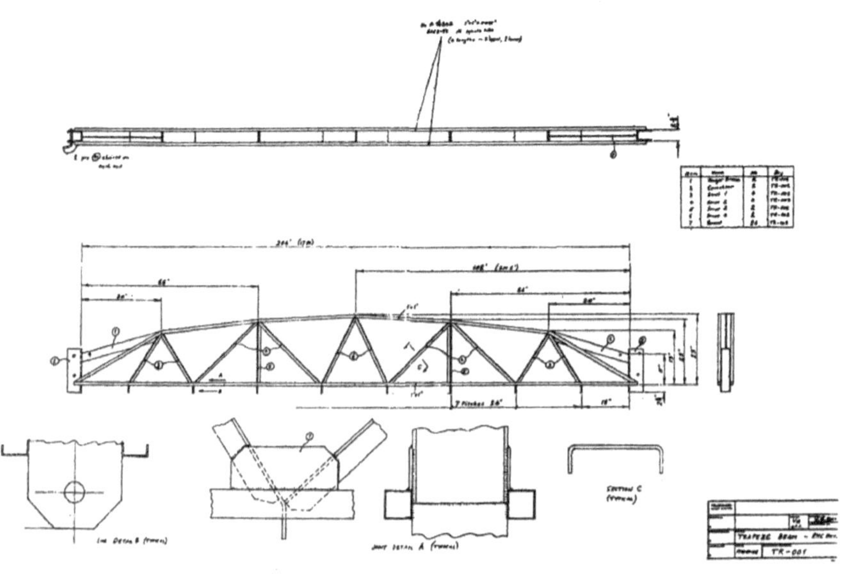

5.2.3.4 Ausarbeiten

Detailzeichnungen aller Einzelteile, aus kommerziell vorhandenen Werkstoffen in Handelsgrößen, wurden angefertigt, mit besonderer Aufmerksamkeit auf Herstellungsverfahren. Die verschweißten Baugruppen erhielten ihre Zusammenstellungszeichnungen. [...] Der Hauptentwurf des Balkens, Bild 35, wurde in eine Zusammenstellungszeichnung umgearbeitet – dies ist zulässig für die Situation dieses Beispiels, weil nur *ein* Gerät gebaut werden soll, wäre aber in der Industrie normalerweise nicht üblich.

Dieser Schritt ist soweit aus der Erfahrung bekannt (obwohl eine theoretische Durchleuchtung noch großteils ausbleibt), dass er fast keiner Erläuterung bedarf. Für die Herstellung der Einzelteile waren noch einige Besprechungen mit dem technischen Personal notwendig, damit verschiedene Vorrichtungen abgeklärt wurden, z. B. zum Schneiden der Rohre für die Ständer bezüglich der zusammengesetzten Winkel an den Ecken. [...]

5.2.4 Schlussbemerkungen*

Wie die vorstehenden Ausführungen zeigen, braucht Konstruieren als Tätigkeit einige weitere Erklärungen, um die Zusammenhänge vollständiger herauszustellen. Was am leichtesten ersichtlich ist, nämlich das Zeichnen in Zusammenstellungen und Details, ist nur ein Bestandteil des Konstruierens. Dies sollte durch das Beispiel in 5.2.3 dargelegt werden, mit den weiteren Erklärungen zu den Vorgängen und theoretischen Ansätzen, wie sie in der Konstruktionswissenschaft erläutert sind.

Trotz aller Geräte (einschließlich Computer), von denen die Konstrukteure Gebrauch machen, bleibt das Konstruieren eine menschliche Angelegenheit. Menschen setzen die Ziele und Bedürfnisse, machen die Entscheidungen, setzen die sozialen und technischen Werte usw. Dazu bedarf es (je nach Neuigkeit und Kompliziertheit der Aufgabe) eines gewissen Maßes an Vorstellungs- und Schöpfungsvermögen, Eingabe und Phantasie, Kreativität und Intuition, Anwendung von heuristischen Anleitungen sowie systematischer Vorgangsweise, um eine von den vielen möglichen Lösungen auszuwählen, auszudenken und darzustellen (siehe 3.1.4). Normalerweise ist es nicht ein einzelner Konstrukteur, der eine Aufgabe restlos bearbeitet (wie hier im Beispiel), sondern ein Team, bestehend aus Konstrukteuren, Fachleuten in der Herstellung (sowohl Planung

---

* Diese Überschrift wurde seitens der Herausgeber anstatt der Überschrift des Verfassers „Allgemeines über Konstruieren“ eingefügt.

als auch Ausführung), im Ein- und Verkauf, in der Betriebsführung usw. Es ist gerade dieses Vorausdenken bezüglich der Mittel und Verfahren zur Erreichung der Ziele und der Koordination zur Ausführung der Pläne, welches das Konstruieren charakterisiert. [...]

5.3 PRODUKTIONSTECHNIK Fallbeispiel „Hydroadhäsives Greifen biegeschlaffer Bauteile"

Günther Seliger

5.3.1 Produktionstechnik und Produktionstechnische Forschung

Bauen, Erzeugen, Entwickeln, Fertigen, Herstellen, Konstruieren, Machen, Produzieren, Schaffen und auch Ändern sind sinnverwandte Begriffe für Prozesse schöpferisch handelnder Subjekte, der Ingenieure, der Techniker, der Handwerker, des homo faber. Die Faszination dieser vielfältigen Prozesse für den handelnden Menschen beeinflusst die Durchschlagskraft produktionstechnischer Forschung. Erst wenn man über die geeigneten Prozesse verfügt, kann man nützliche Anwendungen realisieren. Kein Produkt entsteht ohne Prozess.

Ingenieurwissenschaftliche Forschung erschließt natürliche Potenziale für die nützliche Anwendung. Produktionstechnische Forschung stellt den wertschöpfenden Prozess in den Mittelpunkt. Traditionell stehen dabei fertigungs- und verfahrenstechnische Methoden und Werkzeuge im Brennpunkt. Im Zuge informations- und kommunikationstechnischer Integration fragen wir uns in den Produktionswissenschaften, wie die herstellungstechnischen Kernfunktionalitäten in erweiterte produkttechnische, logistische, ökonomische und ökologische Prozessketten einzubauen sind und entwickeln uns zu einer klassische Disziplinen übergreifenden angewandten Wissenschaft. Initiative, kreative Phantasie und Implementierung prägen dabei Unternehmensprozesse konkreter, als sie sich im abstrakten Börsenkurs oder der entsprechenden Beurteilung von Unternehmen durch Analysten widerspiegeln können.

Management und Mitarbeiter entwickeln Produkte, stellen sie her, kommunizieren mit Kunden, Lieferanten, Kapitalgebern und der Gesellschaft. Sie leisten damit einen Wertschöpfungsbeitrag in produktionstechnischen, logistischen, ökonomischen und ökologischen Prozessketten. Die Qualifikation des Managements und der Mitarbeiter bestimmt den Erfolg des Unternehmens am Markt. Sie erweist sich im konkreten Handeln im Wertschöpfungsprozess und bestimmt somit die Identität des Unternehmens.

Ein durch moderne Informations- und Kommunikationstechnologien dynamisiertes Netzwerk ergibt sich innerhalb von Prozessketten von Kunden und

Lieferanten im Wettbewerb um höhere Anteile an profitablen Wertschöpfungsbeiträgen. Außerhalb der eigenen Prozesskette konkurriert man mit externen Wertschöpfungspartnern um höhere Marktanteile. Partnerwechsel werden immer häufiger. Neue Formen globaler Zusammenarbeit und der Einzug des Internet in die Fabriken helfen, das Zusammenwirken mit Kunden und Lieferanten für die eigene Wettbewerbsfähigkeit auf neue Ebenen zu stellen.

In zunehmendem Maß ist das Management gefordert, konkretes unternehmerisches Handeln den Kapitalgebern zu vermitteln. Dabei spielen neben den abstrakten Finanzdaten innovative Produkte und Prozesse zur Anregung der Phantasie der Investoren eine hervorragende Rolle. Ressourcen für innovative Investitionsaktivitäten sind so zu gewinnen.

Schließlich haben die Bedingungen des jeweiligen gesellschaftlichen Umfelds, von der Innovationskraft der regionalen Forschungs- und Bildungseinrichtungen bis zum freien Kapitalverkehr, auf unternehmerische Investitionsentscheidungen maßgebenden Einfluss. Die Gesellschaft will durch Entfaltung unternehmerischer Initiative, durch Ansiedlung von Gewerbe ihren Wohlstand mehren. Management und Mitarbeiter, Kunden und Lieferanten, Kapitalgeber und Gesellschaft verkörpern die Stakeholder, ohne deren Interesse und Engagement sich Unternehmenswerte nicht bilden können.

Traditionell ist Produktionstechnik durch Werkzeuge und Verfahren geprägt, mit denen der Mensch Werkstoffe bearbeitet, um Produkte herzustellen (vgl. Spur 1979). Die Fortentwicklung der Werkzeuge führt zum Bau von Werkzeugmaschinen, die über Mechanisierung und Automatisierung die menschliche Arbeitskraft entlasten. Auch in Zukunft werden Konstruktion und Bau neuer Werkzeugmaschinen und Produktionsanlagen die produktionstechnischen Ingenieure und Facharbeiter beschäftigen. Dabei spielen neue Werkstoffe für Werkstücke und Werkzeuge sowie neue Fertigungsverfahren eine entscheidende Rolle. Die herstellungstechnischen Kernfunktionalitäten erhalten durch die sich rasant entwickelnde Informations- und Kommunikationstechnik innovative Impulse für die Steuerung und Regelung, die Überwachung und Adaption der Produktionsprozesse. Ingenieurwissenschaftliche Domänen wie Maschinenbau, Elektrotechnik, Informatik, Werkstoffwissenschaften und mathematisch-naturwissenschaftliche Fachgebiete werden in der Entwicklung vielfältiger Prozesse und mechatronischer Systeme integriert. Besondere Herausforderungen liegen darin, die unterschiedlichen disziplinären Sichtweisen in Analyse, Experiment und Konstruktion auf das gemeinsame Ziel des einheitlichen Prozesses auszurichten, ohne dabei einzelne innovative Impulse zu vernachlässigen. Mehr Alternativen schneller zu analysieren erfordert Werkzeuge des Wissensmanagements.

An der Schnittstelle von Unternehmensmanagement und Technologie ergibt sich die Aufgabe, produktionstechnische Kompetenz zu erkennen und in erweiterte produktionstechnische, logistische, ökonomische und ökologische Prozessketten einzubauen. Auf dem induktiven Innovationspfad werden Anwendungen für Entwicklungspotenziale erschlossen, der deduktive Innovationspfad löst Aufgaben durch technologische Entwicklung (vgl. Seliger 2001). Am Markt können Lösungen nur erfolgreich sein, wenn sie im Wettbewerb bestehen können, nur dann schafft der unternehmerische Prozess Geschäftsfelder und Arbeitsplätze (siehe Bild 36).

Bild 36: Innovationspfade

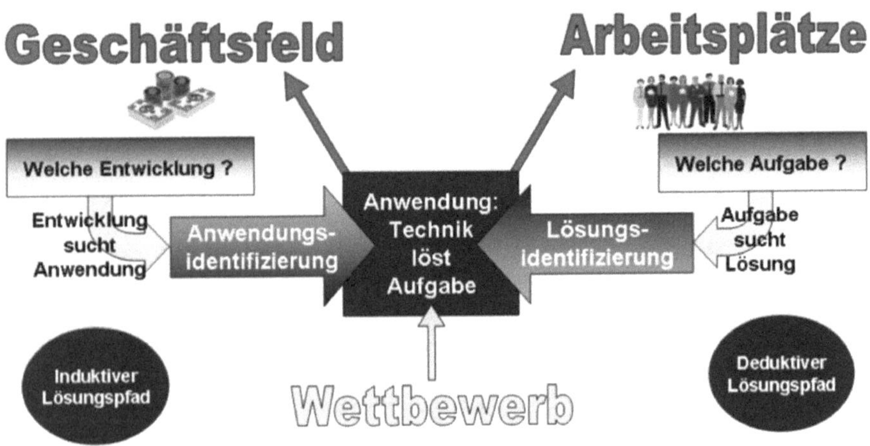

Die grundlegenden strategischen Ansätze zur Sicherung der Wettbewerbsfähigkeit von Unternehmen (vgl. Porter 1980) lassen sich produktionstechnisch interpretieren. Kostenführerschaft erfordert kontinuierliche Prozessinnovation mit dem Risiko, durch Wettbewerber imitiert zu werden. Produktinnovation eröffnet Differenzierungschancen und Geschäftsfeldentwicklung in Marktnischen mit dem Risiko, dass kritische Kunden höhere Preise für nicht unbedingt erforderliche differenzierte Produkte nicht akzeptieren.

Integration von Ingenieur- und Naturwissenschaften, Markteinbindung und Management des Qualifikationsportfolios stellen die wesentlichen Herausforderungen an moderne produktionstechnische Forschung dar. Sie erweist sich damit als Treiber, Unternehmenswerte – *stakeholder values* – innovativ zu entfalten. Die universitäre Einheit von Forschung und Lehre bietet dabei besondere Chancen. Lernen und Forschen gehen bei neuen Technologien ineinander über. Initiative und Entscheidung, Kommunikation und Teambildung, Dokumentation und Präsentation lassen sich am konkreten produktionstechnischen Entwicklungsprojekt oft in Kooperation mit industriellen Praxispartnern besonders gut vermitteln.

Die internationale Zusammenarbeit in der produktionstechnischen Forschung bietet den Absolventen große Chancen, sich länderübergreifend und interdisziplinär in Kommunikationsnetzwerke einzubinden und damit ihre Kompetenzen für das globale Unternehmensmanagement auszubilden.

5.3.2 Fallbeispiel „Hydroadhäsives Greifen biegeschlaffer Bauteile"

Im Fallbeispiel wird vorgestellt, wie eine produktionswissenschaftliche Aufgabenstellung identifiziert und bearbeitet wird. Es geht darum, biegeschlaffe Bauteile zu handhaben. Biegeschlaffe Bauteile ändern ihre Geometrie unter Schwerkrafteinfluss, sie haben eine sehr niedrige Steifigkeit. Beispiele dafür sind Textilien, Verpackungsfolien, aber auch Geflechte aus Kunststoff, die, in Harz getränkt und dann ausgehärtet und montiert, z. B. im Sportgeräte-, Flugzeug- und Fahrzeugbau verwendet werden. Im analytischen Verfahrensvergleich für die Lösung der Greifaufgaben werden die Potenziale hydroadhäsiven Greifens erkannt (siehe 3.1.3). Die Funktionen im Greifprozess werden modelliert und mathematisch beschrieben (siehe 4.2.2). Das Modell wird experimentell verifiziert und das Betriebsmittel Gefriergreifer konstruiert und prototypisch realisiert (siehe 3.1.4).

Die Arbeiten wurden im Rahmen eines von der Deutschen Forschungsgemeinschaft geförderten Projektes durchgeführt (Förderkennzeichen Se 485-13) und haben zu einer technologieorientierten Unternehmensgründung geführt (vgl. Stephan 2001).

5.3.2.1 Analyse der Ist-Situation, Handlungsbedarf

Aufgrund des Kostendrucks im globalen Wettbewerb werden Unternehmen der textilverarbeitenden Industrie gezwungen, ihre Produktion zu rationalisieren. Insbesondere in der Konfektionsindustrie, bestehend aus den Zweigen Bekleidungs- und Textilindustrie, wird nach Konzepten für Produkte und Prozesse zum automatisierten Handhaben gesucht. Eine wesentliche Aufgabe beim Handhaben von textilen Vor- und Endprodukten stellt das Greifen der Textilien dar. Seit Jahren wird daher weltweit an der Entwicklung flexibler Greifwerkzeuge zum automatisierten Handhaben textiler Bauteile geforscht. Einen industriellen Einsatz finden sie jedoch nur eingeschränkt beim Einzelteiltransport von großflächigen Bauteilen in der Automobilindustrie. Systeme zum automatisierten Greifen sind für die Konfektionsindustrie bisher nur prototypisch realisiert worden.

Ausgehend von den physikalischen Wirkprinzipien Kraftschluss, Formschluss und Stoffschluss, lassen sich mechanische und pneumatische Greifer sowie Adhäsionsgreifer zum Greifen von biegeschlaffen, textilen Bauteilen unterscheiden. Bei mechanischen Greifern werden die Haltekräfte durch Kraft- und/oder Formschluss aufgebracht, indem Nadeln in das Textil gestochen, Kratzen sich mit aus der Oberfläche heraussstehenden Filamenten verhaken oder das Textil zwischen Greiferbacken eingeklemmt wird. Pneumatische Greifer erzeugen kraftschlüssige Haltekräfte durch Unterdruck und saugen das Bauteil an der Kontaktfläche fest. Adhäsionsgreifer bilden die Haltekraft durch eine kraft- oder stoffschlüssige Verbindung durch Adhäsion mit dem textilen Material aus. Neben Greifern, die Klebefolien oder elektrostatische Effekte zum Kraftaufbau nutzen, finden auch hydroadhäsive Greifer Verwendung. Diese schaffen einen Stoffschluss zwischen textilem Bauteil sowie der gekühlten Kontaktfläche des Greifers durch Gefrieren eines Wirkmediums. Die Kontaktflächen werden beispielsweise mit Peltier-Elementen oder vorbeiströmenden Kühlmitteln gekühlt.

Von den genannten Greiferarten erfüllen lediglich Nadel-, Kratzen-, Saug- sowie Gefriergreifer die Anforderungskriterien in hinreichender Weise. Dabei stellt die Haltekraft an der Greifwirkfläche das ausschlaggebende Kriterium dar. Sie hat entscheidenden Einfluss auf die Zuverlässigkeit beim Erfüllen der Handhabungsaufgabe.

Theoretische Betrachtungen zu den erzielbaren Haltekräften wurden bereits für die benannten Greiferbauformen mit Ausnahme des Gefriergreifers getätigt. Ursachen für das Fehlen der Aussagen im letzten Fall sind:

- Untersuchungen zum Greifen textiler Bauteile orientieren sich an den konventionellen Greifverfahren, den Nadel- und Kratzengreifern. Die Modelle sind meist nur auf spezielle Ausprägungen von textilen Bauteilen, wie beschichteten Textilien oder FVK-Prepregs, anwendbar und nicht übertragbar.
- Der Einfluss der energetischen Eingangsgrößen auf den Peltier-Effekt ist nicht analysiert.
- Angaben zur Auswahl geometrischer Einflussparameter, wie der Rauhigkeit der Materialoberfläche der Wirkpaare oder der Einfluss eines Wirkmediums, sind für das hydroadhäsive Greifen bisher nicht quantifiziert.
- Die Auswirkungen von Materialkenngrößen, wie Haftkraft, Benetzbarkeit oder Haarigkeit der Textilien, auf die Haltekraft beim hydroadhäsiven Greifen können bisher nicht vorhergesagt werden.

Diese Wissensdefizite verhindern eine zuverlässige Beschreibung des hydroadhäsiven Greifprozesses mit heute verfügbaren Verfahren und somit einen erfolgreichen Einsatz der Technologie in der textilverarbeitenden Industrie.

Ziel der im Fallbeispiel beschriebenen Entwicklung ist daher die Ermittlung und mathematische Beschreibung der Wirkzusammenhänge beim hydroadhäsiven

Greifen. Es wird ein Prozessmodell entwickelt, das die Haltekraft beim hydroadhäsiven Greifen beschreibt und deren Berechnung ermöglicht. Aus der Berechnung des Prozessverhaltens ergeben sich Grundlagen zur Planung, Auswahl und Realisierung von hydroadhäsiven Greifersystemen zur Textilhandhabung.

5.3.2.2 Analyse der Funktionsstruktur

Zur Eingrenzung der Aufgabenstellung ist es erforderlich, den Ablauf und die Einfluss nehmenden Parameter beim hydroadhäsiven Greifen zu analysieren. Ausgehend vom Bild 37 wird der Greifprozess in drei Phasen abstrahiert.

In Phase 1 wird ein Wirkmedium auf das textile Bauteil aufgebracht. Die Bauteiloberfläche nimmt das Wirkmedium in Abhängigkeit von dessen Oberflächenspannung und der Benetzbarkeit des Bauteils auf. Für eine ausreichende Verbindung muss eine hinreichende Menge des Wirkmediums über die gesamte Wirkfläche des Greifers bereitgestellt werden.

Bild 37: Phasen des hydroadhäsiven Greifprozesses

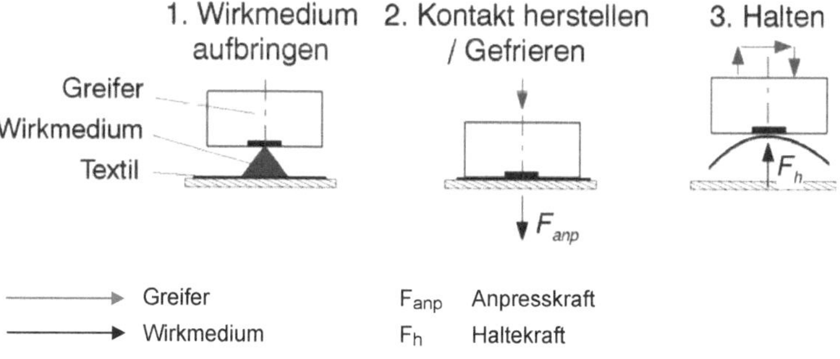

Zwischen benetztem Bauteil und Greiferwirkfläche wird folgend der Kontakt unter einer Anpresskraft hergestellt und das Bauteil mittels Gefrieren des Wirkmediums an der Wirkfläche des Greifers gesichert (siehe Bild 37: Phase 2). Mit Beginn der Herstellung des Kontakts bildet sich sofort eine Flüssigkeitsbrücke zwischen der Wirkfläche und dem Bauteil aus. Durch eine Kühlleistung wird dem Flüssigkeitsvolumen Energie entzogen, bis das Wirkmedium gefroren ist. Es kommt zu einem Formschluss mit den aus der textilen Oberfläche herausragenden Filamenten sowie zu einem Stoffschluss in Form der Adhäsion des Wirkmediums mit der Greiferwirk- und textilen Oberfläche. Es müssen somit keine Verspannungen in das Bauteil eingebracht werden, um eine Haltekraft zu erzeugen.

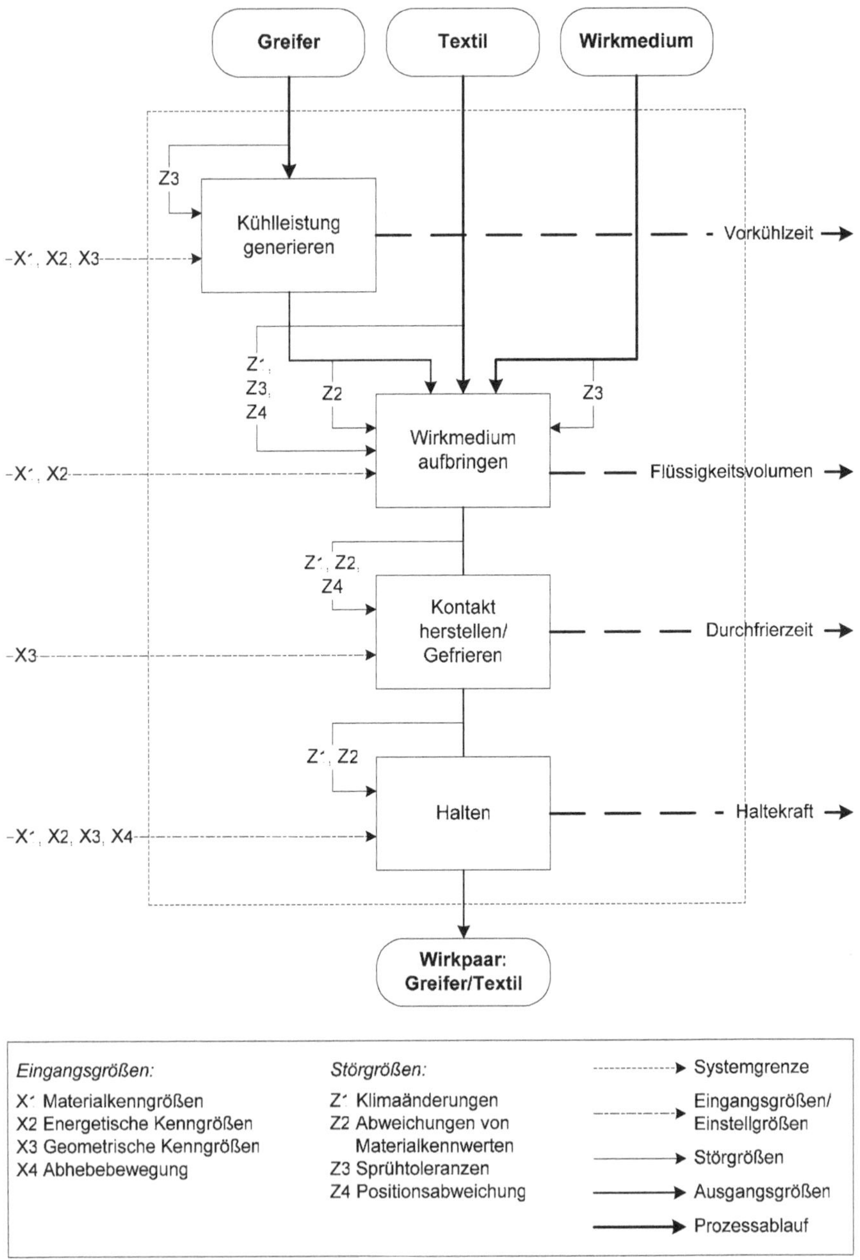

Bild 38: Prozessmodell des hydroadhäsiven Greifens von Textilien

Beim Halten des gegriffenen Bauteils (siehe Bild 37: Phase 3) besteht ein Gleichgewicht zwischen Gewichts-, Oberflächen- und Reaktionskräften, sodass es an einer definierten Stelle der Greiferwirkfläche fixiert ist. Die Kraft, die zur mechanischen Trennung der Verbindung zwischen Bauteil und Greifer erforderlich ist, beschreibt dabei die Haltekraft. Sie ist Ausdruck der Adhäsionsarbeit an den Wirkstellen und der Kohäsionsarbeit im Wirkmedium. Somit sind das Flüssigkeitsvolumen, die Kühlleistung sowie die Adhäsionsarbeit an der Wirkfläche des Greifers wesentliche Parameter für den hydroadhäsiven Greifvorgang. Eine Voraussetzung zur Festlegung dieser Parameter ist die Kenntnis der Wärmeübertragung, die einen Schwerpunkt der theoretischen Betrachtungen bildet.

Zur Eingrenzung und zur systematischen Lösung wird das in Bild 38 formal dargestellte Modell eines hydroadhäsiven Greifprozesses von textilen Bauteilen aus der Funktionsbeschreibung abgeleitet. Das Prozessmodell hilft, auf Basis der Funktionsfolge (siehe Bild 38) die Eingangsgrößen zu strukturieren sowie Ausgangsgrößen zu definieren.

5.3.2.3 Modellierung der Wärmeübertragung

Beim hydroadhäsiven Greifen kommt ein Wirkmedium zum Einsatz, das infolge einer Kühlleistung den Aggregatzustand von „flüssig" nach „fest" ändert und das Gewebe textiler Bauteile durch einen Form- und Stoffschluss mit der Wirkfläche des Greifers verbindet. Für die Modellbildung wird das Wirkpaar in einzelne homogene Bereiche (siehe Bild 39) abstrahiert.

Der Aufbau des Peltier-Moduls zeigt vereinfacht die Bereiche

- Warmseite mit Grenzfläche zum Kühlkörper,
- Halbleiterbauelemente zur Erzeugung des thermoelektrischen Effekts sowie
- Kaltseite als Wirkfläche zum Greifen des textilen Bauteils – die Kontaktfläche.

Die gesamte thermische Energie eines Systems wird als innere Energie des Systems bezeichnet. Nach dem ersten Hauptsatz der Thermodynamik kann bei physikalischen oder technischen Prozessen keine Energie verloren gehen, sondern nur ihre Erscheinungsform verändert werden. Die Summe von übertragener Wärme und Arbeit entspricht der Änderung der inneren Energie. Die innere Energie hängt dabei lediglich von den Wärmeströmen ab, da sich weder Dichte noch Volumen der Wirkpaare ändern und somit keine Volumenänderungsarbeit vollzogen wird. Physikalische Grundlage zur Bestimmung der Temperaturprofile sind die Energiebilanzen der einzelnen Bereiche.

Bild 39: Homogene Bereiche des Wirkpaares

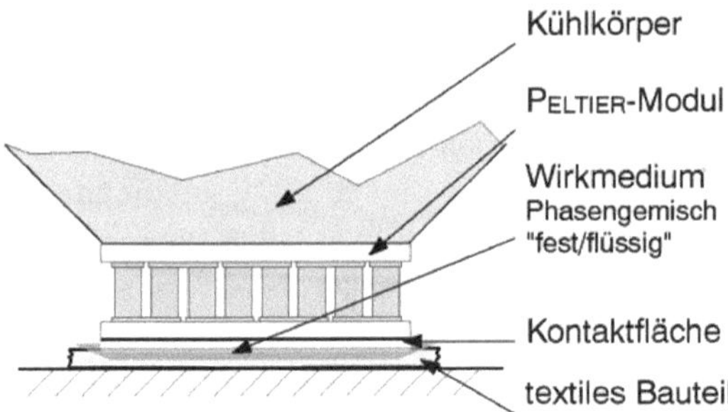

Beim Umwandeln des Aggregatzustandes des Wirkmediums von flüssig zu fest wird vom Wirkmedium Wärme abgegeben, die durch die an der Kaltseite des Peltier-Moduls zur Verfügung gestellte Kühlleistung abgeführt wird. Zur mathematischen Beschreibung der thermischen Zusammenhänge kommen dabei folgende thermoelektrischen Effekte zur Anwendung:

- Seebeck-Effekt;
- Peltier-Effekt;
- Thomson-Effekt;
- Konduktion bzw. Wärmeleitung;
- Konvektion;
- Wärmestrahlung.

Aus der mathematischen Beschreibung der Energiebilanzen zwischen den Bereichen kann mit Betrachtung des Kristallisationsvorgangs die Erstarrungsgeschwindigkeit und damit die Durchfrierzeit abgeleitet werden.

5.3.2.4 Ableitung der Haltekraft

Wichtigste Prozesskenngröße beim hydroadhäsiven Greifen ist die Haltekraft (siehe Bild 40). Sie beschreibt die Maximalkraft, die durch eine Verbindung infolge des Kristallisationsvorganges eines Wirkmediums zwischen der Kontaktfläche des Greifers und dem textilen Bauteil entsteht. Reaktionskräfte, die die Haltekraft wesentlich prägen, werden dabei durch eine Bindung in den Grenzflächenschichten

- zwischen der Kontaktfläche des Greifers und dem Wirkmedium sowie
- zwischen dem Wirkmedium und dem textilen Bauteil

generiert. Es lassen sich die folgenden wichtigen Bindemechanismen unterscheiden:

- Bindung durch van-der-Waals-Kräfte (Dispersionskräfte);
- Bindung durch benetzende Flüssigkeiten niedriger Viskosität;
- Bindung durch hochviskose Bindemittel;
- Bindung durch Festkörperbrücken sowie
- Formschlüssige Verbindungen.

Bild 40: Randbedingungen beim hydroadhäsiven Greifen

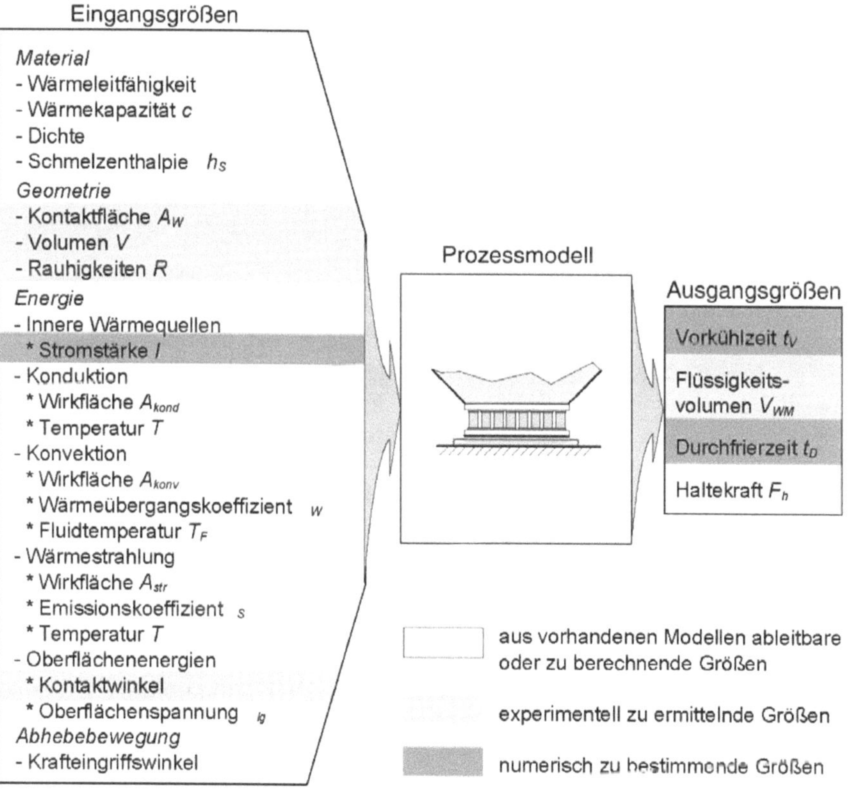

Beim hydroadhäsiven Greifen beruht die Verbindung zwischen Peltier-Modul und textilem Bauteil auf den beiden letztgenannten Bindungsprinzipien, dem Kraftschluss durch Festkörperbrücken und dem Formschluss. Dabei wirkt am Peltier-Modul zwischen gefrorenem Wirkmedium und Kontaktfläche ausschließlich Kraftschluss. Am textilen Bauteil hingegen entsteht eine Kombination aus Kraft- und Formschluss. Neben der Festkörperbrückenbindung mit dem gefrorenen Wirkmedium kommt es zusätzlich zu einer formschlüssigen Verbindung durch Einlagerung der textilen Filamente im Wirkmedium.

Aufgrund dieses zusätzlichen Formschlusses stellt die Verbindung zur Kontaktfläche des Peltier-Moduls das schwächste Bindeglied dar, sofern die Adhäsionskraft um ein Vielfaches kleiner als die Kohäsionskraft des Wirkmediums ist. Die Kohäsionskraft lässt sich mit der Scherfestigkeit über die Wirkfläche bestimmen.

Die an der Kontaktfläche angreifenden Kräfte ergeben sich aus der durch das Wirkmedium geleisteten Adhäsionsarbeit und der daraus resultierenden Haftkraft aus einer Festkörperbrücken-Bindung infolge des Kristallisationsvorganges im Wirkmedium. Die Adhäsionsarbeit kann mit der Young-Dupré-Gleichung für Grenzflächenenergien unter Nutzung der freien Oberflächenenergie der Flüssigkeit und dem Kontaktwinkel zwischen der Flüssigkeit und dem Festkörper berechnet werden.

5.3.2.5 Experimentelle Bestimmung der Einflussgrößen

Die entwickelten mathematischen Zusammenhänge ermöglichen die allgemeine Bestimmung der Temperaturprofile und der Haltekraft beim hydroadhäsiven Greifen. Um für spezielle Aufgabenstellungen Aussagen treffen zu können, müssen Untersuchungen der Einflussgrößen an den Teilsystemen vorgenommen werden. Diese Einflussgrößen sind alle Material- und Prozesskenngrößen und können zusammenfassend der aufgestellten Systematik entnommen werden. Aus der Systematik wird weiterhin deutlich, welche Größen experimentell sowie numerisch zu bestimmen sind und welche berechnet oder aus vorhandenen Modellen abgeleitet werden können.

Die Messung der Oberflächenbeschaffenheit der textilen Bauteile stellt besondere Anforderungen an die Messapparatur, da durch das biegeschlaffe Material herkömmliche Messverfahren nicht eingesetzt werden können. Es müssen neben der Rauhigkeit der Oberfläche auch die Haarigkeit und die Haftwirkung als Ausdruck der Haftkraft betrachtet werden. Die Haftkraft dient insbesondere zur Abschätzung der Mindesthaltekraft, die die hydroadhäsive Verbindung ermöglichen muss. Das Flüssigkeitsvolumen kann direkt gemessen werden. Es ist eine Aussage zu treffen, bei welchem Flüssigkeitsvolumen die geforderten kurzen Prozesszeiten erreicht werden können.

Weiterhin wird das Prozesszeitverhalten, insbesondere die Vorkühl- und Durchfrierzeit im Wirksystem, in Abhängigkeit von den zur Generierung der Wärmeströme erforderlichen Stromstärken und den Flüssigkeitsvolumina untersucht. Dazu werden das Wirkpaar in einem Modell auf Basis der Finite-Elemente-Methode (FEM) abgebildet und numerische Simulationen durchgeführt. Die numerische Simulation hat sich als sinnvoll erwiesen, da die Temperaturverteilung in Abhängigkeit der internen Wärmequellen experimentell schwierig ermittelt werden kann. Diese Temperaturverteilung ist jedoch ausschlaggebend, um Aussagen zur Vorkühl- und Durchfrierzeit zu geben. Eine zusätzliche experimentelle Untersuchung der kritischen Oberflächenbereiche mit einer Thermokamera soll die gewonnenen Ergebnisse verifizieren.

5.3.2.6 Experimentelle Verifikation des entwickelten Modells

Die Erprobung und Verifizierung der gefundenen Zusammenhänge zur Bestimmung der Haltekraft beim hydroadhäsiven Greifen erfolgt am Beispiel eines Greiferprototypen, wie in Bild 41 dargestellt, und einer repräsentativen Auswahl an in den Materialkenngrößen stark variierenden Bekleidungsstoffen. Im ersten Schritt werden die Haltekräfte anhand der Materialkenngrößen für den senkrecht auf der Oberfläche des textilen Bauteils wirkenden Lastfall analytisch bestimmt. Die Verifizierung der analytisch berechneten Haltekräfte erfolgt durch experimentelle Ermittlung der Abrisskräfte unter verschiedenen Kraftangriffswinkeln. Die Abrisskräfte entsprechen den maximal möglichen Haltekräften beim hydroadhäsiven Greifen.

Bild 41: Explosionsdarstellung des Greiferprototypen

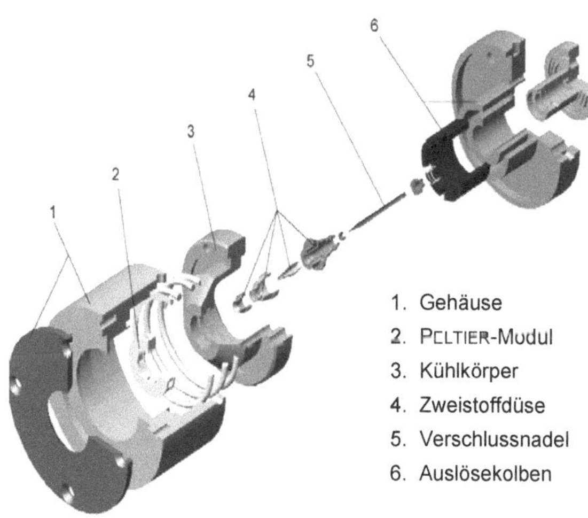

Der direkte Vergleich zwischen berechneten Adhäsionskräften und experimentell ermittelten Haltekräften zeigt zwar tendenziell eine gute Übereinstimmung, weist aber systematische Abweichungen auf. Diese Abweichungen werden bei der Bestimmung einer Korrekturfunktion berücksichtigt, die sich aus den gemessenen Haltekräften in Abhängigkeit vom Krafteingriffswinkel empirisch ermitteln lässt. Die mit dem erweiterten Verfahren berechneten Haltekräfte weisen eine gute Übereinstimmung mit den gemessenen Haltekräften auf. Damit ist für die Anwendungsfälle bestätigt, dass eine Vorhersage der Haltekräfte aufgrund der aufgestellten analytischen Zusammenhänge möglich ist, wenn die für das Modell erforderlichen Kennwerte verfügbar sind.

5.3.3 Ausblick

Inzwischen sind die im Rahmen einer produktionswissenschaftlichen Dissertation realisierten Prototypen zu industriereifen Produkten fortentwickelt worden (siehe Bild 42). Als weiteres Anwendungsfeld ist das Spannen von Bauteilen in der Produktionstechnik hinzugekommen.

Bild 42: Gefrierpinzette greift Miniaturbauteil

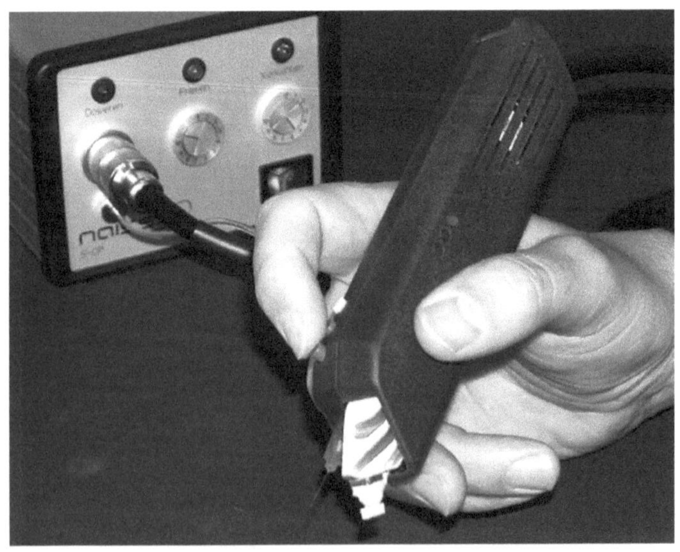

Ingenieurwissenschaftliche produktionstechnische Forschung an der Universität erschließt die Potenziale von Informations- und Materialtechnik sowie von neuen technologischen Prozessen über das Engagement junger Studenten und wissenschaftlicher Mitarbeiter für die wirtschaftliche Herstellung und Vermarktung nützlicher Waren und Dienstleistungen. Die universitären Kernprozesse von Forschung und Lehre lassen sich in der Produktionstechnik durch die Verbindung von analytischen, experimentellen, konstruktiven und modellierungstechnischen Komponenten besonders fruchtbar integrieren. Dabei sind leistungsfähige Werkstätten und Labore sowie effiziente Verwaltungsabläufe in der Universität erforderlich. Anregende Kommunikation über disziplinäre Grenzen hinweg ist ein weiteres Element entwickelter universitärer Kultur. Schließlich ist die Zusammenarbeit mit verständnisvollen industriellen Kooperationspartnern ein Unterpfand für erweiterte Ressourcen und eine große Chance zur Wertschöpfung im globalen Netzwerk von Zusammenarbeit und Wettbewerb.

5.4 Verfahrens- und Umwelttechnik
Der Einsatz der Membranfiltration bei der Aufbereitung von Oberflächenwasser

Udo Wiesmann, Alexander Dietze

5.4.1 Das Problem

In fließenden und stehenden Gewässern, in die vorbehandelte – aber auch weitgehend gereinigte – Abwässer eingeleitet werden, kann man im Frühjahr und im Herbst ein Mikroalgenwachstum beobachten. Im Herbst sterben die Algen ab und bilden eine Nahrungsquelle für aerobe, d.h. sauerstoffverbrauchende, Bakterien, die sich stark vermehren und dem Wasser Sauerstoff entziehen, wodurch die Wasserfauna geschädigt werden kann. Ursache des Mikroalgenwachstums ist der Nährstoff Phosphor, der insbesondere als Orthophosphat PO_4 vorliegt. Bild 43 zeigt den Verlauf von drei Phosphorfraktionen in der Spree am Wasserwerk Jungfernheide in Charlottenburg für das Jahr 2001. Aufgetragen sind die drei Phosphorfraktionen PT (Gesamtphosphor), PT_f (gesamter gelöster Phosphor) und PO_4-P (Orthophosphat-Phosphor), wobei $PT = PTp + PT_f$ mit PTp (partikulärer Phosphor) und $PT_f = P_{org} + PO_4\text{-}P$ mit P_{org} (gelöster organischer Phosphor) gilt.

Die jahreszeitlichen Änderungen sind besonders am PO_4-P erkennbar. Vom Januar bis zum April nimmt PO_4-P von etwa 100 μgL^{-1} bis auf 10$\mu g\ L^{-1}$ ab und steigt dann bis Ende September in mehreren Phasen bis auf etwa 260 μgL^{-1} wieder an, um dann innerhalb von vier Wochen in der Regel wieder auf 50-100 μgL^{-1} abzufallen.

Bild 43: Verlauf der P-Konzentrationen in der Spree

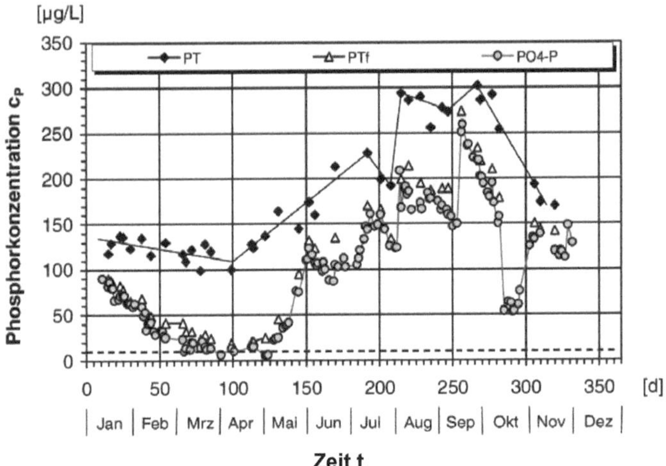

Quelle: WW-Jungfernheide, 2001

Bild 44 zeigt an drei Größen, der Chlorophyll-a- und der Feststoffkonzentration c_{AFS} sowie der Trübung T, was während dieser Zeit im Wasser passiert ist.

Bild 44: Fest-, Trübstoff- und Chlorophyll-a-Konzentrationen in der Spree

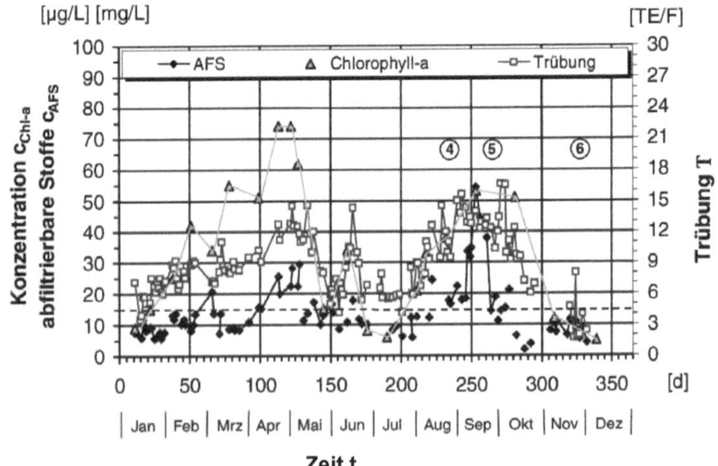

Quelle: WW-Jungfernheide, 2001

Im Frühjahr während der ersten starken Phosphorabnahme steigt die Algenkonzentration erheblich, was man auch an der zunehmenden Trübung und an dem steigenden Feststoffgehalt erkennen kann (Frühjahrsalgenblüte). Das Wasser färbt sich grün und wird undurchsichtig. Die Algen erhalten schließlich zu wenig Licht und sterben ab. Da sich dieser Prozess auch stromaufwärts abspielt, gelangt mehr Orthophosphat an die Messstelle WW Jungfernheide. Auch die Trübung nimmt ab, und so gelangt wieder mehr Licht ins Wasser. Eine neue Periode der Algenblüte setzt im Juli ein (Sommeralgenblüte). Bis Mitte Oktober nimmt auch die PO_4-P-Konzentration ab (nach einem kurzem Anstieg Anfang September). Dann setzt im Oktober ein zweites Algensterben ein, und im November nimmt die Sichttiefe wieder zu.

Besonders problematisch wird es, wenn man das Oberflächenwasser nutzen will, z. B. zur Grundwasseranreicherung. Dies ist in Berlin notwendig, solange der Grundwasserspiegel den langjährigen Mittelwert deutlich unterschreitet. Aus diesem Grunde sind auch auf dem Gelände des WW Jungfernheide große Versickerungsteiche gebaut worden. Da die P- und Algenkonzentration in der Spree anstiegen, war schließlich eine Versickerung ohne Vorbehandlung nicht mehr zu verantworten: Einerseits waren die Versickerungsflächen durch die Ablagerungen der Algen und weiterer Trübstoffe schon nach kurzer Zeit weniger durchlässig, sodass sich das zugeführte Spreewasser immer weiter aufstaute, andererseits gelangte PO_4-P in erheblichen Mengen ins Grundwasser. Für dieses Problem musste eine Lösung gefunden werden.

5.4.2 Die alte und die neue Problemlösung

Um 1980 begannen Voruntersuchungen. Leider war von der damals schon geplanten Einführung der Phosphateliminierung in allen Berliner Kläranlagen keine weitgehende Reduzierung der Algenkonzentration zu erwarten, was sich auch später bestätigte. Daher wurde ein Verfahren im Pilotmaßstab getestet und 1985 im großtechnischen Maßstab eingeführt. Es besteht aus fünf hintereinander geschalteten Verfahrensstufen aus Grobreinigung; Fällung, Flockung; Sedimentation; Fällung, Flockung; Volumenfiltration (siehe Bild 45).

Mit diesem Verfahren lässt sich der Phosphor weitgehend eliminieren, und die Algen sowie andere Feststoffe können abgetrennt werden. Die Betriebsdauer der Versickerungsflächen ließ sich dadurch wesentlich erhöhen. Das Verfahren hatte sich bereits bei der Trinkwassergewinnung und zum Schutz von Oberflächengewässern vor Massenalgenblüte bewährt und soll hier nicht näher erläutert werden. Einige Nachteile sind jedoch festzuhalten:

- Bei der Flockungsfiltration werden nicht unerhebliche Fällungs-/Flockungsmittel benötigt;
- von den als Flockungsmitteln eingesetzten Chemikalien (z.B. $Fe(Cl)_3$ und $Fe_2(SO_4)_3$) bleiben die Anionen, also Cl^- und SO_4^{2-}, im Wasser zurück und tragen zu einer Aufsalzung der Gewässer bei;
- zur Flokkulation müssen Polyelektrolyte als Flockungshilfsmittel im Überschuss eingesetzt werden. Ein Teil der biologisch meist schwer abbaubaren Stoffe bleibt im Wasser zurück.

Bild 45: Gegenüberstellung des Verfahrens Flockenfiltration im technischen Maßstab mit der Membranfiltration im Pilotmaßstab (nicht maßstabsgerecht)

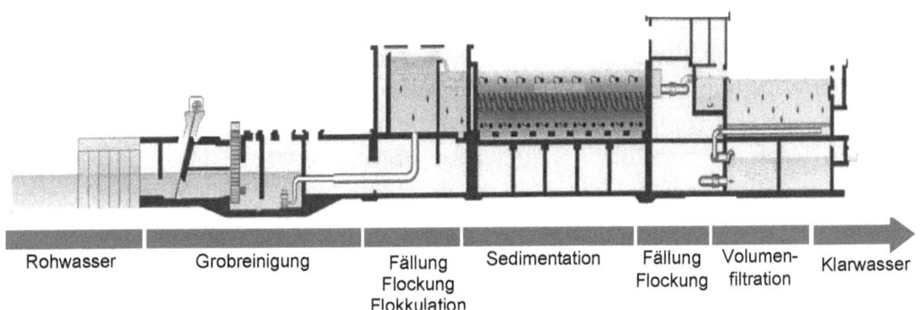

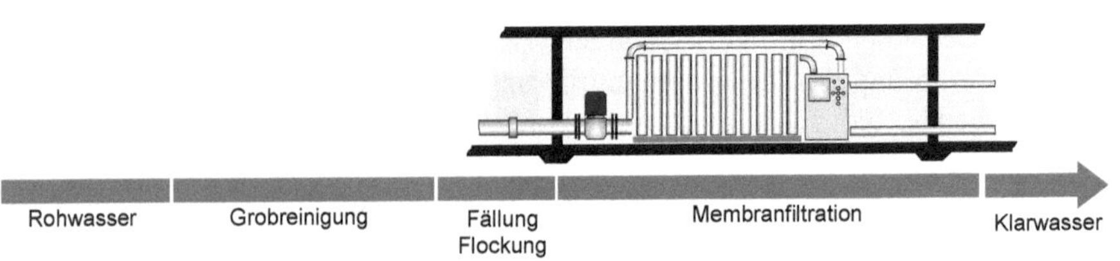

Quelle: WW Jungfernheide 2001

Beim Einsatz der Flockungsmittel bilden sich feste (flockenförmige) Eisenhydroxo-Verbindungen, die zusätzlich abgetrennt, entwässert und deponiert werden müssen. Mit einem FuE-Projekt, gefördert durch die Deutsche Bundesstiftung Umwelt, war zu klären, ob sich ein alternatives Verfahren mit Mikrofiltrationsmembranen zu dem oben genannten Zweck mit Nutzen einsetzen lässt, mit dem sich die genannten Nachteile vermeiden lassen. Beteiligt an dem Projekt waren neben dem Institut für Verfahrenstechnik (Umweltverfahrenstechnik) die Berliner Wasser-Betriebe sowie die Membranhersteller und -anwender Koch Glitsch GmbH, Rochem-UF-Systeme GmbH sowie die Wehrle-Werk AG, die eine Membrananlage zur Verfügung stellte und mit der Firma Koch kooperierte.

5.4.3 Die Analyse: Identifikation der Art des Problems und der zur Lösung angewandten Methoden

Das Thema lässt sich bezüglich der in den Technikwissenschaften zu behandelnden Problemen dem Typus „Ausarbeitung und Realisierung von Problemlösungen" zuordnen (siehe 3.1.4). Wie 5.4.1 zu entnehmen ist, kann das Problem als Frage formuliert werden: Wie lässt sich das Spreewasser von Mikroalgen, anderen Feststoffen und Phosphor so befreien, dass die zur Grundwasseranreicherung verwendeten Versickerungsbecken ihre Versickerungsleistung behalten?

Im zweiten Schritt geht es um die Erprobung einer Methode. Sie kann grundsätzlich neu sein, also z. B. eine erstmalige Anwendung einer Mikrofiltrationsmembran oder eine Methode der Verbesserung durch Versuch und Irrtum (siehe 3.2.1). Im letzten Fall geht es um die Beantwortung der folgenden Frage: Welche Vor- und Nachteile ergeben sich beim Einsatz einer Mikrofiltrationsmembran zur Aufbereitung von Spreewasser im Vergleich zum bereits eingesetzten Verfahren der Flockungsfiltration?

Ein neues Verfahren wird häufig zunächst im kleineren Maßstab (Pilotmaßstab) erprobt, um schon wichtige Ergebnisse bei niedrigerem finanziellem Risiko zu erhalten. Im Folgenden wird über Untersuchungen im Pilotmaßstab berichtet. Um den vorgegebenen Rahmen nicht zu sprengen, sollen nur wenige Ergebnisse dargestellt werden, die an einer von zwei Anlagen erzielt wurden.

5.4.4 Versuchsanlage und Messungen

Bild 46 zeigt die Pilotanlage der Firmen Koch Glitsch GmbH (Membranhersteller) und Wehrle-Werke AG (Anlagenbauer) mit einem vertikal angeordneten Kapillarmodul. Das Zulaufwasser wird durch einen Filter (1) mit einer Maschenweite von 0,2 mm geleitet und in einem Tank (2) gespeichert. Danach werden Flockungsmittel FM zudosiert (6), das Gemisch wird durch einen Rohrreaktor geleitet, in dem sich phosphorhaltige Mikroflocken bilden.

Es handelt sich um einen Dead-end-Betrieb, d. h. das Rohwasser wird in das Kapillarbündel (Kapillarinnendurchmesser 1,1 mm) gedrückt und dort in das partikelfreie Permeat und die zurückgehaltenen Feststoffpartikel getrennt, die sich auf der Innenoberfläche der Kapillaren absetzen und den Filtrationswiderstand mit der Zeit erhöhen. Daher muss von Zeit zu Zeit eine Spülung erfolgen. Dazu wird ein Teil des Permeats verwendet, das im Tank zwischengespeichert wird. Die Anlage erlaubt die Anwendung und Kombination mehrerer Spülungen:

- der Permeatrückspülung;
- der Cross-Flow-Spülung mit Rohwasser mit und ohne Druckluftunterstützung;
- eine zirkulierende Cross-Flow-Spülung.

Bild 46: Pilotanlage mit Kapillarmodul (Firma Koch-Glitsch GmbH, Wehrle-Werke AG)

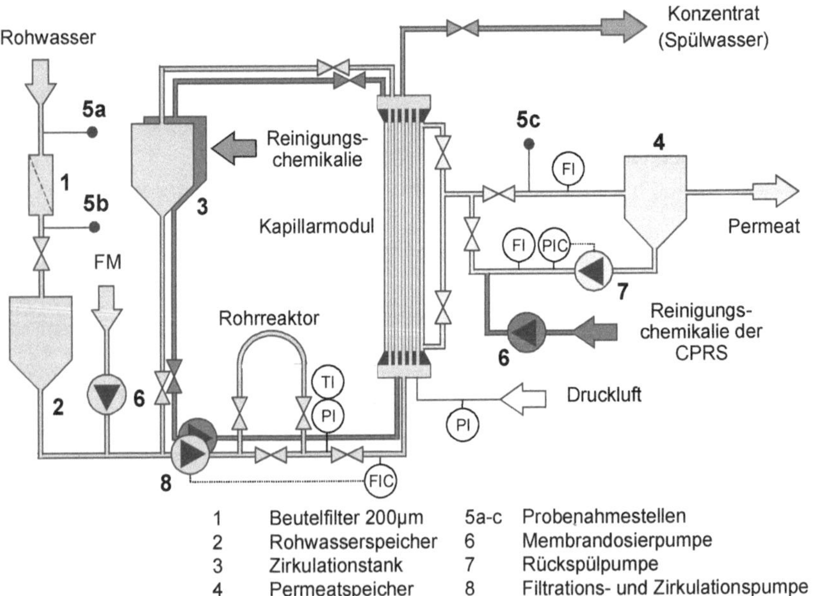

Zusätzlich kann nach einer hydraulischen Spülung eine chemisch intensivierte Permeat-Rückspülung erfolgen. Zur chemischen Reinigung werden z. B. Natronlauge, Wasserstoffperoxid oder Citronensäure eingesetzt. Es handelt sich hierbei im Vergleich zur Flockungsfiltration um sehr kleine Mengen an Chemikalien.

Die hier verwendeten Membranen bestehen aus Polysulfon. Die Membranoberfläche liegt bei der Membran FM 100 bei 10,2 m^2 pro Modul, der Kapillardurchmesser bei 1,1 mm und der zulässige Permeatrückspüldruck bei 1 bar. Die Messwerte für die Chlorophyll-a-Konzentrationen für den Standort WW Jungfernheide wurden uns von den Berliner Wasser-Betrieben zur Verfügung gestellt. Sie sind als Maß für die Gesamtalgenkonzentration zu betrachten. Die abfiltrierbaren Stoffe AFS erfassen alle Partikel > 0,45 µm. Die Trübungsmessung erfolgte vor Ort mit einem Trübungsphotometer.

5.4.5 Ergebnisse

Schaut man auf Bild 43, so erkennt man, dass die Ortho-Phosphat-Konzentration PO_4-P im Juni und Juli 2001 in der Spree an der Messstelle WW Jungfernheide 100-150 µg L^{-1} PO_4-P betrug. Durch Phosphatfällung und Membranfiltration kann dieser Wert auf etwa 10 µg L^{-1} PO_4-P gesenkt werden (vgl. Dietze 2004).

Die Ablaufwerte der Flockungsfiltrationsanlage liegen bei etwa 2 µg L^{-1} PO_4-P. Die Werte lassen sich auch für den Gesamtzeitraum (2000 bis Juni 2002) bestätigen (siehe Tabelle 14). Die Gesamtphosphor-Werte im Ablauf stimmen dagegen mit PT = 20 µg L^{-1} überein.

Tabelle 14: Vergleich einiger Parameter und Ablaufdaten für 2000-2002 der Membranfiltration und der Flockenfiltration

			Mittelwert	
Parameter		*Einheit*	*Membranfiltration*	*Flockungsfiltration*
Gesamtphosphor	PT	µg L^{-1}	20	20
Partikulärer P.	PT_p	µg L^{-1}	0	11
Gelöster org. P.	P_{org}	µg L^{-1}	10	7
Orthophosphor	PO_4-P	µg L^{-1}	10	2
Mittlere Verweilzeit	t_V	min	1	60
Trübung	T	TE/F	0,1	0,7
Abfiltrierbare Stoffe	AFS	mg L^{-1}	0,1	0,6
Coliforme Bakterien	Anzahl/100mL		< 30	1600
Flockungsmittel	mol Me m^{-3}		0,07	0,14
Flockungshilfsmittel	gm^{-3}		0	0,39

Quelle: WW Jungfernheide (vgl. Dietze 2004)

Wie zu erwarten ist, wird der partikuläre Phosphor in der Membrananlage vollständig zurückgehalten, während er bei der Flockungsfiltration PTp = 11 µg L^{-1}

beträgt. Der gelöste organische Phosphor stimmt mit 10 bzw. 7 µg L^{-1} in etwa überein. Die Vorzüge der Membranfiltration werden besonders deutlich, wenn man die wesentlich niedrigeren Werte für Trübung T, abfiltrierbare Stoffe AFS und coliforme Bakterien betrachtet, die als Mittelwerte über einen Zeitraum von 2,5 Jahren erreichbar waren.

Auf drei weitere Vorteile der Membranfiltration sei hingewiesen:

- Man kann etwa die Hälfte der Flockungsmittel einsparen;
- Flockungshilfsmittel werden überhaupt nicht benötigt;
- das gesamte Apparatevolumen ist erheblich kleiner.

Bevor wir jedoch zu einer abschließenden Beurteilung kommen können, müssen wir den Prozess der Membranfiltration genauer betrachten und einen Kostenvergleich durchführen.

Wie eine Membranfiltration im Dead-end-Prozess abläuft, kann am Bild 47 deutlich gemacht werden. Aufgetragen ist die Permeabilität in L $(m^2 \text{ h bar})^{-1}$ sowie der transmembrane Druck TMP in bar über der Zeit von insgesamt 45 Tagen. In den ersten sieben Tagen erfolgt alle $\Delta t = 20$ min eine Rückspülung, auf die hier nicht genauer eingegangen werden soll. Sie setzt etwa bei TMP = 0,45 bar ein und endet nach einer kurzen vorgegebenen Spüldauer. Aufgrund dieser Spülung sinkt die Permeabilität P_M nur noch langsam ab.

Bild 47: Permeabilität P_M und transmembraner Druck TMP im Kapillarmodul FM 100 während der Filtration von Spree-Wasser mit variierendem Permeatfluss (August – September 2000)

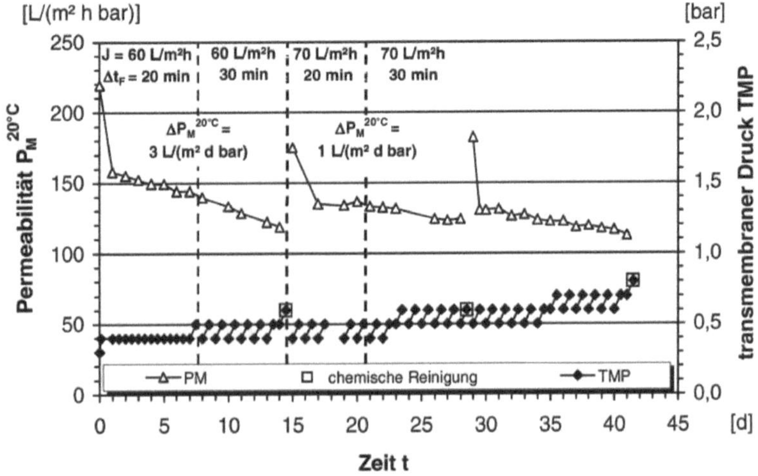

Das Absinken der Permeabilität ist darauf zurückzuführen, dass kleine Partikel in die Poren eingedrungen sind oder andere Wasserinhaltsstoffe eine Ablagerung gebildet haben, die sich nicht vollständig durch Spülung entfernen lassen. Bei Unterschreitung einer vorgewählten Permeabilität wird eine chemische Reinigung notwendig (z.B. 14. Versuchstag). In Abhängigkeit der Dauer und der eingesetzten Chemikalien lässt sich die Permeabilität wieder erhöhen.

Die Abnahme der Permeabilität ist hierbei insbesondere von der Rohwasserqualität abhängig, wobei auch der gewählte Permeatfluss und die Art der Spülung eine Rolle spielen. Will man den maximalen Druck nicht über 1,0 bar ansteigen lassen oder die Permeabilität nicht unter 70 L $(m^2\ h\ bar)^{-1}$ sinken lassen, so muss diese Membran FM 100 nach dreißig Tagen gründlich chemisch gereinigt werden (vgl. Dietze 2004). Höhere transmembrane Drücke würden die Energiekosten erhöhen und auch die Effektivität von Spülung und Reinigung beeinflussen. Nur auf die genannte Art und Weise bestehen Aussichten mit Membranen im Bereich der Mikrofiltration die Kosten der Flockenfiltration zu unterbieten. Durch eine Kostenschätzung soll dies überprüft werden.

Von drei untersuchten Varianten des Aufbereitungsprozesses durch Membranfiltration hat sich eine mit 0,13 €/m^3 als konkurrenzfähig zur Flockungsfiltration herausgestellt, die die gleichen spezifischen Kosten verursacht (vgl. Dietze 2004). Bild 48 zeigt dieses konkurrenzfähige Konzept der Membranfiltration.

Das Oberflächenwasser wird zunächst durch Rechen, Sieb und Sedimentationsbecken von gröberen Bestandteilen (kleine Plastikteile, Flaschenverschlüsse, Holz, Laub, Sand, etc.) befreit. Drei Teilströme entstehen hier:

(1) ein aus Grobstoffen bestehender Abfall,
(2) Schlammwasser und
(3) ein weitgehend feststofffreies Wasser, das jedoch die Phosphate, Mikroalgen und sehr kleine schlecht sedimentierbare Partikel enthält.

Der Teilstrom (3) wird nach Zudosierung von Fällungs-/Flockungsmitteln und Mikroflockenbildung in die Membrananlage geleitet und in

(4) Permeat,
(5) Konzentrat und
(6) Abwasser der chemischen Reinigung

aufgeteilt. Das Konzentrat umfasst etwa 10-15% des Rohwassers und muss in einer zweiten Membranstufe mit einer entsprechend kleineren Membranoberfläche weiter aufkonzentriert werden. Nach einer Abtrennung von Schlammwasser und einer Zudosierung von Fällungs-Flockungsmitteln gelangt es in die zweite Membranstufe und wird wieder in Permeat und Konzentrat getrennt. Das Permeat wird mit dem der ersten Stufe zusammengeführt und kann dann z.B. zur künstlichen Grundwasseranreicherung verwendet werden. Nach einer weiteren

Aufteilung in (7) Schlammwasser, das in die Kanalisation eingeleitet wird, und (8) dem behandelten Abwasser der hydraulischen Spülungen, wird dieses bei der hier behandelten Konzeption wieder in den Vorfluter eingeleitet:

(2) + (7) Schlammwasser in Kanalisation,
(8) behandeltes Abwasser der hydraulischen Spülungen in den Vorfluter.

Auch hier entsteht (9) ein Abwasser der chemischen Membranreinigung, das gemeinsam mit (6) in die Kanalisation eingeleitet wird. Auf diese Weise können etwa 95 % des Oberflächenwassers durch Membranfiltration aufbereitet und dem Grundwasser zugeführt werden.

Bild 48: Zweistufiger Prozess der Oberflächenwasseraufbereitung mit Membranfiltration

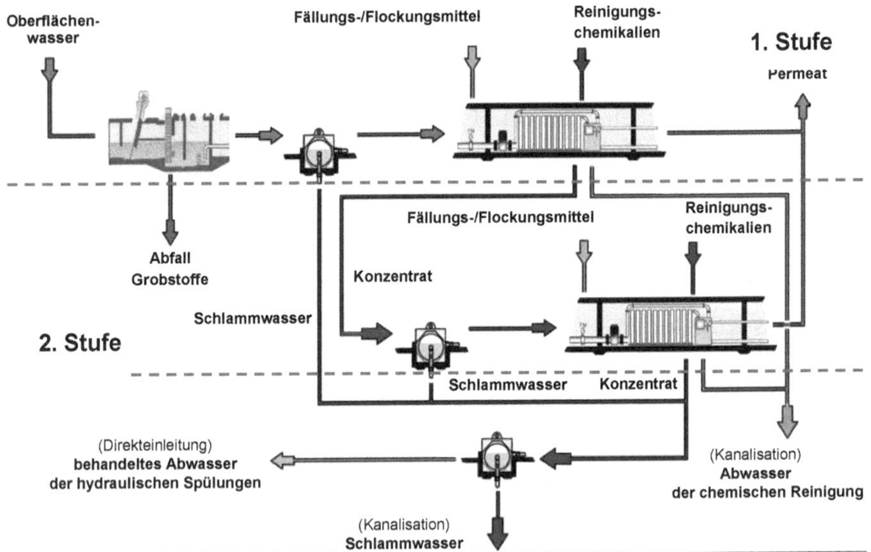

5.4.6 Schlussbemerkung

Im Wasser gelöste Stoffe (z. B. Phosphate) und sehr kleine Partikel (z. B. Mikroalgen) werden in Feststoffe umgewandelt, sodass sie durch Membranfiltration abgetrennt werden können. In diesem Beispiel aus der Umwelttechnik ist das gereinigte Wasser das Produkt. In zahlreichen anderen Fällen aus der Verfahrenstechnik, Technischen Chemie und Biotechnologie sind die durch die Reaktionen entstehenden Stoffe das eigentliche Produkt. Nach der Abtrennung bleibt ein Abwasser zurück, das durch andere Verfahren der Stofftrennung wieder gereinigt werden muss. Es ist immer Ziel, Umwandlungsverfahren und Trennverfahren so miteinander zu verknüpfen, dass

- das Produkt in der gewünschten Menge und Reinheit entsteht;
- die flüssigen, festen und gasförmigen Abfälle den gesetzlichen Anforderungen entsprechend aufbereitet und entsorgt werden;
- die Summe der Kosten für Produktion und Entsorgung möglichst niedrig ist.

5.5 Biotechnologie: Grüne Gentechnik

Nicole C. Karafyllis

5.5.1 Der Gegenstandsbereich der Biotechnologie

Die Biotechnologie ist die Lehre von den Techniken zur Veränderung von Lebewesen im Hinblick auf die Produktion. Sie hat sich zuerst auf die kleinsten Lebewesen konzentriert: Bakterien und Pilze (Hefen). Schon lange vor der Sichtbarmachung nutzte man ihre Stoffwechselprozesse zur Fermentation, die in erster Linie der Haltbarmachung von Lebensmitteln diente. Bis heute gibt es eine enge Verbindung zwischen Mikrobiologie und Biotechnologie, die durch die Erfindung des Lichtmikroskops und der damit einhergehenden Visualisierung von lebenden Zellen einen rasanten Aufschwung nahm. Als es später möglich wurde, auch Pflanzen-, Tier- und Menschenzellen in Zellkultur zu nehmen, konnten sich die verschiedenen Biotechniken wie z. B. die Gentechnik auch auf die Botanik und Zoologie bzw. Medizin ausdehnen. Die Biotechnologie nutzt Kultivierungstechniken, die in anderen Disziplinen entwickelt wurden. Über die biotechnischen Methoden, die sich auf Zellen und Gene konzentrieren, werden die für die Fachwissenschaften charakteristischen Objekte Lebewesen (Mensch, Tier, Pflanze) in den Hintergrund gerückt und anschlussfähig an eine Allgemeine Technologie (vgl. Ropohl 1999a), die sich mit den Systeminputs und -outputs der Attributskategorien Masse, Energie und Information beschäftigt. So verlieren die genannten Wissenschaften Teile ihres sie vormals konstituierenden Objektbereichs und gehen in der allumfassenden Rede von der *Life Science* auf.[54] Biotechnik gibt es im Rahmen von Medizin-, Lebensmittel-, Arzneimittel- und

54 Peter Fischer kennzeichnet dem gemäß die Handhabe von „Leben“ in der jüngeren Biotechnik als Gegenstand der Technik, Teil der Technik, technisches Mittel und als noch nicht realisiertes technisches Artefakt (vgl. Fischer 2004, S. 118ff.). Letztere Position markiert die Grenze zwischen Biotechnik und Artificial Life-Forschung, die ohne lebendes Material auskommt, um vermeintliches „Leben“ zu erzeugen.

Umwelttechnik, d.h. diesseits und jenseits der Körpergrenze Haut.[55] Die Zelle ist das biotechnische „System“, mit dem gearbeitet wird und das etwas herstellen soll.

Während die klassische Biotechnologie sich mit der Kultivierung von Zellen und Geweben als Produktionssystemen beschäftigt, die man in erster Linie *quantitativ* optimieren möchte, konzentriert sich die moderne Biotechnologie, die molekularbiologisch und vor allem molekulargenetisch arbeitet, auf die optimale Veränderung *qualitativer* Eigenschaften. In diesem Kontext wird „Biotechnologie“ oft mit „Gentechnologie“ gleichgesetzt, obwohl das gentechnische Arbeiten eine Teilmenge des größeren biotechnischen Arbeitszusammenhangs bleibt. Man weist den verschiedenen Objektbereichen der Gentechnik verschiedene Farben zu: „Rote Gentechnik“ für den biomedizinischen Anwendungsbereich bei Tier und Mensch, „Grüne Gentechnik“ für die Veränderung von Pflanzen, „Weiße Gentechnik“ für den mikrobiellen Anwendungsbereich und „Blaue Gentechnik“ für die biotechnische Nutzung mariner Organismen.

Allen Biotechniken gemeinsam ist, dass sie Biofakte (vgl. Karafyllis 2003) hervorbringen: biotische Artefakte, an deren Leben Bedingungen gestellt wurden, die sie im Leben erfüllen und mittels Wachstum in Erscheinung bringen sollen. Der Ort der Herstellung ist gemeinhin das biotechnische Labor, in dem die epistemischen Grenzen zwischen Experiment und Konstruktion und damit auch die zwischen Naturwissenschaft und Technologie zur „technoscience“ verschmelzen (vgl. Weber 2003). Mittlerweile entstehen auch biofaktische Kunstwerke, wie im Jahr 2000 das bei Bestrahlung grün fluoreszierende Kaninchen *CFP Bunny* des Künstlers Eduardo Kac, im Labor (vgl. Reichle 2005).[56] Das biotechnische Labor mit seinen Reinkulturen übernimmt mit „Kultur“ den Terminus der Agrar- und Forstwissenschaften. Kulturräume sind solche, in denen Organismen heranwachsen und sich reproduzieren. Die Umgrenztheit des Raumes bei gleichzeitiger Sichtbarkeit des Wachstums und das Gebundensein an ein Medium ist wichtigstes Kennzeichen einer Laborkultur. Im strengeren Sinne beziehen sich Kulturen im Labor auf Organismen, d.h. auf abstrakte Individuen als Vertreter derselben Art. Sie haben als Organismen technischen Modellcharakter (siehe unten).

---

55 Auch jenseits der Life Sciences wird Biotechnik großindustriell verwendet, etwa bei der bakteriellen Enzymproduktion für die Waschmittelherstellung oder bei der Erzeugung von B-Waffen.

56 Von der Biotechnik unterschieden ist die Bionik, bei der die lebende Natur und ihre Strukturprinzipien durch Ingenieurskunst aus unbelebten Materialien nachgebaut werden, und die Biometrie, bei der Lebewesen in ihrem Phänotyp vermessen und in ihren personentypischen Charakteristika berechenbar werden.

5.5.2 Prinzipien der Herstellung mittels Bio- und Gentechniken

Mittels Biotechniken werden Lebewesen zu Produzenten. Damit das Endprodukt, das das Lebewesen selbst, seine Zellen, Organe, Gewebe, Proteine oder andere Stoffwechselprodukte, seine Gene oder Nachkommen sein kann, in seinen Qualitäten berechenbar ist, muss der Weg der Erzeugung in normierten Schritten erfolgen. Dies gelingt am ehesten, wenn man bestimmte Funktionen, die sich als Phänomene am Lebendigen offenbaren, auf bestimmte Gene rückführen kann und wenn man einen Modellorganismus mit bekanntem Genom zum methodischen Vergleich nutzen kann. Einzelne Abschnitte der Nukleotidabfolge (= Sequenz) codieren für bestimmte Proteine, d.h. liefern den Befehl an die ausführenden Zellorganellen, die so genannten Ribosomen, ein Protein genau so und nicht anders zu synthetisieren. Das funktionale Zusammenwirken dieser einzelnen Abschnitte, die in einem Eiweißmolekül (Protein) resultieren, nennt man das *Gen*. Die Gesamtheit der im Zellkern lokalisierten Gene, das Genom, wird von Generation zu Generation vererbt. Auch bei jeder Zellteilung im Individuum wird das genetische Material in die neue Zelle weiter gegeben. Zum Teil können dabei kleine Veränderungen (Mutationen) auftreten, zum Teil wird auch, wie bei der Entstehung von Keimzellen, nur eine Hälfte des genetischen Materials auf die Zelle verteilt. So kann man bei höheren Lebewesen in jedem Falle schlussfolgern, *dass* Eigenschaften vererbt werden, aber nicht unbedingt *welche*. Diese Variabilität der Vererbung versucht man durch Unterdrücken der sexuellen Vermehrung, d.h. dem Erzeugen von Sterilität, technisch zu verhindern. Stattdessen vermehrt man über Klonierungstechniken genetisch identische Kopien im Interesse eines standardisierten Endprodukts.

Dies ist insbesondere wichtig bei gentechnisch transformierten Organismen. Unter „Gentechnik" versteht man ein Methodenarsenal, das es erlaubt, Gene aus einem Organismus zu isolieren und zu analysieren[57] und in einen anderen Organismus genetisches Material gezielt einzubauen. Mit Hilfe gentechnischer Methoden können diagnostisch-analytische Untersuchungen stattfinden sowie auch neue genetische Konstrukte geschaffen werden. Ersteres wäre z.B. bei der molekularen Saatgutanalyse der Fall, letzteres bei der gentechnischen Einführung einer Herbizidtoleranz in Pflanzen, die die Pflanzen zu „transgenen Pflanzen" macht. Die Herstellung transgener Pflanzen ist das Ziel der Grünen Gentechnik, die hier als Fallbeispiel für modernes biotechnisches Arbeiten erläutert wird.

Wichtige technische Schritte in diese Richtung waren erstens die Möglichkeit, Genabschnitte gezielt mit Hilfe von Enzymen (mittels Restriktionsenzymen) auszuschneiden und zusammenzubinden (mittels Ligasen), zweitens einen

57 Diese Teilleistung wird oftmals als „Molekularbiologie" von „Gentechnik" abgeteilt.

Gentransfer in andere Zellen zu erreichen (mittels so genannter Vektoren), drittens die Möglichkeit, Genabschnitte zu vervielfältigen, und viertens die Möglichkeit, durch Klonen identische Zellen zu reproduzieren, von denen intakte Lebewesen generiert werden können. Während „Genom" die Gesamtheit aller Gene eines Lebewesens umfasst, meint der vergleichsweise neu in die Biologie eingeführte Begriff „Proteom“ die Gesamtheit aller Proteine. Sie sind die eigentlichen Wirkkomponenten im Stoffwechsel. Analog zur Genomik etabliert sich nun die Unterdisziplin der Proteomik, die erforscht, welche Eiweißverbindungen durch die Gene codiert werden. Erst mittels der Proteine gelangt man zur Information über die Funktion der Moleküle innerhalb des Organismus.

Biotechnologie systematisiert je nach Aufgabenstellung eine bestimmte Abfolge jeweils standardisierter Techniken:

(1) Kultivierungstechnik;
(2) Analysetechnik;
(3) Herstellungstechnik;
(4) Vervielfältigungstechnik.

Zu den Kultivierungstechniken (1) gehören Maschinen (z.B. Schüttler, Inkubatoren), Kultivierungsgefäße (z.B. Erlenmeyer-Kolben, Petri-Schalen) und Medien wie Gelatine oder Agar-Agar mit auf den jeweiligen Organismus abgestimmter Nährstoffzusammensetzung. Ferner dient eine komplizierte Sterilisationstechnik mit Filteranlagen und Autoklaven dem kontaminationsfreien Arbeiten mit so genannten *Reinkulturen* eines Organismus. Im Vorfeld der Erbgutanalyse (2), die die Abfolge der Nukleotidsequenzen im „genetischen Code“ klären soll, wirken Reinigungs- und Zerlegungstechniken (z.B. Zentrifugation), die die DNS, die Desoxyribonucleinsäure als Träger der genetischen Information, herauspräparieren und von anderen Zellbestandteilen lösen. Analysiert werden kann das ganze Genom (= Totalsequenzierung), was aufgrund der Datenmengen mehrere Jahre in Anspruch nimmt, oder ein charakteristischer Abschnitt, der vervielfältigt (4) werden kann. Mit Hilfe der PCR (*Polymerase chain reaction*) kann man geringste Mengen DNS, etwa in Spuren von Blut an einem Tatort, durch Einwirken von bestimmten Enzymen im Labor reproduzieren und für aussagekräftige Analyseergebnisse vorab ihre Quantität anreichern. Zur Sichtbarmachung bestimmter Gene dienen Färbetechniken in Kombination mit fluoreszierenden Markergenen, die den Ort einer Sequenz auf dem Genom lokalisieren können. Die Sichtbarmachung erfüllt den Zweck einer Qualitätskontrolle und ist Bedingung für die Möglichkeit zur *Selektion* von Menschenhand. Dazu nutzt man einen Abgleich mit einem genetischen Modellorganismus, der als Prototyp dessen, was biotechnisch möglich ist, dient.

5.5.3 Grüne Gentechnik: Die Herstellung transgener Pflanzen

Am Beispiel der Herstellung transgener Pflanzen kann gezeigt werden, wie Pflanzen bestimmte Produkteigenschaften, wie z.B. eine Herbizidtoleranz, erwerben können. Die Grüne Gentechnik steht im Dienste der Produktentwicklung. Das biotechnische Labor einschließlich der Versuchsflächen zur Freisetzung sowie der nachgeschaltete agrarwirtschaftliche Herstellungskontext bilden das pflanzenbauliche Produktionssystem. Die Herbizidtoleranz als eine Eigenschaft des Produkts ermöglicht durch Ausschalten von Nahrungskonkurrenten einen höheren Erntefaktor und steigert damit die Effizienz des Produktionssystems.

Um Kulturpflanzen wie den Mais zu transgenem Mais zu machen (etwa zu so genanntem Bt-Mais, der den Mais gegen Fraß durch den Maiszünsler dadurch schützen soll, dass er das Gen des *Bacillus thuringiensis* trägt, dessen Toxin Insektenlarven töten kann), muss man eine Transformation der Zellen, d.h. die Einführung fremden Erbguts in die Zelle vornehmen. Integriert sich das eingeführte Fremdgen in das Wirtsgenom, hat man eine transgene Zelle hergestellt, aus der man ein ganzes Lebewesen regenerieren kann. Die Herstellung transgener Pflanzen ist erstmals im Jahr 1983 dokumentiert. Sie gehört heute zum Alltagsgeschäft der Biotechnikerin und konzentriert sich auf die wichtigsten Kulturpflanzen wie Sojabohne, Mais, Reis, Kartoffel, Gerste, Weizen und Baumwolle. Der Ablauf ist bei allen Pflanzen im Wesentlichen gleich: Es werden durch gesteuerte Infektionen genetische Hybride mit neuen Eigenschaftskombinationen hergestellt.

Die am weitesten verbreitete Methode zur Transformation bedient sich des Bakteriums *Agrobacterium tumefaciens*. Es befällt Pflanzen, und diese Infektion wird im Labor zur Übertragung des gewünschten Erbgutes gesteuert. Dieses Bakterium enthält neben seiner eigentlichen Erbsubstanz (Chromosom) ein ringförmiges Molekül (Plasmid), das die zu übertragenden Gene beinhaltet. Diese hat man vorher mit Hilfe von Viren, die wiederum das Bakterium befallen haben, in das Bakterium eingeschleust. Das Zusammenspiel bei der kontrollierten Genübertragung durch Viren, Bakterien und Pflanzen nennt man ein Transformationssystem. Beim Eintauchen einer Pflanze in eine Suspension mit Agrobakterien findet ein Kontakt zwischen Bakterien und Blättern statt und man erreicht eine Infektion. Ein Bakterium lagert sich in der Suspension an eine Pflanzenzelle an, dann wird das Erbgut als Plasmid in die Pflanze eingeschleust. Dieser Vorgang dauert wenige Sekunden. Nach Integration der fremden Gene im Erbgut der Pflanzenzellen werden die mit Agrobakterien infizierten Blätter auf künstliche Nährböden transferiert und die Regeneration initiiert. So erhält man transgene Pflanzen. Um gewünschte Eigenschaften in Pflanzen verlässlich einbringen zu können, benötigt man eine *Modellpflanze*, an der man das Funktionieren des

Gentransfers testet und aus der man umgekehrt Gene für bekannte Eigenschaften zur Herstellung transgener Kulturpflanzen gewinnt. Ihr Genom ist von der Struktur her bekannt. Das lebendige Modell der Pflanzenbiotechnik ist *Arabidopsis thaliana*, die als Unkraut am Bahndamm und am Ackerrandstreifen wachsende „Ackerschmalwand".

5.5.4 Modellorganismen als Prototypen: Die Modellpflanze *Arabidopsis thaliana*

Modellorganismen sind methodische Prototypen für eine Klasse von gentechnischen Anwendungsfällen. Im biotechnischen Arbeiten sind sie Prototyp sowohl für die naturwissenschaftliche Analyse einer ganzen Klasse von Lebewesen (z.B. den Pflanzen) als auch für die technische Herstellung eines im Vergleich zum bisherigen Original modifizierten Produkts. Diese dialektische Verfasstheit des Prototyps in der Biotechnologie liegt daran, dass das gewünschte Produkt sich mit Hilfe seines Wachstums quasi selbst herstellt und man für das Erreichen eines Endprodukts seine genetischen Anlagen kennen sowie die Randbedingungen des Wachstums modellieren muss. Man kann Modellorganismen als Modelle der Genetik von Versuchsorganismen als Modelle der Physiologie bezüglich der Art und Weise des biotechnischen Hervorbringens unterscheiden. Beide sind nicht als Zerlegte im Labor, sondern sie gehen in ihrer Lebendigkeit eine Wechselwirkung mit den Mit-Laboranten wie Wissenschaftlern, Biotechnikern, technischen Assistenten, Gärtnern und Tierpflegern ein. Dadurch entsteht ein hybrider Lebens-Raum mit verschiedenen Formen von Kultur, unter denen die Experimentalkultur nur eine ist (vgl. Karafyllis 2006).

Neben zahlreichen Bakterien und der Bäckerhefe (*Saccharomyces cerevisiae*) gibt es dank der zeit- und kostenaufwendigen Sequenzierung des Genoms wenige mehrzellige Modellorganismen wie die Maus (*Mus musculus*), den Fadenwurm (*Caenorhabditis elegans*), die Fruchtfliege (*Drosophila melanogaster*), den Zebrafisch (*Danio rerio*) und die Ackerschmalwand, die als Modelle für Entwicklung, in vielerlei Hinsicht auch die des Menschen, dienen. Von den Kenntnissen über Wachstum und Entwicklung von *Arabidopsis* (z.B. hinsichtlich der Aktivität von Genen bei der Gewebedifferenzierung, bei der Abwehr und Resistenzbildung gegen Pflanzenschädlinge, bei Stressreaktionen auf Dürre und Temperaturschwankungen etc.) erhofft man sich, analoge Strukturen in wichtigen Nutzpflanzen wie der verwandten Sojabohne aufzufinden und langfristig gentechnisch modellieren zu können. Weil man in der Genomforschung bei strukturalen Analogien oft Homologien vermutet, dient *Arabidopsis* als Modell für die Struktur und Organisation des Genoms zweikeimblättriger Pflanzen (*Dicotyledonae*) schlechthin.

Modellorganismen haben ein ganzes Spektrum an unterschiedlichen Aufgaben zu erfüllen (vgl. Burian 1993), die wiederum von unterschiedlichen Kontexten abhängen (vgl. Köchy 2003, S. 566ff.). Für Kristian Köchy stehen Modellorganismen in der anschaulich-explanativen Sphäre des wissenschaftlichen Arbeitens und erreichen nie eine Identitätsbeziehung zwischen Urbild und Abbild. Zumindest bei Modellorganismen im engeren Sinne, d.h. den Modellen der Molekulargenetik, deren Genom vollständig sequenziert ist und dessen Reproduktion sie unter Aufsicht im Labor mit Hilfe ihres Körpers vollziehen, scheint eine gewisse Vorsicht in der Entschiedenheit der Aussage angebracht. Ein Modell beschreibt eine Äquivalenzbeziehung von Merkmalen, die zur Erklärung eines Sachverhalts für relevant erachtet werden. Will man Wachstums- und Entwicklungsvorgänge erklären, hat man es bei der Auswahl des Modells mit dem Problem zu tun, dass die Bezug nehmenden Merkmale sich selbst ständig verändern (etwa wie bei einer Stadt, die ihre Topographie stets dann wechselt, wenn der Stadtplan als Modell angefertigt ist). Einzig die genetische Struktur bleibt in ihrer Abfolge von Nukleotiden weitgehend konstant, wohingegen einzelne Gene in verschiedenen Wachstumsstadien an- oder abgeschaltet werden.

Arabidopsis ist ein „Globalisierungsgewinner" und konnte nahezu jedes pflanzengenetisch arbeitende Labor kolonialisieren. Sie ist ein unscheinbares Ackerwildkraut und gehört zu den Senfpflanzen (Familie *Brassicaceae*). Friedrich Laibach, Schüler von Eduard Strasburger, beschrieb 1907 die fünf Chromosomenpaare der Pflanze in verschiedenen Zellteilungsstadien. Seine Schülerin Erna Reinholz legte 1945 die erste Sammlung im Labor induzierter Mutanten an (vgl. Rédei 1975). Mittlerweile sind die meisten Labors räumlich und technisch auf *Arabidopsis* ausgerichtet. Im Standardwerk „Molecular Biology of the Cell" findet sich in der zweiten Auflage von 1995 noch der Hinweis, dass *Arabidopsis* ein „weed of no economic value, but of potentially great value for experiments in the molecular genetic of plants" sei. Aufgrund seiner attraktiven Möglichkeiten werde *Arabidopsis* wohl bald die *Drosophila* (Fruchtfliege) der Pflanzenentwicklungsgenetik werden, so die Autoren (vgl. Alberts et al. 1989, S. 1184). Ein Jahr später war es soweit: 1996 wurde unter Beteiligung von Japan, den USA und Europa die AGI (Arabidopsis Genome Initiative) gegründet. Das ebenfalls folgende ESSA (European Scientists Sequencing Arabidopsis) ist ein Konsortium aus mehr als zwanzig Labors, die sich der Sequenzierung widmen. Internationales Ziel der Proteomforschung ist es, bis 2010 die Rolle aller 25.000 *Arabidopsis*-Gene zu entschlüsseln, d.h. das Genom in seiner Organisation (Aktivität in verschiedenen Geweben, Musterbildung) und spezifischen Funktion auf Proteinebene zu kennen.

Ein Modellorganismus muss generell folgende Kriterien erfüllen (vgl. zum Teil Burian 1993): Robustheit, ausreichende Verfügbarkeit, geringer Platzbedarf und niedrige Ansprüche an die Kultivierung, kurze Generationszeiten bei zahlreicher Nachkommenschaft, gute Sichtbarkeit der Resultate im Experiment. Ein wichtiger Punkt ist die leichte Isolierbarkeit von Geweben, Zellen und ihren Bestandteilen, bei gleichzeitigem Erhalt ihrer *Potenzialität*. *Arabidopsis* konnte deshalb eine „Karriere" im Labor machen, weil sie diese Kriterien alle erfüllt. Sie verfügt über einen kurzen Reproduktionszyklus von nur fünf Wochen von der Aussaat bis zur Samenreife bei reichlicher Samenproduktion (mehrere 1000 pro Pflanze, ein Blütenstand trägt ca. 200 sehr kleine, weiße Blüten). Bei 25°C erreicht man bis zu acht Generationen im Jahr. Arabidopsis ist platzsparend, sie wird maximal zwanzig Zentimeter hoch und wächst sogar im Reagenzglas. Sie ist Selbstbefruchter. Nach genetischer Transformation erhält man durch *Selbstung* homozygot transformierte, reinerbige Pflanzen. Die Mutanten sind leicht isolierbar und zeigen oft die Mutation bzw. Transformation schon im Keimlingsstadium phänotypisch an. Mit dem Vektororganismus *Agrobacterium tumefaciens* ist ein effizientes Transformationssystem etabliert. Nach der Herstellung des gentechnischen Prototyps und dem erfolgreichen Ablauf der Testphase unter realistischen Umweltbedingungen im Rahmen von Freisetzungsversuchen erfolgt die Mengenproduktion.

5.5.5 Gesellschaftliche Auswirkungen

Die Entwicklung einer transgenen Pflanzenlinie, die man als Sorte auf den Markt bringen kann, dauert bis zu zehn Jahre. Die Kosten für die Entwicklung liegen im zweistelligen Millionen-Euro-Bereich und sind nur von Großkonzernen zu leisten. Transgene Pflanzen, die einen großen Einzelmarkt aufweisen, wie transgenes Soja oder transgener Mais, bei denen eine Herbizidtoleranz und/oder Insektenresistenz eingefügt wurde, versprechen am ehesten Gewinn über Ertragssteigerungen. Hier handelt es sich um die Veränderung so genannter Input-Eigenschaften, auf die man sich bis in die 1990er Jahre bei der Herstellung transgener Pflanzen konzentrierte. Input-Eigenschaften sind die Merkmale einer Pflanze, die Ertrag und Kultivierungstechnik bestimmen, aber nicht zwangsläufig die Qualität des Endprodukts. Sie sind in erster Linie für Züchter und Landwirte von Bedeutung, weil sie sich auf den agronomischen Aufwand auswirken. Output-Eigenschaften dagegen sollen vor allem der pflanzenverarbeitenden Industrie, wie der Lebensmittel- und Arzneimittelindustrie, sowie den Verbrauchern einen Vorteil bringen. Bei einem Endprodukt können so beispielsweise Allergene vermieden oder aber auch Zusatzstoffe wie Vitamine gegen Mangel- oder Fehlernährung eingefügt werden. Die Erhöhung der Output-Eigenschaften von Pflanzen gewinnt auf sich diversifizierenden Märkten mehr und mehr an Bedeutung. So wird in Zukunft für jedes reale oder vermeintliche

Problem, das durch biotische Mittel gelöst werden kann, vermutlich eine transgene Pflanzensorte angeboten werden können. Als Pflanzen der Zukunft werden gegenwärtig angedacht: *Low-Carb*-Pflanzen für bestimmte Diäten, Photosmogtolerante Pflanzen für die Bepflanzung von Großstädten sowie geeignete Pflanzen für Dürregebiete, die längere Trockenheit tolerieren.

Gesellschaftlicher Widerstand gegen die Grüne Gentechnik formiert sich unter anderem in den EU-Ländern wegen der vermuteten Risiken, die, obwohl nur in Einzelfällen bislang nachweisbar, als gravierender erachtet werden als die anvisierten Vorteile. Hier problematisiert sich der unterschiedliche Umgang mit Nichtwissen hinsichtlich der Möglichkeit von unerwünschten Nebenfolgen. Diskutiert werden z.B. Folgen für die natürliche Umwelt durch so genannte Auskreuzungen von Genen transgener Pflanzen in Wildtypen. Das technische Biofakt würde sich dann selbstständig fortpflanzen und aus der Kontrollsphäre des Menschen entweichen. Man spricht deshalb auch von der „Entgrenzung" der Technik. Gefordert werden eine *Kennzeichnungspflicht* für transgene Produkte sowie Regelungen zur *Koexistenz* der verschiedenen Agrarproduktionssysteme mit Produkthaftung. Ferner werden von Kritikern bei der Ernährung mit „Gen-Food" unkalkulierbare Interaktionen mit dem menschlichen und tierischen Körper vermutet, die sich etwa in Allergien zeigen könnten. Die substantielle Äquivalenz von transgenen und naturbelassenen Lebensmitteln wird angezweifelt. Zentrales Argument für beide Annahmen ist, dass bisherige Kulturpflanzen eine Koevolution mit dem Menschen und seiner natürlichen Umwelt durchlaufen haben, bei der sich alle Beteiligten aneinander anpassen konnten, wohingegen der gentechnische Eingriff zu einer Beschleunigung der Veränderung auf der Produktionsseite führt, die für die Konsumentenseite zu Anpassungsschwierigkeiten bzw. sogar deren Verunmöglichung führt. Die globale Marktdynamik mit ihrer Forderung nach immer neuen Output-Eigenschaften des Produkts Pflanze läuft der evolutiven Dynamik der Pflanze als Teil der natürlichen Mitwelt des Menschen in einigen Bereichen zuwider. Die Grüne Gentechnik ist daher in ganz besonderer Weise Vorreiter einer ökonomischen Globalisierungsidee, gegen die sich in den westlichen Industrieländern zunehmend Gegner formieren.

Durch die disziplinäre Vermengung von Konzepten der Biologie und Informatik zur Bioinformatik erlebt die Gentechnik bei der Produktentwicklung eine weitere Beschleunigung. Überall dort, wo man mit Information handelt, entstehen ethische Probleme zu zwei signifikanten Themenbereichen: dem Datenschutz und der Patentierung. Ein Kritikpunkt speziell an der Grünen Gentechnik wird in diesem Zusammenhang genannt: die befürchtete Abhängigkeit der Entwicklungsländer vom patentierten Saatgut der Industrieländer, oft bei gleichzeitiger Aneignung des indigenen Erbmaterials von in den Ländern des Südens traditionell verwendeten Kulturpflanzen („Biopiraterie" bzw. „Biokolonialismus" genannt).

5.5.6 Ausblick

Biotechnologie abstrahiert von biotischen Phänomenen, denen sie bestimmte Funktionen, insbesondere vor dem theoretischen Hintergrund der Evolutionstheorie und der klassischen Physik, Maschinentheorie und Informatik, zuschreibt. Dies beeinflusst den Zugang zu unserer Naturwesenheit selbst, wie man im Lebensmittelbereich an dem zurzeit populären Begriff „Functional Food" erkennen kann. In biotechnisch arbeitenden Labors ist „Natur" jedoch relevant in ihrer Lebendigkeit und nicht als zerlegtes Material, aus dem etwas konstruiert werden kann. Die Lebendigkeit ist gerade bei der gentechnischen Herangehensweise nicht mehr im Experimentierraum als Produktivität sichtbar, weshalb Wissenschaftstheoretiker wie Karin Knorr-Cetina und Hans-Jörg Rheinberger das Labor der Life Sciences als „Werkstatt" fassen (vgl. Knorr-Cetina 1984; Rheinberger 2002). Dabei werden aber die reproduktiven Räume wie Gewächshäuser und Brutschränke aus dem Laborkomplex ausgeblendet. Modellorganismen stellen nicht *etwas* her, sondern *sie stellen sich her*. Sie sind – die in Frage zu stellende Werkstattmetaphorik an dieser Stelle beibehaltend – in unterschiedlichen Räumen des Labors Konstrukteure, Werkzeuge und Repräsentanten, bei denen Wachstum als Mittel eingesetzt wird (vgl. Karafyllis 2006).

Sind Natur und Leben nun durch Technik ersetzbar? Nein, Biotechnik bleibt Teil der Kultur. Kultur ermöglicht durch instrumentelles Handeln modellierte Hervorbringungen physischen Wachstums. Im Bereich der Modellierung des Lebendigen müssen wir immer mit dem leben, was schon da ist. Wer für ein Leben im Labor geeignet ist, entscheidet sich aufgrund von alltagsweltlicher Erfahrung mit der Kultivierung von Natur, die die betreffenden Lebewesen in ihrer Teilautonomie anerkennt. Erst eine als widerständig und auch unter schwierigen Umweltbedingungen als lebenswillig anerkannte Natur gelangt aufgrund der hohen Produktionsraten ins biotechnische Labor – wie die Ackerschmalwand *Arabidopsis thaliana*, die jenseits der Laborgrenzen ihre jahrhundertealte Symbolik als Unkraut behalten hat und sich auch als solches dort fortpflanzt.

6 Allgemeine Technikwissenschaft *Günter Ropohl*

6.1 Vorläufer und gegenwärtige Tendenzen

Der Geist der Aufklärung erfasst im 18. Jh. auch solche Menschen, die es mit technischem Können und Wissen zu tun haben. Die technische Praxis in den Handwerksbetrieben, den Manufakturen, den Bergbau- und Schiffbaubetrieben und nicht zuletzt im Militärwesen gewinnt beträchtlich an Umfang und Vielfalt, und auch das technische Wissen wächst außerordentlich und bedarf zunehmend fachkundiger Vermittlung. Die Menge des technischen Könnens und Wissens aber wird mit ihrer Vermehrung immer unübersichtlicher, und die Orientierungsschwierigkeiten, die daraus entstehen, fordern das aufklärerische Streben nach geprüftem Wissen und rationaler Klarheit heraus. Wie in anderen Feldern der Erfahrungswirklichkeit, z.B. der Medizin, der Wirtschaft oder der Geschichte, sucht man auch in der „Technik" – ein Wort, das es in der heutigen Bedeutung damals noch nicht gab – nach Wegen, den erreichten Stand des Könnens und Wissens objektiv zu erfassen, nachvollziehbar zu beschreiben, zu klassifizieren, theoretisch zu systematisieren und dafür allgemeine Grundsätze aufzustellen, die weitere Fortschritte ermöglichen sollen.

Für die Verallgemeinerung des vielfältigen technischen Wissens entwickeln sich im letzten Drittel des 18. Jh.s zwei verschiedene Erkenntnisstrategien, die sich beispielhaft zum Einen im Programm der französischen *École Polytechnique* und zum Anderen in der *Technologie* des deutschen Staatswissenschaftlers Johann Beckmann manifestieren (siehe 2.1). Diese beiden Ansätze unterscheiden sich in den grundlegenden Modellvorstellungen und Methoden derart von einander, dass man sie heute als teils konkurrierende und teils einander ergänzende Paradigmen würdigen kann: das szientifische und das technologische Paradigma (vgl. Ropohl 1998b).

Die École Polytechnique, die Hochschule der „vielen Techniken", wird 1794 gegründet, um den bereits bestehenden Fachschulen für verschiedene technische Anwendungsfelder ein gemeinsames theoretisches Fundament zu geben. Dieses Fundament sieht man in der Mathematik und in den Naturwissenschaften, und besonders die Darstellende Geometrie und die Technische Mechanik gelangen als „Grundlagen“ der Technikwissenschaften zur Blüte. Die École Polytechnique wird zum Vorbild für zahlreiche weitere Hochschulgründungen im 19. Jh., nicht nur in Europa, sondern auch in Amerika. So entwickelt sich das *szientifische Paradigma*, das die Einheit der Technikwissenschaften in mathematischen und naturwissenschaftlichen Grundlagen sucht, zum herrschenden Modell technikwissenschaftlicher Forschung und Lehre. Freilich bleibt dieses Modell nicht unangefochten. In einem „Methodenstreit“, der vor Allem gegen Ende des 19. Jh.s ausgetragen wird, machen Gegner der naturwissenschaftlichen Theoretisierung geltend, dass damit die komplexen Probleme der technischen Praxis nicht angemessen zu erfassen wären. Auch hatten die Verfechter des theoretischen Fachideals besonders an der Mechanik Maß genommen. Einen ebenso herausragenden wie problematischen Versuch legt 1875 und 1900 Franz Reuleaux vor, der mit seiner „Theoretischen Kinematik“ eine allumfassende Systematik der Technikwissenschaften einschließlich einer Erfindungstheorie zu leisten beansprucht. Mit der Chemischen Technik und der Elektrotechnik kommen jedoch neue Entwicklungen auf, die sich an anderen Disziplinen der sich zunehmend differenzierenden Naturwissenschaften orientieren müssen: der Chemie und der Elektrizitätstheorie. Da die Idee von der einen in sich geschlossenen Naturwissenschaft nicht länger bestehen kann, lässt sie sich natürlich auch nicht mehr dafür in Anspruch nehmen, die Einheit der Technikwissenschaften zu stiften. Allerdings ist dieses szientifische Paradigma, obwohl grundsätzlich nicht einzulösen, im Selbstverständnis vieler Technikwissenschaftler, wenn wohl oft auch unausdrücklich, lebendig geblieben.

Das szientifische Paradigma hat aber einen anderen Ansatz verdrängt, der ebenfalls im 18. Jh. entwickelt wurde. Neben anderen Wissenssammlungen ist es besonders die berühmt gewordene „Encyclopédie ou Dictionnaire raisonné des sciences, des arts et des métiers“, die, von Denis Diderot und Jean Le Rond d’Alembert in Paris zwischen 1751 und 1772 herausgegeben, breiten Raum auf die Darstellung der handwerklich-technischen Vorgehensweisen, Geräte und Berufe verwendet. Allerdings sind das durchweg aufzählende Beschreibungen, eine Darstellungsform, die man unter Bezug auf jene prominente Veröffentlichung bis heute als „enzyklopädisch“ bezeichnet und damit kritisch zum Ausdruck bringt, dass es an theoretischer Systematik fehlt. In Deutschland knüpft der Staatswissenschaftler Johann Beckmann daran an und veröffentlicht 1777 seine „Anleitung zur Technologie, oder zur Kentniß der Handwerke, Fabriken und Manufacturen […]“. Auch dieses Buch ist enzyklopädisch angelegt, wenngleich die beschriebenen Techniken bereits in einer gewissen Ordnung, besonders nach der Ähnlichkeit der Materialien oder Produkte, abgehandelt werden. Besonders wichtig aber ist Beckmanns Idee, seine Arbeit als Auftakt zu einer neuen und eigenständigen Wissenschaft zu verstehen und dafür den Ausdruck *Technologie* zu wählen:

„Technologie ist die Wissenschaft, welche die Verarbeitung der Naturalien, oder die Kentniß der Handwerke, lehret [...], welche alle Arbeiten, ihre Folgen und Gründe vollständig, ordentlich, und deutlich erklärt“ (Beckmann 1777, §12).

Dass diesem Programm zunächst die Systematik fehlt, die eine Wissenschaft notwendig erfordert, scheint Beckmann später gesehen zu haben, denn 1806 publiziert er den „Entwurf der algemeinen Technologie“ (sic!), eine schmale Schrift, die lediglich den Grundgedanken und wenige Beispiele enthält. Der Grundgedanke aber besteht darin, eine Systematik aller denkbaren Arbeitsfunktionen zu entwickeln und dieser eine Systematik der dafür jeweils geeigneten Werkzeuge, Arbeitsmittel und Maschinen gegenüber zu stellen. Das ist nichts Anderes als, modern gesprochen, eine Systematik aller denkbaren technischen Verfahren und der sachtechnischen Einrichtungen, mit denen sie zu realisieren sind, also so etwas wie eine allgemeine Technikwissenschaft, die Beckmann folgerichtig als *Allgemeine Technologie* bezeichnet. Statt also die Einheit der Technikwissenschaften in anderen Wissenschaften zu suchen, wie es das szientifische Paradigma tut, bedeutet Beckmanns Paradigma im Kern, ihre Einheit in der Systematik der Transformationsprozesse zu finden, die von technischem Arbeiten und Handeln gestaltet werden. Man kann es darum als *technologisches Paradigma* bezeichnen. Beckmann bespricht als Beispiel das Trennen, und damit hat er exemplarisch vorweg genommen, was in der Mechanischen Verfahrenstechnik als Lehre von den Grundoperationen längst Gemeingut ist und in der Theorie der Fertigungsverfahren ansatzweise ebenfalls aufscheint.

Von solchen Ausnahmen abgesehen, verliert das technologische Paradigma seit der zweiten Hälfte des 19. Jh.s an Einfluss, obwohl es beispielsweise Karl Marx in den techniktheoretischen Passagen seines Werkes noch gebührend würdigt.[58] Aber die „Technologie“ wird, meist in Verbindung mit der Ökonomie, an Universitäten gelehrt und dort mehr und mehr zurückgedrängt, weil die Ökonomie ihr Augenmerk von der Staatswirtschaft mit ihrer Gewerbeförderung zur Marktwirtschaft unabhängiger Unternehmen verlagert, und gewiss auch, weil sich an den Universitäten die neuhumanistische Geringschätzung der Technik verbreitet. In Gestalt der Polytechnischen Schulen und Technischen Hochschulen setzt sich dagegen institutionell das szientifische Paradigma durch, auch wenn es wie gesagt keinen substanziellen Beitrag zu einer Einheit stiftenden Konzeption leisten kann; lediglich als „Mechanische“ und „Chemische Technologie“ der Produktionsverfahren bleiben kleine Teile des Beckmann'schen Ansatzes als Spezialfächer erhalten. Das Programm einer Allgemeinen Technikwissenschaft aber gerät in der ersten Hälfte des 20. Jh.s in Vergessenheit.

58 Da diese Seite des Marx'schen Werkes wenig bekannt ist, wird auf Ropohl 2006 verwiesen.

Ein wirklich neuer Ansatz entsteht erst um 1950 aus theoretischen Vereinheitlichungs- und industriellen Entwicklungsbedürfnissen, denen die disziplinäre Abgrenzung der mannigfach zersplitterten Technikwissenschaften nicht gerecht wird. Da ist zunächst die Mess-, Steuerungs-, Regelungs- und Nachrichtentechnik zu nennen, deren grundlegende Gesetzmäßigkeiten jenseits der disziplinären Fachgrenzen in einer eigenständigen *Systemtheorie* behandelt werden können (vgl. Küpfmüller 1949). Und in den industrienahen *Bell Telephone Laboratories* wird die Idee einer *Systemtechnik* („systems engineering“) geboren, die auf typische Veränderungen in den technischen Aufgaben reagiert; besonders zu nennen sind (vgl. Ropohl 1998):

- die wachsende Größe, Verbreitung und Komplexität technischer Gebilde;
- die Kopplung und Verflechtung artgleicher und artverschiedener technischer Gebilde, insbesondere auch die Verknüpfung konventioneller und informationstechnischer Geräte;
- die zunehmenden Integrations- und Kompatibilitätsprobleme in vernetzten Großanlagen;
- die wachsenden ökotechnischen und soziotechnischen Interdependenzen.

Mit dem Modellkonzept des „technischen Systems“ gelangt man zu einer Verallgemeinerungsebene, auf der die funktionalen und strukturalen Eigenschaften gegebener oder geplanter technischer Einrichtungen ohne Rücksicht auf gerätetechnische Realisierungsformen und deren naturwissenschaftliche Grundlagen spezifiziert und präzisiert werden können. Dabei zeigt sich, dass es Funktions- und Strukturprinzipien gibt, die verschiedenartigen technischen Konkretisierungen gemeinsam sind und darum von einem Teilgebiet der Technik in ein anderes übertragen werden können. Ferner lassen sich nun theoretisch stimmige und praktisch nutzbare Klassifikationen und Lösungskataloge aufstellen, die der Planung und Gestaltung als übersichtliche Orientierung dienen. Von dieser Modellvorstellung wird auch im vorliegenden Buch mehrfach Gebrauch gemacht (siehe z.B. 2.3.2).

Ein weiterer genuin technikwissenschaftlicher Ansatz tritt seit etwa 1960 mit der *Konstruktionswissenschaft* auf den Plan, die an Stelle der früher fast ausschließlich intuitiven Vorgehensweisen rational geleitete und nachvollziehbare Methoden der Produktentwicklung ausarbeitet und empfiehlt (siehe 3.2.2). Bald macht sich auch die Konstruktionswissenschaft das Modelldenken der Systemtechnik zu Nutze, weil mit diesen Vorstellungen eine Planungs- und Entwicklungsaufgabe zunächst in hinreichend abstrakter Weise formuliert werden kann und damit in den frühen Stadien des Gestaltungsprozesses für verschiedene mögliche Realisierungsformen offen bleibt. Auch wenn sich die Systemtechnik eher mit großen technischen Systemen befasst, während die Konstruktionswissenschaft eher abgrenzbare einzelne Produkte im Auge hat, sind doch beide nicht zuletzt in ihrer Tendenz zu einer allgemeinen Technikwissenschaft eng miteinander verwandt. Es ist darum wohl auch kein Zufall, wenn in den 1970er Jahren Beckmanns Programm der *Allgemeinen Technologie* mit systemtechnischen Konzepten neu belebt wird (vgl. Ropohl 1979, 1999a; Wolffgramm 1978, 1994/95).

6.2 Grundlegung der Technikwissenschaften

In der vorstehenden Skizze der wissenschaftlichen Entwicklung sind bereits einige Gründe angeklungen, die für eine Allgemeine Technikwissenschaft oder Allgemeine Technologie sprechen. Das soll nun vertieft werden. Die Allgemeine Technologie lässt sich (a) wissenschaftssystematisch, (b) wissenschaftshistorisch und (c) wissenschaftspragmatisch begründen.

Wissenschaftssystematisch hat die Allgemeine Technologie jene Leerstelle auszufüllen, die in anderen Wissenschaften von einer allgemeinen Disziplin eingenommen wird. Beispielsweise gibt es in den Sozialwissenschaften, trotz aller Spezialisierung in Teildisziplinen wie Bildungs-Soziologie, Bevölkerungs-Soziologie oder Industrie-Soziologie, nach wie vor die Allgemeine Soziologie als

> „Gesamtheit der soziologischen Begriffe, Hypothesen und Theorien, mit denen grundlegende Erscheinungen des sozialen Handelns [...] und allgemein verbreitete gesamtgesellschaftliche Strukturen und Prozesse [...] analysiert und erklärt werden" (Hillmann 1994, S. 17).

Einen ähnlichen Aufbau weisen auch andere Wissenschaften auf. In den Technikwissenschaften dagegen gibt es bislang nur die speziellen Disziplinen, das Bauingenieurwesen, den Maschinenbau, die Nachrichtentechnik usw., und es fehlt die allgemeine Disziplin, die, analog zur Allgemeinen Soziologie, die Gesamtheit der technologischen Begriffe, Hypothesen und Theorien systematisieren würde, mit denen grundlegende Erscheinungen des technischen Handelns und allgemein verbreitete gesamttechnische Strukturen und Prozesse analysiert und erklärt werden.

Dass dieses wissenschaftssystematische Defizit von den Technikwissenschaften lange Zeit kaum bemerkt worden ist, lässt sich mit einem *wissenschaftshistorischen* Befund erklären, der zugleich den zweiten Grund für die Wiederbelebung der Allgemeinen Technologie abgibt. Es ist der schon im letzten Kapitel erwähnte Umstand, dass an den Technischen Hochschulen eine Auffassung die Oberhand gewann, die Technik und Technikwissenschaft auf angewandte Naturwissenschaft reduzierte. Diesem Technikverständnis erscheinen daher die Naturwissenschaften als die verbindende Grundlage, die gewissermaßen die Rolle der allgemeinen Disziplin spielt. Und da man sich die allgemeine

Disziplin bei den Naturwissenschaften sozusagen ausgeliehen hat, erkennt man nicht, dass es an einer genuin technikwissenschaftlichen Generalisierung fehlt. Darum fiel die „Technologie", wie sie Beckmann als eigenständige, fachübergreifende Wissenschaft von Arbeit und Technik in Umwelt, Wirtschaft und Gesellschaft begründet hatte, dem institutionellen Sonderweg der Technikwissenschaften zum Opfer, und der Verfall dieses Ansatzes ist großenteils mit historischen Zufälligkeiten zu erklären. Der Problemzusammenhang nämlich, den er im Auge hatte, besteht nach wie vor und hat sich sogar beträchtlich verdichtet, sodass alles dafür spricht, das technologische Paradigma neu zu beleben.

Das systematische und das historische Argument besäßen allerdings lediglich wissenschaftsimmanente Überzeugungskraft, wenn nicht das *wissenschaftspragmatische* Argument hinzuträte, dass genau jenes Wissen, das die Allgemeine Technologie zur Verfügung stellen kann, in mehreren Bereichen technischer und gesellschaftlicher Praxis dringend benötigt wird. Wenn sich neue Arbeitsfelder wie die Systemtechnik und die Konstruktionswissenschaft als eigenständige, nicht-naturwissenschaftliche Ansätze entwickelt haben, dann darum, weil sich das szientifische Paradigma in der Ingenieurpraxis nur in Grenzen bewährt. Versteht man diese neuen Ansätze als Teile einer Allgemeinen Technikwissenschaft, dann haben innertechnische Probleme deutlich gemacht, dass die Technikwissenschaften einer allgemeinen Grundlegung dringend bedürfen.

Revidiert man auf Grund der vorstehenden Überlegungen das Fachverständnis der Technikwissenschaften, ergibt sich eine Struktur, wie sie in Bild 49 dargestellt ist. Im Mittelpunkt stehen nach wie vor die *Speziellen* Technikwissenschaften; man könnte sie nach Beckmanns Vorschlag auch „Spezielle Technologien" nennen. Im Schema sind lediglich drei große Fachgebiete als Beispiele angeführt, die anhand der Klassifikation der Sachsysteme (siehe 2.3.2) ergänzt und differenziert werden können. Die Technikwissenschaften bedienen sich bei ihrer Arbeit auch wissenschaftlicher Erkenntnisse, Instrumente und Methoden, die sie anderen Fachgebieten entlehnen. Diese anderen Fächer sind für die Technikwissenschaften so zu sagen Hilfswissenschaften – eine Konstellation, die es auch in anderen Disziplinen gibt. Im neuen Fachverständnis der Technikwissenschaften sind das aber nicht nur die Mathematik und die Naturwissenschaften, die ihre wichtige Unterstützungsfunktion natürlich behalten, sondern auch die Human- und Sozialwissenschaften (siehe 4.1.2), darunter besonders die Psychologie, die Ökonomie und die Soziologie. Wenn sich die Technikwissenschaften nicht länger auf die Sachsysteme beschränken, sondern ihre wirkliche Aufgabe in der Optimierung soziotechnischer Systeme sehen, kommen sie um diese Erweiterung ihres Horizontes schwerlich herum.

Bild 49: Strukturschema der Technikwissenschaften

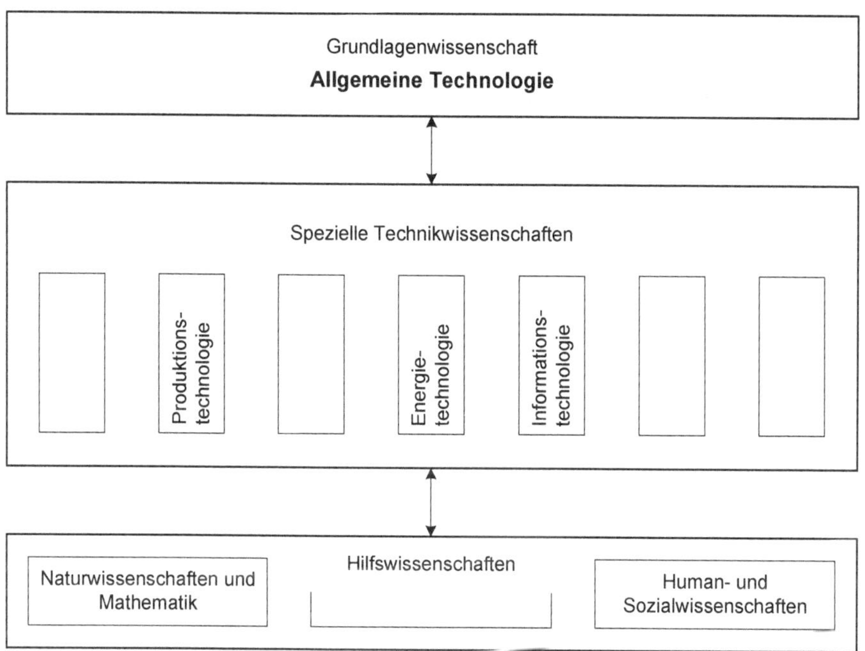

Dann aber schaffen sich die Technikwissenschaften zusätzlich ein gemeinsames Dach in Form einer *Allgemeinen* Technikwissenschaft oder Allgemeinen Technologie. Die Allgemeine Technologie umfasst generalistisch-transdisziplinäre Technikforschung und Techniklehre und ist nach mehrheitlicher Ansicht die Wissenschaft von den allgemeinen Funktions- und Strukturprinzipien der Sachsysteme und ihrer soziokulturellen Entstehungs- und Verwendungszusammenhänge. In der Diskussion über ein solches gemeinsames und vereinheitlichendes Dach der Technikwissenschaften, die inzwischen aufgelebt ist, gibt es allerdings unterschiedliche Nuancen in der Begrifflichkeit und Dimensionierung der neuen Wissenschaftskonzeption (vgl. Banse 1997; Banse/Reher 2001; Banse/Reher 2004; Konvent 1999):

- Die Bezeichnung schwankt zwischen „Allgemeiner Technikwissenschaft“, „Allgemeiner Techniklehre“ und „Allgemeiner Technologie“.
- Einerseits wird die Allgemeine Technikwissenschaft als eine trotz aller Vielfalt der Themen einheitliche Konzeption entworfen, und andererseits gibt es verschiedene Vorstellungen für eine Untergliederung in Teilgebiete.

- So wird vorgeschlagen, die „Allgemeine Techniklehre“ in eine „Theorie technischer Systeme“, eine „Theorie der technologischen Prozesse“ und eine „Theorie der Arbeitsgegenstände“ zu unterteilen.
- Eine andere Vorstellung zieht die Unterscheidung zwischen „Allgemeiner Technikwissenschaft“ und „Allgemeiner Verfahrenswissenschaft“ vor.
- Eine Auffassung neigt dazu, die Allgemeine Technologie auf die Generalisierung der speziellen Technikwissenschaften in ihrem herkömmlichen Zuschnitt zu begrenzen, während die andere Auffassung transdisziplinäre Wissenssynthesen anvisiert, in denen auch human- und sozialwissenschaftliches Wissen seinen Platz hat.

Das Für und Wider dieser begrifflichen Abgrenzungsversuche kann hier nicht im Einzelnen besprochen werden und muss der weiteren Diskussion überlassen bleiben.

Weitgehende Einigkeit besteht freilich darin, dass es die Allgemeine Technikwissenschaft oder Allgemeine Technologie mit den folgenden Kernthemen zu tun hat:

- Technik: Begriffe und Klassifikationen;
- Theorie der Sachsysteme (Funktionen, Strukturen, Hierarchien);
- Theorie der technischen Entwicklung (Bedingungsforschung);
- Methodenlehre technischer Wissenserzeugung, Planung und Gestaltung;
- Theorie des Gebrauchs, d.h. der Technikverwendung in Arbeit und Alltag (Arbeitswissenschaft im weitesten Sinn; Folgenforschung);
- Theorie der Technikbewertung.

Vergleicht man diese Themenliste mit dem Inhalt des vorliegenden Buches, so zeigt sich, dass die Mehrzahl der Kernthemen darin besprochen werden. Da das nicht in der Art abgehobener philosophischer Spekulation geschieht, sondern in unmittelbarer Anlehnung an Modelle und Methoden, die inzwischen Eingang in die Technikwissenschaften selbst gefunden haben, erweist sich dieses Buch seinerseits als Exempel für Allgemeine Technikwissenschaft.

6.3 Grundlegung technischer Bildung

Neben den bereits genannten förderlichen Auswirkungen für die Erkenntnis- und Gestaltungspraxis gibt es einen weiteren wissenschaftspragmatischen Grund für die Entfaltung einer Allgemeinen Technikwissenschaft: Sie kann nämlich als Bezugswissenschaft für technische Bildung dienen und zu deren systematischer Begründung beitragen. Ausgangspunkt einer überzeugenden Begründung für die technische Bildung ist die inzwischen unübersehbare Allgegenwart der Technik in allen Lebensbereichen. Die von wirtschaftlichen Kräften voran getriebene Technik durchdringt heute nicht mehr nur die berufliche Arbeitswelt, sondern auch die außerberufliche Eigenarbeit in der persönlichen Lebenswelt aller Menschen, und alltagspraktische Kompetenzen kommen ohne ein Mindestmaß an technischer Orientierungs- und Urteilsfähigkeit längst nicht mehr aus. Angesichts ihrer weit reichenden Folgen für individuelle und gesellschaftliche Lebensverhältnisse sind die Verflechtungen von Technik und Arbeit – „Arbeit" hier im weitesten Sinn verstanden – tatsächlich zu einem maßgeblichen Faktor der Kultur geworden. Man kann sie, in Abgrenzung von den traditionellen Erscheinungen der ideellen Kultur (Weltanschauung, Kunst, Wissenschaft usw.), als *materielle Kultur* auffassen.

Bildung bedeutet nun, die Menschen zur mündigen Teilhabe an der Kultur in allen ihren Dimensionen, also auch an der materiellen Kultur, zu befähigen. Solch eine *technologische Aufklärung* kann von allen denkbaren Medien betrieben werden, aber vielfach lässt das entsprechende Angebot in Presse, Rundfunk, Fernsehen und Sachbuchliteratur noch zu wünschen übrig, zumal es kaum an Grundkenntnisse anknüpfen kann, die in einem allgemein bildenden Schulfach allen Heranwachsenden vermittelt werden müssten. Noch immer widmen sich die etablierten Schulfächer, neben den Grundfertigkeiten des Schreibens, Lesens und Rechnens, zum größten Teil der ideellen Kultur. Weltanschauungslehre, Sprache und Literatur, Geistes- und Kunstgeschichte, Mathematik und Naturwissenschaften – alle reflektieren gedankliche Vorstellungen und Hervorbringungen des menschlichen Geistes. Schon die soziale Kultur wird an den allgemein bildenden Schulen eher beiläufig behandelt, in der Gemeinschafts- oder Sozialkunde und in gewissem Umfang in der politischen Geschichte. Der dritte Grundpfeiler der menschlichen Kultur hingegen, die materielle Kultur als Einheit von Arbeit, Wirtschaft und Technik, wird an den Schulen, und besonders auch den Gymnasien, im Kanon der Schulfächer bis heute völlig ausgeblendet. So rechtfertigt sich eine wohlverstandene Arbeits- und Techniklehre aus der unbestreitbaren Kulturbedeutsamkeit der Technik (zu Einzelheiten vgl. Ropohl 2004).

Die Idee der technischen Allgemeinbildung ist Jahrzehnte alt, sie ist mit unterschiedlichen Begründungen und mit verschiedenartigen Akzentsetzungen immer wieder zur Diskussion gestellt worden, und sie wird in der einen oder anderen Form bisweilen auch an Schulen praktiziert (vgl. Schmayl/Wilkening 1995). Doch ist es bis heute nicht gelungen, dafür ein allgemein anerkanntes Schulfach einzurichten, das ebenso selbstverständlich wäre wie der Mathematik- oder der Deutschunterricht. Besonders die Gymnasien, die ja einen ständig wachsenden Anteil der Schüler aufnehmen, haben für die technische Bildung kaum etwas getan und reden sich meist damit heraus, die Grundzüge der Technik würden doch im naturwissenschaftlichen Unterricht abgedeckt; unverkennbar lebt hier immer noch das Missverständnis fort, das Technik auf „angewandte Naturwissenschaft" verkürzt.

Zum Teil liegt dieser Rückstand der technischen Bildung an unzureichenden Rechtfertigungsversuchen, die in der Konkurrenz der Fächer um knappe Zeitressourcen nicht zu überzeugen vermochten. Von technikwissenschaftlicher Seite ist vorgebracht worden, die Technik müsse schon allein darum in der Allgemeinbildung ihren Platz finden, weil die Technikwissenschaften – ebenso wie die Mathematik oder die Germanistik – ein bedeutendes Fachgebiet darstellten. Auch würden die Heranwachsenden dadurch an die Arbeitsfelder der Ingenieure heran geführt und dann eher dazu neigen, sich technischen Berufen zuzuwenden. Diese *ingenieurpädagogischen* Argumente sind für sich allein natürlich nicht besonders stichhaltig, weil dann auch andere Hochschulfächer wie die Jurisprudenz, die Psychologie oder die Medizin verlangen könnten, in eigenen Schulfächern repräsentiert zu werden. Andere haben nicht den Ingenieurberuf, sondern die Vielzahl der gewerblich-technischen Berufe ins Feld geführt, auf die ein allgemein bildender Technikunterricht besonders die Hauptschüler vorzubereiten hätte. Diesem *berufspädagogischen* Ansatz kann jedoch entgegen gehalten werden, dass keineswegs bei allen Ausbildungsberufen die Technik im Mittelpunkt steht; außerdem beschränkt man mit einem solchen Argument die technische Bildung auf die niedrigeren Schulabschlüsse und tut so, als ginge sie die werdenden Akademiker gar nichts an. Schließlich gibt es die Auffassung, technische Bildung müsse, als Ausgleich gegenüber den anderen, vorwiegend theoretisch geprägten Schulfächern, vor allem die praktisch-manuellen Fertigkeiten der Heranwachsenden im Umgang mit Material, Werkzeug und Gerät entwickeln. Dieses *werkpädagogische* Programm aber ist zu sehr der handwerklichen Tradition verpflichtet, als dass seine Bildungsvorstellungen für die moderne Technik repräsentativ sein könnten. Bedenkt man, dass jede dieser Begründungen von ihren jeweiligen Verfechtern als das eine wahre Konzept vertreten wurde, kann man sich leicht vorstellen, dass die Bildungs- und Schulpolitik, ohnehin zurückhaltend gegenüber jeder pädagogischen Neuerung, dem Streit der Meinungen unbeteiligt zusah, ohne nachdrückliche Reformen des Fächerkanons ins Auge zu fassen.

Technische Bildung leidet aber nicht nur an den ideologischen Verkürzungen des traditionellen Kultur- und Bildungsbegriffs, sondern auch an beträchtlichen substanziellen Schwierigkeiten: Wie kann man die Inhalte technischer Bildung bestimmen, und woher will man sie nehmen? Bildungsinhalte sollen gleichermaßen lebenspraktisch relevant und fachlich repräsentativ sein. Vor allem die zweitgenannte Forderung steht aber vor dem Problem, dass die materielle Kultur Gegenstand mehrerer Fachwissenschaften ist, die sich überdies in zahlreiche Teildisziplinen untergliedern. Kann sich z.B. der Mathematikunterricht ziemlich problemlos auf die Wissenschaft Mathematik oder die Erdkunde auf die Wissenschaft Geographie beziehen, so hat es die Arbeits- und Techniklehre mindestens mit den Arbeitswissenschaften, den Haushaltswissenschaften, den Wirtschaftswissenschaften und den Technikwissenschaften zu tun. Vor allem diejenigen, die ausdrücklich oder unausdrücklich einer fachdominanten Didaktikauffassung anhängen, sehen sich dann außer Stande, die materielle Kultur als ein kohärentes Bildungsfeld zu konzipieren. Das ist der tiefere Grund dafür, warum in großen Teilen Deutschlands – und vielfach auch in anderen Ländern – Hauswirtschaftslehre, Wirtschaftskunde und Technikunterricht als miteinander unverbundene Fächer auftreten.

Besondere Schwierigkeiten bereitet die Fachorientierung im Technikunterricht, weil die Technikwissenschaften wie gesagt in zahlreiche Teildisziplinen zerfallen; die an den Hochschulen traditionell vertretenen Fachbereiche Bauingenieurwesen, Maschinenbau und Elektrotechnik sind erstens in Problemen und Methoden höchst unterschiedlich und zweitens der modernen informationstechnischen Entwicklung nicht mehr angemessen. So erweist sich die Vorstellung, schulische Fachinhalte ließen sich umstandslos aus bestimmten speziellen Wissenschaftsdisziplinen ableiten, im Fall der Arbeits- und Techniklehre als abwegig. Genau da aber zeigt sich eine weitere Chance der Allgemeinen Technikwissenschaft, weil sie mit ihren Generalisierungs- und Orientierungsleistungen der Didaktik eben jene fachliche Bezugsbasis zu bieten vermag, die in der kaum noch überschaubaren Vielfalt der speziellen Technikwissenschaften nicht zu finden ist. Blickt man noch einmal auf die Liste von Kernthemen der Allgemeinen Technologie zurück (siehe 6.2), dann sind das nicht nur die gemeinsamen übergreifenden Probleme der Technikwissenschaften, sondern zugleich auch zentrale Inhalte der technischen Bildung. Auch die transdisziplinäre Offenheit der Allgemeinen Technologie ist als weitere Stärke zu würdigen, weil technische *Allgemein*bildung selbstverständlich die ökologischen, wirtschaftlichen und gesellschaftlichen Verflechtungen von Arbeit und Technik, eben das Insgesamt der materiellen Kultur, zu umfassen hat.

So haben jene Pädagogen, die seit Jahrzehnten die technische Bildung zu etablieren versuchen, im Grunde den zweiten Schritt vor dem ersten getan. Zuerst nämlich bedarf es einer angemessenen Synthese des repräsentativen wissenschaftlichen Wissens, ehe man daraus bildungsrelevante Inhalte auswählen und realisierbare Unterrichtsprogramme konstruieren kann. Ohne eine solche Wissenssynthese bleiben alle fachdidaktischen Experimente ein mehr oder minder willkürliches Stückwerk, das eher von unbedachter Beliebigkeit als von reflektierter Begründungslogik zeugt. Das Programm einer Allgemeinen Technikwissenschaft rechtfertigt sich also nicht nur mit Gründen der innerwissenschaftlichen Generalisierung und Systematisierung und mit Gründen einer verbreiterten Berufsqualifizierung in Ingenieurausbildung und -praxis, sondern auch mit der Notwendigkeit, der überfälligen technischen Allgemeinbildung eine tragfähige Grundlage zu verschaffen.

7 Erkennen – Gestalten – Technikwissenschaften

Eine *Theorie der Technikwissenschaften* zu entwickeln, ist die Aufgabe, die sich dieses Buch gestellt hat, und in einem knappen Rückblick sollen die wichtigsten Grundzüge dieser Theorie noch einmal zusammengefasst werden. Die Besonderheiten der Technikwissenschaften verbieten es, an die etablierte Wissenschaftstheorie anzuknüpfen, die sich besonders mit der Physik und teilweise auch mit den Geistes- und Sozialwissenschaften befasst hat. Zwei Gründe sind es vor allem, die einen neuen Ansatz notwendig machen:

- Die Technikwissenschaften gehören zu denjenigen Fachgebieten, die multidisziplinär arbeiten und sich zur Lösung ihrer Aufgaben zahlreicher Einzelwissenschaften bedienen, von der Mathematik über die Naturwissenschaften bis hin zu den Wirtschafts- und Sozialwissenschaften. Die bekannte Wissenschaftstheorie dagegen hat sich regelmäßig auf bestimmte wohlabgegrenzte Disziplinen konzentriert.
- Die Technikwissenschaften erzeugen ein Wissen, das grundsätzlich als Mittel für erfolgreiches Gestalten bestimmt ist (siehe Bild 50). Früher hat man eine solche praxisorientierte Erkenntnisform auch als „Kunstlehre" bezeichnet: Sie ist eine Lehre vom richtigen Können, und das Wissen wird vornehmlich darum erzeugt, weil es das Können fördert. Dagegen geht es den Wissenschaften, mit denen sich bislang die Wissenschaftstheorie befasst hat, in erster Linie um das richtige Wissen und weitaus weniger um die Frage, was mit diesem Wissen anzufangen ist.

Mit einem Wort: Die Technikwissenschaften sind nicht für die Theorie da, sondern für die Praxis.

Darum ist es auch kaum möglich, zwischen den Technikwissenschaften und ihrem Gegenstand, der Technik, eine scharfe Trennlinie zu ziehen. Am ehesten ist das bei den gegenständlichen Manifestationen der Technik, den künstlich gemachten Produkten möglich, so weit man es nicht vorzieht, auch darin vergegenständlichtes Wissen zu sehen. Beim technischen Handeln dagegen, vor allem in seiner professionellen Form, sind theoretische und praktische Elemente meist sehr eng miteinander verflochten. So ist auch die Abgrenzung zwischen Technikwissenschaftlern und praktisch tätigen Ingenieuren manchmal schwierig. Wer einen technischen Beruf in der Praxis ausübt, hat regelmäßig eine technikwissenschaftliche Ausbildung an Technischen Universitäten oder Fachhochschulen genossen und wendet das erworbene Wissen in seiner Berufstätigkeit an. Die Hochschullehrer der technikwissenschaftlichen Fächer qualifizieren sich für ihre Lehr- und Forschungsaufgaben häufig vor ihrer Berufung durch mehrjährige Berufspraxis in der Industrie, und nicht selten verfolgen sie in ihren Instituten nicht nur theoretische Erkenntnis, sondern führen auch Entwicklungsprojekte in Zusammenarbeit mit der Industrie durch. Sachlich, personell und institutionell sind also die Technikwissenschaften mit der technischen Praxis auf das Engste verbunden. Lediglich das alltägliche Verwendungshandeln zeichnet sich eher durch eingeübte Routine aus, obwohl die systematische Abarbeitung von Programmalgorithmen bei elektronischen Gebrauchsgütern durchaus theoretisch-methodische Anforderungen stellen kann. Möglicherweise werden sich derartige Anforderungen abschwächen lassen, wenn die Gebrauchstauglichkeit der Produkte, mehr als bislang, auch als Gegenstand technikwissenschaftlicher Reflexion ernst genommen wird.

Bild 50: Wechselbeziehung zwischen Erkennen und Gestalten

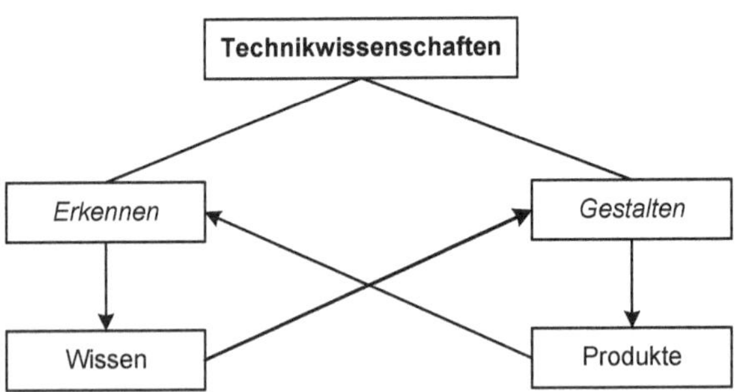

Die vielschichtige Verflechtung von Theorie und Praxis kommt auch in dem Spannungsverhältnis zum Ausdruck, das sich immer wieder zwischen intersubjektiver Rationalität und subjektiver Intuition auftut. In den „reinen" Wissenschaften hat die Intuition ihren Platz vor allem im Entdeckungszusammenhang, also in jenem Frühstadium der Wissenserzeugung, in dem Probleme identifiziert und mögliche Lösungswege angepeilt werden. Im Begründungszusammenhang dagegen, in dem kritisch geprüftes Wissen methodisch systematisiert wird, ist wegen intersubjektiver Nachvollziehbarkeit die Rationalität das oberste Gebot. In den Technikwissenschaften aber wird für eine intuitiv gefundene Lösung, wenn sie sich praktisch bewährt, oft gar keine theoretische Begründung gefordert; da reicht es, wenn man die Lösung nachahmend reproduzieren kann. Zwar versucht man, wie die Konstruktionswissenschaft zeigt, auch intuitive Problemlösungsformen rationaler Regelhaftigkeit zu unterwerfen, doch ist es nach wie vor umstritten, in wie weit die rationale Rekonstruktion des Intuitiven gelingt.

Diese allgemeinen Überlegungen zum Verhältnis zwischen technikwissenschaftlicher Theorie und technischer Praxis bedürfen allerdings der Differenzierung, wenn man sich die Vielfalt und Vielgestaltigkeit der einzelnen Disziplinen vergegenwärtigt. So sind funktionsorientierte Disziplinen stärker theoriebetont als produkt- oder berufsfeldorientierte Disziplinen (siehe 2.2.2). Auch gibt es in ein und derselben Disziplin manchmal verschiedenartige Akzentsetzungen, wenn sich z.B. die Informatik, entstanden als eine Art „Bedienungswissenschaft“ für Datenverarbeitungssysteme, in eine „theoretische“, eine „angewandte“ und eine „technische“ Informatik gliedert. In der modernen Bio- und Gentechnik schließlich vermischen sich theoretische und praktische Anteile bereits in der Laborforschung. Gleichwohl spielt selbst in den theoriebetonten Disziplinen die „Wahrheit“ der Erkenntnis meist nur insofern eine Rolle, als sie sich im „Erfolg“ des technischen Handelns zu bewähren vermag. Insgesamt gesehen erweist sich jedenfalls *die* Theorie der Technikwissenschaften als beträchtliche Verallgemeinerung, die für jedes einzelne Teilgebiet spezifischer Konkretisierungen und Modifikationen bedarf. Dieser Hinweis ist besonders für solche Leser wichtig, die das Problemverständnis und die Arbeitsformen ihres speziellen Fachs hier nicht ausführlich genug berücksichtigt finden. Sie mögen sich durch dieses Buch angeregt fühlen, derartige Lücken für ihr eigenes Fach mit entsprechenden Ergänzungen auszufüllen.[59]

Einen gewissen Eindruck von der Vielfältigkeit technikwissenschaftlicher Problemstellungen und Vorgehensweisen können bereits die Fallbeispiele vermitteln, die von Vertretern ausgewählter Disziplinen beigesteuert worden sind (siehe Kapitel 5). Diese exemplarischen Darstellungen können natürlich keine Vollständigkeit beanspruchen. Absichtlich haben die Herausgeber diese Texte nicht mit den anderen Kapiteln harmonisiert, damit die jeweiligen Besonderheiten in Fachsprache und Denkstil deutlich zum Ausdruck kommen. *Die* Technikwissenschaften sind eben keine in sich geschlossene Disziplin, sondern ein Bündel höchst unterschiedlicher Erkenntnis- und Gestaltungsansätze.

Mehrfach hat es in diesem Buch Anlass gegeben, das Verhältnis zwischen den Naturwissenschaften und den Technikwissenschaften zu problematisieren und insbesondere der Fehldeutung entgegen zu treten, die letzteren wären nichts

59 Die Herausgeber werden kritische Anmerkungen und ergänzende Hinweise für ihre weitere Arbeit gerne zur Kenntnis nehmen.

Anderes als eine Anwendung der ersteren. Tatsächlich unterscheiden sich in erster Näherung die Naturwissenschaften von den Technikwissenschaften durch ihre

- Zielsetzung (theoretische Erkenntnis versus praktische Funktionsfähigkeit);
- Gegenstände (natürliche Phänomene versus künstliche Gebilde);
- Methodik (isolierende Analyse versus ganzheitliche Synthese);
- Resultate (idealisierende Theorien versus Gestaltungsregeln);
- Qualitätskriterien (Wahrheit versus Erfolg).

In zweiter Näherung kommen allerdings bei einzelnen Merkmalen Überschneidungen vor, die sich der Gegenüberstellung überlagern: So untersuchen die modernen Naturwissenschaften häufig Phänomene, die nur durch technische Versuchsanordnungen darzustellen sind, oder die Technikwissenschaften bedienen sich in bestimmten Phasen der Erkenntnis auch analytischer Methoden. Gleichwohl bleiben aufs Ganze gesehen die Unterschiede unverkennbar.

Das Missverständnis vom naturwissenschaftlichen Charakter der Technikwissenschaften hat sich wohl vor allem darum eingestellt, weil gewisse Erkenntnismethoden den Naturwissenschaften nicht unähnlich sind; das betrifft besonders die theoretisch-deduktiven und empirisch-induktiven Methoden und die darin verbreitete mathematische Darstellungsform (siehe 4.2). Aber allein mit diesen Methoden können die Technikwissenschaften ihre eigentlichen Ziele, die gedankliche Vorwegnahme eines noch nicht existierenden Sachsystems, die Optimierung seiner Funktion und Struktur sowie seine Einpassung in die natürliche und soziale Umwelt, in keiner Weise erfüllen. Dazu brauchen sie Gestaltungsmethoden, die in den Naturwissenschaften überhaupt nicht gebräuchlich sind. So erweisen sich die Technikwissenschaften als ein Wissenschaftsbereich ganz eigener Art.

Gegenüber den strengen Ansprüchen der herkömmlichen Wissenschaftstheorie (vgl. Poser 2001b) muss man für die Technikwissenschaften den Begriff der Wissenschaft liberalisieren. Das betrifft besonders die folgenden Dimensionen:

- *Pragmatische Orientierung*: Da gegenüber dem theoretischen Erkennen das praktische Gestalten im Vordergrund steht, müssen die Arbeitsergebnisse zuverlässig, sicher und zeitgerecht realisierbar sein.
- *Methodenpluralismus*: Für Erkenntnis und Gestaltung wird eine Vielzahl unterschiedlichster Methoden eingesetzt.
- *Relativierung des Wahrheitsbegriffs*: So weit Erkenntnisse zu erfolgreichen praktischen Lösungen führen, ist die Frage nach ihrer „Wahrheit“ sekundär.
- *Abschwächung des Systematisierungsanspruchs*: Gegenüber der unmittelbaren Verwertbarkeit von Erkenntnissen tritt die wissenschaftsinterne Aufbereitung, Klassifizierung und Strukturierung von Begriffs- und Theoriegebäuden in den Hintergrund.

Diese Einsichten werden wissenschaftstheoretische Puristen natürlich nicht befriedigen, weil sie nicht mit den Standards vereinbar sind, die vermeintlich allein eine „reine“ Wissenschaft ausmachen. Dann sind die Technikwissenschaften eben keine Wissenschaft, werden solche Rigoristen sagen. Solchen Theoretikern ist aber schon oft der Vorwurf gemacht worden, sie hätten präskriptiv eine Idealvorstellung von Wissenschaft entworfen, die sich in der konkreten Wissenserzeugung der Forscher kaum widerspiegelt, mit anderen Worten, sie hätten Regeln aufgestellt, die in Wirklichkeit nicht befolgt werden oder nicht einmal befolgt werden können. So sind denn auch inzwischen weniger strenge Vorstellungen von Wissenschaft entwickelt worden, die möglicher Weise von der Analyse der Technikwissenschaften lernen könnten, wenn sie sich damit beschäftigen würden.

In diesem Buch sind die Technikwissenschaften weitgehend so beschrieben worden, wie sie sind, nicht so, wie sie nach irgend einem unrealistischen Wissenschaftsideal vielleicht sein sollten. Großenteils ist die Darstellung deskriptiv verfahren, und präskriptive Aussagen enthält sie nur dort, wo gewisse Entwicklungstendenzen erkennbar sind, die sich nach Ansicht der Autoren nicht nur fortsetzen werden, sondern im Interesse der wissenschaftlichen Konsolidierung und der gesellschaftlichen Anerkennung der Technikwissenschaften nachhaltig gefördert werden sollten. Dazu gehören insbesondere die Ausweitungen im Systemhorizont, im Qualifikationshorizont, im Methodenhorizont und im Werthorizont (vgl. Ropohl 1998b, S. 45 ff.). Auch die Allgemeine Technologie, in der solche Horizonterweiterungen selbstverständlich sind (siehe Kapitel 6), muss gegenwärtig wohl eher als Desiderat denn als anerkannter Teil der Technikwissenschaften betrachtet werden.

Eine Kernaussage der vorliegenden Untersuchungen dagegen kann ohne jede normative Färbung rein deskriptiv, also völlig wertfrei, wiederholt werden: Die Technikwissenschaften selbst sind alles Andere als wertfrei (siehe 3.2.3). Sie sind Handlungswissenschaften, und alles Handeln verfolgt Ziele, in denen bestimmte Werte zum Ausdruck kommen. Daraus folgt die grundsätzliche Verantwortung technischen Erkennens und Gestaltens für die Chancen und Risiken der Technisierung. Die Technikwissenschaften lassen sich von dem normativen Grundsatz leiten, dass neue Wirklichkeiten gestaltet werden sollen. Dann haben sie sich aber auch mit der Frage zu befassen, ob solche neuen Wirklichkeiten möglichst vielen Menschen das Leben leichter, angenehmer und erlebnisreicher machen oder ob sie, weil nur auf Teilinteressen bezogen, das Gemeinwohl unter Umständen ernstlich schädigen. Tendenziell – wenn auch nicht immer explizit – orientieren sich die Technikwissenschaften an den Werten der Funktionsfähigkeit, der Wirtschaftlichkeit, des Wohlstandes, der Sicherheit, der Gesundheit, der Umweltqualität, der Persönlichkeitsentfaltung und der Gesellschaftsqualität (vgl. VDI 1991). Unzulänglichkeiten der technischen Wirklichkeit, die natürlich keineswegs zu leugnen sind, stellen sich häufig dadurch ein, dass zwischen den genannten Werten mannigfache Konkurrenzbeziehungen bestehen, die entweder gar nicht bedacht oder doch nicht hinreichend für einen tragfähigen Kompromiss gegen einander abgewogen werden.

Zum Schluss ist noch einmal die Frage aufzuwerfen, wozu eine Theorie der Technikwissenschaften überhaupt gut ist. Ohne eine solche Theorie, so könnte man dagegen halten, seien diese Wissenschaften in der Vergangenheit doch auch ganz gut gefahren. Aber das täuscht. Erstens ist das Meiste von dem, was hier ausgebreitet worden ist, vielen Technikwissenschaftlern und Ingenieuren unausdrücklich immer schon gegenwärtig gewesen; so lange es, wenn auch intuitiv, zu erfolgreichen Resultaten führt, braucht es nicht in aufwendigen Diskussionen expliziert zu werden. Andererseits hat die theoretische Reflexion den Vorteil, jenes Hintergrundwissen ausdrücklich offen zu legen und die Forscher und Gestalter in Zweifelsfällen darin zu bestärken oder auch zum weiteren Nachdenken anzuregen. Es kommt hinzu, dass Kenntnisse und Erfahrungen, die bisher nur in langjähriger Praxis zu gewinnen waren, nun dem Nachwuchs in übersichtlicher Form explizit zu vermitteln sind; mit anderen Worten fördert die Theorie die Lehrbarkeit der Technikwissenschaften. Schließlich versachlicht das vertiefte Fachverständnis die Kommunikation und Kooperation zwischen Technikwissenschaftlern und Ingenieuren. Immer wieder sind Konflikte zwischen den „Theoretikern“ und den „Praktikern“ aufgebrochen, und nicht selten haben die Einen den Anderen die Existenzberechtigung streitig machen wollen. „Theoretiker“ haben eine „gedankenlos-unbelehrte“ Praxis kritisiert, und „Praktiker“ haben „wirklichkeitsfremd-unbrauchbare Gedankenspielereien“ verurteilt. Aus der Theorie der Technikwissenschaften kann nun Jeder lernen, dass derartige Einseitigkeiten fehl am Platze sind. Sowohl die Theorieorientierung wie die Praxisorientierung setzen gleich berechtigte und gleich wichtige Akzente im arbeitsteiligen Geflecht technischen Wissens und Handelns. Theorie ohne Praxis ist lahm, aber Praxis ohne Theorie ist blind.

Literaturverzeichnis

Adam, D. (1996): Planung und Entscheidung. Modelle – Ziele – Methoden. 4. Aufl. Wiesbaden

Agazzi, E.; Lenk, H.; Durbin, P. (eds.) (1999): Advances in the Philosophy of Technology. Proceedings of a Meeting of the International Academy of the Philosophy of Science, Karlsruhe (Germany), May 1997. Newark/Delaware

Albert, H. (1971): Wissenschaft, Technologie und Politik. In: VDI (Hg.): Wirtschaftliche und gesellschaftliche Auswirkungen des technischen Fortschritts. Düsseldorf, S. 139-165

Alberts, B.; Bray, D.; Lewis, J.; Raff, M.; Roberts, K.; Watson, J. D. (1989): Molecular Biology of the Cell. 2nd ed. New York/London

Aleksandrov, A. D. (1972): Matematika i dialektika [Mathematik und Dialektik]. In: Matematika v škole [Mathematik in der Schule] (Moskva), H. 1, S. 3-9 (T. 1); H. 2, S. 4-10 (T. 2) (russ.)

Alisch, K. L. (1995): Technologische Theorien. In: Stachowiak, H. (Hg.): Handbuch des Pragmatischen Denkens/Pragmatics. Bd. 5: Pragmatische Tendenzen in der Wissenschaftstheorie. Hamburg, S. 403-442

Alpern, K. D. (1987): Ingenieure als moralische Helden. In: Lenk, H.; Ropohl, G. (Hg.): Technik und Ethik. Stuttgart, S. 177-193

Altschuller, G. S. (1986): Erfinden. Wege zur Lösung technischer Probleme. Berlin

Andreasen, M. M.; Hein, L. (1987): Integrated Product Development. Kempston

Anschütz, H. (1970): Kybernetik – kurz und bündig. Würzburg

Atiyah, Sir M. F. (1974): Wandel und Fortschritt in der Mathematik. In: Otte, M. (Hg.): Mathematiker über die Mathematik. Berlin u. a., S. 203-218

Atiyah, Sir M. F. (2003): Mathematik im 20. Jahrhundert. 100 Jahre Mathematik. In: Walz, G. (Hg.): Faszination Mathematik. Heidelberg/Berlin, S. 238-242

Auer, P.; Weth, R. von der (1994): Wie klären Konstrukteure ein Problem? Die Entwicklung von Erfahrung und das Vorgehen bei der Analyse von Konstruktionsaufgaben. In: Konstruktion, H. 5, S. 175-180

Austin, J. L. (1962): How To Do Things With Words. Oxford

Autorenkollektiv (1980): Spezifik der technischen Wissenschaften. Moskau/Leipzig

Baccini, P., Bader, H.-P. (1996): Regionaler Stoffhaushalt. Heidelberg u. a.

Banse, G. (1986): Funktion, Struktur und Formen der Modellmethode. In: Banse, G.; Wendt, H. (Hg.): Erkenntnismethoden in den Technikwissenschaften. Eine methodologische Analyse und philosophische Diskussion der Erkenntnisprozesse in den Technikwissenschaften. Berlin, S. 139-149

Banse, G. (Hg.) (1997): Allgemeine Technologie zwischen Aufklärung und Metatheorie. Johann Beckmann und die Folgen. Berlin

Banse, G. (2000): Konstruieren im Spannungsfeld: Kunst, Wissenschaft oder beides? In: Banse, G.; Friedrich, K. (Hg.): Konstruieren zwischen Kunst und Wissenschaft. Idee – Entwurf – Gestaltung. Berlin, S. 19-80

Banse, G. (2003): Technikgestaltung im Spannungsfeld von Plan und Lebenswelt. In: Grunwald, A. (Hg.): Technikgestaltung zwischen Wunsch und Wirklichkeit. Berlin u.a., S. 71-88

Banse, G.; Bechmann, G. (1998): Interdisziplinäre Risikoforschung. Eine Bibliographie. Opladen

Banse, G.; Friedrich, K. (Hg.) (1996): Technik zwischen Erkenntnis und Gestaltung. Philosophische Sichten auf Technikwissenschaften und technisches Handeln. Berlin

Banse, G.; Müller, H.-P. (Hg.) (2001): Johann Beckmann und die Folgen. Erfindungen. Versuch der historischen, theoretischen und empirischen Annäherung an einen vielschichtigen Begriff. Münster

Banse, G.; Reher, E.-O. (Hg.) (2001): Allgemeine Technologie: Vergangenheit, Gegenwart, Zukunft. Berlin

Banse, G.; Reher, E.-O. (Hg.) (2004): Fortschritte bei der Herausbildung der Allgemeinen Technologie. Berlin

Banse, G.; Ropohl, G. (Hg.) (2004): Wissenskonzepte für die Ingenieurpraxis. Technikwissenschaften zwischen Erkennen und Gestalten. Düsseldorf (VDI)

Banse, G.; Wendt, H. (Hg.) (1986): Erkenntnismethoden in den Technikwissenschaften. Eine methodologische Analyse und philosophische Diskussion der Erkenntnisprozesse in den Technikwissenschaften. Berlin

Barrow, J. D. (1993): Die Natur der Natur. Heidelberg

Baumard, P. (1999): Tacit Knowledge in Organizations. London

Bechmann, A. (1978): Nutzwertanalyse, Bewertung und Planung. Bern/Stuttgart

Beck, U.; Giddens, A.; Lash, S. (1994): Reflexive Modernization. Politics, Tradition and Aesthetics in the Modern Social Order. Stanford, CA

Beckmann, J. (1777): Anleitung zur Technologie oder zur Kentniß der Handwerke, Fabriken und Manufacturen [...]. Göttingen

Beckmann, J. (1806): Entwurf der algemeinen Technologie. Göttingen

Berg, Chr. (2005): Gesellschaftliche Gefährdungspotenziale durch Vernetzungsprozesse. In: Bora, A.; Decker, M.; Grunwald, A.; Renn, O. (Hg.): Technik in einer fragilen Welt. Die Rolle der Technikfolgenabschätzung. Berlin, S. 277-284

Bernal, J. D. (1939): The Social Function of Science. London

Berndes, S. (2001): Zukunft des Wissens. Vergessen, Löschen und Weitergeben. Ethische Normen der Wissensauswahl und -weitergabe. Münster

Betriebshütte. Produktion und Management (1996): 2 Bde. 7. Aufl. Hg. v. W. Eversheim u. G. Schuh. Berlin u. a.

Birke, C. (2002): Der Einsatz von Rapid-Prototyping-Verfahren im Konstruktionsprozess. Aachen

Bischoff, W.; Hansen, F.: Rationelles Konstruieren. Berlin 1953

Blechman, I. I.; Myschkis, A. D.; Panovko, J. G. (1984): Angewandte Mathematik. Gegenstand, Logik, Besonderheiten. Berlin

Blenke, H. (1966): Zur Synthese von Wissenschaft und Technik. In: Mitteilungen der Deutschen Forschungsgemeinschaft, Nr. 4, S. 2-26

Böhme, G. (1999): Bildung als Widerstand. In: Die Zeit, Nr. 38 v. 16. September, S. 51

Bonz, B. (1968): Der Engpaß Konstruktion als psychodiagnostisches Problem. In: Arbeit und Leistung, Nr. 1, S. 3-8

Bräuer, G. (1966): Das Finden als Moment des Schöpferischen. Tübingen

Bröchler, St.; Simonis, G.; Sundermann, K. (Hg.) (1999): Handbuch Technikfolgenabschätzung. 3 Bde. Berlin

Buccarelli, L. L.; Kuhn, S. (1997): Engineering Education and Engineering Practice: Improving the Fit. In: Barley, S. R.; Orr, J. E. (eds.): Between Craft and Science. Technical Work in U.S. Settings. Ithaca, NY, pp. 210-229

Buchheim, G.; Sonnemann, R. (Hg.) (1990): Geschichte der Technikwissenschaften. Leipzig

Bullinger, H.-J.; Kornwachs, K. (1990): Expertensysteme im Produktionsbetrieb. Anwendungen und Auswirkungen. München

Bunge, M. (1967): Scientific Research. Vol. I: Seaching for Truth. Berlin u. a.

Bunge, M. (1974): Technology as Applied Science. In: Rapp, F. (ed.): Contributions to a Philosophy of Technology. Dordrecht/Boston, pp. 19-39

Bunge, M. (1983): Towards a Philosophy of Technology. In: Mitcham, C.; Mackey, R. (eds.): Philosophy and Technology. Readings in the Philosophical Problems of Technology. New York, pp. 62-76

Burian, R. M. (1993): How the Choice of Experimental Organism Matters. Epistemological Reflections on an Aspect of Biological Practice. In: Journal of the History of Biology, No.2, pp. 351-367

Chang, S. (1990): A Scientific Approach towards Developing an Engineering Design Theory. In: Proceedings of the 1990 International Conference on Engineering Design ICED 90, Dubrovnik 1990. Vol. 1. Zagreb, pp. 61-67

Collins, H. M. (1974): The TEA Set: Tacit Knowledge and Scientific Networks. In: Science Studies, No.2, pp. 165-186

Collins, H. M. (2001): Tacit Knowledge, Trust and the Q of Sapphire. In: Social Studies of Science, No.1, pp. 71-85

Cooper, R. G.; Kleinschmidt, E. J. (1994): Screening New Products for Potential Winners. In: IEEE Engineering Management Review, No.4, pp. 24-30

Courant, R.; Robbins, H. (1992): Was ist Mathematik. 4. Aufl., Berlin u. a.

Coy, W.; Nake, F.; Pflüger, J.-M.; Rolf, A.; Seetzen, J.; Siefkes, D.; Stransfeld, R. (Hg.) (1992): Sichtweisen der Informatik. Braunschweig/Wiesbaden

Craig, E. (1993): Was wir wissen können. Pragmatische Untersuchungen zum Wissensbegriff. Frankfurt am Main

Cress, H. A.; Cheaney, E. S. (1963): Determining Design Feasibility. ASME Paper 63-MD-38

Daenzer, W. F.; Huber, F. (Hg.) (1992): Systems Engineering. Methodik und Praxis. 7. Aufl. Zürich

Davies, S. P.; Castell, A. M. (1992): Contextualizing Design: Narrative and Rationalization in Empirical Studies of Software Design. In: Design Studies, No.4, pp. 379-393

Decker, M.; Ladikas, M. (eds.) (2004): Bridges between Science, Society and Policy. Technology Assessment – Methods and Impacts. Berlin u. a.

Deckert, C. (2002): Wissensorientiertes Projektmanagement in der Produktentwicklung. Dissertation. Aachen

Degele, N. (2002): Einführung in die Techniksoziologie. München

Dessauer, F. (1956): Streit um die Technik. Frankfurt am Main

Diemer, A.; König, G. (1991): Was ist Wissenschaft? In: Hermann, A.; Schönbeck, Ch. (Hg.): Technik und Wissenschaft. Düsseldorf, S. 3-28

Dietze, A. (2004): Oberflächenwasseraufbereitung durch Membranfiltration. Dissertation. TU Berlin. In: Fortschritts-Berichte. VDI-Reihe 3, Nr. 813. Düsseldorf

DIFF – Deutsches Institut für Fernstudien (1995): Funkkolleg Technik: einschätzen – beurteilen – bewerten, Hg. v. Hubig, Ch.; Ropohl, G. u. a., Studienbegleitbriefe. Weinheim

Dosi, G. (1988): Sources, Procedures, and Microeconomic Effects of Innovation. In: Journal of Economic Literature, No.3, pp. 1120-1171

Dubbel. Taschenbuch für den Maschinenbau (1986). 15. Aufl. Hg. v. W. Beitz u. K.-H. Küttner. Berlin u. a.

Durbin, P. T. (ed.) (1991): Critical Perspectives on Nonacademic Science and Engineering. London u. a.

Dylla, N. (1990): Denk- und Handlungsabläufe beim Konstruieren. München/Wien

Eder, W. E. (2000): Konstruieren aus der Sicht eines Konstruktionswissenschaftlers. In: Banse, G.; Friedrich, K. (Hg.): Konstruieren zwischen Kunst und Wissenschaft. Idee – Entwurf – Gestaltung. Berlin, S. 193-218

Ehrlenspiel, K. (2003): Integrierte Produktentwicklung. Methoden für Prozeßorganisation, Produkterstellung und Konstruktion. 2. überarb. Aufl. München

Ehrlenspiel, K.; Kiewert, A.; Lindemann, U. (1999): Kostengünstig Entwickeln und Konstruieren. Kostenmanagement für die integrierte Produktentwicklung. Berlin

Einstein, A. (1983): Geometrie und Erfahrung. Erweiterte Fassung des Festvortrags an der Preußischen Akademie der Wissenschaften. Berlin 1921. Abgedruckt in: Seelig, C. (Hg.): Albert Einstein: Mein Weltbild. Frankfurt am Main, S. 119-127

Ekardt, H.-P. (2001): Ingenieurrationalität. Bauingenieure als „Techniker“ oder Professionals. In: Bundesingenieurkammer (Hg.): Ingenieurbaukunst in Deutschland. Jahrbuch 2001. Hamburg, S. 122-125

Ekardt, H.-P. (2004): Wissen in der bautechnischen Ingenieurpraxis – Thesen. In: Banse, G.; Ropohl, G. (Hg.): Wissenskonzepte für die Ingenieurpraxis. Technikwissenschaften zwischen Erkennen und Gestalten. Düsseldorf (VDI), S. 81-98

Erlach, K. (2001): Das Technotop. Die technologische Konstruktion der Wirklichkeit. Münster

Eversheim, W. (1996): Integrierte Produkt- und Prozessgestaltung. In: Betriebshütte. Produktion und Management. 7. Aufl. Hg. v. W. Eversheim u. G. Schuh. Bd. 1. Berlin u. a., S. 7-124 bis 7-149

Eversheim, W. (1998): Organisation in der Produktionstechnik. Bd. 2: Konstruktion. Berlin u. a.

Eversheim, W.; Krause, F.-L. (1996): Produktgestaltung. In: Betriebshütte. Produktion und Management. 7. Aufl. Hg. v. W. Eversheim u. G. Schuh. Bd. 1. Berlin u. a., S. 7-26 bis 7-73

Eyth, M. (1905): Zur Philosophie des Erfindens. In: Eyth, M.: Lebendige Kräfte. Sieben Vorträge aus dem Gebiete der Technik. Berlin, S. 249-284

Ferguson, E. S. (1977): The Mind's Eye: Nonverbal Thought in Technology. In: Science, No. 4306, pp. 827-836

Ferguson, E. S. (1992): Engineering and the Mind's Eye. Cambridge, MA.

Ferguson. E. S. (1993): Das innere Auge. Von der Kunst des Ingenieurs. Basel u. a.

Fischer, P. (2004): Philosophie der Technik. Heidelberg u. a.

Fleck, L. (1993): Entstehung und Entwicklung einer wissenschaftlichen Tatsache. Einführung in die Lehre vom Denkstil und Denkkollektiv [1935]. Frankfurt am Main

Fleischer, T.; Grunwald, A. (2002): Technikgestaltung für mehr Nachhaltigkeit – Anforderungen an die Technikfolgenabschätzung. In: Grunwald, A. (Hg.): Technikgestaltung für eine nachhaltige Entwicklung. Von der Konzeption zur Umsetzung. Berlin, S. 95-146

Floyd, Ch.; Züllighoven, H.; Budde, R.; Keil-Slawik, R. (1992): Software Development and Reality Construction. Berlin u. a.

Freeman, C. (1969): Measurement of Output of Research and Experimental Development. Statistical Reports and Studies. Paris

Freeman, C. (1992): The Economics of Hope. London

Fritzsche, A.-F. (1986): Wie sicher leben wir? Risikobeurteilung und -bewältigung in unserer Gesellschaft. Köln

Fuchs-Kittowski, F.; Vogel, E. (2001): Kooperative Online-Beratung im Electronic Commerce: Der COCo-Ansatz zur kooperativen Wissenserzeugung. In: Oberquelle, H.; Oppermann, R.; Krause, J. (Hg.): Mensch & Computer. Stuttgart u. a., S. 103-114

Gallee, M. A. (2003): Bausteine einer abduktiven Wissenschafts- und Technikphilosophie. Das Problem der zwei „Kulturen“ aus methodologischer Perspektive. Münster

Gethmann, C. F. (1995): Rationalität. In: Mittelstraß, J. (Hg.): Enzyklopädie Philosophie und Wissenschaftstheorie. Bd. 3. Stuttgart/Weimar, S. 468-480

Gethmann, C. F.; Grunwald, A. (1996): Technikfolgenabschätzung. Konzeptionen im Überblick. Bad Neuenahr-Ahrweiler (Europäischen Akademie zur Erforschung von Folgen wissenschaftlich technischer Entwicklungen GmbH)

Gettier, E. (1963): Is Justified True Belief Knowledge? In: Analysis, No.23, pp. 121-123

Gibbons, M.; Limoges, C.; Nowotny, H.; Schwartzmann, S.; Scott, P.; Trow, M. (1994): The New Production of Knowledge. The Dynamics of Science and Research in Contemporary Societies. London

Gilfillan, S. C. (1963): The Sociology of Invention [1935]. Cambridge, MA/London

Gorokhov, V. (1990): Engineering. Art and Science. Moscow

Gottl-Ottlilienfeld, F. von (1923): Wirtschaft und Technik. 2. Aufl. Tübingen

Grabowski, H.; Rude, S.; Grein, G. (eds.) (1998): Universal Design Theory. Aachen

Gregory, S. A. (1966): The Design Method. London

Grauert, H.; Lieb, I. (1967): Differential- und Integralrechnung I. Berlin u. a.

Grundlagenforschung und Technik (1967) (Beiträge von W. Albring, K. Schröter, H. Koziolek, R. Rompe). Sitzungsberichte der Deutschen Akademie der Wissenschaften zu Berlin, Klasse für Mathematik, Physik und Technik, Nr. 1

Grunwald, A. (1996): Das lebensweltliche Apriori in der Begründung technikwissenschaftlicher Sätze. In: Banse, G.; Friedrich, K. (Hg.): Technik zwischen Erkenntnis und Gestaltung. Philosophische Sichten auf Technikwissenschaften und technisches Handeln. Berlin, S. 51-75

Grunwald, A. (1998): Technisches Handeln und seine Resultate. Prolegomena zu einer kulturalistischen Technikphilosophie. In: Hartmann, D.; Janich, P. (Hg.): Die kulturalistische Wende. Frankfurt am Main, S. 178-223

Grunwald, A. (Hg.) (1999): Rationale Technikfolgenbeurteilung. Konzepte und methodische Grundlagen. Berlin u. a.

Grunwald, A. (2000): Handeln und Planen. München

Grunwald, A. (2002a): Rationalität in der gesellschaftlichen Gestaltung der Technik oder blinde Evolution? In: Banse, G.; Kiepas, A. (Hg.): Rationalität heute. Vorstellungen, Wandlungen, Herausforderungen. Münster, S. 191-210

Grunwald, A. (2002b): Technikfolgenabschätzung. Eine Einführung. Berlin

Grunwald, A.; Julliard, Y. (2005): Technik als Reflexionsbegriff. Überlegungen zur semantischen Struktur des Redens über Technik. In: Philosophia naturalis, H. 1, S. 127-57

Grupp, H. (1997): Messung und Erklärung des Technischen Wandels. Grundzüge einer empirischen Innovationsökonomik. Berlin

Grupp, H.; Dominguez-Lacasa, I.; Friedrich-Nishio, M. (2002): Das deutsche Innovationssystem seit der Reichsgründung. Indikatoren einer nationalen Wissenschafts- und Technikgeschichte in unterschiedlichen Regierungs- und Gebietsstrukturen. Heidelberg

Grupp, H.; Hohmeyer, O.; Kollert, R.; Legler, H. (1987): Technometrie. Die Bemessung des technisch-wissenschaftlichen Leistungsstandes. Köln

Günther, J. (1998): Individuelle Einflüsse auf den Konstruktionsprozess. Eine empirische Untersuchung unter besonderer Berücksichtigung von Konstrukteuren aus der Praxis. Aachen

Habermas, J. (1968): Wissenschaft und Technik als „Ideologie". Frankfurt am Main

Hansen, F. (1961): Grenzen und Wirkungsbereich der Konstruktionssystematik bei Forschungs- und Entwicklungsaufgaben. In: Feingerätetechnik, H. 10, S. 452-460

Hansen, F. (1966): Konstruktionssystematik. Grundlagen für eine allgemeine Konstruktionslehre. 2. Aufl. Berlin

Hartmann, D. (1996): Kulturalistische Handlungstheorie. In: Hartmann, D.; Janich, P. (Hg.): Methodischer Kulturalismus. Zwischen Naturalismus und Postmoderne. Frankfurt am Main, S. 70-114

Harz, M. (2005): Zur Logik technischer Aussagen. Dissertation. BTU Cottbus (eingereicht)

Häußer, E. (1996): Patentwesen. In: Hütte. Die Grundlagen der Ingenieurwissenschaften. 30. Aufl. Hg. v. H. Czichos. Berlin u. a., S. P1-P15

Hawley, K. (2003): Success and Knowledge How. In: American Philosophical Quaterly, No.40, pp. 19-31

Hayek, F. A. von (1978): Competition as a Discovery Procedure. In: Hayek, F. A. von: New Studies in Philosophy, Politics, Economics and the History of Ideas. London, pp. 179-190

Hedrich, R. (1993): Über den nicht ganz erstaunlichen Erfolg der Mathematik in der Wirklichkeit. In: Philosophia naturalis, Nr. 30, S. 106-125

Heidegger, M. (1967): Sein und Zeit. Pfullingen

Heidegger, M. (1988): Vom Wesen der Wahrheit. Zu Platons Höhlengleichnis und Theätet. In: Heidegger, M.: Gesamtausgabe. Bd. 34. Frankfurt am Main, S. 149-210

Heisenberg, W. (1973): Der Teil und das Ganze. München

Hempel, C. G. (1977): Rationales Handeln. In: Meggle, G. (Hg.): Analytische Handlungstheorie. Frankfurt am Main, S. 388-414

Hennig, K. (1984): Chaotisch-stochastische Systeme in der Technik. In: spectrum, Nr. 10, S. 1-4

Hermann, A.; Schönbeck, Ch. (Hg.) (1991): Technik und Wissenschaft. Düsseldorf 1991

Heymann, M. (2005): „Kunst" und Wissenschaft in der Technik des 20. Jahrhunderts. Zur Geschichte der Konstruktionswissenschaften. Zürich

Hillmann, K.-H. (1994): Wörterbuch der Soziologie. Stuttgart

Hippel, E. von (1994): "Sticky information" and the Locus of Problem Solving: Implications for Innovation. In: Management Science, No.4, pp. 429-439

Hubig, Ch. (1993): Wissenschafts- und Technikethik. Ein Leitfaden. Berlin u. a.

Hubig, Ch. (1997): Technologische Kultur. Leipzig

Hubig, Ch. (2001): Leistungen und Grenzen des Abduktionsmodells für die Rekonstruktion der Erkenntniserweiterung in Wissenschaft und Technik. Beitrag zur Tagung des „Kollegiums Technikphilosophie" (2. Sommerkonferenz) zum Thema „Wissenschaftstheorie der Technikwissenschaften" am 28.7.2001 in Karlsruhe-Durlach

Hubig, Ch. (2002): Mittel. Bielefeld

Hubig, Ch. (2006): Historische Einleitung. In: Die Kunst des Möglichen: Grundlinien einer dialektischen Philosophie der Technik. Bd. 1. Bielefeld (in Druck)

Hubig, Ch.; Albers, J. (Hg.) (1995): Technikbewertung. Sendetexte des Funkkollegs. 2 Bde. Weinheim/Basel

Hubig, Ch.; Reidel, J. (Hg.) (2004): Ethische Ingenieurverantwortung. Handlungsspielräume und Perspektiven der Kodifzierung. Berlin

Hubka, V. (1976): Theorie der Konstruktionsprozesse. Berlin u. a.

Hubka, V. (Hg.) (1980): WDK 1 – Allgemeines Vorgehensmodell des Konstruierens. Goldach

Hubka, V. (1984): Theorie technischer Systeme. Berlin u. a. (2. Aufl. von Hubka, V.: Theorie der Maschinensysteme. Grundlagen einer wissenschaftlichen Konstruktionslehre. Berlin u. a. 1973)

Hubka, V.; Andreasen, M. M.; Eder, W. E. (1988): Practical Studies in Systematic Design. London

Hubka, V.; Eder, W. E. (1988): Theory of Technical Systems. A Total Concept Theory for Engineering Design. Berlin a. o.

Hubka, V.; Eder, W. E. (1992): Einführung in die Konstruktionswissenschaft. Übersicht, Modell, Anleitungen. Berlin u. a.

Hubka, V.; Eder, W. E. (1996): Design Science. Introduction to Needs, Scope and Organization of Engineering Design Knowledge. New York a. o.

Hübner, K. (1968): Von der Intentionalität der modernen Technik. In: Sprache im technischen Zeitalter, H. 2, S. 27-48

Huisinga, R. (1996): Theorien und gesellschaftliche Praxis technischer Entwicklung. Soziale Verschränkungen in modernen Technisierungsprozessen. Amsterdam

Huning, A. (1974): Das Schaffen des Ingenieurs. Beiträge zu einer Philosophie der Technik. Düsseldorf

Hütte. Die Grundlagen der Ingenieurwissenschaften (1996): 30. Aufl. Hg. v. H. Czichos. Berlin/Heidelberg

Jaeger, A.; Wenke, K. (1969): Lineare Wirtschaftsalgebra. Stuttgart

Janich, P. (1978): Physics - Natural Science or Technology? In: Krohn, W.; Layton, E. T.; Weingart, P. (eds.): The Dynamics of Science and Technology. Boston, pp. 3-27

Janich, P. (1986): Naturwissenschaft in der Technik und Technik in der Naturwissenschaft. In: Burrichter, C.; Inhetveen, R.; Kötter, R. (Hg.): Technische Rationalität und rationale Heuristik. Paderborn, S. 41-52

Janich, P. (1995): Die methodische Konstruktion der Wirklichkeit durch die Wissenschaften. In: Lenk, H.; Poser, H. (Hg.): Neue Realitäten. Herausforderung der Philosophie. Berlin, S. 460-476

Janich, P. (1998): Die Struktur technischer Innovationen. In: Hartmann, D.; Janich, P. (Hg.): Die kulturalistische Wende. Zur Orientierung des philosophischen Selbstverständnisses. Frankfurt am Main, S. 129-177

Janssen, M.; Viehweger, O.; Fastenrath, U.; Hajdu, J. (1994): Introduction to the Theory of the Integer Quantum Hall Effect. Weinheim

Jischa, M. F. (2004): Ingenieurwissenschaften. Berlin u. a.

Jobst, E. (1967): Philosophische Probleme des Wechselverhältnisses von technischer Wissenschaft und Naturwissenschaft. In: Wissenschaftliche Zeitschrift der TH Karl-Marx-Stadt, H. 1-2, S. 81-92

Jobst, E. (1986): Besonderheiten von Klassen von Technikwissenschaften. In: Banse, G.; Wendt, H. (Hg.): Erkenntnismethoden in den Technikwissenschaften. Eine methodologische Analyse und philosophische Diskussion der Erkenntnisprozesse in den Technikwissenschaften. Berlin, S. 15-18

Jobst, E. (1995): Technikwissenschaften, Wissensintegration, Interdisziplinäre Technikforschung. Eine Problemstudie. Frankfurt am Main

Joerges, B. (1996): Technik – Körper der Gesellschaft. Frankfurt am Main

Kahn, H.; Wiener, A. (1967): Ihr werdet es erleben. Voraussagen der Wissenschaft bis zum Jahre 2000. Wien

Kaiser, H. (1977): Numerische Mathematik und Rechentechnik. Bd. 1. Berlin

Kaiser, H. (1980): Numerische Mathematik und Rechentechnik. Bd. 2. Berlin

Kaiser, H. (1981): Struktur – Sprache – Automat. Potsdam

Karafyllis, N. C. (2001): Biologisch, Natürlich, Nachhaltig. Philosophische Aspekte des Naturzugangs im 21. Jahrhundert. Tübingen

Karafyllis, N. C. (Hg.) (2003): Biofakte. Versuch über den Menschen zwischen Artefakt und Lebewesen. Paderborn

Karafyllis, N. C. (2006): Brutschränke, Nährmedien und Kältekammern. Wachstum und Handlung im Labor als hybrider und biofaktischer Lebens-Raum. In: Köchy, K.; Schiemann, G. (Hg.): Natur im Labor. Frankfurt am Main (im Druck)

Karafyllis, N. C.; Ropohl, G. (2001): Ökologie und Umwelttechnik. In: Ropohl, G. (Hg.): Erträge der interdisziplinären Technikforschung. Eine Bilanz nach 20 Jahren. Berlin, S. 57-79

Kaufmann, A. (1975): Introduction into the Theory of Fuzzy Sets. Vol. I. New York/San Francisco

Kesselring, F. (1942): Die „starke“ Konstruktion. Gedanken zu einer Gestaltungslehre. In: VDI-Zeitschrift, H. 5, S. 321-330

Kesselring, F. (1951): Bewertung von Konstruktionen. Düsseldorf

Kesselring, F. (1954): Technische Kompositionslehre. Anleitung zu technisch-wirtschaftlichem und verantwortungsbewußtem Schaffen. Berlin u. a.

Kesselring, F. (1955): Morphologisch-analytische Konstruktionsmethode. In: VDI-Zeitschrift, H. 11-12, S. 327-331

Khurana, A.; Rosenthal, S. R. (1998): Towards Holistic "Front Ends" in New Product Development. In: Journal of Product Innovation Management, No.1, pp. 57-74

Kliemt, M. (1986): Funktion und Struktur technischer Meßverfahren. In: Banse, G.; Wendt, H. (Hg.): Erkenntnismethoden in den Technikwissenschaften. Eine methodologische

Analyse und philosophische Diskussion der Erkenntnisprozesse in den Technikwissenschaften. Berlin, S. 121-128

Klir, G. J. (1969): An Approach to General System Theory. New York

Klir, G. J.; Yuan, B. (1995): Fuzzy Sets and Fuzzy Logic. Theory and Application. New York

Klix, F. (1980): Erwachendes Denken. Eine Entwicklungsgeschichte der menschlichen Intelligenz. Berlin

Klöppel, K. (1958): Die Einheit der Wissenschaft und der Ingenieur. In: Deutsches Museum. Abhandlungen und Berichte, Nr. 2

Klöppel, K. (1961): Die Entwicklung der Ingenieurwissenschaften. In: VDI-Zeitschrift, H. 23, S. 1145-1153

Knorr-Cetina, K. (1984): Die Fabrikation von Erkenntnis. Frankfurt am Main

Knuth, D. E. (1968-2006): The Art of Computer Programming. Many Vol. Reading, MA.

Köchy, K. (2003): Perspektiven des Organischen. Paderborn

Koller, R. (1976): Konstruktionsmethode für Maschinen-, Geräte- und Apparatebau. Berlin, Heidelberg u. a.

Koller, R. (1985): Konstruktionslehre für den Maschinenbau. Grundlagen, Arbeitsschritte, Prinziplösungen. Berlin u. a.

König, W. (1995): Technikwissenschaften. Die Entstehung der Elektrotechnik aus Industrie und Wissenschaft zwischen 1880 und 1914. Chur

König, W. (1999): Künstler und Strichezieher. Konstruktions- und Technikkulturen im deutschen, britischen, amerikanischen und französischen Maschinenbau zwischen 1850 und 1930. Frankfurt am Main

König, W.; Irmela, G.; Helfert, R.; Niemitz, H.-U.; Oelsner, R. F. (1997): Die Entwicklung des Konstruierens im internationalen Vergleich. In: Mackensen, R. (Hg.): Konstruktionshandeln. Nicht-technische Determinanten des Konstruierens bei zunehmendem CAD-Einsatz. München/Wien, S. 1-82

Konvent (1999): Technik und Technikwissenschaften. Beiträge zum Arbeitssymposium des Konvents für Technikwissenschaften. Hrsg. v. d. Berlin-Brandenburgischen u. d. Nordrhein-Westfälischen Akademie der Wissenschaften. Berlin/Düsseldorf 1999

Kornwachs, K. (1985/1987): Wertanalyse und Systemtheorie – neuere methodische Ansätze für den indirekten Bereich. In: Wertanalyse-Forum, H. 1-2, S. 3-14 (T. 1); H. 1, S. 3-10 (T. 2)

Kornwachs, K. (1987): Offene Systeme und die Frage nach der Information. Habilitationsschrift. Universität Stuttgart

Kornwachs, K. (1995): Theorie der Technik? In: Forum der Forschung. Wissenschaftsmagazin der Brandenburgischen Technischen Universität Cottbus, H. 1, S. 11-22

Kornwachs, K. (1996): Vom Naturgesetz zur technologischen Regel – ein Beitrag zu einer Theorie der Technik. In: Banse, G.; Friedrich, K. (Hg.): Technik zwischen Erkenntnis und Gestaltung. Philosophische Sichten auf Technikwissenschaften und technisches Handeln. Berlin, S. 13-50

Kornwachs, K. (1997): System as Information – Information as System. Further Steps Towards a Theory of Pragmatic Information. In: World Futures, 49-50 – Special Issue:

Foundation of Information Science, pp. 321-332 (also appeared in: Hofkirchner, W. (ed.): The Quest for a Unified Theory of Information. London 1999, pp. 113-124)

Kornwachs, K. (1998): A Formal Theory of Technology? In: Phil & Tech. Society for Philosophy and Technology. An Electronic Journal, No.1. URL: http://scholar.lib.vt.edu/ejournals/SPT/v4_n1; also appeared in: Agazzi, E.; Lenk, H.; Durbin, P. (eds.): Advances in Philosophy of Technology. Proceedings of a Meeting of the International Academy of the Philosophy of Science, Karlsruhe (Germany), May 1997. Newark/Delaware 1999, pp. 47-65; revised Reprint in: Lenk, H.; Maring, M. (eds.): Advances and Problems in the Philosophy of Technology. Münster 2001, pp. 51-69

Kornwachs, K. (1999): Von der Information zum Wissen? In: Ganten, D.; Emrich, H. M. (Hg.): Informationswelt – Welten der Information. Forschung – Technik – Mensch. Verhandlungen der Gesellschaft Deutscher Naturforscher und Ärzte. 120. Versammlung, Berlin, 19.-22. September 1998. Stuttgart, S. 35-44

Kornwachs, K. (2002a): Analytische Probleme des Pragmatischen Syllogismus. In: Abel, G.; Hubig, Ch.; Engfer, J. (Hg.): Neuzeitliches Denken. Festschrift für Hans Poser. Berlin/New York, S. 353-380

Kornwachs, K. (2002b): Praktischer Syllogismus und pluralistische Ethik. Langfassung. Cottbus (Berichte der Fakultät für Mathematik, Naturwissenschaft und Informatik der BTU Cottbus, PT 04/2002)

Kornwachs, K. (Hg.) (2004a): Technik – System – Verantwortung. Münster

Kornwachs, K. (2004b): Technik wissen. Präliminarien zu einer Theorie technischen Wissens. In: Karafyllis, N. C.; Haar, T. (Hg.): Technikphilosophie im Aufbruch. Festschrift für Günter Ropohl. Berlin, S. 197-210

Kornwachs, K. (2005a): Handling Knowledge in a Wired World. In: Hronszky, I.; Kornwachs, K. (eds.): Shaping Better Technologies. Münster (im Druck)

Kornwachs, K. (2005b): Knowledge + Skills + x. In: Althoff, K.-D.; Dengel, A.: Bergmann, R.; Nick, M.; Roth-Berghofer; Th. (eds.): Professional Knowledge Management. Third Biennal Conference WM 2005, Kaiserslautern. Revised Selected Papers. Lecture Notes in Computer Science. Berlin/Heidelberg, pp. 33-47

Kornwachs, K. (2006): Die Struktur technologischen Wissens. Analytische Studien zu einer Wissenschaftstheorie der Technik. Münster (im Druck)

Kornwachs, K.; Meyer, R. (1995): Aus der Werkstatt ... Methoden der Technikbewertung. In: DIFF – Deutsches Institut für Fernstudien: Funkkolleg Technik: einschätzen – beurteilen – bewerten. Studienbegleitbriefe. Studienbrief Nr. 2. Weinheim, S. 4-38

Kornwachs, K.; Niemeyer, J. (1991): Technikbewertung und Technikfolgenabschätzung bei kleinen und mittleren Unternehmen. In: Bullinger, H.-J. (Hg.): Handbuch des Informationsmanagements. Bd. II. München, S. 1523-1570

Kotarbinski, T. (1966): Merkmale eines guten Planes. In: Alsleben, K.; Wehrstedt, W. (Hg.): Praxeologie. Quickborn, S. 87-92

Kötter, R. (1986): Technische Rationalität und rationale Heuristik – ein Problemaufriß. In: Burrichter, C.; Inhetveen, R.; Kötter, R. (Hg.): Technische Rationalität und rationale Heuristik. Paderborn u. a., S. 9-15

Krämer, S. (2003): Verkörpertes Wissen. Eine performative Perspektive, oder: Über das Wissen jenseits von Theorien und Kompetenzen. Skizze von Forschungsfeldern für die Clusterbildung „Wissenschaftsforschung" der Berlin-Brandenburgischen Akademie der Wissenschaften. Berlin

Krömmelbein, S.; Schmid, A. (2004): Informationstechnischer Wandel und Zukunft der Arbeit. In: Karafyllis, N. C.; Haar, T. (Hg.): Technikphilosophie im Aufbruch. Festschrift für Günter Ropohl. Berlin, S. 211-227

Kuhlenkamp, A. (1963): Experiment und Erfahrung in der Technik. In: Strolz, W. (Hg.): Experiment und Erfahrung in Wissenschaft und Kunst. Freiburg/München, S. 69-85

Kuhn, Th. S. (1962): The Structure of Scientific Revolutions. Chicago

Kuhn, Th. S. (1967): Die Struktur wissenschaftlicher Revolutionen [1962, engl.]. Frankfurt am Main 1967

Kuhn, Th. S. (1977): The Essential Tension. Selected Studies in Scientific Tradition and Change. Chicago

Küpfmüller, K. (1949): Systemtheorie der elektrischen Nachrichtenübertragung. Stuttgart

Lakatos, I. (1974): Die Geschichte der Wissenschaft und ihre rationale Konstruktion. In: Diedrich, W. (Hg.): Theorien der Wissenschaftsgeschichte. Frankfurt am Main, S. 55-119

Lancaster, K. J. (1971): Consumer Demand. A New Approach. New York/London

Lange, F.-H. (1976): Mathematik und Ingenieurwissenschaften. In: Sitzungsberichte der AdW der DDR, Nr. 7N

Lange, R. (1996): Vom Können zum Erkennen. Die Rolle des Experimentierens in den Wissenschaften. In: Hartmann, D.; Janich, P. (Hg.): Methodischer Kulturalismus. Zwischen Naturalismus und Postmoderne. Frankfurt am Main, S. 157-196

Latour, B. (1995): Wir sind nie modern gewesen. Versuch einer symmetrischen Anthropologie. Berlin

Layton, E. T. (1974): Technology as Knowledge. In: Technology & Culture, no 1, pp. 31-41

Lenk, H.; Moser, S. (Hg.) (1973): Techne – Technik – Technologie. Philosophische Perspektiven. Pullach b. München

Lenk, H.; Maring, M. (eds.) (2001): Advances and Problems in the Philosophy of Technology. Münster

Linde, H. (1972): Sachdominanz in Sozialstrukturen. Tübingen

Lindemann, U. (2004): Einige Gedanken zum Thema Gestaltung. TU München; Script, Vorlesung am 29. Oktober 2004. – URL: http://www.pe.mw.tum.de/index.php

Lindemann, U. (2005): Methodische Entwicklung technischer Produkte. Methoden flexibel und situationsgerecht anwenden. Berlin

Lindemann, U.; Wulf, J. (2001): Action Oriented Design Methodology. In: ICED 2001. Glasgow, pp. C586 to C633

Litzroth, E. (1959): Zur Frage der Konstruktionssystematik. In: Feingerätetechnik, H. 11, S. 518-522

Lloyd, P.; Scott, P. (1994): Discovering the Design Problem. In: Design Studies, No. 2, pp. 125-140

Lohmann, H. (1953-54): Die Technik und ihre Lehre. In: Wissenschaftliche Zeitschrift der TH Dresden, H. 4, S. 601-629

Lohmann, H. (1959-60): Zur Theorie und Praxis der Heuristik in der Ingenieurerziehung. In: Wissenschaftliche Zeitschrift der TH Dresden, H. 4, S. 1069-1096 (T. 1); H. 5, S. 1281-1321

Lu, L. (1999): Entwicklung eines Konzeptes zur Unterstützung des Designerprozesses mit CAD. Düsseldorf (VDI)

Ludwig, B. (1995): Methoden zur Modellbildung in der Technikbewertung. Clausthal-Zellerfeld (CUTEC-Institut GmbH)

Ludewig, W. (1967): Die Ingenieurarbeit – eine Kunst oder eine Wissenschaft? In: Fridericiana. Zeitschrift der Universität Karlsruhe, H. 1, S. 23-27

Luhmann, N. (1982): The World Society as a Social System. In: International Journal of General System, vol. 8, pp. 131-138

Luhmann, N. (1984): Soziale Systeme. Frankfurt am Main

Luhmann, N. (1986): Ökologische Kommunikation. Opladen

Luhn, G. (1999): Implizites Wissen und technisches Handeln. Ansätze zu einer anthropologischen Technologie. Bamberg

Lundgreen, P. (Hg.) (1976): Zum Verhältnis von Wissenschaft und Technik. Bielefeld (Universität)

Machlup, F. (1961): Erfindung und technische Forschung. In: Handwörterbuch der Sozialwissenschaften. Bd. 3. Tübingen u. a., S. 280-291

Mackensen, R. (Hg.) (1997): Konstruktionshandeln. Nicht-technische Determinanten des Konstruierens bei zunehmendem CAD-Einsatz. München/Wien

Mainzer, K.(1986): Rationale Heuristik und Problem Solving. In: Burrichter, C.; Inhetveen, R.; Kötter, R. (Hg.): Technische Rationalität und rationale Heuristik. Paderborn u. a., S. 83-97

Majer, H. (1989): Technischer Fortschritt und Qualitätsveränderung: die Identitätshypothese. In: Seitz, T. (Hg.): Wirtschaftliche Dynamik und technischer Wandel. Stuttgart/New York, S. 1-17

Malanowski, N.; Krück, C.; Zweck, A. (2001): Technology Assessment und Wirtschaft. Frankfurt am Main/New York

Marx, K. (1974): [Rede auf der Jahresfeier des „People's Paper" am 14. April 1856 in London]. In: Marx, K.; Engels, F.: Werke. Bd. 12, Berlin, S. 3-4

Meggle, G. (Hg.) (1985a): Analytische Handlungstheorie. Bd. I. Frankfurt am Main

Meggle, G. (1985b): Grundbegriffe der rationalen Handlungstheorie. In: Meggle, G. (Hg.): Analytische Handlungstheorie. Bd. I. Frankfurt am Main, S. 415-428

Mesarović, M. D. (1972): A Mathematical Theory of General Systems. In: Klir, G. (ed.): Trends in General System Theory. New York a. o., pp. 251-269

Meyer-Fujara, J.; Puppe, F.; Wachsmuth, I. (1995): Expertensysteme und Wissensmodellierung. In: Görz, G. (Hg.): Einführung in die Künstliche Intelligenz. Bonn/Paris, S. 705-753

Moiseev, N. N. (1979): Matematika stavit eksperiment [Die Mathematik experimentiert]. Moskva (russ.)

Müller, J. (1965): Über das Wesen konstruktiver Aufgaben in der Technik. In: Deutsche Zeitschrift für Philosophie, H. 9, S. 1094-1109

Müller, J. (1967): Probleme einer Konstruktionswissenschaft. In: Maschinenbautechnik, H. 7, S. 338-341 (T. 1); H. 8, S. 394-397 (T. 2); H. 9, S. 454-456 (T. 3)

Müller, J. (1967a): Operationen und Verfahren des problemlösenden Denkens in der konstruktiven technischen Entwicklungsarbeit – eine methodologische Studie. In: Wissenschaftliche Zeitschrift der TH Karl-Marx-Stadt (Chemnitz), H. 1-2, S. 5-51

Müller, J. (1967b): Zum Verhältnis von Naturwissenschaft und Technik. In: Freiburger Forschungshefte, Nr. D 53, S. 163-170

Müller, J. (1967c): Zur Bedeutung des Strukturbegriffs in den technischen Wissenschaften. In: Wissenschaftliche Zeitschrift der Humboldt-Universität zu Berlin. Mathematisch-naturwissenschaftliche Reihe, H. 6, S. 933-937

Müller, J. (1967d): Zur Bestimmung der Begriffe „Technik“ und „technisches Gesetz“. In: Deutsche Zeitschrift für Philosophie, H. 12, S. 1431-1449

Müller, J. (1968a): Ansatz zu einer systematischen Heuristik. In: Deutsche Zeitschrift für Philosophie, H. 6, S. 698-718

Müller, J. (1968b): Probleme der Entwicklung einer systematischen Heuristik in den technischen Wissenschaften. Karl-Marx-Stadt (Chemnitz)

Müller, J. (1970): Grundlagen der Systematischen Heuristik. Berlin

Müller, J. (1986a): Charakter der gedanklichen (intelligenten) Bearbeitungsprozesse in den Technikwissenschaften. In: Banse, G.; Wendt, H. (Hg.): Erkenntnismethoden in den Technikwissenschaften. Eine methodologische Analyse und philosophische Diskussion der Erkenntnisprozesse in den Technikwissenschaften. Berlin, S. 75-85

Müller, J. (1986b): Spezifische heuristische Methoden in den Technikwissenschaften. In: Banse, G.; Wendt, H. (Hg.): Erkenntnismethoden in den Technikwissenschaften. Eine methodologische Analyse und philosophische Diskussion der Erkenntnisprozesse in den Technikwissenschaften. Berlin, S. 85-101

Müller, J. (1986c): Funktionen und Struktur der experimentellen Methode. In: Banse, G.; Wendt, H. (Hg.): Erkenntnismethoden in den Technikwissenschaften. Eine methodologische Analyse und philosophische Diskussion der Erkenntnisprozesse in den Technikwissenschaften. Berlin, S. 129-139

Müller, J. (1986d): Methodologische Konsequenzen der wachsenden Interdisziplinarität technischer Forschungs- und Entwicklungsarbeit. In: Wissenschaftliche Zeitschrift der Technischen Hochschule Magdeburg, H. 4, S. 17-19

Müller, J. (1990): Arbeitsmethoden der Technikwissenschaften. Systematik – Heuristik – Kreativität. Berlin u. a.

Müller, J. (1994): Akzeptanzprobleme in der Industrie, ihre Ursachen und Wege zu ihrer Überwindung. In: Pahl, G. (Hg.): Psychologische und pädagogische Fragen beim methodischen Konstruieren. Köln, S. 247-266

Münster, A. (Hg.) (1977): Tagträume vom aufrechten Gang. Sechs Interviews mit Ernst Bloch. Frankfurt am Main

Neufeldt, M. (1984): Die Veränderung des Verhältnisses von Empirischem und Theoretischem in der Entwicklung der Technikwissenschaften. Dissertation. Karl-Marx-Stadt (Chemnitz) (Technische Universität)

Neunzert, H. (2004): Mathematics as a Technology. Challenges for the Next 10 Years. Berichte des Fraunhofer ITWM, Nr. 68, Kaiserslautern. – URL: http://www.itwm.fraunhofer.de/zentral/download/berichte/ bericht68.pdf [15.09.2005]

Neunzert, H.; Rosenberger, B. (1997): Oh Gott, Mathematik!? 2., überarb. Aufl. Leipzig

Noether, E. (1918): Invariante Variationsprobleme. In: Nachrichten der Königlichen Gesellschaft für Wissenschaft Göttingen. Mathematisch-Physikalische Klasse. Göttingen, S. 235-236

Nonaka, I. (1991): The Knowledge-creating Company. In: Harvard Business Review, No.6, pp. 96-104

Nonaka, I.; Takeuchi, H. (1995): The Knowledge-creating Company. Oxford

Nonaka, I.; Takeuchi, H. (1997): Die Organisation des Wissens. Wie japanische Unternehmen eine brachliegende Ressource nutzbar machen. Frankfurt am Main

Obermeier, O.-P. (1988): Zweck, Funktion, System. Kritische Untersuchung zu Niklas Luhmanns Theoriekonzeptionen. Freiburg/München

Orloff, M. A. (2002): Grundlagen der klassischen TRIZ. Ein praktisches Lehrbuch des erfinderischen Denkens für Ingenieure. Berlin u. a.

Osborn, A. F. (1963): Applied Imagination. Principles and Procedures of Creative Problemsolving. 3d rev. ed. New York

Pahl, G. (Hg.) (1994a): Psychologische und pädagogische Fragen beim methodischen Konstruieren. Köln

Pahl, G. (1994b): Psychologische und pädagogische Fragen beim methodischen Konstruieren: Ergebnisse des interdisziplinären Diskurses. In: Pahl, G. (Hg.): Psychologische und pädagogische Fragen beim methodischen Konstruieren. Köln, S. 1-40

Pahl, G.; Beitz, W. (1993): Konstruktionslehre. Methoden und Anwendung. 3. neubearb. u. erw. Aufl. Berlin

Pahl, G.; Beitz, W.; Feldhusen, J.; Grote, K. H. (2003): Konstruktionslehre. Grundlagen erfolgreicher Produktentwicklung, Methoden und Anwendung. 5. Aufl. Berlin u. a.

Parthey, H. (1978): Das Problem und Merkmale seiner Formulierung in der Forschung. In: Parthey, H. (Hg.): Problem und Methode in der Forschung. Berlin, S. 11-36

Parthey, H.; Schottmann, D. (1986): Problemtypen in den Technikwissenschaften. In: Banse, G.; Wendt, H. (Hg.): Erkenntnismethoden in den Technikwissenschaften. Eine methodologische Analyse und philosophische Diskussion der Erkenntnisprozesse in den Technikwissenschaften. Berlin, S. 44-53

Paschen, H. (1991): Einige Probleme bei der Realisierung des TA-Konzeptes. In: Petermann, Th. (Hg.): Technikfolgenabschätzung als Technikforschung und Politikberatung. Frankfurt am Main/New York, S. 95-120

Paschen, H.; Coenen, C.; Fleischer, T.; Grünwald, R.; Oertel, D.; Revermann, C. (2004): Nanotechnologie. Berlin u. a.

Paul, S.; Ruzavin, G. (1986): Mathematik und mathematische Modellierung. Philosophische und methodologische Probleme. Berlin

Pavitt, K. (1987): The Objectives of Technology Policy. In: Science and Public Policy, No.4, pp. 182-188

Perrow, C. (1987): Normale Katastrophen. Die unvermeidbaren Risiken der Großtechnik. Frankfurt am Main

Pesch, H. J. (2002): Schlüsseltechnologie Mathematik. Einblicke in aktuelle Anwendungen der Mathematik. Stuttgart u. a.

Peschel, M. (1978): Modellbildung für Signale und Systeme. Berlin

Petermann, T. (Hg.) (1991): Technikfolgen-Abschätzung als Technikforschung und Politikberatung. Frankfurt am Main/New York

Pfeiffer, W. (1971): Allgemeine Theorie der technischen Entwicklung. Göttingen

Platon (1990): Theaitetos. In: Platon: Werke. Bd. 6. Darmstadt, S. 1-217

Poincaré, H. (1906): Der Wert der Wissenschaft. Leipzig

Polanyi, M. (1962): Personal Knowledge. Towards a Post-Critical Philosophy. Corr. ed. Chicago, IL

Polanyi, M. (1967): The Tacit Dimension. Garden City, NY

Polanyi, M. (1975): Personal Knowledge. In: Polanyi, M.; Prosch, H. (eds.): Meaning. Chicago, pp. 22-45

Polanyi, M. (1985): Implizites Wissen (The Tacit Dimension). Frankfurt am Main

Popper, K. (1973): Logik der Forschung. 5. Aufl. Tübingen

Porter, M. E. (1980): Competetive Strategy. New York

Poser, H. (1998): On Structural Differences Between Sciences and Engineering. In: Agazzi, E.; Lenk, H.; Durbin, P. (eds.): Advances in the Philosophy of Technology. Proceedings of a Meeting of the International Academy of the Philosophy of Science, Karlsruhe (Germany), May 1997. Newark/Delaware 1999, pp. 81-93

Poser, H. (2001a): On Structural Differences Between Sciences and Engineering. In: Lenk, H.; Maring, M. (eds.): Advances and Problems in the Philosophy of Science. Münster, pp. 193-204

Poser, H. (2001b): Wissenschaftstheorie. Eine philosophische Einführung. Stuttgart

Poser, H. (2003a): „Technisches Wissen". Vortrag in der Arbeitsgruppe „Cluster Wissenschaftsforschung" der Brandenburgischen Akademie der Wissenschaften. Berlin, 23. Mai

Poser, H. (2003b): Entwerfen als Lebensform. Elemente technischer Modalität. In: Kornwachs, K. (Hg.): Technik – System – Verantwortung. Münster, S. 561-575

Projekte des Zentrums für Technomathematik der Universität Bremen (2004). – URL: http://www.math.uni-bremen.de/zetem/projekte2004 [15.09.2005]

Pschyrembel, W.; Hildebrandt, H.; Dornblüth, O. (Hg.) (1982): Klinisches Wörterbuch. München

Radermacher, F. J. et al. (Hg.) (2001): Management von nicht-explizitem Wissen: Noch mehr von der Natur lernen. Abschlussbericht für das Bundesministerium für Bildung und Forschung. Teil 3. Ulm

Rapp, F. (ed.) (1974): Contributions to a Philosophy of Technology. Dordrecht/Boston

Rapp, F. (1986): Die Ambivalenz der Naturerkenntnis: empirische Gewißheit und begriffliche Perspektivität. In: Burrichter, C.; Inhetveen, R.; Kötter, R. (Hg.): Technische Rationalität und rationale Heuristik. Paderborn u. a., S. 53-69

Rapp, F. (1996): Technik und Naturwissenschaft. In: Ethik und Sozialwissenschaften. Streitforum für Erwägungskultur, H. 2-3, S. 423-434

Rapp, F. (Hg.) (1999): Aktualität der Technikbewertung. Erträge und Perspektiven der VDI-Richtlinie 3780 zur Technikbewertung. Düsseldorf (VDI)

Rédei, G. P. (1975): Arabidopsis as a Genetic Tool. In: Annual Review of Genetics, Vol. 9, pp. 111-127

Reichle, I. (2005): Kunst aus dem Labor. Zum Verhältnis von Kunst und Wissenschaft im Zeitalter der Technoscience. Wien

Renn, O.; Webler, T. (1998): Der kooperative Diskurs. Theoretische Grundlagen, Anforderungen, Möglichkeiten. In: Renn, O.; Kastenholz, H.; Schild, P.; Wilhelm, U. (Hg.): Abfallpolitik im kooperativen Diskurs. Zürich, S. 3-103

Rescher, N. (1993): Pluralism. Against the Demand for Consensus. Oxford

Reuleaux, F. (1875, 1900): Lehrbuch der Kinematik. 2 Bde. Braunschweig

Rheinberger, H.-J. (2002): Experimentalsysteme und epistemische Dinge. 2. Aufl. Göttingen

Richter, F. (1990): Modell und Gesetz. In: Wissenschaftliche Zeitschrift der Technischen Universität Magdeburg, H. 4, S. 16-17

Riss, U. V. (2005): Knowledge, Action and Context: A Process View on Knowledge Management. In: Althoff, K.-D.; Dengel, A.; Bergmann, R.; Nick, M.; Roth-Berghofer, Th. (eds.): WM 2005: Professional Knowledge Management. Experiences and Visions. Proceedings of the 3rd Conference, Kaiserslautern, April 10-13, 2005. Kaiserslautern, pp. 555-558

Rittel, H. W. J. (1992): Planen, Entwerfen, Design. Ausgewählte Schriften zu Theorie und Methodik. Hg. v. W. D. Reuter. Stuttgart u. a.

Ropohl, G. (1974): Systemtechnik als umfassende Anwendung kybernetischen Denkens in der Technik. In: Händle, F.; Jensen, S. (Hg.): Systemtheorie und Systemtechnik. München, S. 191-204

Ropohl, G. (Hg.) (1975): Systemtechnik. Grundlagen und Anwendung. München/Wien

Ropohl, G. (1979): Eine Systemtheorie der Technik. Zur Grundlegung der Allgemeinen Technologie. München/Wien (2. Aufl.: Ropohl 1999a)

Ropohl, G. (1990): Technisches Problemlösen und soziales Umfeld. In: Rapp, F. (Hg.): Technik und Philosophie. Düsseldorf, S. 111-167

Ropohl, G. (1991): Technologische Aufklärung. Beiträge zur Technikphilosophie. Frankfurt am Main

Ropohl, G. (1995): Eine Modelltheorie soziotechnischer Systeme. In: Halfmann, J. (Hg.): Technik und Gesellschaft. Jahrbuch 8: Theoriebausteine der Techniksoziologie. Frankfurt am Main/New York, S. 185-210

Ropohl, G. (1996): Ethik und Technikbewertung. Frankfurt am Main

Ropohl, G. (1997a): Knowledge Types in Technology. In: Vries, M. J. de; Tamir, A. (eds.): Shaping Concepts of Technology: From Philosophical Perspectives to Mental Images. Dordrecht, pp. 65-72; auch in: International Journal of Technology and Design Education, 7 (1997), pp. 65-72; in deutsch: Ropohl 1998a

Ropohl, G. (1997b): Technisch-organisatorische Grundlagen der Produktion. In: Kahsnitz, D.; Ropohl, G.; Schmid, A. (Hg.): Handbuch zur Arbeitslehre. München/Wien, S. 249-269

Ropohl, G. (1998a): Technisches Wissen. In: Ropohl, G.: Wie die Technik zur Vernunft kommt. Beiträge zum Paradigmenwechsel in den Technikwissenschaften. Amsterdam, S. 88-96

Ropohl, G. (1998b): Wie die Technik zur Vernunft kommt. Beiträge zum Paradigmenwechsel in den Technikwissenschaften. Amsterdam

Ropohl, G. (1999a): Allgemeine Technologie. Eine Systemtheorie der Technik. 2. Aufl. München/Wien (1. Aufl.: Ropohl 1979)

Ropohl, G. (1999b): Die Gesellschaftlichkeit der Technik und die Zukunft der sozioökonomischen Ordnung. In: Bayerl, G.; Beckmann, J. (Hg.): Johann Beckmann (1739-1881). Münster, S. 319-328

Ropohl, G. (2004): Arbeits- und Techniklehre. Philosophische Beiträge zur technologischen Bildung. Berlin

Ropohl, G. (2006): Die Technik bei Karl Marx. In: König, W.; Schneider, H. (Hg.): Die technikhistorische Forschung in Deutschland von J. Beckmann bis zu Gegenwart. Kassel 2006 (im Druck)

Roscher, W. (1886): Grundlagen der Nationalökonomie. 18. Aufl. Stuttgart

Rosenberg, N. (1994): Science – Technology – Economy Interactions. In: Granstrand, O. (ed.): Economics of Technology. Amsterdam, pp. 323-337

Roßnagel, A.; Rust, I.; Manger, D. (Hg.) (1999): Technik verantworten. Interdisziplinäre Beiträge zur Ingenieurpraxis. Festschrift für Hanns-Peter Ekardt. Berlin

Roth, K. (1982): Konstruieren mit Konstruktionskatalogen. Berlin u. a.

Rubik, F. (1999): Ökobilanzen von Produkten. In: Bröchler, S.; Simonis, G.; Sundermann, K. (Hg.): Handbuch Technikfolgenabschätzung. Berlin, S. 625-633

Rumpf, H. (1967): Wissenschaft und Technik. In: Oldemeyer, E. (Hg.): Die Philosophie und die Wissenschaften. Simon Moser zum 65. Geburtstag. Meisenheim, S. 89-105

Rumpf, H. (1969): Gedanken zur Wissenschaftstheorie der Technikwissenschaften. In: VDI-Zeitschrift, H. 1, S. 2-10

Rumpf, H. (1981): Technik zwischen Wissenschaft und Praxis. Technikphilosophische und techniksoziologische Schriften aus dem Nachlaß von Hans Rumpf. Hg. v. H. Lenk, S. Moser, K. Schönert. Düsseldorf

Ryle, G. (1949): Concepts of Mind. Chicago

Sačkov, J. V. (1978): Wahrscheinlichkeit und Struktur. Berlin

Schäfers, B. (1993): Techniksoziologie. In: Korte, H.; Schäfers, B. (Hg.): Einführung in spezielle Soziologien. Opladen, S. 167-190

Schild, H. (1981): Zur Funktion und Struktur des Empirischen in den Technikwissenschaften. Dissertation. Dresden (Technische Universität)

Schmayl, W.; Wilkening, F. (1995): Technikunterricht. 2. Aufl. Bad Heilbrunn

Schneeweiß, Ch. (1991): Planung 1. Systemanalytische und entscheidungstheoretische Grundlagen. Berlin u. a.

Schneeweiß, Ch. (1992): Planung 2. Konzepte der Prozeß- und Modellgestaltung. Berlin u. a.

Schoenenberg, J. (1993): Umweltverträglichkeitsprüfung. München

Schregenberger, J. W. (1982): Methodenbewusstes Problemlösen. Bern/Stuttgart

Schulte, C. (2001): Vom Modellieren zum Gestalten. Objektorientierung als Impuls für einen neuen Informatikunterricht? Paderborn (Universität)

Schumpeter, J. A. (1964): Theorie der wirtschaftlichen Entwicklung [1912]. 6. Aufl. Tübingen

Schumpeter, J. A. (1975): Kapitalismus, Sozialismus und Demokratie [1942, engl.]. 4. Aufl. München

Schwitalla, B. (1993): Messung und Erklärung industrieller Innovationsaktivitäten. Heidelberg

Searle, J. R. (1971): Sprechakte [1969; engl.]. Frankfurt am Main

Seetzen, J. (1997): Mündliche Mitteilung. Erste Cottbuser Konferenz zur Technikphilosophie, Cottbus

Seliger, G. (2000): Ökologie als wirtschaftliche Chance. In: Zeitschrift für wirtschaftlichen Fabrikbetrieb; Sonderbeilage Demontage, S. 1

Seliger, G. (2001): Product Innovation Industrial Approach. In: Annals de Collége International pour la Recherche en Productique (CIRP), Nr. 50/2, S. 425-443

Simon, H. A. (1996): The Sciences of the Artificial [1969]. 3 ed. Cambridge, Mass./London

Soboljew, S. L. (1972): Brücken der Mathematik. In: Wissenschaft und Menschheit. Internationales Jahrbuch 1972. Leipzig u. a., S. 319-327

Sörensen, E. (1957): Die technische Entwicklung und die geistigen Kräfte in den vergangenen 100 Jahren. Die Entwicklung der Technik zur selbständigen Wissenschaft. In: VDI-Zeitschrift, H. 28, S. 1376-1381

Sörensen, E. (1958): Konstruieren – schöpferische Ingenieurarbeit. In: VDI-Zeitschrift, H. 24, S. 1123-1128

Spur, G. (1979): Produktionstechnik im Wandel. München/Wien

Spur, G. (1998): Technologie und Management. Zum Selbstverständnis der Technikwissenschaften. München/Wien

Spur, G.; Krause, F.-L. (1997): Das virtuelle Produkt. Management der CAD-Technik. München/Wien

Stachowiak, H. (1973): Allgemeine Modelltheorie. Wien/New York

Stephan, J. (2001): Beitrag zum Greifen von Textilien. Berlin (Produktionstechnisches Zentrum Berlin)

Stodola, A. (1898): Über die Beziehung der Technik zur Mathematik. In: Verhandlungen des ersten Internationalen Mathematikerkongresses in Zürich vom 9.-11. August 1897. Leipzig, S. 260-271

Štoff, V. A. (1969): Modellierung und Philosophie. Berlin

Stork, H. (1977): Einführung in die Philosophie der Technik. Darmstadt

Strickert, G. (2005): ERP-Systeme in der Industrie. Der Mensch ist der wichtigste Erfolgsfaktor. In: IT-Production, Nr. 1, S. 8-10

Strobel, W. K. (1958): Modernes industrielles Konstruieren. In: Konstruktion, H. 5, S. 165-173

Strolz, W. (Hg.) (1963): Experiment und Erfahrung in Wissenschaft und Kunst. Freiburg/München

Suchman, L. A. (1987): Plans and Situation Actions. The Problem of Human-Machine-Communication. Cambridge

Taschenbuch (2001): Taschenbuch der Informatik. Leipzig

Toepfl, S.; Heinz, V.; Knorr, D. (2005): Overview of Pulsed Electric Field Processing for Food. In: Sun, Da-Wen (ed.): Emerging Technologies for Food Processing. Oxford, chap. 2.1

Tondl, L. (1966): Über die Abgrenzung der Naturwissenschaft von der technischen Wissenschaft. In: Wissenschaftliche Zeitschrift der TH Dresden, H. 4, S. 865-867

Tondl, L. (2003): Technisches Denken und Schlussfolgern. Neun Kapitel einer Philosophie der Technik. Hg. u. m. e. Vorwort versehen v. G. Banse. Berlin

Tondl, L. (2004): Konkatenation, Kommunikation und technische Artefakte. In: Kornwachs, K. (Hg.): Technik – System – Verantwortung. Münster, S. 199-218

Tuchel, K. (1968): Zum Verhältnis von Kybernetik, Wissenschaft und Technik. In: Akten des XIV. Internationalen Kongresses für Philosophie. Bd. 2. Wien, S. 578-585

VDI – Verein Deutscher Ingenieure (1977): VDI-Richtlinie 2222 „Konstruktionsmethodik: Konzipieren technischer Produkte“. Düsseldorf (VDI)

VDI – Verein Deutscher Ingenieure (1980): VDI-Richtlinie 2220 „Produktplanung – Ablauf, Begriffe und Organisation“. Düsseldorf (VDI)

VDI – Verein Deutscher Ingenieure (1985): VDI-Richtlinie 2221 „Methodik zum Entwickeln und Konstruieren technischer Systeme und Produkte“. Düsseldorf (VDI)

VDI – Verein Deutscher Ingenieure (1991): VDI-Richtlinie 3780 „Technikbewertung. Begriffe und Grundlagen“. Düsseldorf (VDI)

VDI – Verein Deutscher Ingenieure (1993): Richtlinie 3633 „Simulation von Logistik-, Materialfluß- und Produktionssystemen". Düsseldorf (VDI)

VDI – Verein Deutscher Ingenieure (2000): VDI-Richtlinie 3780 „Technikbewertung. Begriffe und Grundlagen". 2. Ausg. Deutsch/Englisch. Düsseldorf (VDI)

VDI-Hauptgruppe Der Ingenieur in Beruf und Gesellschaft (Hg.) (1991): Technibewertung. Begriffe und Grundlagen. Erläuterungen und Hinweise zur VDI-Richtlinie 3780. Düsseldorf (VDI)

Vering, M. (2005): Wir malen keine Bilder, sondern gestalten Benutzeroberflächen. In: SAP INFO 122, Forum. – URL: http://www.sapdesignguild.org/editions/edition8/leading_article_d.asp

Vincenti, W. G. (1990): What Engineers Know and How They Know it. Baltimore/London

Vollmer, G. (2003): Was können wir wissen? Stuttgart

Vries, M. J. de (2003): The Nature of Technological Knowledge: Extending Empirically Informed Studies into What Engineers Know. In: Techné. Journal of the Society for Philosophy and Technology, No.3. – URL: http://scholar.lib.vt.edu/ejournals

Vries, M. J. de; Tamir, A. (eds.) (1997): Shaping Concepts of Technology. Dordrecht/Boston

Weber, J. (2003): Umkämpfte Bedeutungen. Naturkonzepte im Zeitalter der Technoscience. Frankfurt am Main

Weber, M. (1967): Wissenschaft als Beruf [1919]. Berlin

Weber, M. (1976): Wirtschaft und Gesellschaft [1921]. 5. Aufl. Tübingen

Weber, M. (1981): Die protestantische Ethik und der Geist des Kapitalismus [1905]. Gütersloh

Weis, C. (1996): Wissensbasierte Ablaufsteuerung des Konstruktionsprozesses. Aachen

Weizsäcker, C. F. von (1988): Bewußtseinswandel. München/Wien

Wendt, H. (1976): Natur und Technik – Theorie und Strategie. Berlin

Wenzel, V. (2005): Spuren der Erkenntnis. Mathematische Konzepte der Kultursemiotik im wissenschaftlichen Technikdiskurs. Berlin

Wögerbauer, H. (1943): Die Technik des Konstruierens. München

Wolf, R. (2001): Eine integrative, modellgestützte Methode zur Gestaltung von computer-unterstützten kooperativen Arbeitssystemen. Dissertation. Universität Stuttgart (Betriebswirtschaftliches Institut)

Wolffgramm, H. (1978): Allgemeine Technologie. Elemente, Strukturen und Gesetzmäßigkeiten technologischer Systeme. Leipzig (Neuauflage: Wolffgramm 1994/95)

Wolffgramm, H. (1994/95): Allgemeine Technologie. 2 Teile. Hildesheim 1994, 1995

Wörterbuch (1998): Technik. In: Ritter, J.; Gründer, K. (Hg.): Historisches Wörterbuch der Philosophie. Bd. 10. Basel, S. 940-951

Wright, G. H. von (1994): Normen, Werte, Handlungen. Frankfurt am Main

Zangemeister, C. (1976): Nutzwertanalyse in der Systemtechnik. München

Zeichnung, Graphik, Bild in Technikwissenschaften und Architektur (1994). Dresdner Beiträge zur Geschichte der Technikwissenschaften. Heft 23/1

Zimmermann, V. (1993): Methodenprobleme des Technology Assessment. Eine methodologische Analyse. Karlsruhe (Kernforschungszentrum, Abteilung für Angewandte Systemanalyse)

Zoglauer, Th. (1996): Über das Verhältnis von reiner und angewandter Forschung. In: Banse, G.; Friedrich, K. (Hg.): Technik zwischen Erkenntnis und Gestaltung. Philosophische Sichten auf Technikwissenschaften und technisches Handeln. Berlin, S. 77-104

Zoglauer, Th. (1998): Normenkonflikte. Stuttgart/Bad Cannstatt

Zweckbronner, G. (1991): Technische Wissenschaften im Industrialisierungsprozeß bis zum Beginn des 20. Jahrhunderts. In: Hermann, A.; Schönbeck, Ch. (Hg.): Technik und Wissenschaft. Düsseldorf, S. 400-428

Zweckbronner, G. (1997): Ingenieurausbildung im Königreich Württemberg. Vorgeschichte, Einrichtung und Ausbau der Technischen Hochschule Stuttgart und ihrer Ingenieurwissenschaften bis 1900. Eine Verknüpfung von Institutions- und Disziplingeschichte. Stuttgart

Zwicky, F. (1966): Entdecken, Erfinden, Forschen im Morphologischen Weltbild. München/ Zürich

Zwicky, F. (1989): Morphologische Forschung. 2. Aufl. Glarus

Verzeichnis der Abbildungen und Tabellen

Autor/inn/enverzeichnis

Gerhard Banse; Professor Dr. sc.; geb. 1946; Fraunhofer-Anwendungszentrum für Logistiksystemplanung und Informationssysteme, Cottbus

Alexander Dietze; Dr.-Ing.; geb. 1970; Infraserv GmbH Co. Höchst KG, Frankfurt am Main

W. Ernst Eder; Professor; geb. 1930; Royal Military College of Canada, Kingston, Ontario

Armin Grunwald; Professor Dr. rer. nat.; geb. 1960; Leiter des Instituts für Technikfolgenabschätzung und Systemanalyse (ITAS), Forschungszentrum Karlsruhe; Professor für Technikfolgenabschätzung und Systemanalyse, Universität Freiburg; Leiter des Büros für Technikfolgen-Abschätzung beim Deutschen Bundestag (TAB)

Hariolf Grupp; Professor Dr. rer. nat.; geb. 1950; Leiter des Fraunhofer-Instituts für System- und Innovationsforschung Karlsruhe; Professor für Systemdynamik und Innovation an der Universität (TH) Karlsruhe

Christoph Hubig; Professor Dr. habil.; geb. 1952; Professor für Wissenschaftstheorie und Technikphilosophie, Universität Stuttgart

Eberhard Jobst; Professor Dr. sc.; geb. 1934; im Ruhestand; vormals Technische Universität Karl-Marx-Stadt/Chemnitz

Nicole C. Karafyllis; Dr. rer. nat.; geb. 1970; Johann Wolfgang Goethe-Universität Frankfurt am Main

Wolfgang König; Professor Dr.; geb. 1949; Professor für Technikgeschichte, Technische Universität Berlin

Klaus Kornwachs; Professor Dr. habil.; geb. 1947; Professor für Technikphilosophie, Brandenburgische Technische Universität Cottbus

Irene Krebs; Professor Dr.-Ing.; geb. 1951; Lehrstuhl Industrielle Informationstechnik, Brandenburgische Technische Universität Cottbus

Uwe Meinberg; Professor Dr.-Ing; geb. 1957; Professor für Industrielle Informationstechnik, Brandenburgische Technische Universität Cottbus; Leiter des Fraunhofer-Anwendungszentrums für Logistiksystemplanung und Informationssysteme, Cottbus

Peter Jan Pahl; Professor em. Dr. Dr. h. c. mult; geb. 1937; Professor für Theoretische Methoden der Bau- und Verkehrstechnik, Technische Universität Berlin

Hans-Joachim Petsche; Professor Dr. habil.; geb. 1953; Institut für Philosophie der Universität Potsdam

Günter Ropohl; Professor Dr.-Ing. habil.; geb. 1939; im Ruhestand; Professor für Allgemeine Technologie bis 2004, Johann Wolfgang Goethe-Universität Frankfurt am Main

Günther Seliger; Professor Dr.-Ing.; geb. 1947; Professor für Montagetechnik und Fabrikbetrieb, Technische Universität Berlin

Ulrich Wengenroth; Professor Dr. phil.; geb. 1949; Ordinarius für Geschichte der Technik, Technische Universität München

Udo Wiesmann; Professor Dr.-Ing.; geb. 1936; im Ruhestand; Professor für Verfahrenstechnik, Technische Universität Berlin

Zeitfracht Medien GmbH
Ferdinand-Jühlke-Straße 7
99095 Erfurt, Deutschland
produktsicherheit@kolibri360.de